大学1・2年生のための すぐわかる数学

改訂版

江川博康 著

東京図書

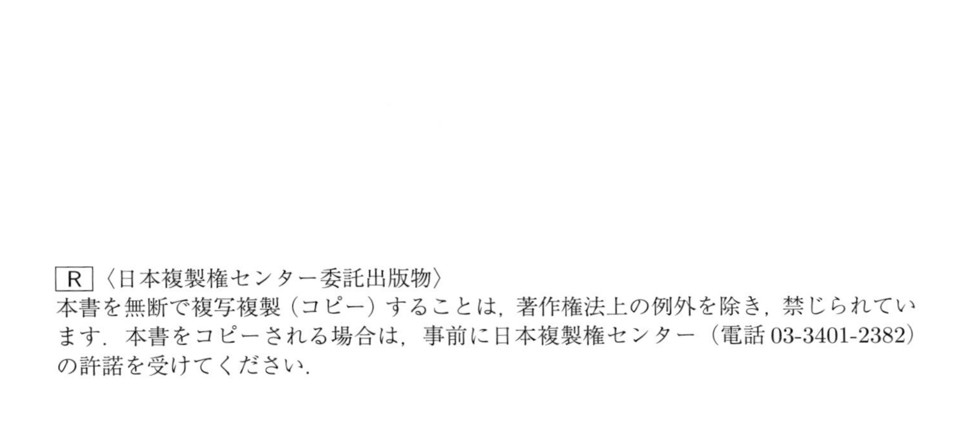

はしがき

本書は、タイトルの通り、大学1・2年生の方々が見てすぐわかることを最大の目標に置いて、大学1・2年生の演習用テキストとして書き上げました。

教養課程で学ぶ微積分、線形代数を中心に、それらの典型的な問題の中から、基本的かつ標準的な問題を集めました。解法も、様々な問題を解く上での土台になるように、極めてオーソドックスなものを心がけました。また、読みやすく勉強しやすいように、各例題をページごとにまとめ、紙面の許す範囲で解法へのアプローチとなる解説をし、解答のヒントとなるポイントを入れました。さらに、理解の確認をはかれるように、練習問題として類題を付けました。

本書は、文系の学部から理系の大学学部への転部編入を考えている人には、絶好の参考書になると確信しています。また、理系の人で、大学の数学と高校の数学のギャップに困っている人には、その穴を埋めるのに十分な演習書であると考えます。

私は、この本を真心を込めて書きました。少しでも皆さんのお役に立てば幸いです。

最後になりましたが、東京図書編集部の須藤静雄氏、飯村しのぶ氏、岩元恵美氏には、執筆の当初より貴重なご意見、温かい励ましのお言葉をいただき、終始お世話になりました。ここに、感謝の意を表します。

2004年3月　　　江川　博康

改訂にあたって

改訂前の本書は，2004年に大学1・2年生の方々が見てすぐわかることを最大の目標に置いて，大学1・2年生の演習用テキストとして書き上げました。以来，重版を重ねてきましたが，今回の「高校数学の学習指導要領の改訂」に合わせて，本書も新たに改訂しました。特に，行列については高等学校で全く扱わなくなったので，導入部分から取り上げました。

本書は，9章立ての構成ですが，第1章から第3章では高校数学の微積分および大学数学の1変数の微積分の基本，さらに行列の基本レベルの事項を扱っています。第3章までで基礎固めを図ってください。また，第4章以降は大学数学で，1変数の微積分，偏微分，重積分，微分方程式，さらに行列式，線形空間など，大学1・2年で学ぶ標準レベルの事項，問題から成っています。解答は様々な問題を解く上での土台になるように，極めてオーソドックスなものを心がけました。また，読みやすく勉強しやすいように，各例題の〔問題〕〔解説〕〔解答〕〔ポイント〕を1ページにまとめました。紙面の許す範囲で解法へのアプローチとなる解説をし，解答への補足やヒントを〔ポイント〕に記しました。

本書は，文系の学部から理系の大学・学部への転部を考えている人には，絶好の参考書になると確信しています。また，理系の人で，大学の数学と高校の数学のギャップに困っている人には，その溝を埋めるのに十分な演習書であると考えます。少しでも皆さんのお役に立てば幸いです。

最後になりましたが，東京図書編集部の市川由子さんには，改訂の当初より貴重なご意見，温かい励ましのお言葉を沢山いただき，終始お世話になりました。ここに，感謝の意を表します。

2015年10月　　江川　博康

Chapter 2. 積分 I　31

Chapter 3. 行列　53

Chapter 6. 定積分の応用 133

Chapter 7. 微分方程式 155

装幀………岡孝治

Chapter 1

微分 I

基本事項

1. 関数の極限

x の関数 $f(x)$ が $x=a$ を含む区間で定義されているとする。

「x が a 以外の値をとりながら a に限りなく近づくとき，$f(x)$ が b に近づく」ということを

$$\lim_{x \to a} f(x) = b \quad \text{あるいは} \quad x \to a \text{のとき} \quad f(x) \to b$$

と書き，b を $x \to a$ のときの $f(x)$ の**極限値**という。

〈注〉$x=a$ における $f(x)$ は定義されていてもいなくてもよい。また，定義されていても $f(a)=b$ とは限らない。

2. 関数の極限の性質

$\lim_{x \to a} f(x) = b$, $\lim_{x \to a} g(x) = c$ (b, c は有限な値）ならば

$$\lim_{x \to a}\{f(x) \pm g(x)\} = b \pm c \text{（複号同順）}, \quad \lim_{x \to a} kf(x) = kb$$

$$\lim_{x \to a} f(x)g(x) = bc, \quad \lim_{x \to a} \frac{f(x)}{g(x)} = \frac{b}{c} \quad (c \neq 0)$$

3. 重要な極限値

$$\lim_{x \to 0} \frac{\sin x}{x} = 1, \quad \lim_{x \to 0} \frac{\tan x}{x} = 1 \text{（この } x \text{ は弧度法で表されている）}$$

$$\lim_{x \to \pm\infty} \left(1 + \frac{1}{x}\right)^x = e, \quad \lim_{x \to 0} \frac{e^x - 1}{x} = 1 \text{（} e \text{ は自然対数の底）}$$

4. 関数の連続

関数 $f(x)$ が $x=a$ を含む区間で定義されていて，$\lim_{x \to a} f(x) = f(a)$ のとき，$f(x)$ は $x=a$ で**連続である**という。また，$f(x)$ がある区間のすべての点で連続であるとき，この区間で連続であるという。

5. 逆関数，特に逆三角関数

関数 $y=f(x)$ が閉区間 $[a,\ b]$ で狭義の単調関数（単調増加または単調減少）であるとき，逆に，x は y の関数と考えることができる。

$y=f(x)$ が $x=g(y)$ と表せるとき，$x=f^{-1}(y)=g(y)$ と表す。ふつうの場合は，x と y を入れ換えて $y=f^{-1}(x)=g(x)$ と表し，これを $y=f(x)$ の**逆関数**と呼ぶ。$f^{-1}(x)$ は，「f インバース x」と読む。

特に，逆三角関数は重要である。

		定義域	値域（主値のとる範囲）
逆正弦関数：	$y=\sin^{-1}x$	$-1\leq x\leq 1$	$-\frac{\pi}{2}\leq y\leq\frac{\pi}{2}$
逆余弦関数：	$y=\cos^{-1}x$	$-1\leq x\leq 1$	$0\leq y\leq\pi$
逆正接関数：	$y=\tan^{-1}x$	$-\infty<x<\infty$	$-\frac{\pi}{2}<y<\frac{\pi}{2}$

6. 微分係数，導関数

(1) 関数 $f(x)$ の $x=a$ における**微分係数**は

$$f'(a)=\lim_{x\to a}\frac{f(x)-f(a)}{x-a}=\lim_{h\to 0}\frac{f(a+h)-f(a)}{h}$$

$f'(a)$ は $y=f(x)$ のグラフの $x=a$ の点における接線の傾きを表す。

$f'(a)$ が有限確定であるとき，$f(x)$ は $x=a$ で微分可能という。

(2) 関数 $f(x)$ が x の区間 D の各点で微分可能であるとき，$f(x)$ は D で微分可能という。このとき

$$f'(x)=\lim_{\Delta x\to 0}\frac{\Delta y}{\Delta x}=\lim_{\Delta x\to 0}\frac{f(x+\Delta x)-f(x)}{\Delta x}$$

と表し，$f(x)$ の**導関数**という。$f'(x)$ は y'，$\dfrac{dy}{dx}$ とも表す。

7. 導関数の計算の法則

$f(x)$, $g(x)$ が微分可能ならば

(1) **和・差の微分**　$\{f(x)\pm g(x)\}'=f'(x)\pm g'(x)$ （複号同順）

(2) **定数倍の微分**　$\{kf(x)\}'=kf'(x)$ （k は定数）

(3) **積の微分**　$\{f(x)g(x)\}'=f'(x)g(x)+f(x)g'(x)$

(4) **商の微分**　$\left\{\dfrac{f(x)}{g(x)}\right\}'=\dfrac{f'(x)g(x)-f(x)g'(x)}{\{g(x)\}^2}$

(5) **合成関数の微分**　合成関数 $y=f\circ g(x)=f\{g(x)\}$ は，$u=g(x)$ とおくと $y=f(u)$ となり $\dfrac{dy}{dx}=\dfrac{dy}{du}\cdot\dfrac{du}{dx}=f'(u)g'(x)=f'\{g(x)\}g'(x)$

(6) **逆関数の微分**　$y=f(x)$ の逆関数 $x=f^{-1}(y)$ は

$$\frac{dy}{dx}=\frac{1}{\dfrac{dx}{dy}}$$

(7) **媒介変数の微分**　$x=f(t)$, $y=g(t)$ （t は媒介変数）のとき

$$\frac{dy}{dx}=\frac{\dfrac{dy}{dt}}{\dfrac{dx}{dt}}=\frac{g'(t)}{f'(t)}$$

8. 基本関数の微分の公式

$(C)' = 0$（C は定数）　　$(x^{\alpha})' = \alpha x^{\alpha-1}$（$\alpha$ は実数）

$(\sin x)' = \cos x$　　$(\cos x)' = -\sin x$

$(\tan x)' = \dfrac{1}{\cos^2 x} = \sec^2 x$　　$(\cot x)' = \left(\dfrac{1}{\tan x}\right)' = -\mathrm{cosec}^2 x$

$(\sin^{-1} x)' = \dfrac{1}{\sqrt{1-x^2}}$　　$(\cos^{-1} x)' = -\dfrac{1}{\sqrt{1-x^2}}$

$(\tan^{-1} x)' = \dfrac{1}{1+x^2}$　　$(\cot^{-1} x)' = -\dfrac{1}{1+x^2}$

$(e^x)' = e^x$　　$(a^x)' = a^x \log_e a$　$(a > 0,\ a \neq 1)$

$(\log_e x)' = \dfrac{1}{x}$　　$(\log_a x)' = \dfrac{1}{x \log_e a}$　$(a > 0,\ a \neq 1)$

9. 高階導関数

$y = f(x)$ の導関数を $f'(x)$ と表すとき，$\lim_{h \to 0} \dfrac{f'(x+h) - f'(x)}{h}$ が存在すれば，これを $f(x)$ の2階導関数といい，$f''(x)$, y'', $\dfrac{d^2y}{dx^2}$ などと表す。同様に，3階，. . . ，n 階導関数が定義される。

n 階導関数は，$f^{(n)}(x)$, $y^{(n)}$, $\dfrac{d^ny}{dx^n}$ などと表す。

〔例〕 $y = x^{\alpha}$ のとき　$y^{(n)} = \alpha(\alpha-1)\cdots(\alpha-n+1)x^{\alpha-n}$

$y = e^{cx}$ のとき　$y^{(n)} = c^n e^{cx}$

$y = \sin x$ のとき　$y^{(n)} = \sin\left(x + \dfrac{n}{2}\pi\right)$

10. 平均値の定理

(1) **ロル（Rolle）の定理**　関数 $f(x)$ が閉区間 $[a,\ b]$ で連続，開区間 $(a,\ b)$ で微分可能，かつ $f(a) = f(b) = 0$ ならば，$f'(c) = 0$ となる c が $(a,\ b)$ 内に少なくとも1つ存在する。

(2) **平均値の定理**　関数 $f(x)$ について，$[a,\ b]$ で連続，$(a,\ b)$ で微分可能のとき

$$\frac{f(b) - f(a)}{b - a} = f'(c) \quad (a < c < b) \qquad \cdots①$$

となる c が少なくとも1つ存在する。

①は，$b - a = h$，$c - a = \theta h$　$(0 < \theta < 1)$ とおくと

$$f(a+h) = f(a) + hf'(a + \theta h) \quad (0 < \theta < 1)$$

とも表せる。

11.　関数の増減，極大と極小，曲線の凹凸

(1) **関数の増減**　関数 $f(x)$ が $x=a$ の十分近くで連続な導関数 $f'(x)$ をもつとする。このとき

$f'(a)>0$ ならば　$f(x)$ は $x=a$ で増加の状態

$f'(a)<0$ ならば　$f(x)$ は $x=a$ で減少の状態

また，$f'(x)>0$ となる x の区間では $f(x)$ は増加関数

$f'(x)<0$ となる x の区間では $f(x)$ は減少関数

(2) **関数の極大と極小**　関数 $f(x)$ が $x=a$ の十分近く，すなわち，開区間 $(a-h,\ a+h)$ で a 以外の任意の x に対して

$f(x)<f(a)$ のとき　$f(x)$ は $x=a$ で極大

$f(x)>f(a)$ のとき　$f(x)$ は $x=a$ で極小

という。この $f(a)$ を順に**極大値**，**極小値**という。

また，$f(x)\leq f(a)$ のとき　広義で $x=a$ で極大

$f(x)\geq f(a)$ のとき　広義で $x=a$ で極小

という。　*「広義で」とは「広い意味で」ということである。

特に，$f'(x)$ が a の十分近くで連続であり，$(a-h,\ a)$ で $f'(x)>0$ かつ $(a,\ a+h)$ で $f'(x)<0$ のとき，$f(x)$ は $x=a$ で極大となる。

極小の場合も同様である。

(3) **2階導関数と極大・極小**　関数 $f(x)$ が連続な2階導関数 $f''(x)$ をもつとき

$f'(a)=0,\ \ f''(a)<0$ ならば，$f(x)$ は $x=a$ で極大

$f'(a)=0,\ \ f''(a)>0$ ならば，$f(x)$ は $x=a$ で極小

$f'(a)=0,\ \ f''(a)=0$ のとき，これだけでは極値の判定はできない。

(4) **曲線の凹凸の判定**　曲線 $y=f(x)$ は

$f''(x)>0$ の区間では　下に凸

$f''(x)<0$ の区間では　上に凸

$f''(x_1)=0$ で，$x=x_1$ の前後で $f''(x)$ の符号が変わるとき，点 $(x_1,\ f(x_1))$ を曲線 $y=f(x)$ の**変曲点**という。

問題1-1 ▼右方極限・左方極限

次の極限は存在するか。

(1) $\displaystyle\lim_{x\to1+0}2^{\frac{1}{x-1}}$　　(2) $\displaystyle\lim_{x\to1-0}2^{\frac{1}{x-1}}$　　(3) $\displaystyle\lim_{x\to1}2^{\frac{1}{x-1}}$

(4) $\displaystyle\lim_{x\to3}[x]$（ただし，$[x]$ は x を超えない最大の整数を表す）

解説　一般に，$\displaystyle\lim_{x\to a+0}f(x)$ は x が a より大きい方から a に限りなく近づくときの $f(x)$ の極限を表し，**右方極限**という。また，$\displaystyle\lim_{x\to a-0}f(x)$ は x が a より小さい方から a に限りなく近づくときの $f(x)$ の極限を表し，**左方極限**という。

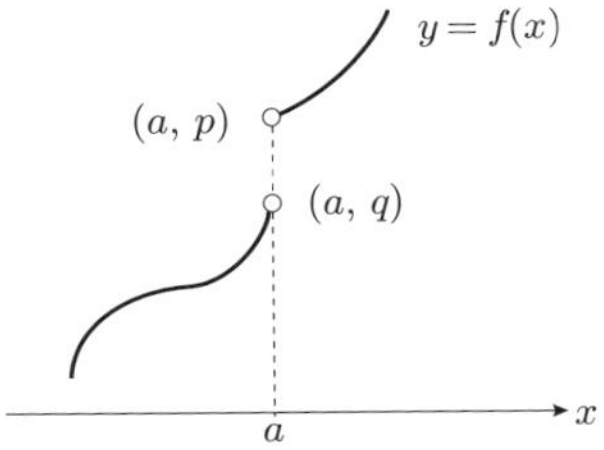

右のグラフでは

$$\text{右方極限}\ \lim_{x\to a+0}f(x)=p,\quad \text{左方極限}\ \lim_{x\to a-0}f(x)=q$$

となるが，$p\neq q$ のときは $\displaystyle\lim_{x\to a+0}f(x)\neq\lim_{x\to a-0}f(x)$ となるので，$\displaystyle\lim_{x\to a}f(x)$ は存在しない，と約束する。

解答

(1) $x\to1+0$ のとき $\dfrac{1}{x-1}$㋐ $\to+\infty$ だから

$\displaystyle\lim_{x\to1+0}2^{\frac{1}{x-1}}=\infty$㋑　…(答)

(2) $x\to1-0$ のとき $\dfrac{1}{x-1}\to-\infty$ だから

$\displaystyle\lim_{x\to1-0}2^{\frac{1}{x-1}}=0$㋒　…(答)

(3) (1)と(2)の極限が異なるので，$\displaystyle\lim_{x\to1}2^{\frac{1}{x-1}}$ は存在しない。　…(答)

(4) $y=[x]$㋓ のグラフは右のようになるので

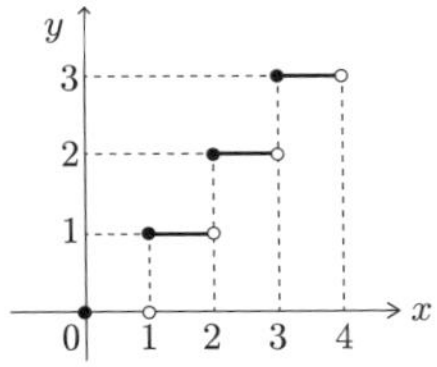

$\displaystyle\lim_{x\to3+0}[x]=3$，$\displaystyle\lim_{x\to3-0}[x]=2$

よって，両者が一致しないので，存在しない。…(答)

ポイント

㋐ $y=\dfrac{1}{x-1}$ のグラフ

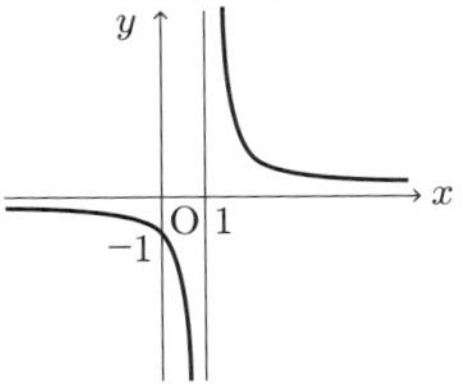

㋑ $\displaystyle\lim_{x\to1+0}2^{\frac{1}{x-1}}=2^{\infty}=\infty$

㋒ $\displaystyle\lim_{x\to1-0}2^{\frac{1}{x-1}}$
$=2^{-\infty}=\dfrac{1}{2^{\infty}}=\dfrac{1}{\infty}=0$

㋓ ガウス記号

練習問題　1-1　解答 p.210

次の極限は存在するか。

(1) $\displaystyle\lim_{x\to1}\frac{x+2}{(x-1)^2}$　　(2) $\displaystyle\lim_{x\to a}\frac{x^2-a^2}{|x-a|}$（$a$ は定数）

問題 1-2 ▼ 不定形の極限

次の極限を求めよ。

(1) $\displaystyle\lim_{x\to -2}\frac{x^3+8}{x^2-3x-10}$ (2) $\displaystyle\lim_{x\to\infty}(3x-2x^3)$

(3) $\displaystyle\lim_{x\to\infty}(\sqrt{x^2-x+1}-\sqrt{x^2+2x+3})$

解 説 $\alpha>0$ とするとき，次は極限を扱うときの土台となる。

$$\lim_{x\to\infty}kx^\alpha=\begin{cases}+\infty & (k>0)\\ 0 & (k=0)\\ -\infty & (k<0)\end{cases},\qquad \lim_{x\to\infty}\frac{k}{x^\alpha}=0\ (k\text{ は定数})$$

(1) は $x\to -2$ とすると分子 $\to 0$，分母 $\to 0$ となるが，このときは極限の結果を $\frac{0}{0}$ とするわけにはいかない。このように，形式上は $\frac{0}{0}$，$\frac{\infty}{\infty}$，$\infty-\infty$，$0\times\infty$，∞^0，1^∞，0^0 などと表せる極限を**不定形**と呼ぶ。何らかの工夫をして不定形の要素を取り除くことが必要である。

解答

(1) $\underset{㋐}{\text{与式}}=\displaystyle\lim_{x\to -2}\frac{(x+2)(x^2-2x+4)}{(x+2)(x-5)}$

$=\displaystyle\lim_{x\to -2}\frac{x^2-2x+4}{x-5}=\frac{12}{-7}=-\frac{12}{7}$ …(答)

(2) $\underset{㋑}{\text{与式}}=\displaystyle\lim_{x\to\infty}x^3\left(\frac{3}{x^2}-2\right)=-\infty$ …(答)

(3) $\underset{㋒}{\text{与式}}=\displaystyle\lim_{x\to\infty}\frac{(x^2-x+1)-(x^2+2x+3)}{\sqrt{x^2-x+1}+\sqrt{x^2+2x+3}}$

$=\underset{㋓}{\displaystyle\lim_{x\to\infty}\frac{-3x-2}{\sqrt{x^2-x+1}+\sqrt{x^2+2x+3}}}$

$=\displaystyle\lim_{x\to\infty}\frac{-3-\frac{2}{x}}{\sqrt{1-\frac{1}{x}+\frac{1}{x^2}}+\sqrt{1+\frac{2}{x}+\frac{3}{x^2}}}$

$=\dfrac{-3}{1+1}=-\dfrac{3}{2}$ …(答)

ポイント

㋐ $\frac{\text{整式}}{\text{整式}}$ で $\frac{0}{0}$ の不定形
→ 因数分解して約分

㋑ 整式で $\infty-\infty$
→ 最高次の項でくくる
与式 $=\infty\cdot(\frac{3}{\infty}-2)$
$=\infty\cdot(-2)=-\infty$

㋒ 無理式で $\infty-\infty$ → 有理化
$\sqrt{A}-\sqrt{B}=\dfrac{A-B}{\sqrt{A}+\sqrt{B}}$

㋓ $\frac{\infty}{\infty}$ → 分母の最高次の項で分子・分母を割る。

練習問題 1-2 解答 p.210

次の極限を求めよ。

(1) $\displaystyle\lim_{x\to -\infty}(\sqrt{x^2-6x+1}+x-1)$ (2) $\displaystyle\lim_{x\to 3}\frac{\sqrt{x+1}-\sqrt{3x-5}}{\sqrt{5x+1}-\sqrt{3x+7}}$

問題1-3 ▼ 重要な極限値 (1)

次の極限値を求めよ。

(1) $\displaystyle\lim_{\theta\to 0}\frac{\sin(2\sin 5\theta)}{\theta}$　　(2) $\displaystyle\lim_{x\to 0}\frac{\tan^3 x-\sin^3 x}{x^5}$

解 説 (1), (2) いずれも $\frac{0}{0}$ の不定形である。三角関数の不定形の極限では，次の2つの公式に帰着させて考えるのが原則である。

$$\lim_{\theta\to 0}\frac{\sin\theta}{\theta}=1,\quad \lim_{\theta\to 0}\frac{\tan\theta}{\theta}=1 \qquad \cdots①$$

ここで，θ は弧度法（ラジアン法）で表された角で，$180^\circ=\pi$（ラジアン）と定義する。一般にはラジアンを省略して，単に $180^\circ=\pi$, $-60^\circ=-\frac{\pi}{3}$ のように表す。

$$1^\circ=\frac{\pi}{180},\ x^\circ=\frac{\pi}{180}x,\ \theta=\left(\frac{180}{\pi}\theta\right)^\circ,\ \text{etc.}$$

解答

(1) 与式 $\displaystyle=\lim_{\theta\to 0}\underset{㋐}{\frac{\sin(2\sin 5\theta)}{2\sin 5\theta}}\cdot\frac{2\sin 5\theta}{\theta}$

$\displaystyle=\lim_{\theta\to 0}2\cdot\frac{\sin(2\sin 5\theta)}{2\sin 5\theta}\cdot\frac{\sin 5\theta}{5\theta}\cdot 5$

$=2\cdot 1\cdot 1\cdot 5=10$ …(答)

(2) 与式 $\displaystyle=\lim_{x\to 0}\frac{\sin^3 x(1-\cos^3 x)}{x^5\cos^3 x}$

$\displaystyle=\underset{㋑}{\lim_{x\to 0}\frac{\sin^3 x(1-\cos x)(1+\cos x+\cos^2 x)}{x^5\cos^3 x}}$

$\displaystyle=\lim_{x\to 0}\frac{\sin^5 x(1+\cos x+\cos^2 x)}{x^5\cos^3 x(1+\cos x)}$

$\displaystyle=\lim_{x\to 0}\left(\frac{\sin x}{x}\right)^5\cdot\frac{1+\cos x+\cos^2 x}{\cos^3 x(1+\cos x)}$

$\displaystyle=1^5\cdot\frac{3}{2}=\frac{3}{2}$ …(答)

ポイント

㋐ $\displaystyle\lim_{\square\to 0}\frac{\sin\square}{\square}=1$ の形を（三位一体）作るために，与式の分子の角 $2\sin 5\theta$ を分母にもってくる。$\theta\to 0$ のとき，$2\sin 5\theta\to 0$ だから

$$\lim_{\theta\to 0}\frac{\sin(2\sin 5\theta)}{2\sin 5\theta}=1$$

となる。以下，この操作を繰り返す。

㋑ $\displaystyle\lim_{x\to 0}\frac{1-\cos x}{x^2}=\frac{1}{2}$ は公式として覚えておくとよい。

練習問題 1-3

解答 p.211

次の極限値を求めよ。

(1) $\displaystyle\lim_{x\to\infty}x\sin\frac{a}{x}$　$(a\neq 0)$　　(2) $\displaystyle\lim_{x\to\frac{\pi}{2}}(\pi-2x)\tan x$

問題 1-4 ▼ 重要な極限値 (2)

次の極限値を求めよ。

(1) $\lim_{x\to 0}\dfrac{5^x-3^x}{x}$　　(2) $\lim_{x\to\infty}\left(1+\dfrac{1}{x}+\dfrac{1}{x^2}\right)^x$

解説　(1) は，$\dfrac{0}{0}$ の不定形で分子が指数関数である。このような場合には公式 $\lim_{x\to 0}\dfrac{e^x-1}{x}=1$，$\lim_{x\to 0}\dfrac{a^x-1}{x}=\log_e a\ (a>0)$　…①

に帰着させるのが原則である。$e\ (=2.71828\cdots)$ は**自然対数**の底と呼ばれる無理数である。

次に，(2) は 1^∞ の不定形で $(1+f(x))^x$ の形をしている。このような場合には公式 $\lim_{x\to\infty}\left(1+\dfrac{1}{x}\right)^x=e$　…②

に帰着させるのが原則である。

①，②ともに，三角関数の極限値の公式と同様に三位一体の形になっている。

解答

(1) 与式 $=\underset{㋐}{\lim_{x\to 0}\dfrac{3^x\left\{\left(\frac{5}{3}\right)^x-1\right\}}{x}}=\lim_{x\to 0}3^x\cdot\dfrac{\left(\frac{5}{3}\right)^x-1}{x}$

$=1\cdot\log_e\dfrac{5}{3}=\log_e\dfrac{5}{3}$　…(答)

(2) 与式 $=\lim_{x\to\infty}\left(1+\dfrac{x+1}{x^2}\right)^x=\underset{㋑}{\lim_{x\to\infty}\left(1+\dfrac{1}{\frac{x^2}{x+1}}\right)^x}$

$=\lim_{x\to\infty}\left\{\left(1+\dfrac{1}{\frac{x^2}{x+1}}\right)^{\frac{x^2}{x+1}}\right\}^{\frac{x+1}{x}}$

$x\to\infty$ のとき，$\dfrac{x^2}{x+1}=\dfrac{x}{1+\frac{1}{x}}\to\infty$，$\dfrac{x+1}{x}\to 1$

であるから

与式 $=e^1=e$　…(答)

ポイント

㋐　$a>0,\ b>0$ のとき

$\dfrac{a^x-b^x}{x}=\dfrac{b^x\left\{\left(\frac{a}{b}\right)^x-1\right\}}{x}$

と変形する。

㋑　$\lim_{\square\to\infty}\left(1+\dfrac{1}{\square}\right)^{\square}$

の形を作る。

練習問題　1-4　解答 p.211

次の極限値を求めよ。

(1) $\lim_{x\to 0}(1+ax)^{\frac{1}{x}}$　　(2) $\lim_{x\to 1}\dfrac{\log x}{x^3-1}$

問題1-5 ▼ はさみうちの原理

次の極限値を求めよ。

(1) $\lim_{x\to\infty}\dfrac{\sin x}{x}$　　(2) $\lim_{x\to\infty}\dfrac{[x]}{3x+1}$ （$[x]$ はガウス記号）

解説 (1) は，あわてて与式 $=1$ としてはいけない。$\dfrac{0}{0}$ の不定形ではない。$x\to\infty$ のとき，分母 $\to\infty$ となるが，分子 $=\sin x$ は $[-1,\ 1]$ のすべての値の間を動いているので，形式上は与式 $=\dfrac{-1\text{から}1\text{までの定数}}{\infty}=0$ となることがわかる。このようなときには，「**はさみうちの原理**」を用いるのが原則である。

> x の十分大きな値で3つの関数 $f(x)$, $g(x)$, $h(x)$ が
> $g(x)\leq f(x)\leq h(x)$ を満たして，$\lim_{x\to\infty}g(x)=\lim_{x\to\infty}h(x)=\alpha$
> ならば，$\lim_{x\to\infty}f(x)=\alpha$ となる。

この定理は，$x\to\infty$ でなく $x\to a$ （a は定数）としても成り立つ。

解答

(1) ㋐$0\leq|\sin x|\leq 1$ だから　$0\leq\left|\dfrac{\sin x}{x}\right|\leq\dfrac{1}{|x|}$

$\lim_{x\to\infty}\dfrac{1}{|x|}=0$ と，はさみうちの原理により，

$$\lim_{x\to\infty}\left|\frac{\sin x}{x}\right|=0\quad\therefore\quad\lim_{x\to\infty}\frac{\sin x}{x}=0\quad\cdots(\text{答})$$

(2) ㋑$[x]=n$（n は整数）とおくと，ガウス記号の性質により，$n\leq x<n+1$　かつ　$x\to\infty$ のとき $n\to\infty$

これより　$3n+1\leq 3x+1<3n+4$

$$\therefore\quad\frac{n}{3n+4}<\frac{[x]}{3x+1}\leq\frac{n}{3n+1}\ ㋒$$

$\lim_{x\to\infty}\dfrac{n}{3n+4}=\lim_{n\to\infty}\dfrac{n}{3n+1}=\dfrac{1}{3}$ であるから

$$\lim_{x\to\infty}\frac{[x]}{3x+1}=\frac{1}{3}\quad\cdots(\text{答})$$

ポイント

㋐ $-1\leq\sin x\leq 1$ として $x>0$ のとき

$-\dfrac{1}{x}\leq\dfrac{\sin x}{x}\leq\dfrac{1}{x}$

から求めてもよい。

㋑ $n\leq x<n+1$（n は整数）のとき

$[x]=n$

㋒ $(0<)\ A<B<C$ のとき

$\dfrac{1}{A}>\dfrac{1}{B}>\dfrac{1}{C}$

練習問題 1-5　解答 p.211

$a>0,\ b>0$ とするとき，$\lim_{x\to\infty}(a^x+b^x)^{\frac{1}{x}}$ を求めよ。

問題1-6 ▼関数の連続

次の関数は $x=0$ で連続であるかどうかを調べよ。

(1) $f(x)=\begin{cases}\sin\dfrac{1}{x} & (x\neq 0)\\ 0 & (x=0)\end{cases}$ (2) $f(x)=\begin{cases}\dfrac{x}{1+2^{\frac{1}{x}}} & (x\neq 0)\\ 0 & (x=0)\end{cases}$

■ **解 説** ■ 関数 $f(x)$ が $x=a$ で連続とは，直観的には $x=a$ でグラフがつながっていることであるが，それを代数的には

$$\lim_{x\to a+0} f(x)=\lim_{x\to a-0} f(x)=f(a)$$

と定義する。右方極限 $\lim\limits_{x\to a+0} f(x)$，左方極限 $\lim\limits_{x\to a-0} f(x)$ の考え方は，問題1-1で学んだとおりである。本問は $x=0$ での連続性だから，$\lim\limits_{x\to+0} f(x)=\lim\limits_{x\to-0} f(x)=f(0)$ が成り立つかどうかを調べればよい。

解答

(1) $\lim\limits_{x\to 0} f(x)=\lim\limits_{x\to 0}\sin\dfrac{1}{x}$ について考える。

$x=\dfrac{1}{\pi},\ \dfrac{1}{2\pi},\ \dfrac{1}{3\pi},\ \ldots$ をとって $x\to 0$ のときは $\lim\limits_{x\to 0} f(x)=0$ ㋐ となるが，一方

$x=\dfrac{2}{\pi},\ \dfrac{5}{5\pi},\ \dfrac{2}{9\pi},\ \ldots$ をとって $x\to 0$ のときは $\lim\limits_{x\to 0} f(x)=1$ ㋑ となる。

よって，$\lim\limits_{x\to 0} f(x)=\lim\limits_{x\to 0}\sin\dfrac{1}{x}$ ㋒ は存在しないので，$f(x)$ は $x=0$ で不連続である。 …(答)

(2) $\lim\limits_{x\to+0} f(x)=\lim\limits_{x\to+0}\dfrac{x}{1+2^{\frac{1}{x}}}=0$ ㋓

$\lim\limits_{x\to-0} f(x)=\lim\limits_{x\to-0}\dfrac{x}{1+2^{\frac{1}{x}}}=0$ ㋔

よって，$\lim\limits_{x\to+0} f(x)=\lim\limits_{x\to-0} f(x)=0=f(0)$ が成り立つので，$f(x)$ は $x=0$ で連続である。

…(答)

ポイント

㋐ $\dfrac{1}{x}=\pi,\ 2\pi,\ 3\pi,\ \ldots$ のとき $\sin\dfrac{1}{x}=0$

㋑ $\dfrac{1}{x}=\dfrac{\pi}{2},\ \dfrac{5\pi}{2},\ \dfrac{9\pi}{2},\ \ldots$ のとき $\sin\dfrac{1}{x}=1$

㋒ x の値のとり方によって $\lim\limits_{x\to 0} f(x)$ は異なるので，$\lim\limits_{x\to 0} f(x)$ は定義できない。すなわち，存在しないことになる。

㋓ $\dfrac{+0}{1+2^{+\infty}}=\dfrac{+0}{1+\infty}=0$

㋔ $\dfrac{-0}{1+2^{-\infty}}=\dfrac{-0}{1+\dfrac{1}{2^{\infty}}}=\dfrac{-0}{1+0}=0$

練習問題 1-6 解答 p.211

次の関数は $x=0$ で連続であるかどうかを調べよ。

(1) $f(x)=\begin{cases}x\sin\dfrac{1}{x} & (x\neq 0)\\ 0 & (x=0)\end{cases}$ (2) $f(x)=\sum\limits_{n=1}^{\infty}\dfrac{x^2}{(1+x^2)^{n-1}}$

問題1-7 ▼ 合成関数，逆関数

(1) 関数 $f(x)=\sin x$, $g(x)=\sqrt{1-x^2}$ に対して，合成関数 $f\circ g$ と $g\circ f$ を求め，それらの定義域を求めよ。

(2) $y=\log_a(x+\sqrt{x^2-1})$（ただし $a>1$）の逆関数を求めよ。かつ，その定義域を求めよ。

解説 (1) 実数の集合 X から実数の集合 Y への関数を $y=f(x)$, Y から実数の集合 Z への関数を $z=g(y)$ とすると，$z=g(f(x))$ は X から Z への関数を与える。この関数を g と f の**合成関数**と呼び，$g\circ f$ で表す。つまり，

$z=(g\circ f)(x)=g(f(x))$ と定義する。

(2) $y=f(x)$ の逆関数を求めるには，x について解いて $x=g(y)$，すなわち $y=f^{-1}(x)=g(x)$ とすればよい。x と y を入れ換えるので

$y=f(x)$ の定義域（値域）$\rightleftarrows$ $y=f^{-1}(x)$ の値域（定義域）となる。

解答

(1) $f\circ g(x)=f(g(x))=\sin g(x)$

$=\sin\sqrt{1-x^2}$ …(答)

定義域は $1-x^2\geqq 0$ ㋐ から $[-1,\ 1]$ …(答)

$g\circ f(x)=g(f(x))=\sqrt{1-\{f(x)\}^2}=\sqrt{1-\sin^2 x}$

$=\sqrt{\cos^2 x}=|\cos x|$ …(答)

定義域 ㋑ は $(-\infty,\ \infty)$ …(答)

(2) $y=\log_a(x+\sqrt{x^2-1})$ から $a^y=x+\sqrt{x^2-1}$

逆数をとり $a^{-y}=\dfrac{1}{x+\sqrt{x^2-1}}=x-\sqrt{x^2-1}$

$\therefore\ x=\dfrac{a^y+a^{-y}}{2}$ ㋒

よって，逆関数は $y=\dfrac{a^x+a^{-x}}{2}$ …(答)

定義域は最初の関数の値域である。

真数条件 ㋓ から $x\geqq 1$ より，真数の値域は $[1,\ \infty)$ ㋔

$a>1$ だから，求める定義域は $[0,\ \infty)$ ㋕ …(答)

ポイント

㋐ 根号内 $\geqq 0$ より。

㋑ $|\cos x|$ はすべての実数 x で定義される。

㋒ $x+\sqrt{x^2-1}=a^y$
$x-\sqrt{x^2-1}=a^{-y}$
2式を加えて得られる。

㋓ 真数 >0 の条件から

$x+\sqrt{x^2-1}>0$

まず，$x^2-1\geqq 0$ から $x\leqq -1$, $x\geqq 1$ となるが，$x+\sqrt{x^2-1}>0$ を満たすのは $x\geqq 1$

㋔ $x\geqq 1$ のとき，x も $\sqrt{x^2-1}$ も単調に増加し，$x+\sqrt{x^2-1}\geqq 1$

㋕ 最初の関数は x の増加関数より $y\geqq 0$

練習問題 1-7 解答 p.211

$y=\dfrac{a^x-a^{-x}}{2}$ $(a>0,\ a\neq 1)$ の逆関数を求めよ。かつ，その定義域を示せ。

問題1-8 ▼逆三角関数 (1)

次の等式を証明せよ。

$$\cos^{-1}\frac{12}{13}+\cos^{-1}\frac{63}{65}=\sin^{-1}\frac{3}{5}$$

解 説 $|a|\leq 1$ のとき

$$\sin x=a\left(-\frac{\pi}{2}\leq x\leq\frac{\pi}{2}\right)$$
$$\Longleftrightarrow x=\sin^{-1}a$$
$$\cos x=a\left(0\leq x\leq\pi\right)$$
$$\Longleftrightarrow x=\cos^{-1}a$$

と定義する。

逆三角関数 $y=\sin^{-1}x$, $y=\cos^{-1}x$ の y のとり得る値（**主値**という）は，順に $-\frac{\pi}{2}\leq y\leq\frac{\pi}{2}$, $0\leq y\leq\pi$ である。$\sin^{-1}x$ は，「アークサイン x」と読む。

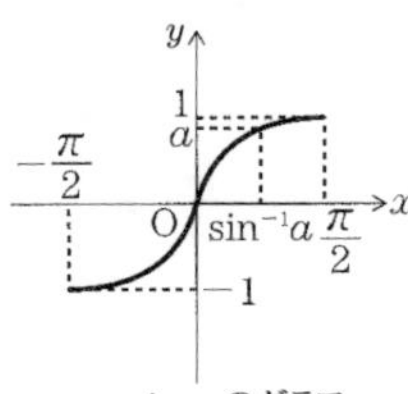

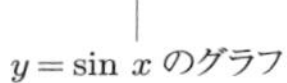
$y=\sin x$ のグラフ

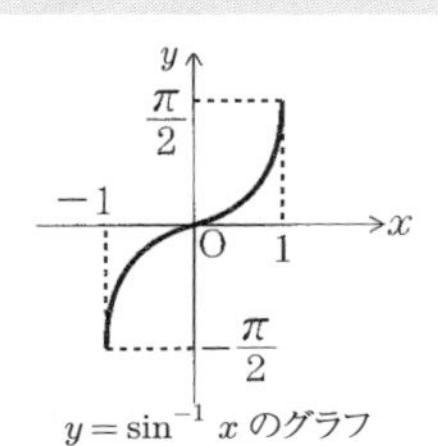

$y=\sin^{-1}x$ のグラフ

$y=\cos x$ のグラフ

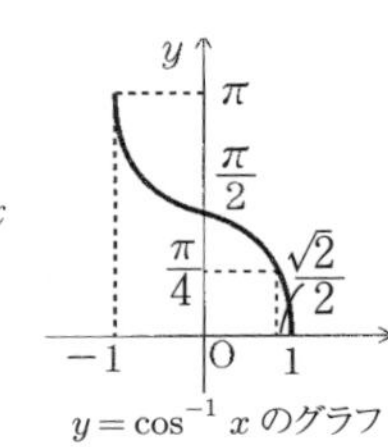

$y=\cos^{-1}x$ のグラフ

解答

$\cos^{-1}\frac{12}{13}=\alpha$, $\cos^{-1}\frac{63}{65}=\beta$ とおくと ㋐

$0<\alpha<\frac{\pi}{4}$, $0<\beta<\frac{\pi}{4}$ で $\cos\alpha=\frac{12}{13}$, $\cos\beta=\frac{63}{65}$ ㋑

$$\sin\alpha=\sqrt{1-\cos^2\alpha}=\sqrt{1-\left(\frac{12}{13}\right)^2}=\frac{5}{13}$$
$$\sin\beta=\sqrt{1-\cos^2\beta}=\sqrt{1-\left(\frac{63}{65}\right)^2}=\frac{16}{65}$$
$$\therefore\ \sin(\alpha+\beta)=\sin\alpha\cos\beta+\cos\alpha\sin\beta$$ ㋒
$$=\frac{5}{13}\cdot\frac{63}{65}+\frac{12}{13}\cdot\frac{16}{65}=\frac{3}{5}$$

$0<\alpha+\beta<\frac{\pi}{2}$ より $\alpha+\beta=\sin^{-1}\frac{3}{5}$ ㋓

よって $\cos^{-1}\frac{12}{13}+\cos^{-1}\frac{63}{65}=\sin^{-1}\frac{3}{5}$

ポイント

㋐ 本問のような場合は逆三角関数をふつうの形に直すのが原則。

㋑ $\frac{\sqrt{2}}{2}<\frac{12}{13}$ とグラフより，α は $0<\alpha<\frac{\pi}{4}$ を満たすことがわかる。

㋒ 示すべき式は
$\alpha+\beta=\sin^{-1}\frac{3}{5}$ つまり，
$\sin(\alpha+\beta)=\frac{3}{5}$

㋓ $\alpha+\beta$ は $\sin^{-1}\frac{3}{5}$ の主値になり得る。

練習問題 1-8 解答 p.212

次の等式を証明せよ。

(1) $2\sin^{-1}\frac{1}{3}=\sin^{-1}\frac{4\sqrt{2}}{9}$ (2) $\sin^{-1}\left(\sin\frac{2}{5}\pi\right)+\cos^{-1}\left(\cos\frac{3}{7}\pi\right)=\frac{29}{35}\pi$

問題1-9 ▼逆三角関数 (2)

次の等式が成立するための必要十分条件は，$xy<1$ であることを証明せよ。

$$\tan^{-1}x+\tan^{-1}y=\tan^{-1}\frac{x+y}{1-xy}$$

■ **解 説** ■ 任意の実数 a に対し

$$\begin{cases}\tan x=a\\ -\dfrac{\pi}{2}<x<\dfrac{\pi}{2}\end{cases}\iff x=\tan^{-1}a$$

と定義する。

逆三角関数 $y=\tan^{-1}x$ の主値は $-\dfrac{\pi}{2}<y<\dfrac{\pi}{2}$ である。

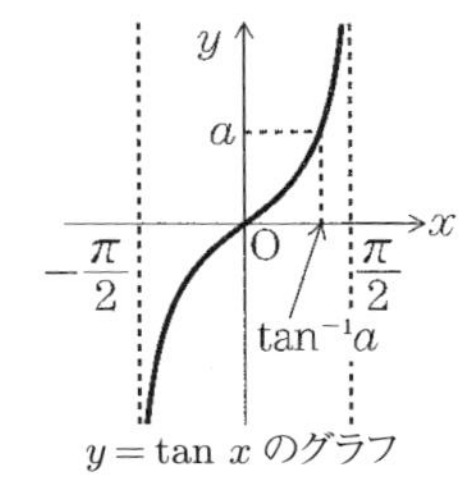

$y=\tan x$ のグラフ

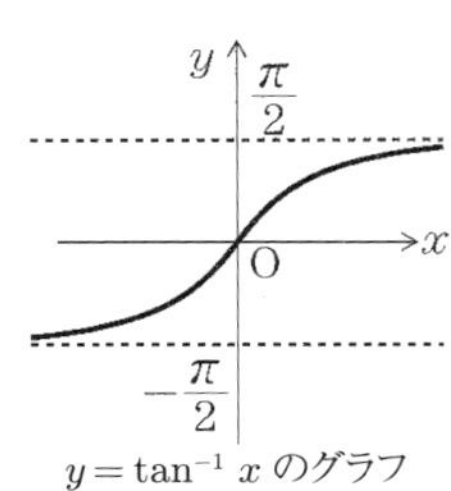

$y=\tan^{-1}x$ のグラフ

解答

$\tan^{-1}x=\alpha$, $\tan^{-1}y=\beta$ とおくと

$x=\tan\alpha$, $y=\tan\beta$ かつ ㋐$-\dfrac{\pi}{2}<\alpha,\ \beta<\dfrac{\pi}{2}$

ここに $\tan(\alpha+\beta)=\dfrac{\tan\alpha+\tan\beta}{1-\tan\alpha\tan\beta}=\dfrac{x+y}{1-xy}$

したがって，与えられた等式，すなわち

$\alpha+\beta=\tan^{-1}\dfrac{x+y}{1-xy}$ が成立するための必要十分条件は

㋑$-\dfrac{\pi}{2}<\alpha+\beta<\dfrac{\pi}{2}$ …①

が成り立つことである。

いま，㋒$-\pi<\alpha+\beta<\pi$ だから，

①は ㋓$\cos(\alpha+\beta)>0$ と同値である。

さて $\cos(\alpha+\beta)=\cos\alpha\cos\beta-\sin\alpha\sin\beta$

$\qquad\qquad\qquad=(\cos\alpha\cos\beta)(1-xy)$

$\cos\alpha>0$，$\cos\beta>0$ だから $1-xy>0$

よって，求める必要十分条件は $xy<1$

ポイント

㋐ α, β は $\tan^{-1}x$, $\tan^{-1}y$ の主値。

㋑ $\alpha+\beta$ が $\tan^{-1}\dfrac{x+y}{1-xy}$ の主値であるための必要十分条件。

㋒ $-\dfrac{\pi}{2}<\alpha<\dfrac{\pi}{2}$ かつ $-\dfrac{\pi}{2}<\beta<\dfrac{\pi}{2}$ より。

㋓ $-\pi<\alpha+\beta<\pi$ で $\cos(\alpha+\beta)>0\Leftrightarrow$ ①

練習問題 1-9

解答 p.212

等式 $\tan^{-1}x+\tan^{-1}y=\tan^{-1}\dfrac{x+y}{1-xy}\pm\pi$ が成り立つための必要十分条件を求めよ.

問題1-10▼微分係数の定義

次の関数の点$(a,\ f(a))$における微分係数を定義に従って求めよ。

(1) $f(x)=x^{\frac{1}{n}}$ (n は自然数)

(2) $f(x)=\log_e x$ (ただし, $a>0$)

解 説 連続関数 $f(x)$ の定義域内の2点 $a,\ x$ に対して, $\dfrac{f(x)-f(a)}{x-a}$ を$[a,\ x]$または$[x,\ a]$における関数 $f(x)$ の**平均変化率**という。この式で $x\to a$ としたときの極限が有限な値になるか, 正負の無限大になるとき

$$f'(a)=\lim_{x\to a}\frac{f(x)-f(a)}{x-a}$$

を関数 $f(x)$ の $x=a$ における**微分係数**と定義する。$x=a+h$ とおくと

$$f'(a)=\lim_{h\to 0}\frac{f(a+h)-f(a)}{h}$$ とも定義される。

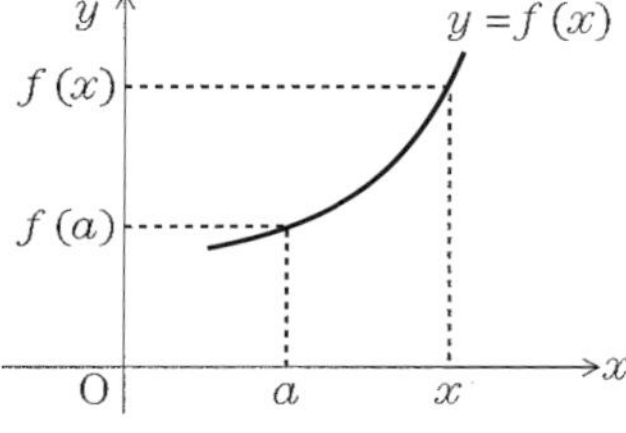

解答

(1) $\displaystyle\lim_{x\to a}\frac{f(x)-f(a)}{x-a}=\lim_{x\to a}\frac{x^{\frac{1}{n}}-a^{\frac{1}{n}}}{x-a}$

㋐$x^{\frac{1}{n}}=X,\ a^{\frac{1}{n}}=A$ とおくと, $x=X^n,\ a=A^n$ で

上式 $=$ ㋑$\displaystyle\lim_{X\to A}\frac{X-A}{X^n-A^n}$

$\displaystyle =\lim_{X\to A}\frac{1}{X^{n-1}+X^{n-2}A+\cdots+A^{n-1}}$

$\displaystyle =\frac{1}{nA^{n-1}}=\frac{1}{n}A^{1-n}=\frac{1}{n}\left(a^{\frac{1}{n}}\right)^{1-n}=\frac{1}{n}a^{\frac{1}{n}-1}$

よって $f'(a)=\dfrac{1}{n}a^{\frac{1}{n}-1}$ …(答)

(2) $\displaystyle\lim_{h\to 0}\frac{f(a+h)-f(a)}{h}=\lim_{h\to 0}\frac{\log_e(a+h)-\log_e a}{h}$

$\displaystyle =\lim_{h\to 0}\frac{1}{h}\log_e\left(1+\frac{h}{a}\right)=$ ㋒$\displaystyle\lim_{h\to 0}\frac{1}{a}\log_e\left(1+\frac{h}{a}\right)^{\frac{a}{h}}=\frac{1}{a}$

よって $f'(a)=\dfrac{1}{a}$ …(答)

ポイント

㋐ 置き換えなくてもできるが, 置き換えたほうが楽。

㋑ X^n-A^n
$=(X-A)(X^{n-1}+X^{n-2}A$
$+X^{n-3}A^2+\cdots+A^{n-1})$

㋒
$\displaystyle\lim_{h\to 0}\frac{1}{a}\log_e\left(1+\frac{h}{a}\right)^{\frac{a}{h}}$

$\displaystyle =\lim_{h\to 0}\frac{1}{a}\log_e\left(1+\frac{1}{\frac{a}{h}}\right)^{\frac{a}{h}}$

$\displaystyle =\frac{1}{a}\log_e e=\frac{1}{a}\cdot 1=\frac{1}{a}$

$\displaystyle\left(\because\ \lim_{h\to\pm 0}\left(1+\frac{1}{\frac{a}{h}}\right)^{\frac{a}{h}}=\lim_{x\to\pm\infty}\left(1+\frac{1}{x}\right)^{x}=e\right)$

練習問題 1-10 解答 p.212

次の関数の点$(a,\ f(a))$における微分係数を定義に従って求めよ。

(1) $f(x)=\sqrt{x}$ (ただし, $a>0$)　(2) $f(x)=\cos x$

問題1-11 ▼連続性と微分可能性

次の関数の $x=1$ における連続性および微分可能性について調べよ。

$$f(x)=2(x-1)+|x-1|^{\frac{3}{2}}$$

解説 「関数 $f(x)$ が $x=a$ で微分可能ならば，$f(x)$ は $x=a$ で連続である」。これは次のようにして示される。

$f(x)$ が $x=a$ で微分可能であるとすれば

$$\lim_{x\to a}\{f(x)-f(a)\}=\lim_{x\to a}\left\{\frac{f(x)-f(a)}{x-a}\cdot(x-a)\right\}=f'(a)\cdot 0=0$$

よって，$\lim_{x\to a}f(x)=f(a)$ となり，$f(x)$ は $x=a$ で連続である。

しかし，この逆は一般に成立しない。すなわち，連続な関数は必ずしも微分可能ではない。たとえば，$f(x)=|x|$ とすると

$$\lim_{x\to +0}\frac{|x|-|0|}{x}=\lim_{x\to +0}\frac{x}{x}=1 \quad \text{および} \quad \lim_{x\to -0}\frac{|x|-|0|}{x}=\lim_{x\to -0}\frac{-x}{x}=-1$$

となるので，右側微分係数 $f'_+(0)=1$，左側微分係数 $f'_-(0)=-1$

したがって，$f'_+(0)\neq f'_-(0)$ より $f(x)=|x|$ は $x=0$ で微分不可能である。

解答

$x-1$, $|x-1|^{\frac{3}{2}}$ ともにすべての x で連続であるから，$y=f(x)$ ㋐ は $x=1$ で連続である。 …(答)

次に $\lim_{x\to 1}\frac{f(x)-f(1)}{x-1}$ ㋑ $=\lim_{x\to 1}\frac{2(x-1)+|x-1|^{\frac{3}{2}}}{x-1}$

$$=2+\lim_{x\to 1}\frac{|x-1|^{\frac{3}{2}}}{x-1}$$

ここで $\lim_{x\to 1+0}\frac{|x-1|^{\frac{3}{2}}}{x-1}$ ㋒ $=\lim_{x\to 1+0}\sqrt{x-1}=0$

$\lim_{x\to 1-0}\frac{|x-1|^{\frac{3}{2}}}{x-1}$ ㋓ $=\lim_{x\to 1-0}(-\sqrt{1-x})=0$

$$\therefore \quad f'_+(1)=f'_-(1)=2$$

よって，$x=1$ で微分可能である。 …(答)

ポイント

㋐ すべての点で連続である。

㋑ $\lim_{h\to 0}\frac{f(1+h)-f(1)}{h}$

$=\lim_{h\to 0}\frac{2h+|h|^{\frac{3}{2}}}{h}$

を考えてもよい。

㋒ $x\to 1+0$ のとき $x>1$ だから

$|x-1|^{\frac{3}{2}}=(x-1)^{\frac{3}{2}}$

㋓ $x\to 1-0$ のとき $x<1$ だから

$|x-1|^{\frac{3}{2}}=(1-x)^{\frac{3}{2}}$

練習問題 1-11 解答 p.212

次の関数の $x=0$ における連続性，微分可能性について調べよ。

$$f(x)=\begin{cases} x^a\sin\frac{1}{x} & (x\neq 0 \text{ のとき})\ (\text{ただし，} a>0) \\ 0 & (x=0 \text{ のとき}) \end{cases}$$

問題 1-12 ▼ 有理関数の微分

次の関数を微分せよ。m, n は整数とする。

(1) $y=(x+2)^m(x-3)^n$　　(2) $y=(2x^2+1)^3(3x+2)^2$

(3) $y=\dfrac{x^2-2x+3}{x^2+2x+3}$

解説　有理関数の微分法の基本は，次の2式である。

$$(C)'=0\ (C\text{は定数}),\qquad (x^n)'=nx^{n-1}\ (n\text{は自然数})$$

なお，有理関数とは $y=\dfrac{a_0x^m+a_1x^{m-1}+\cdots+a_m}{b_0x^n+b_1x^{n-1}+\cdots+b_n}$ の形の式をいう。

分母が定数のときは有理整関数（ m 次関数）という。

実際の計算は　$\{kf(x)\}'=kf'(x),\ \{f(x)\pm g(x)\}'=f'(x)\pm g'(x)$

$$\{f(x)g(x)\}'=f'(x)g(x)+f(x)g'(x)$$

$$\left\{\frac{f(x)}{g(x)}\right\}'=\frac{f'(x)g(x)-f(x)g'(x)}{\{g(x)\}^2}$$

$$\{f(g(x))\}'=f'(g(x))g'(x)$$

などの公式を用いて行う。

解答

(1) $y'=m(x+2)^{m-1}(x-3)^n+(x+2)^m\cdot n(x-3)^{n-1}$

$=(x+2)^{m-1}(x-3)^{n-1}\{m(x-3)+n(x+2)\}$

$=(x+2)^{m-1}(x-3)^{n-1}\{(m+n)x-3m+2n\}$ …(答)

(2) $y'=\underset{㋐}{12x(2x^2+1)^2}(3x+2)^2+(2x^2+1)^3\underset{㋑}{\cdot 6(3x+2)}$

$=6(2x^2+1)^2(3x+2)(8x^2+4x+1)$ …(答)

(3) $\underset{㋒}{y'}=\dfrac{(2x-2)(x^2+2x+3)-(x^2-2x+3)(2x+2)}{(x^2+2x+3)^2}$

$=\dfrac{4(x^2-3)}{(x^2+2x+3)^2}$ …(答)

ポイント

㋐
$\{(2x^2+1)^3\}'$
$=3(2x^2+1)^2\cdot(2x^2+1)'$
$=12x(2x^2+1)^2$

㋑
$\{(3x+2)^2\}'$
$=2(3x+2)\cdot 3$
$=6(3x+2)$

㋒　商の微分法より。

練習問題 1-12　解答 p.213

次の関数を微分せよ。（m，n は整数）

(1) $y=\left(x+\dfrac{1}{x}\right)^3$　　(2) $y=\dfrac{x^3}{1+x^2}$　　(3) $y=\dfrac{(x-3)^m}{(x+2)^n}$

問題1-13 ▼無理関数の微分

次の関数を微分せよ。

(1) $y=\sqrt{ax^2+bx+c}$　　(2) $y=\dfrac{x}{\sqrt{x^3+1}}$

(3) $y=\sqrt[3]{(x+a)(x+b)^2}$

解説 一般に，α が実数のとき，べき関数 x^α の微分は

$$(x^\alpha)'=\alpha x^{\alpha-1}$$

となる。無理関数の微分法はこれを用いて

$$(\sqrt[m]{x^n})'=(x^{\frac{n}{m}})'=\frac{n}{m}x^{\frac{n}{m}-1}\ (m,\ n\text{は整数で}\ m\geq 2)$$

が基本となる。なお，$\{\sqrt{f(x)}\}'=\dfrac{f'(x)}{2\sqrt{f(x)}}$ は公式として覚えておくとよい。

解答

(1) $y'=\dfrac{(ax^2+bx+c)'}{\underset{㋐}{2\sqrt{ax^2+bx+c}}}=\dfrac{2ax+b}{2\sqrt{ax^2+bx+c}}$ …(答)

(2) $y'=\dfrac{(x)'\sqrt{x^3+1}-x(\sqrt{x^3+1})'}{x^3+1}$

$=\dfrac{\sqrt{x^3+1}-x\cdot\dfrac{3x^2}{2\sqrt{x^3+1}}}{x^3+1}$

$=\dfrac{-x^3+2}{2(x^3+1)\sqrt{x^3+1}}$ …(答)

(3) $y=(x+a)^{\frac{1}{3}}(x+b)^{\frac{2}{3}}$ だから

$y'=\dfrac{1}{3}(x+a)^{-\frac{2}{3}}(x+b)^{\frac{2}{3}}+(x+a)^{\frac{1}{3}}\cdot\dfrac{2}{3}(x+b)^{-\frac{1}{3}}$

$=\dfrac{1}{3}\underset{㋑}{(x+a)^{-\frac{2}{3}}(x+b)^{-\frac{1}{3}}}\{(x+b)+2(x+a)\}$

$=\dfrac{3x+2a+b}{3\sqrt[3]{(x+a)^2(x+b)}}$ …(答)

ポイント

㋐ $\{\sqrt{f(x)}\}'=\dfrac{f'(x)}{2\sqrt{f(x)}}$

㋑ 一般に

$x^{-n}=\dfrac{1}{x^n}$

$x^{-\frac{n}{m}}=\dfrac{1}{x^{\frac{n}{m}}}=\dfrac{1}{\sqrt[m]{x^n}}$

(m，n は自然数)

練習問題 1-13　解答 p.213

次の関数を微分せよ。

(1) $y=(x+\sqrt{x^2+a})^n$　　(2) $y=\sqrt{\left(\dfrac{x-2}{x+2}\right)^3}$

問題1-14 ▼三角関数の微分

次の関数を微分せよ。

(1) $y=\sin^m x\cos^n x$ (m, nは定数)　　(2) $y=\tan^3 x+3\tan x$

(3) $y=\sqrt{\dfrac{1-\cos x}{1+\cos x}}$

解 説　三角関数の微分法の基本公式は

$$(\sin x)'=\cos x,\ (\cos x)'=-\sin x,\ (\tan x)'=\sec^2 x$$

である。一般には $\{\sin f(x)\}'=f'(x)\cos f(x)$

$$\{\sin^n f(x)\}'=n\sin^{n-1} f(x)\cdot\{\sin f(x)\}'$$
$$=n\sin^{n-1} f(x)\cdot f'(x)\cos f(x)$$ などを用いる。

解答

(1) $y'=\underset{㋐}{(\sin^m x)'}\cos^n x+\sin^m x\underset{㋑}{(\cos^n x)'}$

$=m\sin^{m-1} x\cos x\cdot\cos^n x$

$\quad+\sin^m x\cdot n\cos^{n-1} x(-\sin x)$

$=\sin^{m-1} x\cos^{n-1} x(m\cos^2 x-n\sin^2 x)$

…(答)

(2) $y'=\underset{㋒}{3\tan^2 x\sec^2 x+3\sec^2 x}$

$=3\sec^2 x(\tan^2 x+1)=3\sec^4 x$　…(答)

(3) $y'=\underset{㋓}{\dfrac{1}{2}\sqrt{\dfrac{1+\cos x}{1-\cos x}}\left(\dfrac{1-\cos x}{1+\cos x}\right)'}$

$=\dfrac{1}{2}\sqrt{\dfrac{1+\cos x}{1-\cos x}}$

$\times\dfrac{\sin x(1+\cos x)-(1-\cos x)(-\sin x)}{(1+\cos x)^2}$

$=\dfrac{\sin x}{\sqrt{1-\cos^2 x}(1+\cos x)}=\dfrac{\sin x}{\underset{㋔}{|\sin x|}(1+\cos x)}$

$\therefore\begin{cases}\sin x>0 \text{ のとき } y'=\dfrac{1}{1+\cos x}\\ \sin x<0 \text{ のとき } y'=-\dfrac{1}{1+\cos x}\end{cases}$　…(答)

($\sin x=0$ のとき y' は存在しない)

ポイント

㋐ $\{(\sin x)^m\}'$
$=m(\sin x)^{m-1}\cdot(\sin x)'$

㋑ $\{(\cos x)^n\}'$
$=n(\cos x)^{n-1}\cdot(\cos x)'$

㋒ $\{(\tan x)^3\}'$
$=3(\tan x)^2\cdot(\tan x)'$

㋓ $\{\sqrt{f(x)}\}'=\dfrac{f'(x)}{2\sqrt{f(x)}}$

㋔ $\sqrt{1-\cos^2 x}=\sqrt{\sin^2 x}$
$=\sin x$

としてはいけない。
実数 A に対しては

$\sqrt{A^2}=|A|$

$=\begin{cases}A & (A\geq 0)\\ -A & (A<0)\end{cases}$

練習問題　1-14　解答 p.213

次の関数を微分せよ。

(1) $y=(\tan x+\sec x)^3$　　(2) $y=\dfrac{\cos x}{\sqrt{a^2\cos^2 x+b^2\sin^2 x}}$

問題1-15 ▼逆三角関数の微分

次の関数を微分せよ。

(1) $y=\tan^{-1}x+\tan^{-1}\dfrac{1}{x}$　　　(2) $y=\sin^{-1}(2x\sqrt{1-x^2})$

解 説　逆三角関数 $y=\sin^{-1}x$ $(|x|\leq 1)$ を微分してみよう。

$y=\sin^{-1}x$ のとき $x=\sin y$ だから，逆関数の微分公式により

$$\frac{dy}{dx}=\frac{1}{\dfrac{dx}{dy}}=\frac{1}{\cos y}$$

$|x|<1$ のとき，$y=\sin^{-1}x$ の主値から $|y|<\dfrac{\pi}{2}$ だから $\cos y>0$

$$\therefore\ \frac{dy}{dx}=\frac{1}{\sqrt{1-\sin^2 y}}=\frac{1}{\sqrt{1-x^2}}\quad(|x|<1)$$

同様にして $(\cos^{-1}x)'=-\dfrac{1}{\sqrt{1-x^2}}$ $(|x|<1)$, $(\tan^{-1}x)'=\dfrac{1}{1+x^2}$ （x は全実数）が導かれる。

解答

(1) $y'=\dfrac{1}{1+x^2}+\dfrac{\left(\dfrac{1}{x}\right)'}{1+\left(\dfrac{1}{x}\right)^2}=\dfrac{1}{1+x^2}-\dfrac{1}{1+x^2}=0$ …(答)　（㋐：第2項）

(2) $u=2x\sqrt{1-x^2}$ ㋑ とおくと $y=\sin^{-1}u$

$$\therefore\ \frac{dy}{dx}=\frac{dy}{du}\cdot\frac{du}{dx}=\frac{1}{\sqrt{1-u^2}}\cdot\frac{du}{dx}$$

$$\sqrt{1-u^2}=\sqrt{1-(2x\sqrt{1-x^2})^2}=\sqrt{(1-2x^2)^2}$$

$$=|1-2x^2|$$

$$\frac{du}{dx}=2\sqrt{1-x^2}+2x\cdot\frac{-2x}{2\sqrt{1-x^2}}=\frac{2(1-2x^2)}{\sqrt{1-x^2}}$$

$$\therefore\ \frac{dy}{dx}=\begin{cases}\dfrac{2}{\sqrt{1-x^2}} & (1-2x^2>0\ のとき)\ ㋒\\[2mm] -\dfrac{2}{\sqrt{1-x^2}} & (1-2x^2<0\ のとき)\ ㋓\end{cases}\quad\cdots(答)$$

ポイント

㋐ $\{\tan^{-1}f(x)\}'$

$=\dfrac{f'(x)}{1+\{f(x)\}^2}$

㋑

$|u|=|2x\sqrt{1-x^2}|$

$=\sqrt{4x^2(1-x^2)}$

$=\sqrt{1-(2x^2-1)^2}\leq 1$

であるから，与えられた関数の定義域は

$1-x^2\geq 0$ より $|x|\leq 1$

㋒ $|x|<\dfrac{1}{\sqrt{2}}$ のとき。

㋓ $\dfrac{1}{\sqrt{2}}<|x|<1$ のとき。

練習問題　1-15　解答 p.213

次の関数を微分せよ。

(1) $y=\tan^{-1}(2x-1)$　　(2) $y=\sin^{-1}\sqrt{1-2x^2}$　　(3) $y=\cos^{-1}\dfrac{1}{x}$

問題1-16 ▼ 指数関数・対数関数の微分

次の関数を微分せよ。

(1) $y = a^{\frac{1}{x}}$ $(a > 0,\ a \neq 1)$　(2) $y = \log\left|\dfrac{1-\sin x}{1+\sin x}\right|$

(3) $y = x\sqrt{x^2+a} + a\log|x+\sqrt{x^2+a}|$

■ **解 説** ■　指数関数と対数関数の微分法の基本公式は

$$(e^x)' = e^x,\ (a^x)' = a^x \log_e a\ (a > 0,\ a \neq 1)$$

$$(\log_e x)' = \frac{1}{x},\quad (\log_a x)' = \frac{1}{x\log_e a}\ (a > 0,\ a \neq 1)$$

である。一般には $\{a^{f(x)}\}' = a^{f(x)} f'(x)\log_e a$, $\{\log_e f(x)\} = \dfrac{f'(x)}{f(x)}$

などを用いる。

解答

(1) $y' = \underset{㋐}{a^{\frac{1}{x}}\log a\cdot\left(\dfrac{1}{x}\right)'} = -\dfrac{1}{x^2}a^{\frac{1}{x}}\log a$　…(答)

(2) $y = \log\left|\dfrac{1-\sin x}{1+\sin x}\right|$

$= \underset{㋑}{\log|1-\sin x|} - \log|1+\sin x|$

$y' = \dfrac{-\cos x}{1-\sin x} - \dfrac{\cos x}{1+\sin x}$

$= \dfrac{-\cos x(1+\sin x) - \cos x(1-\sin x)}{(1-\sin x)(1+\sin x)}$

$= \dfrac{-2\cos x}{\cos^2 x} = -\dfrac{2}{\cos x} = -2\sec x$　…(答)

(3) $y' = \sqrt{x^2+a} + x\cdot\dfrac{2x}{2\sqrt{x^2+a}} + a\cdot\dfrac{(x+\sqrt{x^2+a})'}{x+\sqrt{x^2+a}}$

$= \sqrt{x^2+a} + \dfrac{x^2}{\sqrt{x^2+a}} + a\cdot\dfrac{1+\dfrac{x}{\sqrt{x^2+a}}}{x+\sqrt{x^2+a}}$

$= \sqrt{x^2+a} + \dfrac{x^2}{\sqrt{x^2+a}} + a\cdot\dfrac{1}{\sqrt{x^2+a}}$

$= \sqrt{x^2+a} + \sqrt{x^2+a}$

$= 2\sqrt{x^2+a}$　…(答)

ポイント

㋐ 公式 $\{a^{f(x)}\}' = a^{f(x)}\cdot\log a\cdot f'(x)$ において，$f(x) = \dfrac{1}{x}$ として適用した。

㋑ $\{\log|f(x)|\}' = \dfrac{f'(x)}{f(x)}$

〈注〉(3)は，後で学ぶ積分公式 $\int\sqrt{x^2+a}\,dx$ の導出にもなっている。(問題2-7参照)

練習問題　1-16　解答 p.213

次の関数を微分せよ.

(1) $y = \dfrac{1}{e^x + e^{-x}}$　(2) $y = \log\left|\dfrac{x-a}{x+a}\right|$　(3) $y = \log\left|\tan\left(\dfrac{x}{2}+\dfrac{\pi}{4}\right)\right|$

問題 1-17 ▼ 対数微分法

対数微分法によって，次の関数を微分せよ。

(1) $y = |\sin x|^x$　　　(2) $y = \dfrac{(x+3)^2}{(x+1)^3(x+2)^4}$

解 説　$f(x)$, $g(x)$ が x の関数のとき，$f(x)^{g(x)}$ の微分は**対数微分法**を用いる。$y = f(x)^{g(x)}$ の両辺の絶対値の自然対数をとると

$$\log|y| = \log|f(x)|^{g(x)} = g(x)\log|f(x)|$$

両辺を x で微分して $\dfrac{d}{dx}\log|y| = \dfrac{d}{dx}g(x)\log|f(x)|$

$\dfrac{d}{dx}\log|y| = \dfrac{d}{dy}\log|y|\cdot\dfrac{dy}{dx} = \dfrac{1}{y}\cdot\dfrac{dy}{dx}$ だから

$$\frac{1}{y}\cdot\frac{dy}{dx} = g'(x)\log|f(x)| + g(x)\cdot\frac{f'(x)}{f(x)}$$

これより $\dfrac{dy}{dx} = f(x)^{g(x)}\left\{g'(x)\log|f(x)| + \dfrac{g(x)f'(x)}{f(x)}\right\}$ となる。

解答

(1) 両辺の自然対数をとると $\log y = x\log|\sin x|$

両辺を x で微分して

$$\frac{y'}{y} = \log|\sin x| + x\cdot\frac{\cos x}{\sin x}$$

$\therefore y' = |\sin x|^x(\log|\sin x| + x\cot x)$　　…(答)

(2) 両辺の絶対値の自然対数をとると ㋐

$$\log|y| = \log\left|\frac{(x+3)^2}{(x+1)^3(x+2)^4}\right| \quad ㋑$$

$$= 2\log|x+3| - 3\log|x+1| - 4\log|x+2|$$

両辺を x で微分して

$$\frac{y'}{y} = \frac{2}{x+3} - \frac{3}{x+1} - \frac{4}{x+2} = \frac{-(5x^2+25x+26)}{(x+1)(x+2)(x+3)}$$

$$\therefore y' = \frac{(x+3)^2}{(x+1)^3(x+2)^4}\cdot\frac{-(5x^2+25x+26)}{(x+1)(x+2)(x+3)}$$

$$= -\frac{(x+3)(5x^2+25x+26)}{(x+1)^4(x+2)^5}$$　　…(答)

ポイント

㋐ 分数関数だから，商の微分の公式でもできるが，分母が7次式で高次であるから，対数微分法を用いるとよい。

㋑ 一般に

$$\log\left|\frac{A^p}{B^qC^r}\right|$$
$$= \log|A^p| - \log|B^qC^r|$$
$$= p\log|A| - q\log|B| - r\log|C|$$

練習問題 1-17　　解答 p.214

対数微分法によって，次の関数を微分せよ。

(1) $y = x^{\frac{1}{x}}$　　　(2) $y = (\tan x)^{\sin x}$

問題1-18 ▼媒介変数による微分，陰関数の微分

次の問いに答えよ。

(1) $x=\dfrac{1-t^2}{1+t^2}$, $y=\dfrac{2t}{1+t^2}$ のとき，$\dfrac{dy}{dx}$ を求めよ。

(2) $x^3-3x^2y+y^3=0$ のとき，$\dfrac{dy}{dx}$ を x, y で表せ。

解説

(1) $x=f(t)$，$y=g(t)$（t は媒介変数）のとき

$$\frac{dy}{dx}=\frac{\frac{dy}{dt}}{\frac{dx}{dt}}=\frac{g'(t)}{f'(t)}$$ となる。

(2) $y=f(x)$ で表される関数を**陽関数**，$f(x,\ y)=0$ で表される関数を**陰関数**と呼ぶ。陰関数 $f(x,\ y)=0$ では，y は x の関数と考えられる。たとえば $x^2+y^2=1$ のとき $\dfrac{dy}{dx}$ を求めるには，両辺を x で微分して

$$\frac{d}{dx}(x^2+y^2)=0 \quad 2x+2y\frac{dy}{dx}=0 \quad \therefore\ \frac{dy}{dx}=-\frac{x}{y}$$

解答

(1) $$\frac{dx}{dt}=\frac{-2t(1+t^2)-(1-t^2)\cdot 2t}{(1+t^2)^2}=\frac{-4t}{(1+t^2)^2}$$

$$\frac{dy}{dt}=\frac{2(1+t^2)-2t\cdot 2t}{(1+t^2)^2}=\frac{2(1-t^2)}{(1+t^2)^2}$$

よって $$\underset{㋐}{\frac{dy}{dx}}=\frac{\frac{dy}{dt}}{\frac{dx}{dt}}=\frac{2(1-t^2)}{-4t}=\frac{t^2-1}{2t} \cdots(答)$$

(2) 両辺を x で微分すると

$$3x^2-6xy-3x^2\frac{dy}{dx}+3y^2\frac{dy}{dx}=0$$

$$(x^2-y^2)\frac{dy}{dx}=x^2-2xy$$

よって $$\frac{dy}{dx}=\frac{x(x-2y)}{x^2-y^2} \cdots(答)$$

ポイント

㋐ 与えられた関数は $x^2+y^2=1$ となる。ただし

$$x=-1+\frac{2}{1+t^2}>-1$$

より，円 $x^2+y^2=1$ から点 $(-1,\ 0)$ を除いた図形を表す。したがって，陰関数の微分としても求めることができる。上の解説の(2)で示したように，$\dfrac{dy}{dx}=-\dfrac{x}{y}=\dfrac{t^2-1}{2t}$ となる。

練習問題 1-18

解答 p.214

次の関数の $\dfrac{dy}{dx}$ を求めよ。

(1) $x=\dfrac{e^t+e^{-t}}{2}$, $y=e^t$ (2) $(x^2+y^2)^2=x^2-y^2$

問題1-19 ▼ 2階導関数

次の関数の2階導関数を求めよ。

(1) $y = e^{-x^2}$　　(2) $y = x\sin^{-1} x$

(3) $x = a(t - \sin t)$, $y = a(1 - \cos t)$ $(a > 0)$

解 説 $y = f(x)$ の2階導関数は, $f''(x) = \dfrac{d^2y}{dx^2} = \dfrac{d}{dx}\left(\dfrac{dy}{dx}\right)$ として求めることができる。媒介変数表示の関数の2階導関数は間違いやすいので注意。

解答

(1) $y' = -2xe^{-x^2}$

$$y'' = -2e^{-x^2} - 2x \cdot (-2xe^{-x^2})$$

$$= 2(2x^2 - 1)e^{-x^2} \quad \cdots(答)$$

(2) $y' = \sin^{-1} x + x \cdot \dfrac{1}{\sqrt{1-x^2}} = \sin^{-1} x + \dfrac{x}{\sqrt{1-x^2}}$

$$y'' = \frac{1}{\sqrt{1-x^2}} + \frac{\sqrt{1-x^2} - x \cdot \dfrac{-2x}{2\sqrt{1-x^2}}}{1-x^2}$$

$$= \frac{1-x^2+(1-x^2)+x^2}{(1-x^2)\sqrt{1-x^2}} = \frac{2-x^2}{(1-x^2)\sqrt{1-x^2}} \quad \cdots(答)$$

(3) $\dfrac{dx}{dt} = a(1-\cos t)$, $\dfrac{dy}{dt} = a\sin t$ だから

$$\underset{㋐}{\frac{dy}{dx}} = \frac{a\sin t}{a(1-\cos t)} = \frac{\sin t}{1-\cos t}$$

$$\therefore\ \underset{㋑}{\frac{d^2y}{dx^2} = \frac{d}{dx}\left(\frac{dy}{dx}\right) = \frac{d}{dt}\left(\frac{\sin t}{1-\cos t}\right) \cdot \frac{dt}{dx}}$$

$$= \frac{\cos t(1-\cos t) - \sin t \cdot \sin t}{(1-\cos t)^2} \cdot \frac{1}{a(1-\cos t)}$$

$$= \frac{\cos t - 1}{a(1-\cos t)^3} = -\frac{1}{a(1-\cos t)^2} \quad \cdots(答)$$

ポイント

㋐ $\dfrac{dy}{dx} = \dfrac{\frac{dy}{dt}}{\frac{dx}{dt}}$

㋑

$$\frac{d^2y}{dx^2} = \frac{d}{dx}\left(\frac{dy}{dx}\right) = \frac{d}{dt}\left(\frac{dy}{dx}\right) \cdot \frac{dt}{dx} = \frac{d}{dt}\left(\frac{dy}{dx}\right) \cdot \frac{1}{\frac{dx}{dt}}$$

これを $\dfrac{dy}{dx} = \dfrac{\sin t}{1-\cos t}$ より

$$\frac{d^2y}{dx^2} = \left(\frac{\sin t}{1-\cos t}\right)' = -\frac{1}{1-\cos t}$$

としないこと。

練習問題 1-19

解答 p.214

次の関数の2階導関数を求めよ。

(1) $y = \sqrt{x^2 + x + 1}$　　(2) $x = a\cos^3 t$, $y = b\sin^3 t$

(3) $x^2 + xy + y^2 = 1$

問題 1-20 ▼ 高階導関数

次の関数の n 階導関数を求めよ。

(1)　$y=\dfrac{1}{x^2-5x+6}$　　　(2)　$y=\sin 3x\cos 2x$

■ **解 説** ■　n 階導関数は $y^{(n)}$, $\dfrac{d^n y}{dx^n}$ などと表す。

$y=x^{\alpha}$ ならば　$y^{(n)}=\alpha(\alpha-1)\cdots(\alpha-n+1)x^{\alpha-n}$

$y=\sin x$ ならば　$y'=\cos x=\sin\left(x+\dfrac{\pi}{2}\right)$, $y''=\cos\left(x+\dfrac{\pi}{2}\right)=\sin\left(x+2\cdot\dfrac{\pi}{2}\right)$,

$\quad\ldots,\ y^{(n)}=\sin\left(x+n\cdot\dfrac{\pi}{2}\right)$

$y=a^x$ ならば $y'=a^x\log a$, $y''=a^x(\log a)^2$, $\ldots$, $y^{(n)}=a^x(\log a)^n$

などは暗記しておきたい代表例である。

解答

(1) $y=\dfrac{1}{x^2-5x+6}$

$=\underset{㋐}{\dfrac{1}{(x-3)(x-2)}=\dfrac{1}{x-3}-\dfrac{1}{x-2}}$

$=(x-3)^{-1}-(x-2)^{-1}$

よって

$y^{(n)}=\underset{㋑}{(-1)^n n!(x-3)^{-n-1}}-(-1)^n n!(x-2)^{-n-1}$

$=(-1)^n n!\left\{\dfrac{1}{(x-3)^{n+1}}-\dfrac{1}{(x-2)^{n+1}}\right\}$

…(答)

(2) $y=\underset{㋒}{\sin 3x\cos 2x=\dfrac{1}{2}(\sin 5x+\sin x)}$

ここで　$(\sin x)^{(n)}=\sin\left(x+\dfrac{n\pi}{2}\right)$

$(\sin 5x)^{(n)}=5^n\sin\left(5x+\dfrac{n\pi}{2}\right)$

よって

$y^{(n)}=\dfrac{1}{2}\left\{5^n\sin\left(5x+\dfrac{n\pi}{2}\right)+\sin\left(x+\dfrac{n\pi}{2}\right)\right\}$

…(答)

ポイント

㋐　部分分数に分解する。一般には，$a\fallingdotseq b$ のとき

$\dfrac{1}{(x+a)(x+b)}$

$=\dfrac{1}{b-a}\left(\dfrac{1}{x+a}-\dfrac{1}{x+b}\right)$

㋑　$x-3$ は x の1次式だから

$\{(x-3)^{-1}\}^{(n)}$

$=(-1)(-2)\cdots(-1-n+1)$

$\times(x-3)^{-1-n}$

$=(-1)^n n!(x-3)^{-n-1}$

㋒　積 → 和への変換。

$\sin\alpha\cos\beta$

$=\dfrac{1}{2}\{\sin(\alpha+\beta)+\sin(\alpha-\beta)\}$

練習問題　1-20

解答 p.215

次の関数の n 階導関数を求めよ。

(1)　$y=\dfrac{3x}{2x^2+5x+2}$　　　(2)　$y=\sin^3 x$

問題1-21 ▼平均値の定理

次の関数について，平均値の定理 $f(a+h)=f(a)+hf'(c)$ を満たす c $(a<c<a+h)$ を求めよ。また，$c=a+\theta h$ $(0<\theta<1)$ とおくとき $\lim_{h\to 0}\theta$ を求めよ。

(1) $f(x)=3x^2$　　　(2) $f(x)=\sqrt{x}$ $(a>0)$

解 説　平均値の定理は，基本事項でまとめたとおりである。本問は，定理にあてはめて計算するだけである。

解答

$f(a+h)=f(a)+hf'(c)$ ㋐ …①

(1) $f(x)=3x^2$ より　$f'(x)=6x$

これに①を適用して $3(a+h)^2=3a^2+h\cdot 6c$

$(a+h)^2=a^2+2hc$,　$2hc=2ah+h^2$

$h>0$ だから　$c=a+\dfrac{h}{2}$ ㋑ …(答)

$c=a+\theta h$ とおくとき

$\theta=\dfrac{1}{2}$　　$\therefore\ \lim_{h\to 0}\theta=\dfrac{1}{2}$ …(答)

(2) $f(x)=\sqrt{x}$ より　$f'(x)=\dfrac{1}{2\sqrt{x}}$

これに①を適用して　$\sqrt{a+h}=\sqrt{a}+h\cdot\dfrac{1}{2\sqrt{c}}$ ㋒

$\therefore\ c=\dfrac{(\sqrt{a+h}+\sqrt{a})^2}{4}$ …(答)

$c=a+\theta h$ とおくとき

$\theta=\dfrac{c-a}{h}=\dfrac{(\sqrt{a+h}+\sqrt{a})^2-4a}{4h}$

$=\dfrac{\sqrt{a(a+h)}-\left(a-\dfrac{h}{2}\right)}{2h}=\dfrac{a-\dfrac{h}{8}}{\sqrt{a(a+h)}+\left(a-\dfrac{h}{2}\right)}$ ㋓

$\therefore\ \lim_{h\to 0}\theta=\dfrac{a}{2a}=\dfrac{1}{2}$ …(答)

ポイント

㋐ 平均値の定理は，下図において

線分 AB // 点 C における曲線の接線

が成り立つことを示す。

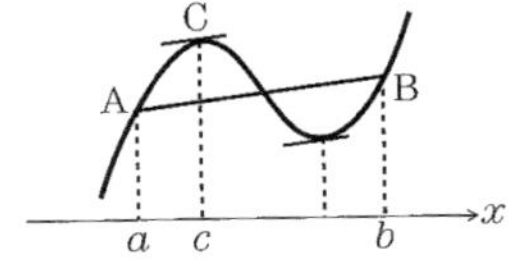

㋑

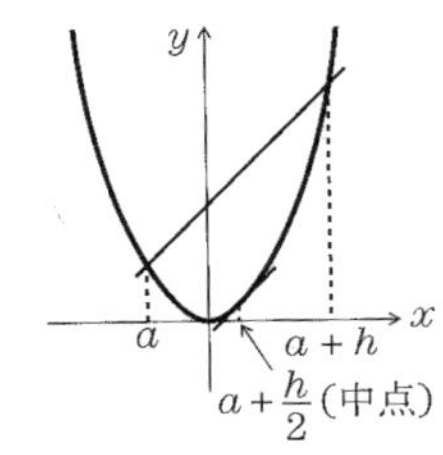

㋒ $\dfrac{1}{\sqrt{c}}=\dfrac{2(\sqrt{a+h}-\sqrt{a})}{h}$

$=\dfrac{2}{\sqrt{a+h}+\sqrt{a}}$

㋓ 分子の有理化

練習問題　1-21　　解答 p.215

関数 $f(x)=\dfrac{1}{x}$ について，上の問題と同じ問いに答えよ。ただし，$a>0$ とする。

問題 1-22 ▼ 関数の極値

次の関数の極値を求めよ。

(1) $f(x)=\dfrac{2x+1}{x^2-3x+2}$　　　(2) $f(x)=x^{\frac{1}{x}}\ (x>0)$

■ **解 説** ■　定義域において微分可能な関数 $f(x)$ の極値を求めるには，$f'(x)$ を求めて $f(x)$ の増減表を調べればよい。

$f'(a)$ が存在するときは，$f(a)$ が極値 $\rightleftarrows$ $f'(a)=0$ となる。

解答

(1) $f'(x)=\dfrac{2(x^2-3x+2)-(2x+1)(2x-3)}{(x^2-3x+2)^2}$

$=-\dfrac{2x^2+2x-7}{(x-1)^2(x-2)^2}$

$f'(x)=0$ を解くと $x=\dfrac{-1\pm\sqrt{15}}{2}$ $(=\alpha,\ \beta,\ \alpha<\beta)$

$f(x)$ の増減表は次のようになる。㋐

x	$\cdots$	α	$\cdots$	1	$\cdots$	β	$\cdots$	2	$\cdots$
$f'(x)$	$-$	0	$+$	／	$+$	0	$-$	／	$-$
$f(x)$	↘	極小	↗	／	↗	極大	↘	／	↘

よって，求める極値は

極小値 $f(\alpha)=\dfrac{2}{2\alpha-3}=\dfrac{2}{-4-\sqrt{15}}=-2(4-\sqrt{15})$ ㋑

極大値 $f(\beta)=\dfrac{2}{2\beta-3}=\dfrac{2}{-4+\sqrt{15}}=-2(4+\sqrt{15})$

…(答)

(2) $\log f(x)=\log x^{\frac{1}{x}}=\dfrac{\log x}{x}$

$\dfrac{f'(x)}{f(x)}=\dfrac{1-\log x}{x^2}$ より $f'(x)=(1-\log x)x^{\frac{1}{x}-2}$

よって，右の増減表から $x=e$ で極大となり極大値 $f(e)=e^{\frac{1}{e}}$　　…(答)

x	0	$\cdots$	e	$\cdots$
$f'(x)$	／	$+$	0	$-$
$f(x)$	／	↗	極大	↘

ポイント

㋐ $f(x)$, $f'(x)$ は，$x=1, 2$ で定義されない。$x\fallingdotseq 1, 2$ のとき $f'(x)$ の分母 >0 $f'(x)$ の分子は下図のようになる。

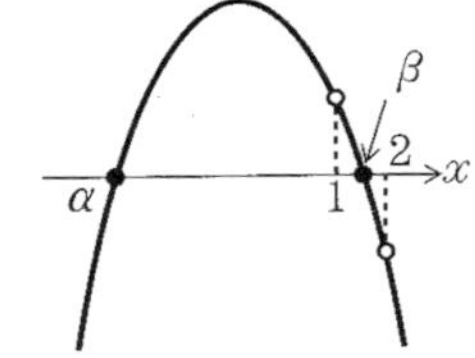

これより $f'(x)$ の符号がわかる。

㋑ $f'(x)=0$ のとき

$2(x^2-3x+2)$
$-(2x+1)(2x-3)=0$

より

$\dfrac{2x+1}{x^2-3x+2}=\dfrac{2}{2x-3}$

$\therefore\ f(\alpha)=\dfrac{2}{2\alpha-3}$

練習問題 1-22

解答 p.215

次の関数の極値を求めよ。

(1) $f(x)=x+\sqrt{4-x^2}$　　　(2) $f(x)=x^x\ (x>0)$

問題1-23 ▼ 関数の極値・凹凸

$y=(x+2)^{\frac{1}{3}}(x-1)^{\frac{2}{3}}$ のグラフをかけ。

解 説 関数 $y=f(x)$ のグラフをかくには

(1) 定義域　(2) 増減，極値　(3) 凹凸，変曲点　(4) 漸近線

などを調べる。凹凸および変曲点については次のようになる。

$f''(x)>0$ → 下に凸，$f''(x)<0$ → 上に凸，凹凸の変わり目が変曲点。

また，漸近線は $y=mx+n$ と $x=c$ のタイプがあるが，$y=mx+n$ 型は

$m=\lim_{x\to\pm\infty}\frac{y}{x}$, $n=\lim_{x\to\pm\infty}(y-mx)$（± は一方でも可）から求める。

解答

$y=f(x)$ とおく。

定義域㋐は $(-\infty,\ \infty)$ である。

$f'(x)$㋑ $=\frac{1}{3}(x+2)^{-\frac{2}{3}}(x-1)^{\frac{2}{3}}+(x+2)^{\frac{1}{3}}\cdot\frac{2}{3}(x-1)^{-\frac{1}{3}}$

$=(x+2)^{-\frac{2}{3}}(x-1)^{-\frac{1}{3}}(x+1)$

同様に $f''(x)=-2(x+2)^{-\frac{5}{3}}(x-1)^{-\frac{4}{3}}$

これより，$f(x)$ の増減・凹凸は次のようになる。

x	$\cdots$	-2	$\cdots$	-1	$\cdots$	1		$\cdots$
f'	$+$		$+$	0	$-$	$-\infty$	$+\infty$	$+$
f''	$+$		$-$		$-$			$-$
f	↗	変曲点0	↗	極大 $\sqrt[3]{4}$	↘	極小0		↗

また，$\lim_{x\to\pm\infty}\frac{y}{x}=\lim_{x\to\pm\infty}\sqrt[3]{\left(1+\frac{2}{x}\right)\left(1-\frac{1}{x}\right)^2}=1$

$\lim_{x\to\pm\infty}(y-x)$㋒ $=\lim_{x\to\pm\infty}\frac{y^3-x^3}{y^2+yx+x^2}$

$=\lim_{x\to\pm\infty}\frac{-3x+2}{y^2+yx+x^2}=\lim_{x\to\pm\infty}\frac{-\frac{3}{x}+\frac{2}{x^2}}{\left(\frac{y}{x}\right)^2+\frac{y}{x}+1}$

$=0$

よって，$y=x$ は漸近線で，グラフは右図。

ポイント

㋐ $y=\sqrt[3]{(x+2)(x-1)^2}$
3乗根だから，x は全実数をとれる。

㋑
$f'(x)=\frac{x+1}{\sqrt[3]{(x+2)^2(x-1)}}$
より $f'(x)=0$ となる x は $x=-1$ で，$f'(x)$ が存在しない x は $x=-2,\ 1$

㋒ $\lim_{x\to\pm\infty}\frac{y}{x}=1$ より漸近線の傾きは1である。

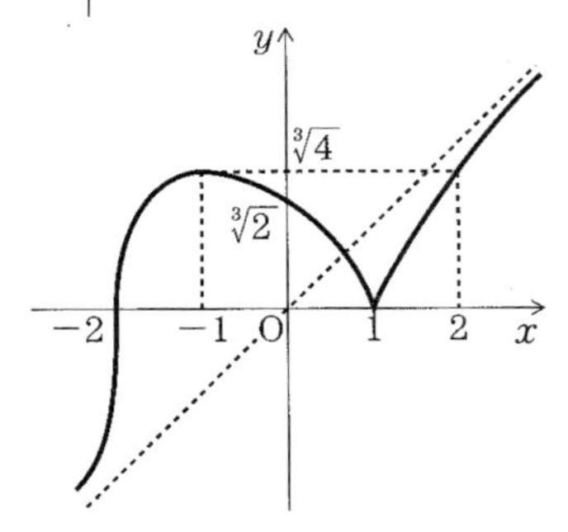

練習問題 1-23

解答 p.215

$y=(x+2)^2(x-2)^{\frac{2}{3}}$ のグラフをかけ。

問題1-24 ▼ 不等式の証明 (1)

$x>0$ のとき $1-x<e^{-x}<1-x+\dfrac{x^2}{2}$ を証明せよ。

■ **解 説** ■　$f(x)=1-x+\dfrac{x^2}{2}-e^{-x}$, $g(x)=e^{-x}-(1-x)$ とおいて，$x>0$ のとき $f(x)>0$, $g(x)>0$ を示せばよい。すなわち，$f(x)$, $g(x)$ の増減を調べて $x>0$ における最小値が正であることを導けばよい。

なお，$x>a$ のとき　$f'(x)>0$　かつ　$f(a)=0$

　　$\rightarrow x>a$　のとき　$f(x)>0$

はよく用いる性質である。

解答

$f(x)=1-x+\dfrac{x^2}{2}-e^{-x}$ とおくと

㋐ $f'(x)=-1+x+e^{-x}$, ㋑ $f''(x)=1-e^{-x}$

さらに $f'''(x)=e^{-x}$

$x>0$ のとき ㋒ $f'''(x)>0$ だから，$f''(x)$ は単調増加。

$f''(0)=0$ だから，$x>0$ のとき ㋓ $f''(x)>0$

これより，$x>0$ で $f'(x)$ は単調増加。

$f'(0)=0$ だから，$x>0$ のとき $f'(x)>0$

したがって，$x>0$ で $f(x)$ は単調増加。

$f(0)=0$ だから，$x>0$ のとき $f(x)>0$

$\therefore$　$x>0$ のとき $e^{-x}<1-x+\dfrac{x^2}{2}$　…①

また，$f'(x)>0$ の式から，$x>0$ のとき

$$1-x<e^{-x} \quad \cdots ②$$

よって，①かつ②から題意の不等式は成り立つ。

ポイント

㋐　$f'(x)$ の符号は不明だから，$f''(x)$ を調べる。

㋑　$x>0$ のとき $e^{-x}<1$ だから，この段階で $f''(x)>0$ としてもよいが，ここでは $f'''(x)$ を調べた。

㋒

$f^{(n)}(x)>0 \Rightarrow f^{(n-1)}(x)$ は単調増加。

㋓

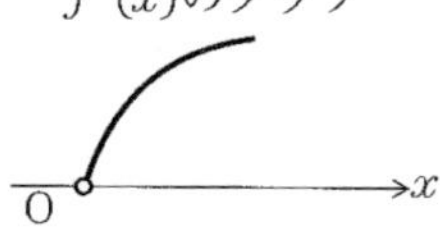

〈注〉不等式の両側は中央の関数のマクローリン展開の途中までの項である。(問題 4-7 参照)

練習問題　1-24　解答 p.216

$x>0$ のとき $x-\dfrac{x^2}{2}<\log(1+x)<x-\dfrac{x^2}{2}+\dfrac{x^3}{3}$ を証明せよ。

問題1-25 ▼ 不等式の証明 (2)

自然数m, nが$m<n$を満たすとき，次の不等式を証明せよ。

$$\left(1+\frac{1}{m}\right)^m<\left(1+\frac{1}{n}\right)^n$$

解説 一般に，不等式 $A>B$ の証明は $A-B>0$ を示すのが原則であるが，本問ではこの方法で単純に示すのは無理である。

$x>0$ のとき，$f(x)=\left(1+\dfrac{1}{x}\right)^x$ とおくと，$m<n$ のとき $f(m)<f(n)$ を示すには関数 $f(x)$ が増加関数であることがいえればよい。そこで，$f'(x)$ を考えよう。

解答

$f(x)=\left(1+\dfrac{1}{x}\right)^x$ ㋐ $(x>0)$ とおいて，両辺の自然対数をとると

$$\log f(x)=\log\left(1+\frac{1}{x}\right)^x=x\log\frac{x+1}{x}$$
$$=x\{\log(x+1)-\log x\}$$

両辺を x で微分して

$$\frac{f'(x)}{f(x)}=\log(x+1)-\log x+x\left(\frac{1}{x+1}-\frac{1}{x}\right)$$
$$=\log(x+1)-\log x-\frac{1}{x+1}\quad(=g(x)\text{とおく})$$

$$g'(x)=\frac{1}{x+1}-\frac{1}{x}+\frac{1}{(x+1)^2}=\frac{-1}{x(x+1)^2}<0$$

かつ $\displaystyle\lim_{x\to\infty}g(x)=\lim_{x\to\infty}\left\{\log\left(1+\frac{1}{x}\right)-\frac{1}{x+1}\right\}=0$

したがって，$x>0$ のとき $g(x)>0$ ㋑

$\therefore$ $x>0$ のとき $f'(x)=f(x)g(x)>0$

よって，$x>0$ のとき $f(x)$ は増加関数㋒であるから，

$m<n$ のとき $f(m)<f(n)$，すなわち

$\left(1+\dfrac{1}{m}\right)^m<\left(1+\dfrac{1}{n}\right)^n$ が成り立つ。

ポイント

㋐ $x>0$ のとき
$f(x)>0$ となる。
$f'(x)$ を求めるには，対数微分法を用いる。

㋑ $y=g(x)$ のグラフは次のようになる。

y
O
x

㋒
$$\lim_{x\to\infty}f(x)=\lim_{x\to\infty}\left(1+\frac{1}{x}\right)^x$$
$$=e$$

練習問題 1-25

解答 p.216

次の不等式を証明せよ。

$$\sqrt[3]{3}>\sqrt[4]{4}>\sqrt[5]{5}>\cdots>\sqrt[n]{n}>\cdots$$

Chapter 2

積分 I

基本事項

1. 不定積分

$F'(x)=f(x)\cdots$① が成り立つとき，$F(x)$ を $f(x)$ の**原始関数**という。任意の定数 C に対して $\{F(x)+C\}'=F'(x)=f(x)$ であり，これを

$$\int f(x)dx=F(x)+C \quad (C \text{ は任意定数})$$

と表し，$f(x)$ の**不定積分**という。C を**積分定数**ともいう。

〔例〕 $\dfrac{d}{dx}(x^4)=4x^3$ より $\displaystyle\int 4x^3dx=x^4+C$

$\dfrac{d}{dx}\sqrt{x^2+a}=\dfrac{x}{\sqrt{x^2+a}}$ より $\displaystyle\int\frac{x}{\sqrt{x^2+a}}dx=\sqrt{x^2+a}+C$

2. 基本関数の不定積分

$$\int x^\alpha dx=\frac{x^{\alpha+1}}{\alpha+1}+C \quad (\alpha\neq-1) \qquad \int\frac{1}{x}dx=\log|x|+C$$

$$\int\frac{f'(x)}{f(x)}dx=\log|f(x)|+C \qquad \int\sin x\,dx=-\cos x+C$$

$$\int\cos x\,dx=\sin x+C \qquad \int\tan x\,dx=-\log|\cos x|+C$$

$$\int\frac{1}{\cos^2 x}dx=\tan x+C \qquad \int e^x dx=e^x+C$$

$$\int\frac{1}{\sqrt{a^2-x^2}}dx=\sin^{-1}\frac{x}{a}+C\left(=-\cos^{-1}\frac{x}{a}+C_1\right) \quad (a>0)$$

$$\int\frac{1}{x^2+a^2}dx=\frac{1}{a}\tan^{-1}\frac{x}{a}+C \quad (a>0)$$

3. 置換積分法

(1) $\displaystyle\int f(g(x))g'(x)dx$ において，$g(x)=t$ とおくと $g'(x)dx=dt$ となるので

$$\int f(g(x))g'(x)dx=\int f(t)dt$$

(2) $\displaystyle\int f(x)dx$ において，$x=\varphi(t)$ とおくと $dx=\varphi'(t)dt$ だから

$$\int f(x)dx=\int f(\varphi(t))\varphi'(t)dt$$

代表的な置換積分の方法は確実に覚えておくことが大切である。

4. 部分積分法

$$\int f'(x)g(x)dx=f(x)g(x)-\int f(x)g'(x)dx$$

特に $\displaystyle\int f(x)dx=\int 1\cdot f(x)dx=xf(x)-\int xf'(x)dx$

5.　定積分

（1）**連続関数の定積分の計算法**　　$f(x)$ が閉区間 $[a,\ b]$ で連続であるとき，原始関数の1つを $F(x)$ とすると

$\int_a^b f(x)dx = \Big[F(x)\Big]_a^b = F(b) - F(a)$　（微分積分法の基本公式）

（2）**定積分の性質**

$$\int_a^b f(x)dx = -\int_b^a f(x)dx \qquad \int_a^a f(x)dx = 0$$

$$\int_a^b f(x)dx = \int_a^c f(x)dx + \int_c^b f(x)dx$$（定積分はベクトル的）

$$\int_a^b \{pf(x) + qg(x)\}dx = p\int_a^b f(x)dx + q\int_a^b g(x)dx$$

（3）**置換積分法**　　関数 $f(x)$ は連続とする。

$\int_a^b f(x)dx$ において，$x = \varphi(t)$ とおくと

$\int_a^b f(x)dx = \int_\alpha^\beta f(\varphi(t))\varphi'(t)dt$

x	$a \to b$
t	$\alpha \to \beta$

（4）**部分積分法**　　関数 $f(x)$，$g(x)$ は連続とする。

$\int_a^b f'(x)g(x)dx = \Big[f(x)g(x)\Big]_a^b - \int_a^b f(x)g'(x)dx$

6.　定積分で表された関数

（1）$f(x) = g(x) + \int_a^b f(t)dt$ の型（定数型）

$\int_a^b f(t)dt$ は定数だから，その値を k（定数）とおいて

$$k = \int_a^b f(t)dt = \int_a^b \{g(t) + k\}dt$$

この右辺の定積分を計算し，k の値を求める。ただし a, b は定数。

（2）$F(x) = \int_a^x f(t)dt$ の型（微分型）

$F(x)$ は x の関数である。

$F(x) = \int_a^x f(t)dt$ のとき　$F'(x) = f(x)$

$F(x) = \int_a^{u(x)} f(t)dt$ のとき　$F'(x) = f(u(x))\cdot u'(x)$

問題2-1 ▼ 1次式型の不定積分

次の関数を積分せよ。

(1) $y=(3x+1)^4$　(2) $y=\dfrac{1}{(2-3x)^2}$　(3) $y=\sqrt{4x-1}$

(4) $y=\sin(5x+2)$　(5) $y=e^{3-2x}$　(6) $y=\dfrac{1}{2x+7}$

解説 $\displaystyle\int f(x)dx=F(x)+C$ のとき

$$\int f(ax+b)dx=\frac{1}{a}F(ax+b)+C \quad (a,\ b\text{ は定数}, a\neq 0)$$

が成り立つ。1次式型の不定積分は，基本関数の不定積分の公式がそのまま使える。

解答

以下，C は積分定数とする。

(1) $\displaystyle\underset{㋐}{\int(3x+1)^4dx}=\frac{1}{3}\cdot\frac{1}{5}(3x+1)^5+C$

$\displaystyle=\frac{1}{15}(3x+1)^5+C$ …(答)

(2) $\displaystyle\underset{㋑}{\int\frac{dx}{(2-3x)^2}}=\int(2-3x)^{-2}dx$

$\displaystyle=\frac{1}{-3}\cdot\{-(2-3x)^{-1}\}+C=\frac{1}{3(2-3x)}+C$ …(答)

(3) $\displaystyle\underset{㋒}{\int\sqrt{4x-1}\,dx}=\int(4x-1)^{\frac{1}{2}}dx$

$\displaystyle=\frac{1}{4}\cdot\frac{2}{3}(4x-1)^{\frac{3}{2}}+C=\frac{1}{6}(4x-1)^{\frac{3}{2}}+C$ …(答)

(4) $\displaystyle\underset{㋓}{\int\sin(5x+2)dx}=-\frac{1}{5}\cos(5x+2)+C$ …(答)

(5) $\displaystyle\underset{㋔}{\int e^{3-2x}dx}=-\frac{1}{2}e^{3-2x}+C$ …(答)

(6) $\displaystyle\underset{㋕}{\int\frac{dx}{2x+7}}=\frac{1}{2}\log|2x+7|+C$ …(答)

〈注〉$\displaystyle\int e^{x^2}dx=\frac{1}{2x}e^{x^2}+C$ のようなミスはしないこと。

ポイント

㋐ $\displaystyle\int x^4dx=\frac{1}{5}x^5+C$

㋑ $\displaystyle\int\frac{dx}{x^2}=\int x^{-2}dx=-x^{-1}+C$

㋒ $\displaystyle\int\sqrt{x}\,dx=\int x^{\frac{1}{2}}dx=\frac{2}{3}x^{\frac{3}{2}}+C$

㋓ $\displaystyle\int\sin x\,dx=-\cos x+C$

㋔ $\displaystyle\int e^xdx=e^x+C$

㋕ $\displaystyle\int\frac{dx}{x}=\log|x|+C$

練習問題 2-1

解答 p.216

次の関数を積分せよ。

(1) $y=\dfrac{1}{\sqrt{2x+5}}$　(2) $y=\sqrt[3]{x+2}$　(3) $y=\sec^2 3x$

問題2-2 ▼ 分数関数の不定積分（部分分数型）

次の関数を積分せよ。

(1) $y=\dfrac{2}{x^2-16}$　(2) $y=\dfrac{6x^3-x^2+12x+1}{6x^2-x-1}$　(3) $y=\dfrac{4}{x(x+2)^2}$

解 説 分数関数の積分は，被積分関数を部分分数に分解するのが原則である。次に代表的なものを挙げておく。

$$\frac{1}{(x+a)(x+b)}=\frac{1}{b-a}\left(\frac{1}{x+a}-\frac{1}{x+b}\right)\quad(\text{ただし，}a\fallingdotseq b)$$

$$\frac{1}{(x+a)(x+b)^2}=\frac{A}{x+a}+\frac{B}{x+b}+\frac{C}{(x+b)^2}\quad(\text{ただし，}a\fallingdotseq b)$$

解答

(1) $\displaystyle\int\frac{2}{x^2-16}dx=\int\frac{1}{4}\left(\frac{1}{x-4}-\frac{1}{x+4}\right)dx$ ㋐

$\displaystyle=\frac{1}{4}(\log|x-4|-\log|x+4|)+C$

$\displaystyle=\frac{1}{4}\log\left|\frac{x-4}{x+4}\right|+C$　…(答)

(2) 与式 $\displaystyle=x+\frac{13x+1}{6x^2-x-1}$ ㋑

$\displaystyle=x+\frac{13x+1}{(2x-1)(3x+1)}=x+\frac{3}{2x-1}+\frac{2}{3x+1}$ ㋒

よって $\displaystyle\int\frac{6x^3-x^2+12x+1}{6x^2-x-1}dx$

$\displaystyle=\frac{x^2}{2}+\frac{3}{2}\log|2x-1|+\frac{2}{3}\log|3x+1|+C$

…(答)

(3) $\displaystyle\frac{4}{x(x+2)^2}=\frac{1}{x}-\frac{1}{x+2}-\frac{2}{(x+2)^2}$ ㋓

よって $\displaystyle\int\frac{4}{x(x+2)^2}dx=\log\left|\frac{x}{x+2}\right|+\frac{2}{x+2}+C$

…(答)

ポイント

㋐ $\displaystyle\frac{1}{x^2-16}=\frac{1}{(x-4)(x+4)}=\frac{1}{8}\left(\frac{1}{x-4}-\frac{1}{x+4}\right)$

㋑ 分子の次数 $\geq$ 分母の次数のときは，割り算をする。

㋒ $\displaystyle\frac{13x+1}{(2x-1)(3x+1)}=\frac{A}{2x-1}+\frac{B}{3x+1}$ から，A, B を決定。

㋓ $\displaystyle\frac{4}{x(x+2)^2}=\frac{A}{x}+\frac{B}{x+2}+\frac{C}{(x+2)^2}$ から，A, B, C を決定。

練習問題 2-2

解答 p.216

次の関数を積分せよ。

(1) $y=\dfrac{1}{5+4x-x^2}$　(2) $y=\dfrac{x+2}{x^2-4x+3}$

問題2-3 ▼ 三角関数の不定積分

次の関数を積分せよ。

(1) $y = \cos^4 2x$　　(2) $y = \sin 5x \cos 3x$　　(3) $y = \cos 3x \cos 2x$

解 説 三角関数の加法定理

$$\sin(\alpha + \beta) = \sin\alpha\cos\beta + \cos\alpha\sin\beta,$$
$$\sin(\alpha - \beta) = \sin\alpha\cos\beta - \cos\alpha\sin\beta$$

の2式を辺々加えて2で割ることにより，積から和の公式の1つ

$$\sin\alpha\cos\beta = \frac{1}{2}\{\sin(\alpha+\beta) + \sin(\alpha-\beta)\}$$

が得られる。また，**2倍角の公式** $\cos 2\theta = 2\cos^2\theta - 1 = 1 - 2\sin^2\theta$ から

$$\cos^2\theta = \frac{1+\cos 2\theta}{2},\ \sin^2\theta = \frac{1-\cos 2\theta}{2}$$ （**半角公式**）が得られる。

解答

(1)
$$\cos^4 2x = (\cos^2 2x)^2 = \left(\frac{1+\cos 4x}{2}\right)^2$$
$$= \frac{1}{4}(1 + 2\cos 4x + \cos^2 4x)$$
$$= \frac{1}{4}\left(1 + 2\cos 4x + \frac{1+\cos 8x}{2}\right)$$
$$= \frac{1}{8}(3 + 4\underset{㋐}{\cos 4x} + \cos 8x)$$
$$\therefore \int \cos^4 2x\,dx = \frac{3}{8}x + \frac{1}{8}\sin 4x + \frac{1}{64}\sin 8x + C$$
…(答)

(2) $\sin 5x \cos 3x = \dfrac{1}{2}(\sin 8x + \sin 2x)$ だから
$$\int \sin 5x\cos 3x\,dx = -\frac{1}{16}\cos 8x - \frac{1}{4}\cos 2x + C$$
…(答)

(3) $\underset{㋑}{\cos 3x\cos 2x} = \dfrac{1}{2}(\cos 5x + \cos x)$ だから
$$\int \cos 3x\cos 2x\,dx = \frac{1}{10}\sin 5x + \frac{1}{2}\sin x + C$$
…(答)

ポイント

㋐ $a \neq 0$ のとき
$$\int \cos\ ax\,dx = \frac{1}{a}\sin ax + C$$

㋑
$\cos(\alpha+\beta)$
$= \cos\alpha\cos\beta - \sin\alpha\sin\beta$
$\cos(\alpha-\beta)$
$= \cos\alpha\cos\beta + \sin\alpha\sin\beta$
の2式から
$\cos\alpha\cos\beta$
$= \dfrac{\cos(\alpha+\beta)+\cos(\alpha-\beta)}{2}$

練習問題 2-3　解答 p.216

次の関数を積分せよ。

(1) $y = \sin^2 3x$　　(2) $y = \sin 5x \sin 2x$　　(3) $y = \cos^3 x$

問題2-4 ▼ 逆三角関数になる不定積分

次の関数を積分せよ。

(1) $y=\dfrac{1}{\sqrt{16-x^2}}$　　(2) $y=\dfrac{1}{\sqrt{2+4x-4x^2}}$

(3) $y=\dfrac{1}{x^2(4x^2+1)}$　　(4) $\dfrac{1}{x^2+x+1}$

解 説　積分の結果が逆三角関数になる次の公式は重要である。

$$\int \frac{dx}{\sqrt{a^2-x^2}}=\sin^{-1}\frac{x}{a}+C\ (a>0),\quad \int \frac{dx}{x^2+a^2}=\frac{1}{a}\tan^{-1}\frac{x}{a}+C$$

さらに，1次式型ならば $\displaystyle\int \frac{dx}{\sqrt{a^2-(px+q)^2}}=\frac{1}{p}\sin^{-1}\frac{px+q}{a}+C$ $(a>0,\ p\neq 0)$ などが成り立つ。

解答

(1) $$\int \frac{dx}{\sqrt{16-x^2}}=\int \frac{dx}{\sqrt{4^2-x^2}}=\sin^{-1}\frac{x}{4}+C$$ …(答)

(2) $$\underbrace{\int \frac{dx}{\sqrt{2+4x-4x^2}}}_{㋐}=\int \frac{dx}{\sqrt{3-(2x-1)^2}}$$
$$=\frac{1}{2}\sin^{-1}\frac{2x-1}{\sqrt{3}}+C$$ …(答)

(3) $\underbrace{\dfrac{1}{x^2(4x^2+1)}=\dfrac{1}{x^2}-\dfrac{4}{4x^2+1}}_{㋑}$ であるから

$$\int \frac{dx}{x^2(4x^2+1)}=\int\left\{\frac{1}{x^2}-\frac{4}{(2x)^2+1^2}\right\}dx$$
$$=-\frac{1}{x}-4\cdot\frac{1}{2}\tan^{-1}2x+C$$
$$=-\frac{1}{x}-2\tan^{-1}2x+C$$ …(答)

(4) $$\int \frac{dx}{x^2+x+1}=\int \frac{dx}{\left(x+\frac{1}{2}\right)^2+\left(\frac{\sqrt{3}}{2}\right)^2}$$
$$=\frac{2}{\sqrt{3}}\tan^{-1}\frac{2x+1}{\sqrt{3}}+C$$ …(答)

ポイント

㋐ $2+4x-4x^2$
$=2-\underbrace{(4x^2-4x)}_{\text{完全平方式へ}}$
$=3-(4x^2-4x+1)$
$=3-(2x-1)^2$

㋑ $\dfrac{1}{x^2(4x^2+1)}$
$=\dfrac{A}{x}+\dfrac{B}{x^2}+\dfrac{Cx+D}{4x^2+1}$
とおくのが原則だが
$\dfrac{1}{x^2(4x^2+1)}$
$=\dfrac{(4x^2+1)-4x^2}{x^2(4x^2+1)}$
$=\dfrac{1}{x^2}-\dfrac{4}{4x^2+1}$
とすると速い。

練習問題　2-4　解答 p.217

次の関数を積分せよ。

(1) $y=\dfrac{3}{\sqrt{1-6x^2}}$　　(2) $y=\dfrac{1}{(x^2+1)(x^2+3)}$

問題2-5 ▼置換積分法 (1)（丸見え型）

次の関数を積分せよ。

(1) $y=x(x^2+1)^4$　(2) $y=\dfrac{x+1}{(x^2+2x+3)^2}$　(3) $y=\sin^4 x\cos x$

(4) $y=\dfrac{(\log 2x)^3}{x}$

解 説　(1) の $\int x(x^2+1)^4 dx$ において，$(x^2+1)'=2x$ となる。つまり，「被積分関数の一部分を微分すると，それが被積分関数の他の部分の定数倍」という形をしている。この形のときは置換積分法を用いるのが原則である。

$x^2+1=t$ とおくと　$2xdx=dt$　$x\,dx=\dfrac{1}{2}dt$

$$\therefore \int x(x^2+1)^4dx=\int (x^2+1)^4x\,dx=\int t^4\cdot\frac{1}{2}dt$$

$$=\frac{1}{10}t^5+C=\frac{1}{10}(x^2+1)^5+C \qquad \cdots(\text{答})$$

解答

(1) 上の解説を参照。

(2) ㋐$x^2+2x+3=t$ とおくと

$(2x+2)dx=dt$　$(x+1)dx=\dfrac{1}{2}dt$

$$\therefore \int \frac{x+1}{(x^2+2x+3)^2}dx=\int \frac{1}{t^2}\cdot\frac{1}{2}dt$$

$$=-\frac{1}{2t}+C=-\frac{1}{2(x^2+2x+3)}+C \qquad \cdots(\text{答})$$

(3) ㋑$\sin x=t$　とおくと　$\cos x\,dx=dt$

$$\therefore \int \sin^4 x\cos x\,dx=\int t^4dt=\frac{1}{5}t^5+C$$

$$=\frac{1}{5}\sin^5 x+C \qquad \cdots(\text{答})$$

(4) ㋒$\log 2x=t$ とおくと　$\dfrac{1}{x}dx=dt$

$$\therefore \int \frac{(\log 2x)^3}{x}dx=\int t^3dt=\frac{1}{4}(\log 2x)^4+C$$

$\cdots$(答)

ポイント

㋐
$(x^2+2x+3)'$
$=2x+2$
$=2(x+1)$

㋑　$(\sin x)'=\cos x$

㋒　$(\log 2x)'=\dfrac{2}{2x}=\dfrac{1}{x}$

練習問題　2-5

解答 p.217

次の関数を積分せよ。

(1) $y=\dfrac{x^3}{\sqrt{x^4+1}}$　(2) $y=e^x(e^x+2)^3$　(3) $y=\sin^2 x\cos^3 x$

問題2-6 ▼ 置換積分法 (2)

次の関数を積分せよ。

(1) $y = x\sqrt[3]{4-x}$　　(2) $y = \dfrac{1}{2e^x + 3}$

解 説 一般に，無理関数の不定積分が我々の知っている形の関数で表される場合は少なく，積分できるのは被積分関数がうまい形をしているときである。$\sqrt[n]{ax+b}$, $\sqrt[n]{\dfrac{ax+b}{cx+d}}$ を含む場合は，これらを「$=t$」とおくと有理関数の不定積分に直すことができる。また，e^x を含む不定積分は $e^x = t$ とおくとうまく積分できることが多い。

解答

(1) $\sqrt[3]{4-x} = t$ とおくと　$4 - x = t^3$

$$x = 4 - t^3 \qquad dx = -3t^2 dt$$

$$\therefore \int x\sqrt[3]{4-x}\,dx = \int (4-t^3)t\cdot(-3t^2dt)$$

$$= \int 3(t^6 - 4t^3)dt = 3\underbrace{\left(\frac{1}{7}t^7 - t^4\right)}_{㋐} + C$$

$$= \frac{3}{7}\underbrace{t^4(t^3-7)}_{㋑} + C$$

$$= \frac{3}{7}(x-4)(x+3)\sqrt[3]{4-x} + C \qquad \cdots(\text{答})$$

(2) $e^x = t$ とおくと $e^x dx = dt$

$$dx = \frac{1}{e^x}dt = \frac{1}{t}dt$$

$$\therefore \int \frac{dx}{2e^x+3} = \int \frac{1}{2t+3}\cdot\frac{1}{t}dt$$

$$= \frac{1}{3}\int\left(\frac{1}{t} - \frac{2}{2t+3}\right)dt$$

$$= \frac{1}{3}\underbrace{(\log|t| - \log|2t+3|)}_{㋒} + C$$

$$= \frac{1}{3}\{x - \log(2e^x+3)\} + C \qquad \cdots(\text{答})$$

ポイント

㋐ $\dfrac{1}{7}t^4$ でくくる。

㋑ $t = \sqrt[3]{4-x}$,
$t^3 = 4 - x$ を代入する。
$t^4(t^3-7)$
$= t^3\cdot t\cdot(t^3-7)$
$= (4-x)(-3-x)\cdot\sqrt[3]{4-x}$
$= (x-4)(x+3)\cdot\sqrt[3]{4-x}$

㋒ $t = e^x$ だから
$\log|t| = \log e^x = x$
また
$|2t+3| = 2e^x + 3$

練習問題　2-6

解答 p.217

次の関数を積分せよ。

(1) $y = \dfrac{1}{x}\sqrt{\dfrac{x+1}{x-1}}\ (x>1)$　　(2) $y = \sqrt{e^x - 1}$

問題2-7 ▼置換積分法 (3)

次の関数を積分せよ。ただし，$A \neq 0$ とする。

(1) $y = \dfrac{1}{\sqrt{x^2+A}}$　　　(2) $y = \sqrt{x^2+A}$

■ **解 説** ■　$\sqrt{ax^2+bx+c}$ を含む不定積分は

$a>0$ のときは，$\sqrt{ax^2+bx+c} = t - \sqrt{a}\,x$（または $t+\sqrt{a}\,x$）

$a<0$ のときは，$y = ax^2+bx+c$ は上に凸の2次関数だから

$ax^2+bx+c = -a(x-\alpha)(\beta-x)$　$(\alpha<\beta)$　の形に書けるので

$$\sqrt{ax^2+bx+c} = \sqrt{-a(x-\alpha)(\beta-x)} = \sqrt{-a}(x-\alpha)\sqrt{\frac{\beta-x}{x-\alpha}}$$

と変形して $\sqrt{\dfrac{\beta-x}{x-\alpha}} = t$ とおけば t の有理関数の積分になる。

解答

$\sqrt{x^2+A} = t - x$ とおくと　$x^2+A = t^2-2tx+x^2$

$x = \dfrac{t^2-A}{2t}$ ㋐　　$dx = \dfrac{t^2+A}{2t^2}dt$

$\sqrt{x^2+A} = t - \dfrac{t^2-A}{2t} = \dfrac{t^2+A}{2t}$

(1) $\displaystyle\int \frac{dx}{\sqrt{x^2+A}} = \int \frac{2t}{t^2+A}\cdot\frac{t^2+A}{2t^2}dt = \int\frac{dt}{t}$

$= \log|t| + C = \log|x+\sqrt{x^2+A}| + C$　　…(答)

(2) $\displaystyle\int \sqrt{x^2+A}\,dx = \int \frac{t^2+A}{2t}\cdot\frac{t^2+A}{2t^2}dt$

$\displaystyle = \frac{1}{4}\int\left(t+\frac{2A}{t}+\frac{A^2}{t^3}\right)dt$

$\displaystyle = \frac{1}{4}\left(\frac{t^2}{2}+2A\log|t|-\frac{A^2}{2t^2}\right)+C$　$(=I)$

$\dfrac{t^2}{2}-\dfrac{A^2}{2t^2} = 2\cdot\dfrac{t^2-A}{2t}\cdot\dfrac{t^2+A}{2t} = 2x\sqrt{x^2+A}$ ㋑

$\therefore\ I = \dfrac{1}{2}(x\sqrt{x^2+A} + A\log|x+\sqrt{x^2+A}|) + C$

…(答)

ポイント

㋐　$x = \dfrac{1}{2}\left(t-\dfrac{A}{t}\right)$ より

$dx = \dfrac{1}{2}\left(1+\dfrac{A}{t^2}\right)dt$

$= \dfrac{t^2+A}{2t^2}dt$

㋑　$\dfrac{t^2}{2}-\dfrac{A^2}{2t^2}$

$= \dfrac{t^4-A^2}{2t^2}$

$= \dfrac{(t^2-A)(t^2+A)}{2t^2}$

$= 2\cdot\dfrac{t^2-A}{2t}\cdot\dfrac{t^2+A}{2t}$

練習問題　2-7　解答 p.217

関数 $y = \dfrac{1}{x\sqrt{x^2-x+2}}$ を積分せよ。

問題2-8 ▼置換積分法 (4)

次の関数を積分せよ。

(1) $y=\dfrac{1}{\sin x}$　　(2) $y=\dfrac{1}{\sin x-\cos x}$

■ **解 説** ■　$\sin x$, $\cos x$ の有理関数についての不定積分では，$\tan\dfrac{x}{2}=t$ とおくと t の有理関数の不定積分になる。それは

$$\sin x=\sin\left(2\cdot\frac{x}{2}\right)=2\sin\frac{x}{2}\cos\frac{x}{2}=\frac{2\sin\frac{x}{2}\cos\frac{x}{2}}{\cos^2\frac{x}{2}+\sin^2\frac{x}{2}}=\frac{2t}{1+t^2}$$

$$\cos x=\cos^2\frac{x}{2}-\sin^2\frac{x}{2}=\frac{\cos^2\frac{x}{2}-\sin^2\frac{x}{2}}{\cos^2\frac{x}{2}+\sin^2\frac{x}{2}}=\frac{1-t^2}{1+t^2}$$

$\dfrac{dt}{dx}=\dfrac{1}{2}\cdot\dfrac{1}{\cos^2\frac{x}{2}}=\dfrac{1+t^2}{2}$ から　$dx=\dfrac{2}{1+t^2}dt$　となるからである。

解答

$\tan\dfrac{x}{2}=t$ とおくと

$\sin x=\dfrac{2t}{1+t^2}$, $\cos x=\dfrac{1-t^2}{1+t^2}$, $dx=\dfrac{2}{1+t^2}dt$

(1) $\displaystyle\int\frac{dx}{\sin x}=\int\frac{1+t^2}{2t}\cdot\frac{2}{1+t^2}dt=\int\frac{dt}{t}$

$\displaystyle=\log|t|+C=\underset{㋐}{\log\left|\tan\frac{x}{2}\right|}+C$　…(答)

(2) $\displaystyle\int\underset{㋑}{\frac{dx}{\sin x-\cos x}}=\int\underset{㋒}{\frac{dx}{\sqrt{2}\sin\left(x-\frac{\pi}{4}\right)}}$

$\displaystyle=\frac{1}{\sqrt{2}}\log\left|\tan\left(\frac{x}{2}-\frac{\pi}{8}\right)\right|+C$　…(答)

ポイント

㋐
$\displaystyle\int\frac{dx}{\sin x}=\log\left|\tan\frac{x}{2}\right|+C$
は公式として覚えておくとよい。

㋑　三角関数の合成公式
$a\sin\theta+b\cos\theta$
$=\sqrt{a^2+b^2}\sin(\theta+\alpha)$

㋒　(1) の結果を1次式型として用いた。

練習問題　2-8　解答 p.218

次の関数を積分せよ。

(1) $y=\dfrac{1}{\cos x}$　　(2) $y=\dfrac{\sin x}{1+\sin x}$

問題2-9 ▼部分積分法 (1)

次の関数を積分せよ。

(1) $y = xe^{2x}$　(2) $y = x\log(x+1)$　(3) $y = x\cos 2x$　(4) $y = \tan^{-1} x$

解 説 べき関数(x^{α}), 指数関数(a^x), 対数関数($\log_a x$), 三角関数($\sin x$)などの適当な積の関数の不定積分は，部分積分法

$$\int f'(x)g(x)dx = f(x)g(x) - \int f(x)g'(x)dx$$

を用いるとうまくいくことがある。右図のように $x > 0$ においては $e^x > x > \log_e x$ となるが，一般には，大きい（強い）関数を $f'(x)$ として選ぶとよい。「三角関数は指数関数並みに強い」と覚えよう。

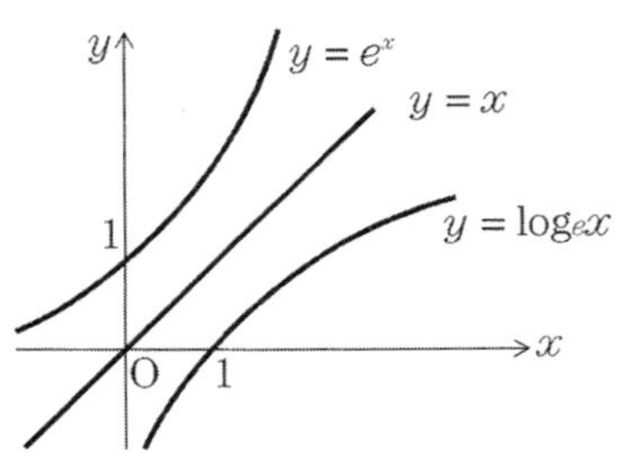

解答

(1) $\displaystyle\int xe^{2x}\,dx = \int x\left(\frac{e^{2x}}{2}\right)'dx$ ㋐

$\displaystyle = x\cdot\frac{e^{2x}}{2} - \int 1\cdot\frac{e^{2x}}{2}dx = \frac{xe^{2x}}{2} - \frac{e^{2x}}{4} + C$

$\displaystyle = \frac{1}{4}(2x-1)e^{2x} + C$　…(答)

(2) $\displaystyle\int x\log(x+1)dx$ ㋑

$\displaystyle = \int\left(\frac{x^2-1}{2}\right)'\log(x+1)dx$

$\displaystyle = \frac{x^2-1}{2}\log(x+1) - \int\frac{x^2-1}{2}\cdot\frac{1}{x+1}dx$

$\displaystyle = \frac{x^2-1}{2}\log(x+1) - \frac{x^2}{4} + \frac{x}{2} + C$　…(答)

(3) $\displaystyle\int x\cos 2x\,dx = \int x\left(\frac{\sin 2x}{2}\right)'dx$ ㋒

$\displaystyle = x\cdot\frac{\sin 2x}{2} - \int\frac{\sin 2x}{2}dx$

$\displaystyle = \frac{x}{2}\sin 2x + \frac{\cos 2x}{4} + C$　…(答)

(4) $\displaystyle\int\tan^{-1}x\,dx = x\tan^{-1}x - \int x\cdot\frac{1}{1+x^2}dx$ ㋓

$\displaystyle = x\tan^{-1}x - \frac{1}{2}\log(1+x^2) + C$　…(答)

ポイント

㋐ e^{2x} は x より強いから，e^{2x} を公式の $f'(x)$ にあたるものにする。

㋑ x は $\log(x+1)$ より強いが

$$\int\left(\frac{x^2}{2}\right)'\log(x+1)dx$$

とするよりも，解答のようにすると計算が楽。

㋒ $\cos 2x$ は x より強い。

㋓ $\tan^{-1}x = 1\cdot\tan^{-1}x$ と考える。逆三角関数は1より弱いので

$\tan^{-1}x = (x)'\tan^{-1}x$

練習問題 2-9

解答 p.218

次の関数を積分せよ。

(1) $y = (1-x)e^{-2x}$　(2) $y = x\tan^2 x$

問題2-10 ▼部分積分法 (2)

次の関数を積分せよ。

(1) $y = x^3e^x$　　(2) $y = x^2e^{-x}$　　(3) $y = x^2 \sin 2x$

解 説　いずれも部分積分法を用いることは関数の形からわかるが，1回の部分積分法では計算が終わらない。部分積分法を何度か繰り返し用いることにより求める。

解答

(1) $\int x^3e^x dx = \int x^3(e^x)' dx = x^3e^x - \underbrace{\int 3x^2e^x dx}_{㋐}$

$= x^3e^x - 3\left(x^2e^x - \int 2xe^x dx\right)$

$= x^3e^x - 3x^2e^x + 6\left(xe^x - \int e^x dx\right)$

$= \underbrace{(x^3 - 3x^2 + 6x - 6)e^x}_{㋑} + C$　…(答)

(2) $\int x^2e^{-x} dx = \int x^2(-e^{-x})' dx$

$= x^2(-e^{-x}) - \underbrace{\int 2x(-e^{-x}) dx}_{㋒}$

$= -x^2e^{-x} - 2\left(xe^{-x} - \int e^{-x} dx\right)$

$= \underbrace{-(x^2 + 2x + 2)e^{-x}}_{㋓} + C$　…(答)

(3) $\int x^2 \sin 2x\, dx = \int x^2\left(\frac{\cos 2x}{-2}\right)' dx$

$= x^2 \cdot \frac{\cos 2x}{-2} - \int 2x \cdot \frac{\cos 2x}{-2} dx$

$= -\frac{x^2}{2} \cos 2x + \underbrace{\int x \cos 2x\, dx}_{㋔}$

$= -\frac{x^2}{2} \cos 2x + \frac{x}{2} \sin 2x + \frac{\cos 2x}{4} + C$

…(答)

ポイント

㋐ $\int 3x^2e^x dx$
$= 3\int x^2(e^x)' dx$

㋑ y が x の整式のとき
$\int ye^x dx$
$=(y - y' + y'' - \cdots)e^x$
が成り立つことが知られている。確認してみよう。

㋒ $\int 2x(-e^{-x}) dx$
$= 2\int x(e^{-x})' dx$

㋓ y が x の整式のとき
$\int ye^{-x} dx$
$= -(y + y' + y'' + \cdots)e^{-x}$
が成り立つ。

㋔ 前問の(3)の結果を用いた。

練習問題　2-10　　解答 p.218

次の関数を積分せよ。

(1) $y = (1 - x)^2e^{-x}$　　(2) $y = x^2 \cos 2x$

問題2-11 ▼部分積分法 (3)

次の不定積分を求めよ。ただし，$a \fallingdotseq 0$, $b \fallingdotseq 0$とする。

(1) $I=\displaystyle\int \sqrt{4-x^2}\,dx$　　(2) $I=\displaystyle\int e^{ax}\sin bx\,dx$

解 説　(1)で，$\sqrt{4-x^2}=(x)'\sqrt{4-x^2}$として部分積分法を用いると

$$\int \sqrt{4-x^2}dx = x\sqrt{4-x^2}-\int x\cdot\frac{-2x}{2\sqrt{4-x^2}}dx$$

$$= x\sqrt{4-x^2}-\int\frac{(4-x^2)-4}{\sqrt{4-x^2}}dx$$

$$= x\sqrt{4-x^2}-\int\sqrt{4-x^2}\,dx+\int\frac{4}{\sqrt{4-x^2}}dx$$

となって，求める積分が再び現れる。このようなときは求める不定積分をIとおくとよい。一般には，部分積分法を実行してみないと上のようなことが起こるかどうかはわからないが，(2)はその典型的なものである。

解答

(1) $I=\underset{㋐}{\displaystyle\int\sqrt{4-x^2}\,dx} = x\sqrt{4-x^2}-I+\displaystyle\int\frac{4}{\sqrt{4-x^2}}dx$

$$= x\sqrt{4-x^2}-I+4\sin^{-1}\frac{x}{2}$$

$$\therefore\ I=\frac{1}{2}\left(x\sqrt{4-x^2}+4\sin^{-1}\frac{x}{2}\right)\underset{㋑}{+C}\quad\cdots(答)$$

(2) $I=\underset{㋒}{\displaystyle\int e^{ax}\sin bx\,dx} = \displaystyle\int\left(\frac{e^{ax}}{a}\right)'\sin bx\,dx$

$$= \frac{e^{ax}}{a}\sin bx-\int\frac{e^{ax}}{a}\cdot b\cos bx\,dx$$

$$= \frac{e^{ax}\sin bx}{a}$$

$$-\frac{b}{a}\left\{\frac{e^{ax}}{a}\cos bx-\int\frac{e^{ax}}{a}\cdot(-b\sin bx)dx\right\}$$

$$\therefore\ \underset{㋓}{I=\frac{e^{ax}\sin bx}{a}-\frac{be^{ax}\cos bx}{a^2}-\frac{b^2}{a^2}I}$$

よって　$I=\dfrac{e^{ax}(a\sin bx-b\cos bx)}{a^2+b^2}+C$

$\cdots$(答)

㋐　上の解説を参照。

〔別解〕

$x=2\sin t\ \left(|t|\leq\dfrac{\pi}{2}\right)$

と置換する。

㋑　積分定数は最後につける。

㋒　e^{ax}, $\sin bx$ のいずれを部分積分してもよい。2回部分積分法を施して，Iが現れる。

㋓　分母を払って

$(a^2+b^2)I$

$=e^{ax}(a\sin bx-b\cos bx)$

練習問題　2-11

解答 p.218

不定積分$I=\displaystyle\int e^{-x}\cos^2 x\,dx$を求めよ。

問題2-12 ▼不定積分と漸化式

$I_n = \int x^n e^{ax} dx$ $(a \neq 0)$ $(n = 0, 1, 2, \ldots)$ とおくとき，I_{n+1} を I_n で表し，これを用いて I_1, I_2 を求めよ。

解 説　題意は「$I_{n+1} = \int x^{n+1} e^{ax} dx$ を $I_n = \int x^n e^{ax} dx$ で表せ」ということである。これは不定積分についての漸化式を求める問題であり

積分と漸化式 → 部分積分法を用いる

と覚えておくとよい。

解答

$$I_{n+1} = \underset{㋐}{\int x^{n+1} e^{ax} dx} = \int x^{n+1} \left(\frac{e^{ax}}{a}\right)' dx$$

$$= x^{n+1} \cdot \frac{e^{ax}}{a} - \int (n+1) x^n \cdot \frac{e^{ax}}{a} dx$$

$$= \frac{1}{a} x^{n+1} e^{ax} - \frac{n+1}{a} \int x^n e^{ax} dx$$

よって　$I_{n+1} = \frac{1}{a} x^{n+1} e^{ax} - \frac{n+1}{a} I_n$　…①

$(n = 0, 1, 2, \ldots)$

$I_0 = \int e^{ax} dx = \frac{e^{ax}}{a}$ だから，①で $n = 0$ として

$$I_1 = \frac{1}{a} x e^{ax} - \frac{1}{a} I_0 = \frac{1}{a} x e^{ax} - \frac{1}{a} \cdot \frac{e^{ax}}{a} \underset{㋑}{+C}$$

$$= \frac{1}{a}\left(x - \frac{1}{a}\right) e^{ax} + C$$　…(答)

また，①で $n = 1$ として

$$I_2 = \frac{1}{a} x^2 e^{ax} - \frac{2}{a} \underset{㋒}{I_1}$$

$$= \frac{1}{a} x^2 e^{ax} - \frac{2}{a} \cdot \frac{1}{a}\left(x - \frac{1}{a}\right) e^{ax} + C$$

$$= \underset{㋓}{\frac{1}{a}\left(x^2 - \frac{2}{a} x + \frac{2}{a^2}\right) e^{ax}} + C$$　…(答)

ポイント

㋐　e^{ax} は x^{n+1} より強い。

㋑　積分定数は最後につける。

㋒　$I_1 = \frac{1}{a}\left(x - \frac{1}{a}\right) e^{ax}$ を代入して，積分定数は最後につける。

㋓　$a = -1$ のときの I_2 は，問題2-10の(2)にほかならない。

練習問題　2-12

解答 p.219

$I_n = \int (\log x)^n dx$ $(n = 0, 1, 2, \ldots)$ とおくとき，I_{n+1} を I_n で表し，これを用いて I_3, I_4 を求めよ。

問題2-13 ▼定積分の基本

次の定積分の値を求めよ。

(1) $\displaystyle\int_{-2}^{2}\sqrt{5+2x}\,dx$　　(2) $\displaystyle\int_{0}^{\frac{\pi}{3}}\tan x\,dx$

(3) $\displaystyle\int_{0}^{\sqrt{3}}\frac{dx}{x^2+3}$　　(4) $\displaystyle\int_{1}^{\sqrt{3}}\frac{dx}{\sqrt{4-x^2}}$

解 説　$f(x)$が$[a,\ b]$で連続であるとき，その原始関数の1つを$F(x)$とおくと，$f(x)$のaからbまでの定積分は

$$\int_a^b f(x)dx=\Big[F(x)\Big]_a^b=F(b)-F(a)$$

で与えられる。bを**上端**，aを**下端**といい，$[a,\ b]$を**積分区間**という。

解答

(1) $\displaystyle\int_{-2}^{2}\sqrt{5+2x}\,dx=\underset{㋐}{\int_{-2}^{2}(5+2x)^{\frac{1}{2}}dx}$

$\displaystyle=\left[\frac{1}{2}\cdot\frac{2}{3}(5+2x)^{\frac{3}{2}}\right]_{-2}^{2}=\frac{1}{3}(9^{\frac{3}{2}}-1)=\frac{26}{3}$ …(答)

(2) $\displaystyle\int_{0}^{\frac{\pi}{3}}\tan x\,dx=\int_{0}^{\frac{\pi}{3}}\frac{\sin x}{\cos x}dx=-\underset{㋑}{\int_{0}^{\frac{\pi}{3}}\frac{(\cos x)'}{\cos x}dx}$

$\displaystyle=-\Big[\log|\cos x|\Big]_{0}^{\frac{\pi}{3}}=-\left(\log\frac{1}{2}-\log 1\right)=\log 2$ …(答)

(3) $\displaystyle\underset{㋒}{\int_{0}^{\sqrt{3}}\frac{dx}{x^2+3}}=\left[\frac{1}{\sqrt{3}}\tan^{-1}\frac{x}{\sqrt{3}}\right]_{0}^{\sqrt{3}}$

$\displaystyle=\frac{1}{\sqrt{3}}\,\underset{㋓}{(\tan^{-1}1-\tan^{-1}0)}=\frac{\sqrt{3}}{12}\pi$ …(答)

(4) $\displaystyle\underset{㋔}{\int_{1}^{\sqrt{3}}\frac{dx}{\sqrt{4-x^2}}}=\left[\sin^{-1}\frac{x}{2}\right]_{1}^{\sqrt{3}}$

$\displaystyle=\sin^{-1}\frac{\sqrt{3}}{2}-\sin^{-1}\frac{1}{2}=\frac{\pi}{3}-\frac{\pi}{6}=\frac{\pi}{6}$ …(答)

ポイント

㋐ $\displaystyle\int(ax+b)^{\alpha}dx=\frac{(ax+b)^{\alpha+1}}{a(\alpha+1)}+C$

㋑ $\displaystyle\int\frac{f'(x)}{f(x)}dx=\log|f(x)|+C$

㋒ $\displaystyle\int\frac{dx}{x^2+a^2}=\frac{1}{a}\tan^{-1}\frac{x}{a}+C$

㋓ $\tan^{-1}1=\dfrac{\pi}{4}$，$\tan^{-1}0=0$

㋔ $\displaystyle\int\frac{dx}{\sqrt{a^2-x^2}}=\sin^{-1}\frac{x}{a}+C$

練習問題　2-13

解答 p.219

次の定積分の値を求めよ。

(1) $\displaystyle\int_{-1}^{2}\sqrt[3]{3x+2}\,dx$　　(2) $\displaystyle\int_{0}^{2}\frac{dx}{x^2-2x-3}$

(3) $\displaystyle\int_{-3}^{3}\frac{e^x}{e^x+1}dx$　　(4) $\displaystyle\int_{-1}^{1}\frac{dx}{x^2+x+1}$

問題2-14 ▼ 定積分における置換積分法 (1)

次の定積分の値を求めよ。

(1) $\displaystyle\int_0^2 (1+x)\sqrt{2-x}\,dx$　　(2) $\displaystyle\int_0^{\log 3} \frac{dx}{e^x+2}$

■ **解 説** ■　関数 $f(x)$ は連続とする。

$\displaystyle\int_a^b f(x)dx$ において，$x=\varphi(t)$ と置換するとき

$$\begin{cases} a=\varphi(\alpha),\ b=\varphi(\beta) \\ \varphi'(t)\text{ は連続} \end{cases}$$

が成り立つならば

$$\int_a^b f(x)dx=\int_\alpha^\beta f(\varphi(t))\varphi'(t)dt$$　（積分区間の変更に注意）

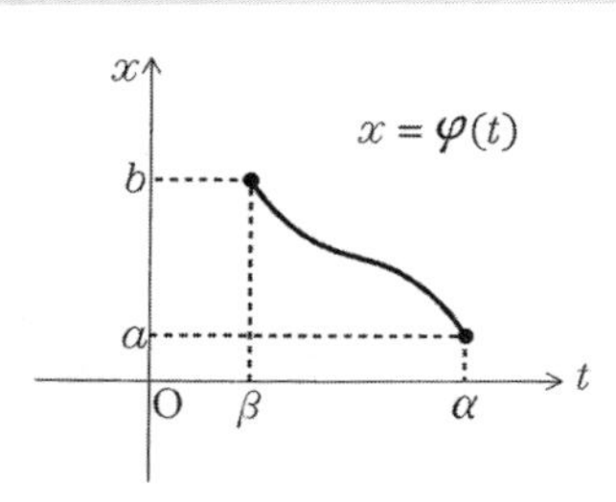

解答　求める定積分を I とおく。

(1)　$\sqrt{2-x}=t$ ㋐ とおくと $x=2-t^2$

$dx=-2t\,dt$

x	$0\to 2$
t	$\sqrt{2}\to 0$

$$\therefore\ I=\int_{\sqrt{2}}^0 (1+2-t^2)t(-2t)dt$$

$$=2\int_0^{\sqrt{2}}(3t^2-t^4)dt=2\left[t^3-\frac{t^5}{5}\right]_0^{\sqrt{2}}$$

$$=2\left(2\sqrt{2}-\frac{4\sqrt{2}}{5}\right)=\frac{12\sqrt{2}}{5}$$　…(答)

(2)　$e^x=t$ ㋑ とおくと　$e^xdx=dt$

$dx=\dfrac{dt}{e^x}=\dfrac{dt}{t}$

x	$0\to\log 3$
t	$1\to 3$

$$\therefore\ I=\int_1^3 \frac{1}{t+2}\cdot\frac{dt}{t}=\int_1^3\frac{1}{2}\left(\frac{1}{t}-\frac{1}{t+2}\right)dt$$

$$=\frac{1}{2}\Big[\log t-\log(t+2)\Big]_1^3$$ ㋒

$$=\frac{1}{2}(\log 3-\log 5-\log 1+\log 3)$$

$$=\frac{1}{2}\log\frac{9}{5}$$　…(答)

ポイント

㋐　$\sqrt{1\text{次式}}$ の形のときは，これを「$=t$」と置換する。

㋑　e^x を含む定積分は，$e^x=t$ とおく。$a^{\log_a M}=M$ を用いて $e^{\log_e 3}=3$ となる。

㋒　一般には，$\displaystyle\int\frac{dt}{t}=\log|t|$ であるが，積分区間では $t>0$ であるから絶対値記号は不要。

練習問題　2-14　解答 p.219

次の定積分の値を求めよ。

(1) $\displaystyle\int_1^2 x(3x-4)^3dx$　　(2) $\displaystyle\int_{-1}^2\frac{x^2}{\sqrt{x+2}}dx$　　(3) $\displaystyle\int_0^{\frac{\pi}{4}}\sin^5\theta\,d\theta$

問題2-15 ▼定積分における置換積分法 (2)

次の定積分の値を求めよ。

(1) $\displaystyle\int_{-\frac{1}{2}}^{\frac{1}{2}} x^2\sqrt{1-x^2}\,dx$　　(2) $\displaystyle\int_0^a \frac{x^2}{(x^2+a^2)^2}\,dx$ （ただし，$a>0$）

解説 $\sqrt{a^2-x^2}$ $(a>0)$ を含む定積分では

$$x=a\sin t\left(-\frac{\pi}{2}\leq t\leq\frac{\pi}{2}\right) \quad \text{または} \quad x=a\cos t\ (0\leq t\leq\pi)$$

$\dfrac{1}{x^2+a^2}$ $(a>0)$ を含む定積分では，$x=a\tan t\left(-\dfrac{\pi}{2}<t<\dfrac{\pi}{2}\right)$
と置換することにより，三角関数の見やすい積分になる。

なお，t の区間は三角関数のグラフが単調になるように選ぶとよい。

解答 求める定積分を I とおく。

(1) $I=\underset{㋐}{2\displaystyle\int_0^{\frac{1}{2}} x^2\sqrt{1-x^2}dx}$

x	$0\to\frac{1}{2}$
t	$0\to\frac{\pi}{6}$

$x=\sin t\left(|t|\leq\dfrac{\pi}{2}\right)$ とおくと

$dx=\cos t\,dt$，$\sqrt{1-x^2}=\cos t$

$\therefore\ I=2\displaystyle\int_0^{\frac{\pi}{6}} \underset{㋑}{\sin^2 t\cos t\cdot\cos t\,dt}$

$=2\displaystyle\int_0^{\frac{\pi}{6}}\left(\frac{\sin 2t}{2}\right)^2dt=\frac{1}{2}\int_0^{\frac{\pi}{6}}\frac{1-\cos 4t}{2}dt$

$=\dfrac{1}{4}\left[t-\dfrac{\sin 4t}{4}\right]_0^{\frac{\pi}{6}}=\dfrac{4\pi-3\sqrt{3}}{96}$　…(答)

(2) $x=a\tan t\left(|t|<\dfrac{\pi}{2}\right)$ とおくと

x	$0\to a$
t	$0\to\frac{\pi}{4}$

$dx=a\underset{㋒}{\sec^2 t}\,dt$，$x^2+a^2=a^2\sec^2 t$

$\therefore\ I=\displaystyle\int_0^{\frac{\pi}{4}}\frac{a^2\tan^2 t}{a^4\sec^4 t}\cdot a\sec^2 t\,dt$

$=\dfrac{1}{a}\displaystyle\int_0^{\frac{\pi}{4}}\sin^2 t\,dt=\frac{1}{a}\left[\frac{t}{2}-\frac{\sin 2t}{4}\right]_0^{\frac{\pi}{4}}$

$=\dfrac{\pi-2}{8a}$　…(答)

ポイント

㋐ $x^2\sqrt{1-x^2}$ は偶関数，すなわち $f(-x)=f(x)$ を満たすから

$\displaystyle\int_{-a}^{a}f(x)dx$

$=2\displaystyle\int_0^a f(x)dx$

を用いる。

㋑ $\sin^2 t\cos^2 t$

$=\dfrac{1}{4}(2\sin t\cos t)^2$

$=\dfrac{1}{4}\sin^2 2t$

$=\dfrac{1}{4}\cdot\dfrac{1-\cos 4t}{2}$

㋒

$\sec t=\dfrac{1}{\cos t}$

$(\tan t)'=\dfrac{1}{\cos^2 t}$

$=\sec^2 t$

練習問題　2-15　解答 p.220

次の定積分の値を求めよ。

(1) $\displaystyle\int_{-1}^{1}\sqrt{4-x^2}\,dx$　　(2) $\displaystyle\int_1^{\sqrt{3}}\frac{x}{(x^2+1)^2}\,dx$

問題2-16 ▼ 定積分における部分積分法

次の定積分の値を求めよ。

(1) $\displaystyle\int_0^{\pi} x\cos x\,dx$　　(2) $\displaystyle\int_0^{1} \log(x^2+1)dx$

(3) $\displaystyle\int_0^{\frac{1}{2}} \frac{x\sin^{-1}x}{\sqrt{1-x^2}}dx$

解 説　定積分における部分積分法の公式は，

$$\int_a^b f'(x)g(x)dx=\Big[f(x)g(x)\Big]_a^b-\int_a^b f(x)g'(x)dx$$

解答　求める定積分を I とおく。

(1) $\displaystyle I=\int_0^{\pi} x(\sin x)'dx$

$\displaystyle =\underbrace{\Big[x\sin x\Big]_0^{\pi}}_{㋐}-\int_0^{\pi}1\cdot\sin x\,dx$

$\displaystyle =\underbrace{\Big[\cos x\Big]_0^{\pi}}_{㋑}=-1-1=-2$　　…(答)

(2) $\displaystyle I=\int_0^{1}(x)'\log(x^2+1)dx$

$\displaystyle =\Big[x\log(x^2+1)\Big]_0^1-\int_0^1 x\cdot\frac{2x}{x^2+1}dx$

$\displaystyle =\log 2-2\int_0^1\left(1-\frac{1}{x^2+1}\right)dx$

$\displaystyle =\log 2-2\Big[x-\tan^{-1}x\Big]_0^1$

$=\log 2-2(1-\underbrace{\tan^{-1}1}_{㋒}+\tan^{-1}0)$

$\displaystyle =\log 2-2+\frac{\pi}{2}$　　…(答)

(3) $\displaystyle I=\int_0^{\frac{1}{2}}\underbrace{(-\sqrt{1-x^2})'}_{㋓}\sin^{-1}x\,dx$

$\displaystyle =\Big[-\sqrt{1-x^2}\sin^{-1}x\Big]_0^{\frac{1}{2}}-\int_0^{\frac{1}{2}}(-\sqrt{1-x^2})\cdot\frac{dx}{\sqrt{1-x^2}}$

$\displaystyle =-\frac{\sqrt{3}}{2}\underbrace{\sin^{-1}\frac{1}{2}}_{㋔}+\Big[x\Big]_0^{\frac{1}{2}}=\frac{1}{2}-\frac{\sqrt{3}}{12}\pi$

…(答)

ポイント

㋐ $\sin\pi=0$

㋑ $\cos\pi=-1$, $\cos 0=1$

㋒ $\tan^{-1}1=\dfrac{\pi}{4}$

㋓ $\left(\sqrt{1-x^2}\right)'=\dfrac{-2x}{2\sqrt{1-x^2}}=\dfrac{-x}{\sqrt{1-x^2}}$

㋔ $\sin^{-1}\dfrac{1}{2}=\dfrac{\pi}{6}$

練習問題　2-16　解答 p.220

次の定積分の値を求めよ。

(1) $\displaystyle\int_0^{\frac{\pi}{2}} x\sin x\,dx$　　(2) $\displaystyle\int_{\frac{1}{2}}^{\frac{3}{2}}\log(2x+1)dx$　　(3) $\displaystyle\int_0^{\sqrt{3}} x^2\tan^{-1}x\,dx$

問題2-17 ▼ $\int_0^{\frac{\pi}{2}} \sin^n x\,dx$

(1) $\int_0^{\frac{\pi}{2}} \sin^n x\,dx = \int_0^{\frac{\pi}{2}} \cos^n x\,dx$（$n$は自然数）を証明せよ。

(2) (1)の定積分 I_n の値を求めよ。

■ **解 説** ■ (1) 等式の左辺は $\sin^n x$，右辺は $\cos^n x$ の定積分であるが，積分区間はいずれも $0 \leq x \leq \frac{\pi}{2}$ である。そこで，置換 $x = \frac{\pi}{2} - t$ を考える。

(2) 定積分と漸化式についての問題である。

解答

(1) $J = \int_0^{\frac{\pi}{2}} \sin^n x\,dx$ において，$\underset{㋐}{x = \frac{\pi}{2} - t}$ とおくと

x	$0 \to \frac{\pi}{2}$
t	$\frac{\pi}{2} \to 0$

$\sin x = \cos t,\ dx = -dt$

$$\therefore\ J = \int_{\frac{\pi}{2}}^0 \cos^n t(-dt) = \int_0^{\frac{\pi}{2}} \cos^n x\,dx$$

(2) $\underset{㋑}{I_n} = \left[\sin^{n-1} x\cdot(-\cos x)\right]_0^{\frac{\pi}{2}}$

$$- \int_0^{\frac{\pi}{2}} (n-1)\sin^{n-2} x\cos x\cdot(-\cos x)\,dx$$

$$= (n-1)\int_0^{\frac{\pi}{2}} \sin^{n-2} x(1-\sin^2 x)\,dx$$

$$= (n-1)(I_{n-2} - I_n)$$

$nI_n = (n-1)I_{n-2}$　$\therefore$ $\underset{㋒}{I_n = \frac{n-1}{n} I_{n-2}}$ $(n \geq 2)$

ここに $I_0 = \int_0^{\frac{\pi}{2}} dx = \frac{\pi}{2}$, $I_1 = \int_0^{\frac{\pi}{2}} \sin x\,dx = 1$

よって，求める $\underset{㋓}{\text{定積分 } I_n}$ は

nが偶数のとき　$I_n = \frac{n-1}{n}\cdot\frac{n-3}{n-2}\cdot\cdots\cdot\frac{1}{2}\cdot\frac{\pi}{2}$

nが奇数のとき　$I_n = \frac{n-1}{n}\cdot\frac{n-3}{n-2}\cdot\cdots\cdot\frac{2}{3}$

…(答)

ポイント

㋐ 一般に

$$\int_a^b f(x)\,dx = \int_a^b f(t)dt$$

であるから

$$J = \int_0^{\frac{\pi}{2}} \cos^n t\,dt$$

$$= \int_0^{\frac{\pi}{2}} \cos^n x\,dx$$

を目標にする。

㋑ $\sin^n x$

$= \sin^{n-1} x\cdot\sin x$

$= \sin^{n-1} x\cdot(-\cos x)'$

㋒ 繰り返し用いると

$I_n = \frac{n-1}{n}\cdot\frac{n-3}{n-2} I_{n-4}$

$= \cdots$

nが偶数なら I_0

nが奇数なら I_1

まで帰着する。

㋓ 公式として覚えておくとよい。

練習問題　2-17

解答 p.221

上の結果を用いて，次の定積分の値を求めよ。

(1) $\int_0^{\frac{\pi}{2}} \sin^2 x\cos^6 x\,dx$　　(2) $\int_0^{\pi} \sin^5 x dx$

問題2-18 ▼級数の和の極限値

次の極限値を求めよ。

(1) $\displaystyle\lim_{n\to\infty}\left(\frac{1}{n}+\frac{1}{n+1}+\frac{1}{n+2}+\cdots+\frac{1}{2n-1}\right)$

(2) $\displaystyle\lim_{n\to\infty}\frac{1}{n^3}\sum_{k=1}^{n}k\sqrt{n^2-k^2}$　　(3) $\displaystyle\lim_{n\to\infty}\sum_{k=1}^{n}\frac{1}{\sqrt{n^2+k^2}}$

■ 解 説 ■　$y=f(x)$ が $[a,\ b]$ で連続とする。

$[a,\ b]$ を n 等分し, 分点を左から $x_1,\ x_2,\ \cdots,\ x_{n-1}$, さらに $x_0=a,\ x_n=b$ とおくと

$$\lim_{n\to\infty}\frac{b-a}{n}\sum_{k=0}^{n-1}f(x_k)=\int_a^b f(x)dx\quad(\text{右図})$$

$$\lim_{n\to\infty}\frac{b-a}{n}\sum_{k=1}^{n}f(x_k)=\int_a^b f(x)dx$$

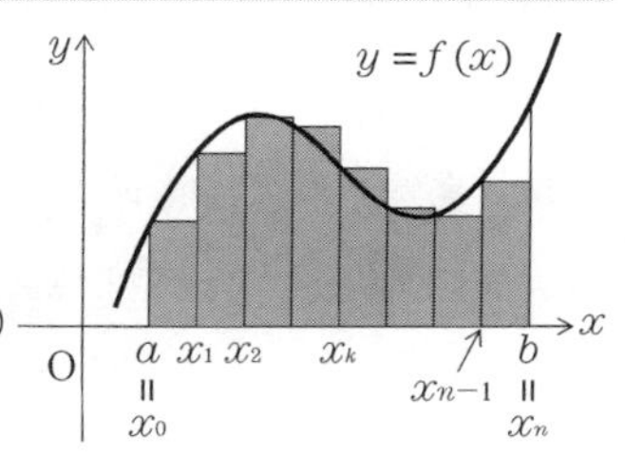

特に, $\displaystyle\lim_{n\to\infty}\frac{1}{n}\sum_{k=1}^{n}f\left(\frac{k}{n}\right)=\int_0^1 f(x)dx$ が成り立つ。

解答

(1) 与式 $\displaystyle=\lim_{n\to\infty}\sum_{k=0}^{n-1}\frac{1}{n+k}=\lim_{n\to\infty}\frac{1}{n}\sum_{k=0}^{n-1}\frac{1}{1+\frac{k}{n}}$ ㋐

$\displaystyle=\int_0^1\frac{dx}{1+x}=\Big[\log(1+x)\Big]_0^1=\log 2$ …(答)

(2) 与式 $\displaystyle=\lim_{n\to\infty}\frac{1}{n}\sum_{k=1}^{n}\frac{k}{n}\sqrt{1-\left(\frac{k}{n}\right)^2}$

$\displaystyle=\int_0^1 x\sqrt{1-x^2}\,dx$ ㋑

$\displaystyle=\left[-\frac{1}{3}(1-x^2)^{\frac{3}{2}}\right]_0^1=\frac{1}{3}$ …(答)

(3) 与式 $\displaystyle=\lim_{n\to\infty}\frac{1}{n}\sum_{k=1}^{n}\frac{1}{\sqrt{1+\left(\frac{k}{n}\right)^2}}=\int_0^1\frac{dx}{\sqrt{1+x^2}}$ ㋒

$\displaystyle=\Big[\log(x+\sqrt{1+x^2})\Big]_0^1=\log(\sqrt{2}+1)$ …(答)

ポイント

㋐ $\displaystyle\lim_{n\to\infty}\frac{1}{n}\sum_{k=0\,(k=1)}^{n-1\,(n)}f\left(\frac{k}{n}\right)$ → $\displaystyle\int_a^b$　f　(x)　dx

$k=0$ のとき　$\dfrac{k}{n}=0=a$

$k=n-1$ のとき

$\dfrac{k}{n}=\dfrac{n-1}{n}\xrightarrow[(n\to\infty)]{}1=b$

㋑ $\left\{(1-x^2)^{\frac{3}{2}}\right\}'$

$=-3x\sqrt{1-x^2}$

㋒ $\displaystyle\int\frac{dx}{\sqrt{x^2+A}}$

$=\log\left|x+\sqrt{x^2+A}\right|$

練習問題　2-18　解答 p.221

次の極限値を求めよ。

(1) $\displaystyle\lim_{n\to\infty}\frac{1}{n}\sum_{k=1}^{n}\sin\frac{k\pi}{n}$　　(2) $\displaystyle\lim_{n\to\infty}\frac{1}{n}\{(n+1)(n+2)\cdots(2n)\}^{\frac{1}{n}}$

問題2-19 ▼定積分と不等式

次の不等式を証明せよ。n は3以上の自然数とする。

(1) $\dfrac{\pi}{4} < \displaystyle\int_0^1 \sqrt{1-x^4}\,dx < \dfrac{\sqrt{2}\pi}{4}$　　(2) $\dfrac{\pi}{4} < \displaystyle\int_0^1 \dfrac{dx}{1+x^n} < 1$

解説　$a<b$ のとき，$g(x) \leqq f(x)$ ならば

$$\int_a^b g(x)dx \leqq \int_a^b f(x)dx \quad \cdots①$$

が成り立つ。特に，区間 $[a, b]$ の少なくとも1点 $x=c$ で $g(c)<f(c)$ となるならば，①の等号は成り立たない。右図のように図形の面積と関連させると直観的にはすぐわかる。

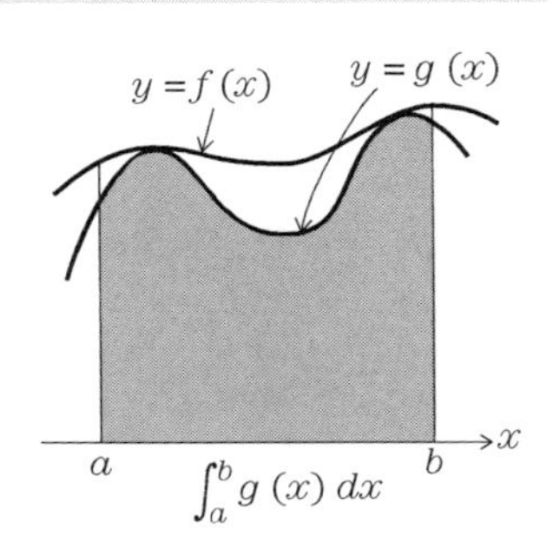

解答

(1) $1-x^4=(1+x^2)(1-x^2)$

　$0<x<1$ では，$1<1+x^2<2$ だから ㋐

$$\sqrt{1-x^2} < \sqrt{1-x^4} < \sqrt{2}\sqrt{1-x^2}$$

$$\therefore\ \int_0^1 \sqrt{1-x^2}\,dx < \int_0^1 \sqrt{1-x^4}\,dx < \int_0^1 \sqrt{2}\sqrt{1-x^2}\,dx$$

　$\displaystyle\int_0^1 \sqrt{1-x^2}\,dx = \frac{\pi}{4}$ であるから ㋑

$$\frac{\pi}{4} < \int_0^1 \sqrt{1-x^4}\,dx < \frac{\sqrt{2}\pi}{4}$$

(2) $0<x<1$ のとき　$x^2>x^n>0$ ㋒　$(\because\ n \geqq 3)$

$$\therefore\ \frac{1}{1+x^2} < \frac{1}{1+x^n} < 1$$

　すなわち $\displaystyle\int_0^1 \frac{dx}{1+x^2} < \int_0^1 \frac{dx}{1+x^n} < \int_0^1 dx$

$$\int_0^1 \frac{dx}{1+x^2} = \Big[\tan^{-1} x\Big]_0^1 = \frac{\pi}{4},\ \int_0^1 dx = 1$$

　であるから　$\displaystyle\frac{\pi}{4} < \int_0^1 \frac{dx}{1+x^n} < 1$

ポイント

㋐ $\sqrt{1-x^4}=\sqrt{1+x^2}\sqrt{1-x^2}$
$\displaystyle\int_0^1 \sqrt{1-x^2}\,dx$ は簡単に求められるので，$1+x^2$ を定数ではさむことを考える。ここで，はじめから等号を入れないと説明が楽である。

㋑

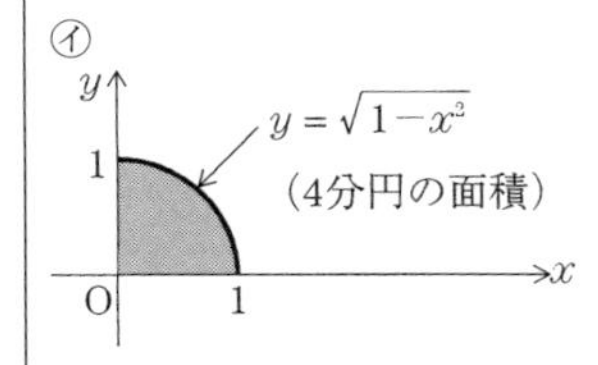

㋒　$\displaystyle\int_0^1 1\,dx=1$ および
$\displaystyle\int_0^1 \frac{dx}{1+x^2}$
$=\tan^{-1} 1 = \dfrac{\pi}{4}$
に着目する。

練習問題　2-19　　解答 p.221

$n \geqq 3$ のとき，不等式　$\log(1+\sqrt{2}) < \displaystyle\int_0^1 \frac{dx}{\sqrt{1+x^n}} < 1$ を証明せよ。

Chapter 3
行列

基本事項

1. 行列

(1) **行列**　いくつかの数を長方形状に並べ，両側をかっこで囲んだものを**行列**といい，個々の数をその行列の**成分**または**要素**という。

$$\begin{array}{r} \text{第 1 行} \rightarrow \\ \text{第 2 行} \rightarrow \\ \\ \text{第 } i \text{ 行} \rightarrow \\ \\ \text{第 } m \text{ 行} \rightarrow \end{array} \begin{pmatrix} a_{11} & a_{12} & \cdots & a_{1n} \\ a_{21} & a_{22} & \cdots & a_{2n} \\ \vdots & \vdots & a_{ij} & \vdots \\ a_{m1} & a_{m2} & \cdots & a_{mn} \end{pmatrix}$$

↑第1列　↑第2列　↑第 j 列　↑第 n 列

行列において

行：横の並びを行といい，上から第1行，第2行，...という。

列：縦の並びを列といい，左から第1列，第2列，...という。

$(i,\ j)$ **成分**：第 i 行と第 j 行の交差点にある成分を，$(i,\ j)$ 成分といい，a_{ij} で表す。

行列は $A=\begin{pmatrix} a & b \\ c & d \end{pmatrix}$ あるいは $A=\begin{pmatrix} a_{11} & a_{12} \\ a_{21} & a_{22} \end{pmatrix}$ のように表す。

(2) **行列の型**　m 個の行と n 個の列からなる行列を

m 行 n 列の行列　あるいは　**$m\times n$ 行列**

といい，特に，$n\times n$ 行列を **n 次の正方行列**という。

(3) **行ベクトル・列ベクトル**　$1\times n$ 行列を n 次元の行ベクトル，$m\times 1$ 行列を m 次元の列ベクトルという。

(4) **行列の相等**　同じ型の行列 A，B において，対応する成分がすべて等しいとき，A と B **は等しい**といい，$A=B$ と表す。

2. 行列の加法・減法・実数倍

(1) **行列の加法**　同じ型の2つの行列 A，B に対して，対応する成分の和を成分とする行列を A と B の和といい，$A+B$ で表す。

(2) **行列の減法**　同じ型の2つの行列 A，B に対して，$B+X=A$ を満たす行列 X を A から B を引いた差といい，$A-B$ で表す。

(3) **行列の実数倍**　行列 A の各成分を k 倍したものを成分とする行列を行列 A の k 倍といい，kA で表す。

(4) **零行列**　すべての成分が0である行列を零行列といい，O で表す。

(5) **行列の計算法則**　行列の加減，実数倍の計算については，整式の場合と同様に，次の法則が成り立つ。

A，B，C は同じ型の行列，k，l を実数とすると

$A+B=B+A$　（加法の交換法則）

$(A+B)+C=A+(B+C)$　（加法の結合法則）

$(kl)A=k(lA)$　（実数倍の結合法則）

$$\left.\begin{array}{l}(k+l)A=kA+lA\\ k(A+B)=kA+kB\end{array}\right\}$$　（実数倍の分配法則）

$1A=A$，$(-1)A=-A$，$0A=O$，$kO=O$

3. 行列の乗法

(1) **行列の積**　2つの行列 A，B の積 AB は，A の列の数と B の行の数が等しいときだけ定義され，AB の $(i,\ j)$ 成分は，A の第 i 行ベクトルと B の第 j 列ベクトルの内積である。すなわち

$(l\times m$ 行列$)\times(m\times n$ 行列$)=l\times n$ 行列

特に

$$(a\quad b)\begin{pmatrix}x\\ y\end{pmatrix}=(ax+by)=ax+by$$

$$(a\quad b)\begin{pmatrix}x & y\\ z & u\end{pmatrix}=(ax+bz\quad ay+bu)$$

$$\begin{pmatrix}a\\ b\end{pmatrix}(x\quad y)=\begin{pmatrix}ax & ay\\ bx & by\end{pmatrix},\quad \begin{pmatrix}a & b\\ c & d\end{pmatrix}\begin{pmatrix}x\\ y\end{pmatrix}=\begin{pmatrix}ax+by\\ cx+dy\end{pmatrix}$$

$$\begin{pmatrix}a & b\\ c & d\end{pmatrix}\begin{pmatrix}x & y\\ z & u\end{pmatrix}=\begin{pmatrix}ax+bz & ay+bu\\ cx+dz & cy+du\end{pmatrix}$$

(2) **行列の乗法の計算法則**　和と積が考えられる行列 A，B，C に対して

$A(B+C)=AB+AC$，　$(A+B)C=AC+BC$　（分配法則）

$k(AB)=(kA)B=A(kB)=kAB$

$(AB)C=A(BC)=ABC$　（結合法則）

4. 行列の乗法の性質

(1) **交換法則の不成立**　2つの行列 A, B に対して，等式 $AB = BA$ は一般には成り立たない。すなわち，行列の積においては交換法則は成り立たない。なお，$AB = BA$ が成り立つとき，A と B は交換可能であるという。

(2) **単位行列と零行列**　2次の正方行列 $\begin{pmatrix} 1 & 0 \\ 0 & 1 \end{pmatrix}$ を2次の単位行列といい，E または I で表す。任意の2次の正方行列 A に対して $AE = EA = A$

また，2×2 型の零行列 O に対して $AO = OA = O$

(3) **零因子**　零行列でない2つの行列 A, B に対して $AB = O$ を満たすものが存在する。このような行列 A, B を零因子という。

したがって，命題「$AB = O \Rightarrow A = O$ または $B = O$」は，一般には成り立たない。

(4) **ケーリー・ハミルトンの定理**　行列 $A = \begin{pmatrix} a & b \\ c & d \end{pmatrix}$ に対して

$$A^2 - (a + d)A + (ad - bc)E = O$$

が成り立つ。これをケーリー・ハミルトンの定理という。

5. 逆行例

(1) **逆行例**　正方行列 A に対し，A と同じ型の単位行列を E として

$$AX = XA = E$$

を満たす正方行列 X が存在するとき，この行列 X を A の逆行列といい，$X = A^{-1}$ で表す。

(2) **2次の正方行列の逆行列**　$A = \begin{pmatrix} a & b \\ c & d \end{pmatrix}$ に対して，$\Delta(A) = ad - bc$ とおくと，$\Delta(A) \neq 0$ のとき，A の逆行列 A^{-1} が存在して

$$A^{-1} = \frac{1}{\Delta(A)} \begin{pmatrix} d & -b \\ -c & a \end{pmatrix} = \frac{1}{ad - bc} \begin{pmatrix} d & -b \\ -c & a \end{pmatrix}$$

$\Delta(A) = 0$ のとき，A の逆行列は存在しない。

なお，$\Delta(A)$ は $D(A)$, $\det A$, $|A|$ などとも表す。

(3) **逆行列の基本性質**　2次の正方行列 A, B に対して A^{-1}, B^{-1} が存在するとき

$$AA^{-1}=A^{-1}A=E,\ (A^{-1})^{-1}=A$$

$$(AB)^{-1}=B^{-1}A^{-1}$$

$k \fallingdotseq 0$ のとき　$(kA)^{-1}=\dfrac{1}{k}A^{-1}$　　〈注〉$(kA)^{-1} \fallingdotseq kA^{-1}$

$AB=C$ ならば　$B=A^{-1}C,\ A=CB^{-1}$

6.　連立2元1次方程式

（1）**行列による表し方**　　$x,\ y$ を未知数とする連立2元1次方程式

$\begin{cases} ax+by=p \\ cx+dy=q \end{cases}$ は，行列を用いて $\begin{pmatrix} a & b \\ c & d \end{pmatrix}\begin{pmatrix} x \\ y \end{pmatrix}=\begin{pmatrix} p \\ q \end{pmatrix}$　　…①

と表せる。

（2）**解法**　　$x,\ y$ の連立2元1次方程式①は，$A=\begin{pmatrix} a & b \\ c & d \end{pmatrix}$ とすれば，A が逆行列 A^{-1} をもつときただ1組の解をもち，解は

$$\begin{pmatrix} x \\ y \end{pmatrix}=A^{-1}\begin{pmatrix} p \\ q \end{pmatrix}=\frac{1}{ad-bc}\begin{pmatrix} d & -b \\ -c & a \end{pmatrix}\begin{pmatrix} p \\ q \end{pmatrix}$$

また，A が逆行列をもたない，すなわち $\Delta(A)=ad-bc=0$ のときは無数の解をもつ（不定），解をもたない（不能）の2通りの場合がある。

7.　行列の n 乗

一般に，正方行列 A の n 個の積を A の n 乗といい，A^n と表す。

（1）**$A^n=kE$ のタイプ**　　k を実数として

$A^2=kE$ のとき　　$A^{2n}=k^nE,\ A^{2n+1}=k^nA$

$A^3=kE$ のとき　　$A^{3n}=k^nE,\ A^{3n+1}=k^nA,\ A^{3n+2}=k^nA^2$

（2）**数学的帰納法の利用**　　A^2，A^3，A^4 などから A^n を推定し，それが成り立つことを数学的帰納法によって証明する。

$$\begin{pmatrix} \alpha & 0 \\ 0 & \beta \end{pmatrix}^n=\begin{pmatrix} \alpha^n & 0 \\ 0 & \beta^n \end{pmatrix},\qquad \begin{pmatrix} \alpha & p \\ 0 & \alpha \end{pmatrix}^n=\begin{pmatrix} \alpha^n & np\alpha^{n-1} \\ 0 & \alpha^n \end{pmatrix}$$

$$\begin{pmatrix} \cos\theta & -\sin\theta \\ \sin\theta & \cos\theta \end{pmatrix}^n=\begin{pmatrix} \cos n\theta & -\sin n\theta \\ \sin n\theta & \cos n\theta \end{pmatrix}$$

問題3-1 ▼行列の計算，行列の相等

(1) X, Y がいずれも 2×2 行列で

$$X+2Y=\begin{pmatrix}1 & 2\\ 3 & -1\end{pmatrix}\cdots①,\qquad Y-3X=\begin{pmatrix}0 & -1\\ 1 & 0\end{pmatrix}\cdots②$$

のとき，X，Y を求めよ。

(2) 行列についての等式 $\begin{pmatrix}x & y\\ 2 & 1\end{pmatrix}\begin{pmatrix}x & 0\\ y & x\end{pmatrix}=2\begin{pmatrix}10 & 6-x\\ 3 & 0\end{pmatrix}+\begin{pmatrix}5 & 2x\\ 4 & x\end{pmatrix}$

が成り立つような x，y の値を求めよ。

解 説 (1) 未知の行列 X, Y を求める問題である。

連立方程式 $x+2y=p$，$y-3x=q$ を解く要領で，X と Y を求める。

(2) 等式の両辺を定義に従って計算し，対応する成分を比較する。

解答

(1) ①－②×2，①×3＋② からそれぞれ

$$7X=\underset{㋐}{\begin{pmatrix}1 & 4\\ 1 & -1\end{pmatrix}},\quad 7Y=\underset{㋑}{\begin{pmatrix}3 & 5\\ 10 & -3\end{pmatrix}}$$

$$\therefore\ X=\frac{1}{7}\begin{pmatrix}1 & 4\\ 1 & -1\end{pmatrix},\ Y=\frac{1}{7}\begin{pmatrix}3 & 5\\ 10 & -3\end{pmatrix}\qquad\cdots(\text{答})$$

(2) 左辺 $=\begin{pmatrix}x^2+y^2 & xy\\ 2x+y & x\end{pmatrix}$，右辺 $=\begin{pmatrix}25 & 12\\ 10 & x\end{pmatrix}$

したがって $\begin{pmatrix}x^2+y^2 & xy\\ 2x+y & x\end{pmatrix}=\begin{pmatrix}25 & 12\\ 10 & x\end{pmatrix}$

両辺の対応する成分を比較して ㋒

$$\begin{cases}x^2+y^2=25 & \cdots①\\ xy=12\quad\cdots②, & 2x+y=10\quad\cdots③\end{cases}$$

②，③ から ㋓ $(x, y)=(2, 6), (3, 4)$

このうち，①を満たすのは $x=3$, $y=4$ $\cdots$(答)

ポイント

㋐ $\begin{pmatrix}1 & 2\\ 3 & -1\end{pmatrix}-2\begin{pmatrix}0 & -1\\ 1 & 0\end{pmatrix}$

㋑ $3\begin{pmatrix}1 & 2\\ 3 & -1\end{pmatrix}+\begin{pmatrix}0 & -1\\ 1 & 0\end{pmatrix}$

㋒ 行列の相等。

㋓ $x(10-2x)=12$ から

$x^2-5x+6=0$

$(x-2)(x-3)=0$

$x=2, 3$

練習問題 3-1 解答 p.221

$A=\begin{pmatrix}a & b\\ 0 & c\end{pmatrix}$, $B=\begin{pmatrix}p & 0\\ q & r\end{pmatrix}$ が $AB-BA=\begin{pmatrix}3 & 4\\ 3 & -3\end{pmatrix}$ を満たすように，1から6までの相異なる整数 a, b, c, p, q, r の値を求めよ。

問題3-2 ▼行列の積

2×2行列 A, B において

$$A+B=\begin{pmatrix}1 & -2\\ 3 & 1\end{pmatrix},\quad A-B=\begin{pmatrix}3 & 4\\ -1 & 1\end{pmatrix}$$

のとき，A^2-B^2 を求めよ。

解説　実数 a, b に対しては $a^2-b^2=(a+b)(a-b)$ が成り立つ。これは $(a+b)(a-b)=a^2-ab+ba-b^2=a^2-b^2$ のように，積の交換法則 $ab=ba$ が成り立つからである。ところが，行列においては一般に $AB\neq BA$ だから

$$(A+B)(A-B)=A^2-AB+BA-B^2=A^2-B^2$$

とはできない。すなわち

$$A^2-B^2=(A+B)(A-B)=\begin{pmatrix}1 & -2\\ 3 & 1\end{pmatrix}\begin{pmatrix}3 & 4\\ -1 & 1\end{pmatrix}$$

として計算することはできない。与えられた2式から A, B を求めて，A^2, B^2 を計算することになる。

解答

与えられた第1式を①，第2式を②とする。

①，②を A, B について解いて（㋐）

$$A=\begin{pmatrix}2 & 1\\ 1 & 1\end{pmatrix},\quad B=\begin{pmatrix}-1 & -3\\ 2 & 0\end{pmatrix}$$

したがって

$$A^2=\begin{pmatrix}2 & 1\\ 1 & 1\end{pmatrix}\begin{pmatrix}2 & 1\\ 1 & 1\end{pmatrix}=\begin{pmatrix}5 & 3\\ 3 & 2\end{pmatrix}$$

$$B^2=\begin{pmatrix}-1 & -3\\ 2 & 0\end{pmatrix}\begin{pmatrix}-1 & -3\\ 2 & 0\end{pmatrix}=\begin{pmatrix}-5 & 3\\ -2 & -6\end{pmatrix}$$

$$\therefore\ A^2-B^2=\begin{pmatrix}5 & 3\\ 3 & 2\end{pmatrix}-\begin{pmatrix}-5 & 3\\ -2 & -6\end{pmatrix}$$ （㋑）

$$=\begin{pmatrix}10 & 0\\ 5 & 8\end{pmatrix}$$ …(答)

ポイント

㋐　①＋②から

$$2A=\begin{pmatrix}4 & 2\\ 2 & 2\end{pmatrix}$$

①－②から

$$2B=\begin{pmatrix}-2 & -6\\ 4 & 0\end{pmatrix}$$

㋑　A と B が積に関して交換可能かどうかは不明だから，$(A+B)(A-B)=A^2-B^2$ としてはいけない。
ちなみに，

$$(A+B)(A-B)=\begin{pmatrix}5 & 2\\ 8 & 13\end{pmatrix}$$

$$(A-B)(A+B)=\begin{pmatrix}15 & -2\\ 2 & 3\end{pmatrix}$$

練習問題　3-2

解答 p.222

行列 $A=\begin{pmatrix}0 & 4\\ 3 & -2\end{pmatrix}$, $B=\begin{pmatrix}4 & -3\\ -2 & 4\end{pmatrix}$ のとき，$A^2+AB-BA-B^2$ を求めよ。

問題3-3 ▼ ケーリー・ハミルトンの公式

2次の正方行列 $A=\begin{pmatrix} a & b \\ c & d \end{pmatrix}$ が $A^2-6A+8E=O$ を満たすとき，$a+d$ および $ad-bc$ の値を求めよ。

解説 2次の正方行列 $A=\begin{pmatrix} a & b \\ c & d \end{pmatrix}$ は

$$A^2-(a+d)A+(ad-bc)E=O \qquad \cdots①$$

を満たす。$a+d$ を行列 A の**トレース**，$ad-bc$ を行列 A の**行列式**と呼び，それぞれ $\mathrm{tr}A$，$\det A$ と表す。

$$\mathrm{tr}A=a+d,\ \det A=ad-bc$$

証明は $A^2-(a+d)A=\begin{pmatrix} a & b \\ c & d \end{pmatrix}\begin{pmatrix} a & b \\ c & d \end{pmatrix}-(a+d)\begin{pmatrix} a & b \\ c & d \end{pmatrix}$

$$=\begin{pmatrix} bc-ad & 0 \\ 0 & bc-ad \end{pmatrix}=-(ad-bc)E$$

から容易に示される。①と与式は形が似ているが，A の1次の係数どうし，単位行列 E の係数どうしを単純に比較してはいけない。

解答

$A=\begin{pmatrix} a & b \\ c & d \end{pmatrix}$ は $A^2-(a+d)A+(ad-bc)E=O$

を満たす。与式の $A^2-6A+8E=O$ とから，A^2 の項を消去して㋐

$$(a+d)A-(ad-bc)E=6A-8E$$

$$(a+d-6)A=(ad-bc-8)E$$

(i) $a+d-6\neq 0$ のとき

$A=kE$㋑ となるので，与式に代入して

$(k^2-6k+8)E=O$㋒　$k^2-6k+8=0$

$\therefore\ k=2,\ 4$　　　$\therefore\ A=2E,\ 4E$㋓

(ii) $a+d-6=0$ のとき　$ad-bc-8=0$㋔

以上から，求める $(a+d,\ ad-bc)$ の値は

$(4,\ 4)$，$(8,\ 16)$，$(6,\ 8)$ …(答)

ポイント

㋐ 単純に比べて
$a+d=6,\ ad-bc=8$
としてはいけない。

㋑ $\dfrac{ad-bc-8}{a+d-6}=k$ とおいた。
$A=kE$ の形を単位型と呼ぶ。

㋒ $E\neq O$ より
$k^2-6k+8=0$

㋓ 与式から，この場合は容易に予想できるが，これが解のすべてではない。

㋔ $(ad-bc-8)E=O$ から。

練習問題 3-3 解答 p.222

$A^2=A$ を満たす2次の正方行列 A をすべて求めよ。

問題3-4 ▼逆行列をもつ行列 (1)

(1) 行列 $A=\begin{pmatrix}2 & -1\\5 & -3\end{pmatrix}$, $B=\begin{pmatrix}1 & 3\\-2 & -4\end{pmatrix}$ のとき，$AX=B$ となる行列 X を求めよ。

(2) 2次の正方行列 P はその逆行列 P^{-1} と一致し，かつ $P\begin{pmatrix}2\\5\end{pmatrix}=\begin{pmatrix}-1\\-3\end{pmatrix}$ である。P を求めよ。

解 説　(1) 行列 A は逆行列をもつから，$AX=B$ の両辺の左から A^{-1} を掛けると　$A^{-1}(AX)=A^{-1}B$

行列の積においては結合法則が成り立つから　$(A^{-1}A)X=A^{-1}B$

これより，$X=A^{-1}B$ が得られる。

(2) 行列 P の逆行列 P^{-1} が P に一致するから $P^{-1}=P$　すなわち，$P^2=E$

解答

(1) ㋐$\Delta(A)=2\cdot(-3)-(-1)\cdot5=-1\neq0$ だから

$A^{-1}=-\begin{pmatrix}-3 & 1\\-5 & 2\end{pmatrix}=\begin{pmatrix}3 & -1\\5 & -2\end{pmatrix}$

$AX=B$ の両辺の左から A^{-1} を掛けて

$X=A^{-1}B=\begin{pmatrix}3 & -1\\5 & -2\end{pmatrix}\begin{pmatrix}1 & 3\\-2 & -4\end{pmatrix}=\begin{pmatrix}5 & 13\\9 & 23\end{pmatrix}$ …(答)

(2) $P\begin{pmatrix}2\\5\end{pmatrix}=\begin{pmatrix}-1\\-3\end{pmatrix}$ …①

$P^{-1}=P$ から ㋑$P^2=E$

したがって，①の両辺に P を掛けて

$P^2\begin{pmatrix}2\\5\end{pmatrix}=P\begin{pmatrix}-1\\-3\end{pmatrix}$　$\therefore\ P\begin{pmatrix}-1\\-3\end{pmatrix}=\begin{pmatrix}2\\5\end{pmatrix}$ …②

①, ②から，㋒$P\begin{pmatrix}2 & -1\\5 & -3\end{pmatrix}=\begin{pmatrix}-1 & 2\\-3 & 5\end{pmatrix}$ となるので

$P=\begin{pmatrix}-1 & 2\\-3 & 5\end{pmatrix}$ ㋓$\begin{pmatrix}2 & -1\\5 & -3\end{pmatrix}^{-1}=\begin{pmatrix}-1 & 2\\-3 & 5\end{pmatrix}\begin{pmatrix}3 & -1\\5 & -2\end{pmatrix}$

$=\begin{pmatrix}7 & -3\\16 & -7\end{pmatrix}$ …(答)

ポイント

㋐ 行列 $A=\begin{pmatrix}a & b\\c & d\end{pmatrix}$ は，$\Delta(A)=ad-bc\neq0$ を確認してから

$A^{-1}=\dfrac{1}{\Delta(A)}\begin{pmatrix}d & -b\\-c & a\end{pmatrix}$

とする。

㋑ $P^{-1}=P$ の左から P を掛けて $PP^{-1}=PP=P^2$

すなわち $P^2=E=\begin{pmatrix}1 & 0\\0 & 1\end{pmatrix}$

㋒

$P\begin{pmatrix}a\\c\end{pmatrix}=\begin{pmatrix}p\\r\end{pmatrix}$,

$P\begin{pmatrix}b\\d\end{pmatrix}=\begin{pmatrix}q\\s\end{pmatrix}$ のとき

$P\begin{pmatrix}a & b\\c & d\end{pmatrix}=\begin{pmatrix}p & q\\r & s\end{pmatrix}$

㋓ (1)の A^{-1} に一致する。

練習問題　3-4

解答 p.222

2次の正方行列 A が $A^{-1}=A$ かつ $A\begin{pmatrix}1\\2\end{pmatrix}=\begin{pmatrix}2\\-1\end{pmatrix}$ を満たすとき，A を求めよ。

問題3-5 ▼ 逆行列をもつ行列 (2)

行列 A を $A=\begin{pmatrix} a+2 & a+1 \\ -a-1 & a+2 \end{pmatrix}$（$a$ は実数）とする。

(1) A は逆行列をもつことを示せ。　(2) A^2 を求めよ。

(3) $A^5=A$ が成り立つとき，a の値を求めよ。

解 説 (1) $\Delta(A)=(a+2)^2-(a+1)(-a-1) \neq 0$ を示せばよい。

(3) A^5 を計算して $A^5=A$ から求めてもよいが，A は逆行列をもつので，$A^5=A$ の両辺に A^{-1} を掛けて，次数を下げてから計算するほうが楽である。

解答

(1) $\Delta(A)=(a+2)^2-(a+1)(-a-1)$
$=(a+2)^2+(a+1)^2$

$(a+2)^2 \geq 0$ かつ $(a+1)^2 \geq 0$ で等号は同時には成り立たないので　$\Delta(A)>0$ ㋐

よって，A は逆行列をもつ。

(2) $A^2=\begin{pmatrix} (a+2)^2-(a+1)^2 & 2(a+1)(a+2) \\ -2(a+1)(a+2) & (a+2)^2-(a+1)^2 \end{pmatrix}$

$=\begin{pmatrix} 2a+3 & 2(a+1)(a+2) \\ -2(a+1)(a+2) & 2a+3 \end{pmatrix}$ …(答)

(3) A は逆行列 A^{-1} をもつから，$A^5=A$ ㋑ の両辺に A^{-1} を掛けて　$A^4=E$　…①

(2) の結果において，$2a+3=p$，$2(a+1)(a+2)=q$ とおくと

$A^4=(A^2)^2=\begin{pmatrix} p & q \\ -q & p \end{pmatrix}^2=\begin{pmatrix} p^2-q^2 & 2pq \\ -2pq & p^2-q^2 \end{pmatrix}$

①から　$p^2-q^2=1$　かつ　$2pq=0$ ㋒

$\therefore$ $p=\pm1$, $q=0$

よって　$a=-1,\ -2$　…(答)

ポイント

㋐

$\Delta(A)=(a+2)^2+(a+1)^2$
$=2a^2+6a+5$
$=2\left(a+\frac{3}{2}\right)^2+\frac{1}{2}>0$

としてもよい。

㋑ $A^5A^{-1}=AA^{-1}$ から

$A^4=E$

㋒ $2pq=0$ から
$p=0$ または $q=0$
$p=0$ のとき $q^2=-1$ となり不適。これより $q=0$
$p^2=1$ から $p=\pm1$

練習問題 3-5

解答 p.222

$A=\begin{pmatrix} 1 & 1 \\ -1 & 1 \end{pmatrix}$, $E=\begin{pmatrix} 1 & 0 \\ 0 & 1 \end{pmatrix}$ とする。

(1) すべての実数 s について，$A+sE$ は逆行列をもつことを示せ。

(2) すべての実数 t について，$A^2+3tA+2t^2E$ は逆行列をもつことを示せ。

問題3-6 ▼連立１次方程式

x, y についての連立１次方程式

$$\begin{cases}(a-6)x+(a+1)y=0\\(a-10)x+a(a+1)y=a-2\end{cases}$$

が解をもたないような a の値を求めよ。

解 説 $A=\begin{pmatrix}a-6 & a+1\\a-10 & a(a+1)\end{pmatrix}$ とおくと，連立方程式は $A\begin{pmatrix}x\\y\end{pmatrix}=\begin{pmatrix}0\\a-2\end{pmatrix}$

A が逆行列 A^{-1} をもてば，両辺に左から A^{-1} を掛けて $\begin{pmatrix}x\\y\end{pmatrix}=A^{-1}\begin{pmatrix}0\\a-2\end{pmatrix}$

となり，ただ１組の解をもつので，解をもたないための必要条件は $\Delta(A)=0$。

解答

$$\begin{pmatrix}a-6 & a+1\\a-10 & a(a+1)\end{pmatrix}\begin{pmatrix}x\\y\end{pmatrix}=\begin{pmatrix}0\\a-2\end{pmatrix}$$

連立方程式が解をもたないための必要条件は㋐

$\Delta=(a-6)\cdot a(a+1)-(a+1)(a-10)=0$

$(a+1)(a-2)(a-5)=0$ $\therefore$ $a=-1, 2, 5$

$a=-1$ のとき $\begin{cases}-7x=0\\-11x=-3\end{cases}$

よって，解をもたない。

$a=2$ のとき $\begin{cases}-4x+3y=0\\-8x+6y=0\end{cases}$ ㋑(２式は同値)

よって，無数の解をもつ。

$a=5$ のとき $\begin{cases}-x+6y=0\\-5x+30y=3\end{cases}$

よって，$\begin{cases}x-6y=0\\x-6y=-\dfrac{3}{5}\end{cases}$ となり，解をもたない。

以上から，求める a の値は $a=-1, 5$ …(答)

ポイント

㋐ 必要十分条件ではない。

方程式 $A\begin{pmatrix}x\\y\end{pmatrix}=\begin{pmatrix}p\\q\end{pmatrix}$ は

(i) A^{-1} が存在する

$\Rightarrow\begin{pmatrix}x\\y\end{pmatrix}=A^{-1}\begin{pmatrix}p\\q\end{pmatrix}$

(「解は一意」という)

(ii) A^{-1} が存在しない

$\Rightarrow$ 無数の解をもつ または 解をもたない

㋑ ２式はともに

$4x-3y=0$ となり，解は

$\begin{pmatrix}x\\y\end{pmatrix}=c\begin{pmatrix}3\\4\end{pmatrix}$ (c は任意)

練習問題 3-6

解答 p.223

次の連立方程式を解け。

$$\begin{cases}2ax+y=3(2a+1)\\ax-(a+1)y=4a\end{cases}$$

問題3-7 ▼ 行列の n 乗 (1)

$A=\begin{pmatrix} 4 & 1 \\ -2 & 1 \end{pmatrix}$ のとき，A^n を求めよ。

■ **解説** ■　正方行列 A に対しては

$A^2=AA,\ A^3=A^2A=AA^2,\ \ldots,\ A^n=A^{n-1}A=AA^{n-1}$ と定義される。

一般に，正方行列 A の n 乗を求めるには，$A^2,\ A^3,\ A^4$ などを求めて A^n を推定し，数学的帰納法で示すという原則的な方法があるが，2次の正方行列の場合には，ケーリー・ハミルトンの公式をうまく活用する方法もある。

$$A=\begin{pmatrix} a & b \\ c & -a \end{pmatrix} \to A^2=(a^2+bc)E \text{ から } \begin{cases} A^{2m}=(a^2+bc)^m E \\ A^{2m-1}=(a^2+bc)^{m-1}A \end{cases}$$

$$A=\begin{pmatrix} a & b \\ c & d \end{pmatrix},\ ad-bc=0 \to A^2=(a+d)A \text{ から } A^n=(a+d)^{n-1}A$$

などは覚えておくとよい。本問は，A と E が可換 $(AE=EA=A)$ であることから，割り算の技法を利用してみる。

解答

与えられた行列 A は，$A^2-5A+6E=O$ を満たす。

㋐ $A^n=(A^2-5A+6E)Q(A)+pA+qE$

とおく。一方

$x^n=(x^2-5x+6)Q(x)+px+q$

$\quad=(x-3)(x-2)Q(x)+px+q$ とおくと

㋑ $3^n=3p+q,\ 2^n=2p+q$

$\therefore\quad p=3^n-2^n,\ q=3\cdot 2^n-2\cdot 3^n$

よって，求める A^n は ㋒ $A^n=pA+qE$

$$=(3^n-2^n)\begin{pmatrix} 4 & 1 \\ -2 & 1 \end{pmatrix}+(3\cdot 2^n-2\cdot 3^n)\begin{pmatrix} 1 & 0 \\ 0 & 1 \end{pmatrix}$$

$$=\begin{pmatrix} 2\cdot 3^n-2^n & 3^n-2^n \\ -2(3^n-2^n) & 2^{n+1}-3^n \end{pmatrix}$$ …(答)

ポイント

㋐　$AE=EA=A$
が成り立つから，整式のように割り算ができる。

㋑
$x^n=(x-3)(x-2)Q(x)+px+q$
は x の恒等式だから，x にどのような値を代入しても成り立つ。本問では，$x=3,\ 2$ とおいた。

㋒　㋐において
$A^2-5A+6E=O$ より。

練習問題　3-7

解答 p.223

$A=\begin{pmatrix} 4 & 1 \\ -1 & 2 \end{pmatrix}$ のとき，A^n を求めよ。

問題3-8 ▼行列のn乗 (2)

$A=\frac{1}{2}\begin{pmatrix} a+b & a-b \\ a-b & a+b \end{pmatrix}$のとき，$A^n$を求めよ。ただし，$n$は自然数とする。

■ **解 説** ■　A^2，A^3，...を具体的に計算してA^nを推定する。その推定がすべて自然数のnに対して成り立つことを数学的帰納法によって証明する。

解答

$$A^2=AA=\frac{1}{2}\begin{pmatrix} a^2+b^2 & a^2-b^2 \\ a^2-b^2 & a^2+b^2 \end{pmatrix}$$

$$A^3=A^2A=\frac{1}{2}\begin{pmatrix} a^3+b^3 & a^3-b^3 \\ a^3-b^3 & a^3+b^3 \end{pmatrix}$$

これから　$\underset{㋐}{A^n}=\frac{1}{2}\begin{pmatrix} a^n+b^n & a^n-b^n \\ a^n-b^n & a^n+b^n \end{pmatrix}$　…①

と推定できる。これを数学的帰納法で示す。

[I] $n=1$のとき，自明。

[II] $n=k$のとき，㋑①が成り立つと仮定すると

$$A^{k+1}=A^kA$$

$$=\frac{1}{4}\begin{pmatrix} a^k+b^k & a^k-b^k \\ a^k-b^k & a^k+b^k \end{pmatrix}\begin{pmatrix} a+b & a-b \\ a-b & a+b \end{pmatrix}$$

$$\left(=\frac{1}{4}\begin{pmatrix} c_{11} & c_{12} \\ c_{21} & c_{22} \end{pmatrix}\text{とおく}\right)$$

$$c_{11}=c_{22}=(a^k+b^k)(a+b)+(a^k-b^k)(a-b)$$

$$=2(a^{k+1}+b^{k+1})$$

同様に，$\underset{㋒}{c_{12}=c_{21}}=2(a^{k+1}-b^{k+1})$

$$\therefore\quad A^{k+1}=\frac{1}{2}\begin{pmatrix} a^{k+1}+b^{k+1} & a^{k+1}-b^{k+1} \\ a^{k+1}-b^{k+1} & a^{k+1}+b^{k+1} \end{pmatrix}$$

よって，①は$n=k+1$のときも成り立つ。

[I]，[II]から，①はすべての自然数nで成り立つ。

以上から，$A^n=\frac{1}{2}\begin{pmatrix} a^n+b^n & a^n-b^n \\ a^n-b^n & a^n+b^n \end{pmatrix}$　…(答)

ポイント

㋐
$$A^4=A^3A$$
$$=\frac{1}{2}\begin{pmatrix} a^4+b^4 & a^4-b^4 \\ a^4-b^4 & a^4+b^4 \end{pmatrix}$$

まで計算したほうがよい。

本問は$A=\begin{pmatrix} p & q \\ q & p \end{pmatrix}$の形の行列だから，$A^n$も

$A^n=\begin{pmatrix} r & s \\ s & r \end{pmatrix}$の形になる。

㋑
$$A^k=\frac{1}{2}\begin{pmatrix} a^k+b^k & a^k-b^k \\ a^k-b^k & a^k+b^k \end{pmatrix}$$

と仮定する。

㋒
$$c_{12}=c_{21}$$
$$=(a^k+b^k)(a-b)$$
$$+(a^k-b^k)(a+b)$$

練習問題　3-8　解答 p.223

行列$A=\begin{pmatrix} 2 & 3 \\ 0 & 2 \end{pmatrix}$に対して$A^n$を求めよ。ただし，$n$は自然数とする。

問題3-9 ▼ 行列のn乗 (3)

nを2以上の整数とする。

(1) 2×2行列A, Bについて$AB=BA$, $B^2=O$であるとする。このとき，$(A+B)^n=A^n+nA^{n-1}B$が成り立つことを証明せよ。

(2) $C=\begin{pmatrix} a & b \\ 0 & a \end{pmatrix}$とするとき，$C^n$を求めよ。

■ **解 説** ■ (1) 前問同様に数学的帰納法で証明することもできるが，条件から2つの行列A, Bについて$AB=BA$（交換可能）が成り立っている。

$$(A+B)^2=(A+B)(A+B)=A^2+AB+BA+B^2=A^2+2AB+B^2$$

$$\begin{aligned}(A+B)^3&=(A+B)^2(A+B)=(A^2+2AB+B^2)(A+B)\\&=A^3+A^2B+2ABA+2AB^2+B^2A+B^3\\&=A^3+3A^2B+3AB^2+B^3\quad(\because\ ABA=A^2B,\ B^2A=AB^2)\end{aligned}$$

が成り立ち，$(A+B)^n$には二項定理を用いることができる。

解答

(1) $AB=BA$のとき，二項定理㋐を用いて

$$(A+B)^n={}_n\mathrm{C}_0A^n+{}_n\mathrm{C}_1A^{n-1}B+{}_n\mathrm{C}_2A^{n-2}B^2+\cdots+{}_n\mathrm{C}_{n-1}AB^{n-1}+{}_n\mathrm{C}_nB^n$$

$B^2=O$のとき，$B^3=B^4=\cdots=B^n=O$だから

㋑$(A+B)^n=A^n+{}_n\mathrm{C}_1A^{n-1}B$ …①

$=A^n+nA^{n-1}B$

(2) $C=\begin{pmatrix} a & b \\ 0 & a \end{pmatrix}=\begin{pmatrix} a & 0 \\ 0 & a \end{pmatrix}+\begin{pmatrix} 0 & b \\ 0 & 0 \end{pmatrix}$

$A=\begin{pmatrix} a & 0 \\ 0 & a \end{pmatrix}=aE$, $B=\begin{pmatrix} 0 & b \\ 0 & 0 \end{pmatrix}$とおくと

㋒$AB=BA$, $B^2=O$が成り立つから，①から

$C^n=(A+B)^n=A^n+nA^{n-1}B$

$=$㋓$(aE)^n+n(aE)^{n-1}B=\begin{pmatrix} a^n & na^{n-1}b \\ 0 & a^n \end{pmatrix}$ …(答)

ポイント

㋐ $(p+q)^n$（nは自然数）の展開に関する公式。

$$(p+q)^n=\sum_{r=0}^{n}{}_n\mathrm{C}_rp^{n-r}q^r$$

㋑ $B^2=O$だから，$r\geq2$のとき$B^r=O$となり，$(A+B)^n$は2項だけが残る。

㋒ $AB=BA=aB$
$AB=BA$, $B^2=O$は(1)の条件を満たす。

㋓ $(aE)^n+n(aE)^{n-1}B$
$=a^n\begin{pmatrix} 1 & 0 \\ 0 & 1 \end{pmatrix}+na^{n-1}\begin{pmatrix} 0 & b \\ 0 & 0 \end{pmatrix}$

練習問題 3-9 解答 p.224

行列$A=\begin{pmatrix} p+1 & 1 \\ -1 & p-1 \end{pmatrix}$とするとき，$A^n$を求めよ。ただし，$p\neq0$とする。

問題3-10 ▼行列のn乗 (4)

$A=\begin{pmatrix}1 & 2\\3 & 2\end{pmatrix}$, $P=\begin{pmatrix}2 & 1\\3 & -1\end{pmatrix}$のとき

(1) $P^{-1}AP$を求めよ。　(2) nを自然数とするとき，A^nを求めよ。

解 説 (1) 公式からP^{-1}を求め，順次計算する。

(2) $P^{-1}AP=B$とすると，両辺に左からP，右からP^{-1}を掛けて$A=PBP^{-1}$
行列の積について結合法則が成り立つから，A^nは次のように求められる。

$$A^n=(PBP^{-1})^n=(PBP^{-1})(PBP^{-1})\cdots(PBP^{-1})\quad (n\text{個の積})$$
$$=PB(P^{-1}P)B(P^{-1}P)\cdots(P^{-1}P)BP^{-1}=PB^nP^{-1}$$

解答

(1) $P^{-1}=\dfrac{1}{5}\begin{pmatrix}1 & 1\\3 & -2\end{pmatrix}$だから ㋐

$$P^{-1}AP=\frac{1}{5}\begin{pmatrix}1 & 1\\3 & -2\end{pmatrix}\begin{pmatrix}1 & 2\\3 & 2\end{pmatrix}\begin{pmatrix}2 & 1\\3 & -1\end{pmatrix}$$ ㋑

$$=\frac{1}{5}\begin{pmatrix}4 & 4\\-3 & 2\end{pmatrix}\begin{pmatrix}2 & 1\\3 & -1\end{pmatrix}=\begin{pmatrix}4 & 0\\0 & -1\end{pmatrix}\cdots(\text{答})$$ ㋑

(2) $P^{-1}AP=B$とおくと$A=PBP^{-1}$

(1)から $B^n=\begin{pmatrix}4 & 0\\0 & -1\end{pmatrix}^n=\begin{pmatrix}4^n & 0\\0 & (-1)^n\end{pmatrix}$ ㋒

(数学的帰納法で容易に示すことができる。)

よって　$A^n=(PBP^{-1})^n=PB^nP^{-1}$

$$=\frac{1}{5}\begin{pmatrix}2 & 1\\3 & -1\end{pmatrix}\begin{pmatrix}4^n & 0\\0 & (-1)^n\end{pmatrix}\begin{pmatrix}1 & 1\\3 & -2\end{pmatrix}$$

$$=\frac{1}{5}\begin{pmatrix}2\cdot4^n & (-1)^n\\3\cdot4^n & -(-1)^n\end{pmatrix}\begin{pmatrix}1 & 1\\3 & -2\end{pmatrix}$$

$$=\frac{1}{5}\begin{pmatrix}2\cdot4^n+3(-1)^n & 2\cdot4^n-2(-1)^n\\3\cdot4^n-3(-1)^n & 3\cdot4^n+2(-1)^n\end{pmatrix}\cdots(\text{答})$$

ポイント

㋐ $\Delta(A)=2\cdot(-1)-1\cdot3$
$=-5$

$$P^{-1}=\frac{1}{-5}\begin{pmatrix}-1 & -1\\-3 & 2\end{pmatrix}$$

㋑ 行列$\begin{pmatrix}a & 0\\0 & b\end{pmatrix}$を対角行列という。左のように，逆行列をもつ行列$P$により，$P^{-1}AP$が対角行列になるとき，「行列$A$は行列$P$により対角化される」という。

㋒ 対角行列のn乗

$$\begin{pmatrix}a & 0\\0 & b\end{pmatrix}^n=\begin{pmatrix}a^n & 0\\0 & b^n\end{pmatrix}$$

練習問題 3-10 解答 p.224

$A=\begin{pmatrix}-1 & 8\\-1 & 5\end{pmatrix}$, $P=\begin{pmatrix}a & 2\\1 & 1\end{pmatrix}$に対して，$P^{-1}$が存在し$P^{-1}AP=\begin{pmatrix}b & 0\\0 & c\end{pmatrix}$となる。

(1) a, b, cの値を求めよ。　(2) A^n (nは自然数) を求めよ。

問題3-11 ▼行列のn乗と命題の証明

行列 $A=\begin{pmatrix} a & b \\ c & d \end{pmatrix}$ を考える。ただし，$O=\begin{pmatrix} 0 & 0 \\ 0 & 0 \end{pmatrix}$ である。

(1) $ad-bc \neq 0$ であるとき，すべての自然数nについて $A^n \neq O$ であることを示せ。

(2) ある自然数nについて $A^n=O$ ならば，$A^2=O$ であることを示せ。

解説 (1) $ad-bc \neq 0$ すなわち A^{-1} が存在するという条件の下で，$A^n=O$ であると仮定して矛盾の起こることを示す。（背理法）

(2) (1)の対偶をとると，「ある自然数nについて $A^n=O \Longrightarrow ad-bc=0$」となる。したがって，$ad-bc=0$ のとき $A^2=O$ であることを示せばよいが，ここはケーリー・ハミルトンの定理を利用するとよい。

解答

(1) $ad-bc \neq 0$ であるとき，A^{-1} は存在する。

いま，㋐ある自然数nについて $A^n=O$ であると仮定する。

$A^n=O$ の両辺に左から A^{-1} を掛けて

㋑$A^{-1}A^n=A^{-1}O$　　$\therefore$　$A^{n-1}=O$

同様にして $A^{n-2}=O,\ \ldots,\ A^2=O,\ A=O$

このとき，$ad-bc=0$ となって不合理である。

よって，$ad-bc \neq 0$ のとき，

すべての自然数nについて $A^n \neq O$ である。

(2) (1)の㋒対偶をとると，ある自然数nについて $A^n=O$ ならば $ad-bc=0$

このとき，$A^2-(a+d)A+(ad-bc)E=O$ から

$A^2-(a+d)A=O$　$\therefore$ $A^2=(a+d)A$　…①

$A^3=A^2A=(a+d)A^2=(a+d)^2A$

繰り返し用いて ㋓$A^n=(a+d)^{n-1}A$

$A^n=O$ から $(a+d)^{n-1}A=O$

$\therefore$ $a+d=0$ または $A=O$

よって，①から $A^2=O$ となり示された。

ポイント

㋐ 命題「$p \Rightarrow q$」が真を証明するとき，pの下で結論qが誤り，すなわちqの否定$\bar{q}$が成り立つと仮定して不合理を導く方法を背理法と呼ぶ。
「すべてのnについて $A^n=O$」の否定は
「あるnについて $A^n \neq O$」である。

㋑

$$A^{-1}A^n=A^{-1}AA^{n-1}=EA^{n-1}=A^{n-1}$$

㋒ 命題「$p \Rightarrow q$」に対して，「$\bar{q} \Rightarrow \bar{p}$」を対偶という。$p \Rightarrow q$ と $\bar{q} \Rightarrow \bar{p}$ は同値で，これらの真偽は一致する。

㋓ 正しくは数学的帰納法で示される。

練習問題　3-11

解答 p.225

2次の正方行列 $A,\ B$ が $B^{-1}AB=\begin{pmatrix} a & b \\ 0 & a \end{pmatrix}$ を満たすとき，$A^n=\begin{pmatrix} 1 & 0 \\ 0 & 1 \end{pmatrix}$ を満たす自然数nは存在しないことを示せ。ただし$a,\ b$は0でない実数とする。

問題3-12 ▼線形変換の決定

(1)　線形変換 f によって点 $(1, 3)$, $(3, 1)$ がそれぞれ点 $(-1, 7)$, $(5, 5)$ に移されるとき，f によって点 $(2, 2)$ はどのような点に移るか。

(2)　直線 $y=2x$ に関する対称移動を表す線形変換を f とする。このとき，f を表す行列 A を求めよ。

■ **解 説** ■　点 $\mathrm{P}(x, y)$ がある移動 f によって点 $\mathrm{P}'(x', y')$ に移るとき，

$\begin{cases} x'=ax+by \\ y'=cx+dy \end{cases}$ すなわち $\begin{pmatrix} x' \\ y' \end{pmatrix}=\begin{pmatrix} a & b \\ c & d \end{pmatrix}\begin{pmatrix} x \\ y \end{pmatrix}$ と表されるなら，f は行列 $\begin{pmatrix} a & b \\ c & d \end{pmatrix}$ で表される**線形変換**であるという。点 $\mathrm{P}'(x', y')$ を点 $\mathrm{P}(x, y)$ の**像**といい，点 P を点 P′ の**原像**という。一般に，原点と異なる 2 点の像が与えられるとき，線形変換 f は一意に定まる。

解答

(1)　線形変換 f を表す行列を A とおくと

$$A\begin{pmatrix} 1 \\ 3 \end{pmatrix}=\begin{pmatrix} -1 \\ 7 \end{pmatrix},\ A\begin{pmatrix} 3 \\ 1 \end{pmatrix}=\begin{pmatrix} 5 \\ 5 \end{pmatrix} \text{から}$$

㋐

$$A\begin{pmatrix} 1 & 3 \\ 3 & 1 \end{pmatrix}=\begin{pmatrix} -1 & 5 \\ 7 & 5 \end{pmatrix}$$

$$\therefore\ A=\begin{pmatrix} -1 & 5 \\ 7 & 5 \end{pmatrix}\begin{pmatrix} 1 & 3 \\ 3 & 1 \end{pmatrix}^{-1}=\begin{pmatrix} 2 & -1 \\ 1 & 2 \end{pmatrix}$$

よって　$A\begin{pmatrix} 2 \\ 2 \end{pmatrix}=\begin{pmatrix} 2 & -1 \\ 1 & 2 \end{pmatrix}\begin{pmatrix} 2 \\ 2 \end{pmatrix}=\begin{pmatrix} 2 \\ 6 \end{pmatrix}$

ゆえに，点 $(2, 2)$ は点 $(2, 6)$ に移る。　…(答)

(2)　$y=2x$ に関する対称移動 ㋑ f により，点 $(1, 2)$ は点 $(1, 2)$ に，点 $(2, -1)$ は点 $(-2, 1)$ に移る。

よって，$A\begin{pmatrix} 1 & 2 \\ 2 & -1 \end{pmatrix}=\begin{pmatrix} 1 & -2 \\ 2 & 1 \end{pmatrix}$ より，

$$A=\begin{pmatrix} 1 & -2 \\ 2 & 1 \end{pmatrix}\begin{pmatrix} 1 & 2 \\ 2 & -1 \end{pmatrix}^{-1}=\frac{1}{5}\begin{pmatrix} -3 & 4 \\ 4 & 3 \end{pmatrix}$$

…(答)

ポイント

㋐　原点と異なる 2 点 (x_1, y_1)，(x_2, y_2) の像がそれぞれ (x_1', y_1'), (x_2', y_2') であるとき，f を表す行列 A は

$$A\begin{pmatrix} x_1 & x_2 \\ y_1 & y_2 \end{pmatrix}=\begin{pmatrix} x_1' & x_2' \\ y_1' & y_2' \end{pmatrix}$$

を満たす。

㋑

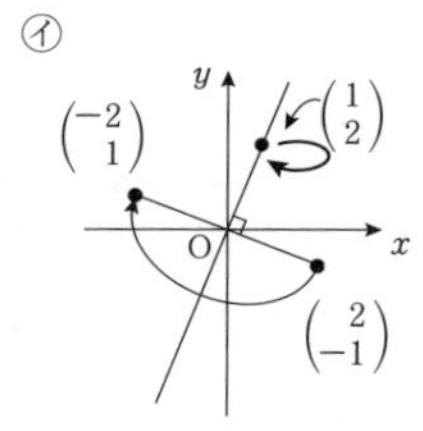

$y=mx$ に関する対称移動は

$$A=\begin{pmatrix} \dfrac{1-m^2}{1+m^2} & \dfrac{2m}{1+m^2} \\ \dfrac{2m}{1+m^2} & -\dfrac{1-m^2}{1+m^2} \end{pmatrix}$$

練習問題　3-12　解答 p.225

平面上に 3 点 $\mathrm{A}(0, 1)$，$\mathrm{B}(2, 0)$，$\mathrm{C}(p, q)$ がある。ある線形変換 f によって，A は B に，B は C に，C は A にそれぞれ移ったとする。(p, q) を求めよ。

問題3-13 ▼線形変換の図形

直線 $y = x + 3$ は次の行列で表される線形変換により，どのような図形にうつるか。

(1) $\begin{pmatrix} -1 & 2 \\ 1 & 3 \end{pmatrix}$ (2) $\begin{pmatrix} -1 & 2 \\ 2 & -4 \end{pmatrix}$ (3) $\begin{pmatrix} 3 & -3 \\ -2 & 2 \end{pmatrix}$

解 説 直線 $y = x + 3$ 上の任意の点Pは $P(t,\ t+3)$ と表すことができる。点Pの像 $P'(x',\ y')$ を t で表して，点 P' の軌跡を求めればよい。したがって，媒介変数 t を消去して x', y' の満たす関係式を作ることになる。一般に，線形変換 $f:\begin{pmatrix} x' \\ y' \end{pmatrix} = A\begin{pmatrix} x \\ y \end{pmatrix}$ により，原点を通らない直線の像は，行列 A が

A^{-1}をもつ $\Longrightarrow$ 原点を通らない直線
A^{-1}をもたない $\Longrightarrow$ 原点を通る直線または1点

となる。

解答

$y = x + 3$ 上の点は $(x,\ y) = (t,\ t+3)$ とおける。点 $(x,\ y)$ の像を $(x',\ y')$ とおく。

(1) $\begin{pmatrix} x' \\ y' \end{pmatrix} = \begin{pmatrix} -1 & 2 \\ 1 & 3 \end{pmatrix}\begin{pmatrix} t \\ t+3 \end{pmatrix} = \begin{pmatrix} t+6 \\ 4t+9 \end{pmatrix}$

$\therefore \begin{cases} x' = t + 6 \\ y' = 4t + 9 \end{cases}$

t を消去して $y' = 4x' - 15$

よって，直線 $y = 4x - 15$ にうつる。㋐ …(答)

(2) $\begin{pmatrix} x' \\ y' \end{pmatrix} = \begin{pmatrix} -1 & 2 \\ 2 & -4 \end{pmatrix}\begin{pmatrix} t \\ t+3 \end{pmatrix} = \begin{pmatrix} t+6 \\ -2t-12 \end{pmatrix}$

t を消去して $y' = -2x'$

よって，直線 $y = -2x$ にうつる。㋑ …(答)

(3) $\begin{pmatrix} x' \\ y' \end{pmatrix} = \begin{pmatrix} 3 & -3 \\ -2 & 2 \end{pmatrix}\begin{pmatrix} t \\ t+3 \end{pmatrix} = \begin{pmatrix} -9 \\ 6 \end{pmatrix}$

よって，1点 $(-9,\ 6)$ にうつる。㋒ …(答)

ポイント

㋐ $x' = t + 6$（t は任意の実数）はすべての実数をとるので，像は原点を通らない直線にうつる。

〔別解〕

$\begin{pmatrix} x' \\ y' \end{pmatrix} = \begin{pmatrix} -1 & 2 \\ 1 & 3 \end{pmatrix}\begin{pmatrix} x \\ y \end{pmatrix}$

から

$\begin{pmatrix} x \\ y \end{pmatrix} = \frac{1}{5}\begin{pmatrix} -3 & 2 \\ 1 & 1 \end{pmatrix}\begin{pmatrix} x' \\ y' \end{pmatrix}$

として原像の満たす $y = x + 3$ に代入してもよい。

㋑ 行列は逆行列をもたないが，像は原点を通らない直線となる。

㋒ これも逆行列をもたないが，像は1点となる。

練習問題 3-13

解答 p.225

行列 $A = \begin{pmatrix} -1 & 2 \\ 2 & -4 \end{pmatrix}$ で表される線形変換 f により，放物線 $y = x^2$ はどのような図形にうつるか。

問題3-14 ▼ 不動直線

線形変換 f の行列を $A=\begin{pmatrix}4 & -3\\ 2 & -1\end{pmatrix}$ とするとき，f によって自分自身にうつされる直線 ℓ の方程式を求めよ。

解 説　線形変換 f によって自分自身にうつされる直線とは，ℓ 上の点 $(x,\ y)$ の f による像 $(x',\ y')$ が必ず ℓ 上にあることである。ℓ は，$x=a$ と $y=mx+n$ の2つのタイプに分けられるが，それぞれ ℓ の方向ベクトルに着目する。

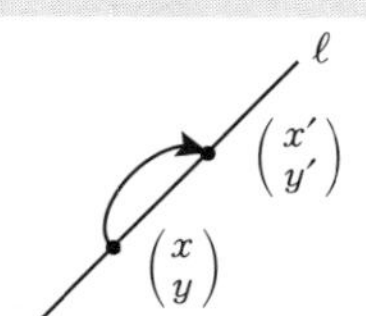

解答

$$A\begin{pmatrix}0\\ 1\end{pmatrix}=\begin{pmatrix}4 & -3\\ 2 & -1\end{pmatrix}\begin{pmatrix}0\\ 1\end{pmatrix}=\begin{pmatrix}-3\\ -1\end{pmatrix}\not\parallel\begin{pmatrix}0\\ 1\end{pmatrix}$$ ㋐

だから，y 軸に平行な不動直線は存在しない。

㋑ ℓ の方向ベクトルを $\begin{pmatrix}1\\ m\end{pmatrix}$ とおくと $A\begin{pmatrix}1\\ m\end{pmatrix}/\!/\begin{pmatrix}1\\ m\end{pmatrix}$

$$\begin{pmatrix}4 & -3\\ 2 & -1\end{pmatrix}\begin{pmatrix}1\\ m\end{pmatrix}=\begin{pmatrix}4-3m\\ 2-m\end{pmatrix}/\!/\begin{pmatrix}1\\ m\end{pmatrix}$$ ㋒

$(4-3m)\cdot m-1\cdot(2-m)=0$

$3m^2-5m+2=0\qquad m=1,\ \dfrac{2}{3}$

$\therefore\ \ \ell：y=x+b\cdots①,\quad y=\dfrac{2}{3}x+b\cdots②$

㋓ ℓ 上の点 $\begin{pmatrix}0\\ b\end{pmatrix}$ の像は $A\begin{pmatrix}0\\ b\end{pmatrix}=\begin{pmatrix}-3b\\ -b\end{pmatrix}$

像が①上にあるためには　$-b=-3b+b$

$\therefore\ \ b=0$

像が②上にあるためには　$-b=-2b+b$

$-b=-b\qquad\therefore\ \ b$ は任意

よって，直線 ℓ の方程式は

$y=x,\ y=\dfrac{2}{3}x+b$　…(答)

ポイント

㋐　直線 $x=a$ 上の点は $\begin{pmatrix}x\\ y\end{pmatrix}=\begin{pmatrix}a\\ 0\end{pmatrix}+t\begin{pmatrix}0\\ 1\end{pmatrix}$ と表せるので，像は

$$\begin{pmatrix}x'\\ y'\end{pmatrix}=A\begin{pmatrix}x\\ y\end{pmatrix}=A\begin{pmatrix}a\\ 0\end{pmatrix}+tA\begin{pmatrix}0\\ 1\end{pmatrix}$$

となる。直線 $x=a$ のタイプの不動直線が存在するための必要条件は $A\begin{pmatrix}0\\ 1\end{pmatrix}/\!/\begin{pmatrix}0\\ 1\end{pmatrix}$ が成り立つことである。

㋑　$y=mx+n$ の方向ベクトル。

㋒　$\begin{pmatrix}p\\ r\end{pmatrix}/\!/\begin{pmatrix}q\\ s\end{pmatrix}$ のとき，

$ps-qr=0$

㋓　直線①，②上の点 $(0,\ b)$ がそれぞれ①，②上にうつることが十分条件である。

練習問題　3-14　解答 p.225

線形変換 f の行列を $A=\begin{pmatrix}1 & 0\\ 6 & 4\end{pmatrix}$ とするとき，不動直線 ℓ の方程式を求めよ。

問題3-15 ▼ 回転変換

楕円 $5x^2-2\sqrt{3}xy+3y^2=6$ の長軸・短軸の長さ，および焦点の座標を求めよ。

解 説 x, y の2次方程式 $ax^2+2hxy+by^2+2dx+2ey+f=c$ で表される xy 平面上の曲線は，楕円，放物線，双曲線，2直線のいずれかを表す。原点 O のまわりの角 θ の回転変換 $\begin{pmatrix} X \\ Y \end{pmatrix}=\begin{pmatrix} \cos\theta & -\sin\theta \\ \sin\theta & \cos\theta \end{pmatrix}\begin{pmatrix} x \\ y \end{pmatrix}$ によって積 XY の項を消去することにより，曲線の名称がわかる。本問は標準化を図ればよい。

解答

$5x^2-2\sqrt{3}xy+3y^2=6$ …①

点 (x, y) を原点 O のまわりに角 θ だけ回転した点を (X, Y) とすると

$$\underset{㋐}{\begin{pmatrix} x \\ y \end{pmatrix}=\begin{pmatrix} \cos\theta & \sin\theta \\ -\sin\theta & \cos\theta \end{pmatrix}\begin{pmatrix} X \\ Y \end{pmatrix}}=\begin{pmatrix} X\cos\theta+Y\sin\theta \\ -X\sin\theta+Y\cos\theta \end{pmatrix}$$

①に代入して

$$5(X\cos\theta+Y\sin\theta)^2$$
$$-2\sqrt{3}(X\cos\theta+Y\sin\theta)(-X\sin\theta+Y\cos\theta)$$
$$+3(-X\sin\theta+Y\cos\theta)^2=6 \quad \cdots②$$

X, Y の項の係数が0になるように選ぶと

$$\underset{㋑}{4\sin\theta\cos\theta-2\sqrt{3}(\cos^2\theta-\sin^2\theta)=0}$$

$\tan 2\theta=\sqrt{3}$ $\quad\therefore\quad \theta=\dfrac{\pi}{6}$ とすればよい。

このとき，②は $\underset{㋒}{6X^2+2Y^2=6}$

$\therefore\quad \underset{㋓}{X^2+\dfrac{Y^2}{3}=1}$ …③

よって，長軸・短軸の長さは $2\sqrt{3}$, 2 …(答)

㋔ ③の焦点は $(0, \pm\sqrt{2})$ だから，①の焦点は

$$\begin{pmatrix} x \\ y \end{pmatrix}=\frac{1}{2}\begin{pmatrix} \sqrt{3} & 1 \\ -1 & \sqrt{3} \end{pmatrix}\begin{pmatrix} 0 \\ \pm\sqrt{2} \end{pmatrix} \text{ から } \left(\pm\frac{\sqrt{2}}{2}, \pm\frac{\sqrt{6}}{2}\right)$$

(複号同順)…(答)

ポイント

㋐ $\begin{pmatrix} x \\ y \end{pmatrix}=\begin{pmatrix} \cos(-\theta) & -\sin(-\theta) \\ \sin(-\theta) & \cos(-\theta) \end{pmatrix}\begin{pmatrix} X \\ Y \end{pmatrix}$

㋑ 2倍角の公式を用いて

$2\sin 2\theta-2\sqrt{3}\cos 2\theta=0$

㋒ ②を $AX^2+BY^2=6$ とおくと

$$A=5\cos^2\theta+2\sqrt{3}\sin\theta\cos\theta+3\sin^2\theta=4+\cos 2\theta+\sqrt{3}\sin 2\theta=6$$

$$B=5\sin^2\theta-2\sqrt{3}\sin\theta\cos\theta+3\cos^2\theta$$

$A+B=8$ から $\quad B=2$

㋓, ㋔ 焦点は F, F'

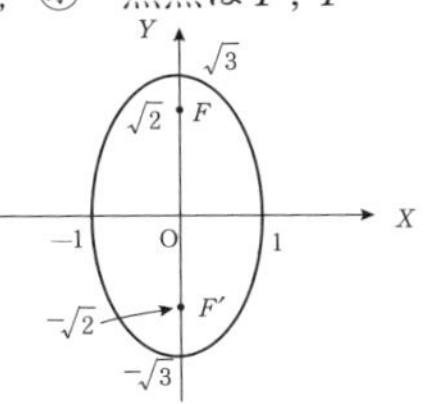

練習問題 3-15

解答 p.226

楕円 $5x^2-2xy+5y^2=12$ の長軸・短軸の長さ，および焦点の座標を求めよ。

Chapter 4

微分 II

基本事項

1.　コーシーの平均値の定理，ロピタルの定理

(1) **コーシーの平均値の定理**　　関数 $f(x)$, $g(x)$ が閉区間 $[a, b]$ で連続，開区間 (a, b) で微分可能とし，$g'(x) \neq 0$ とするとき

$$\frac{f(b)-f(a)}{g(b)-g(a)} = \frac{f'(c)}{g'(c)}, \quad a < c < b$$

を満たす c が少なくとも1つ存在する。

(2) **ロピタルの定理**（不定形の極限を求める重要定理）　　$\lim_{x \to a} \frac{f(x)}{g(x)}$ において，$\lim_{x \to a} f(x) = 0$ かつ $\lim_{x \to a} g(x) = 0$，すなわち，$\frac{0}{0}$ の不定形であっても，$\lim_{x \to a} \frac{f'(x)}{g'(x)}$ が存在する（有限確定，あるいは ∞，$-\infty$ に発散）ときは

$$\lim_{x \to a} \frac{f(x)}{g(x)} = \lim_{x \to a} \frac{f'(x)}{g'(x)}$$ が成り立つ。

2.　テイラーの定理，マクローリン展開

(1) **テイラーの定理**　　$f(x)$, $f'(x)$, . . . , $f^{(n-1)}(x)$ は $[a, b]$ で連続で，$f^{(n)}(x)$ が (a, b) で存在するならば

$$f(b) = f(a) + f'(a)(b-a) + \frac{1}{2!} f''(a)(b-a)^2 + \cdots + \frac{1}{(n-1)!} f^{(n-1)}(a)(b-a)^{n-1} + R_n$$

ただし，剰余項 $R_n = \frac{1}{n!} f^{(n)}(c)(b-a)^n \quad (a < c < b)$

(2) **テイラー級数**　（$x = a$ のまわりのテイラー展開）無限級数

$$f(x) = f(a) + f'(a)(x-a) + \frac{1}{2!} f''(a)(x-a)^2 + \cdots + \frac{1}{n!} f^{(n)}(a) + \cdots$$

(3) **マクローリン展開**　　$f^{(n)}(x)$ が存在するとき

$$f(x) = f(0) + f'(0)x + \frac{1}{2!} f''(0)x^2 + \cdots + \frac{1}{n!} f^{(n)}(0)x^n + \cdots$$

3.　2変数関数の極限値

2つの独立変数 x, y の関数 z を $z = f(x,\ y)$ と表す。また，2つの独立変数の組 (x, y) を xy 平面上の点 $\mathrm{P}(x,\ y)$ と考えて，$z = f(\mathrm{P})$ と表すこともある。すなわち，$z = f(x,\ y)$ は3次元空間の曲面を表す。

点 $\mathrm{P}(x, y)$ が点 $\mathrm{A}(a, b)$ に限りなく近づくとき，関数 $f(\mathrm{P})$ の値が一定の値 α に限りなく近づくならば $f(\mathrm{P})$ は α に収束するといい，α を**極限値**という。

$\lim_{P \to A} f(P) = a$, $\lim_{(x, y) \to (a, b)} f(x, y) = \alpha$ などと表す。

4. 2変数関数の連続

$\lim_{P \to A} f(P) = f(A)$ が成り立つとき，$z = f(P)$ は点 P で**連続**であるという。

これは　(1) $f(A)$ が存在する　(2) $\lim_{P \to A} f(P)$ が存在する

(3) (1) と (2) の値が一致する

の3つが同時に成り立つことを意味する。

5. 偏導関数，偏微分係数

2変数の関数 $z = f(x, y)$ において，y を固定して1変数 x だけの関数と見なして微分したものを，$f(x, y)$ の x についての1階の**偏導関数**といい，$\frac{\partial f}{\partial x}$，$\frac{\partial z}{\partial x}$，$f_x(x, y)$，$z_x$ などと表す。すなわち

$$f_x(x, y) = \lim_{h \to 0} \frac{f(x+h, y) - f(x, y)}{h}$$ と定義する。

同様にして，$f(x, y)$ の y についての1階の偏導関数も定義される。

また，$f_x(x, y)$，$f_y(x, y)$ において，$(x, y) = (a, b)$ とおいた値 $f_x(a, b)$，$f_y(a, b)$ を (a, b) における $f(x, y)$ の**偏微分係数**という。

6. 高階偏導関数

$$\frac{\partial}{\partial x}\left(\frac{\partial z}{\partial x}\right) = \frac{\partial^2 z}{\partial x^2} = z_{xx}, \qquad \frac{\partial}{\partial y}\left(\frac{\partial z}{\partial x}\right) = \frac{\partial^2 z}{\partial y \partial x} = z_{xy},$$

$$\frac{\partial}{\partial x}\left(\frac{\partial z}{\partial y}\right) = \frac{\partial^2 z}{\partial x \partial y} = z_{yx}, \qquad \frac{\partial}{\partial y}\left(\frac{\partial z}{\partial y}\right) = \frac{\partial^2 z}{\partial y^2} = z_{yy}$$

を2階の偏導関数という。

さらに，次々と偏微分して3階以上の偏導関数が得られる。

7. 合成関数の偏導関数

(1) $z = f(x, y)$, $x = \varphi(t)$, $y = \phi(t)$ のとき

z は t の関数で　$$\frac{dz}{dt} = \frac{\partial z}{\partial x} \cdot \frac{dx}{dt} + \frac{\partial z}{\partial y} \cdot \frac{dy}{dt}$$

(2) $z = f(x, y)$, $x = \varphi(u, v)$,　$y = \phi(u, v)$ のとき

$$\frac{\partial z}{\partial u} = \frac{\partial z}{\partial x} \cdot \frac{\partial x}{\partial u} + \frac{\partial z}{\partial y} \cdot \frac{\partial y}{\partial u}, \qquad \frac{\partial z}{\partial v} = \frac{\partial z}{\partial x} \cdot \frac{\partial x}{\partial v} + \frac{\partial z}{\partial y} \cdot \frac{\partial y}{\partial v}$$

8. 全微分

点 (a, b) において，$f(x, y)$ の任意の方向の微分係数が存在するとき，

$f(x, y)$ は (a, b) で**全微分可能**であるという。

x, y の微小変化 $\Delta x, \Delta y$ に対する $z = f(x, y)$ の微小変化は

$$\Delta z \fallingdotseq \frac{\partial z}{\partial x}\Delta x + \frac{\partial z}{\partial y}\Delta y$$

また，**全微分** dz は　$dz = \dfrac{\partial z}{\partial x}dx + \dfrac{\partial z}{\partial y}dy$

9. 偏微分法におけるテイラーの定理

$f(x, y)$ が n 回微分可能のとき

$$f(a+h, b+k) = f(a, b) + \frac{1}{1!}Df(a, b) + \frac{1}{2!}D^2 f(a, b) + \cdots + \frac{1}{(n-1)!}D^{n-1}f(a, b) + \frac{1}{n!}D^n f(a+\theta h, b+\theta k)$$

$$(0 < \theta < 1)$$

ただし，$D^n f = \left(h\dfrac{\partial}{\partial x} + k\dfrac{\partial}{\partial y}\right)^n f = \displaystyle\sum_{r=0}^{n} {}_n\mathrm{C}_r h^{n-r}k^r \frac{\partial^n f}{\partial x^{n-r}\partial y^r}$

10. 2変数関数の極値

$z = f(x, y)$ が2回微分可能であるとき，その極値を求めるには次の手順による。

(1) $\dfrac{\partial z}{\partial x} = 0,\ \dfrac{\partial z}{\partial y} = 0$ となる x, y の値の組を求める。(必要条件)

(2) (1)の解 $(x, y) = (a, b)$ について

$$A = \frac{\partial^2 z}{\partial x^2},\ B = \frac{\partial^2 z}{\partial x \partial y},\ C = \frac{\partial^2 z}{\partial y^2},\ \Delta = B^2 - AC \text{ とおくとき}$$

$$\begin{cases} \Delta < 0,\ A > 0 \Longrightarrow f(a, b) \text{ は極小値} \\ \Delta < 0,\ A < 0 \Longrightarrow f(a, b) \text{ は極大値} \\ \Delta > 0 \qquad\quad\ \Longrightarrow f(a, b) \text{ は極値ではない} \\ \Delta = 0 \qquad\quad\ \Longrightarrow \text{これだけでは判定不能} \end{cases}$$

11. ラグランジュの未定乗数法

$g(x, y)$ が連続な偏導関数をもち，かつ $f(x, y)$ が偏微分可能とする。このとき，$g_x(a, b)$，$g_y(a, b)$ が同時には0でない点 (a, b) が条件つき極値問題の極値を与えるならば

$$f_x(a, b) - \lambda g_x(a, b) = 0,\quad f_y(a, b) - \lambda g_y(a, b) = 0$$

を同時に満たす定数 λ が存在する。この λ を**ラグランジュの乗数**という。

問題4-1 ▼ 双曲線関数の微分

双曲線関数 $\sinh x$, $\cosh x$, $\tanh x$ は次のように定義される。

$$\sinh x = \frac{e^x - e^{-x}}{2},\quad \cosh x = \frac{e^x + e^{-x}}{2},\quad \tanh x = \frac{e^x - e^{-x}}{e^x + e^{-x}}$$

このとき, $(\sinh x)' = \cosh x$, $(\cosh x)' = \sinh x$ および

$$(\tanh x)' = \frac{1}{(\cosh x)^2},\quad (\sinh^{-1} x)' = \frac{1}{\sqrt{1+x^2}}$$ をそれぞれ示せ。

解 説 双曲線関数は, 順に**双曲正弦**, **双曲余弦**, **双曲正接**という。sinh は「ハイパボリックサイン」と読む。$\sinh^{-1} x$ は**逆双曲正弦**という。このとき

$$(\cosh x)^2 - (\sinh x)^2 = 1$$

$$\sinh(x+y) = \sinh x \cosh y + \cosh x \sinh y$$

$$\cosh(x+y) = \cosh x \cosh y + \sinh x \sinh y$$ が成り立つ。

解答

$$(\sinh x)' = \left(\frac{e^x - e^{-x}}{2}\right)' = \frac{e^x + e^{-x}}{2} = \cosh x$$

$$(\cosh x)' = \left(\frac{e^x + e^{-x}}{2}\right)' = \frac{e^x - e^{-x}}{2} = \sinh x$$

$$\underset{㋐}{(\tanh x)'} = \underset{㋑}{\left(\frac{e^x - e^{-x}}{e^x + e^{-x}}\right)'} = \frac{4}{(e^x + e^{-x})^2}$$

$$= \frac{1}{\left(\frac{e^x + e^{-x}}{2}\right)^2} = \underset{㋐}{\frac{1}{(\cosh x)^2}}$$

次に, $y = \sinh^{-1} x$ とおくと $x = \sinh y$

$$\therefore\ \frac{dy}{dx} = \frac{1}{\frac{dx}{dy}} = \frac{1}{\frac{d}{dy}\sinh y} = \frac{1}{\cosh y}$$

$\cosh y = \dfrac{e^y + e^{-y}}{2} > 0$ だから

$$\underset{㋒}{\cosh y = \sqrt{1 + (\sinh y)^2}} = \sqrt{1+x^2}$$

よって, $\dfrac{dy}{dx} = (\sinh^{-1} x)' = \dfrac{1}{\sqrt{1+x^2}}$

ポイント

㋐ 〔別解〕

$$(\tanh x)' = \left(\frac{\sinh x}{\cosh x}\right)'$$

$$= \frac{1}{(\cosh x)^2}\{(\sinh x)' \cosh x - \sinh x(\cosh x)'\}$$

$$= \frac{(\cosh x)^2 - (\sinh x)^2}{(\cosh x)^2}$$

$$= \frac{1}{(\cosh x)^2}$$

㋑

$$\left(\frac{e^x - e^{-x}}{e^x + e^{-x}}\right)' = \frac{\text{分子}}{(e^x + e^{-x})^2}$$

分子

$= (e^x - e^{-x})'(e^x + e^{-x}) - (e^x - e^{-x})(e^x + e^{-x})'$

$= (e^x + e^{-x})^2 - (e^x - e^{-x})^2$

$= 4$

㋒

$(\cosh y)^2 = 1 + (\sinh y)^2$

練習問題 4-1

解答 p.226

$$(\cosh^{-1} x)' = \pm\frac{1}{\sqrt{x^2-1}},\quad (\tanh^{-1} x)' = \frac{1}{1-x^2}$$ をそれぞれ示せ。

問題4-2 ▼ ライプニッツの公式

$y = x^2 \cos x$ の n 階導関数を求めよ。

解説 x の関数 $f(x)$, $g(x)$ が n 階までの導関数をもつとき，これらの積 $f(x)g(x)$ も n 階までの導関数をもち

$$\{f(x)g(x)\}^{(n)}$$

$$= (f \cdot g)^{(n)} = f^{(n)}g + {}_n\mathrm{C}_1 f^{(n-1)}g' + {}_n\mathrm{C}_2 f^{(n-2)}g'' + \cdots + {}_n\mathrm{C}_r f^{(n-r)}g^{(r)} + \cdots + fg^{(n)}$$

$$= \sum_{r=0}^{n} {}_n\mathrm{C}_r f^{(n-r)}g^{(r)} \qquad (\text{ただし}, f^{(0)} = f,\ g^{(0)} = g)$$

が成り立つ。これを，**ライプニッツの公式**という。

たとえば，$y = x^2e^x$ に対して，$f(x) = e^x$, $g(x) = x^2$ とおいて $f^{(n)} = e^x$, $g' = 2x$, $g'' = 2$, $g^{(3)} = g^{(4)} = \cdots = g^{(n)} = 0$ から

$y^{(n)} = e^x \cdot x^2 + {}_n\mathrm{C}_1 e^x \cdot 2x + {}_n\mathrm{C}_2 e^x \cdot 2 = e^x\{x^2 + 2nx + n(n-1)\}$ となる。

解答

$(x^2)' = 2x$, $(x^2)'' = 2$, $(x^2)^{(m)} = 0 \quad (m \geqq 3)$

$(\cos x)^{(n)} = \cos\left(x + \dfrac{n\pi}{2}\right)$

よって，ライプニッツの公式(ア)を用いて $n \geqq 3$ のとき

$$y^{(n)} = (x^2 \cos x)^{(n)}$$

$$= (\cos x)^{(n)}x^2 + {}_n\mathrm{C}_1(\cos x)^{(n-1)} \cdot 2x + {}_n\mathrm{C}_2(\cos x)^{(n-2)} \cdot 2$$

$$= \cos\left(x + \frac{n\pi}{2}\right) \cdot x^2 + n\cos\left(x + \frac{n-1}{2}\pi\right) \cdot 2x + \frac{n(n-1)}{2}\cos\left(x + \frac{n-2}{2}\pi\right) \cdot 2$$

（イ：$n\cos\left(x + \frac{n-1}{2}\pi\right)$，ウ：$\cos\left(x + \frac{n-2}{2}\pi\right)$）

$$= \{x^2 - n(n-1)\}\cos\left(x + \frac{n\pi}{2}\right) + 2nx\sin\left(x + \frac{n\pi}{2}\right) \quad \cdots(\text{答})$$

($n = 1, 2$ のときも満たす)

ポイント

㋐ ライプニッツの公式は，二項定理

$(a+b)^n = \sum_{r=0}^{n} {}_n\mathrm{C}_r\, a^{n-r}b^r$

を想起すると，覚えやすい。

㋑ $\cos\theta = \sin\left(\theta + \dfrac{\pi}{2}\right)$ より

$\cos\left(x + \dfrac{n-1}{2}\pi\right)$

$= \sin\left(x + \dfrac{n-1}{2}\pi + \dfrac{\pi}{2}\right)$

$= \sin\left(x + \dfrac{n}{2}\pi\right)$

㋒ $\cos\theta = -\cos(\theta + \pi)$ を用いて，変形した。

練習問題 4-2

解答 p.226

$y = x^3 \log x$ の n 階導関数を求めよ。

問題4-3 ▼ 平均値の定理の応用

$f''(x)$ が連続である区間内の1点 x_0 において，次式を示せ。

$$\lim_{h \to 0} \frac{f(x_0+h)-2f(x_0)+f(x_0-h)}{h^2} = f''(x_0)$$

■ **解 説** ■　「関数値の差 $f(x)-f(a) \to$ 平均値の定理」は微分法における定石の1つである。ここでは

$$分子 = \{f(x_0+h)-f(x_0)\}-\{f(x_0)-f(x_0-h)\}$$

と変形し，$g(x)=f(x+h)-f(x)$ を考える。

解答

$g(x)=f(x+h)-f(x)$ ㋐$(h>0)$とおくと

$$f(x_0+h)-2f(x_0)+f(x_0-h)$$
$$=f(x_0+h)-f(x_0)-\{f(x_0)-f(x_0-h)\}$$
$$=g(x_0)-g(x_0-h)$$

㋑平均値の定理から

$g(x_0)-g(x_0-h)=hg'(c_1)$　$(x_0-h<c_1<x_0)$

となる c_1 が存在する。

ここに，㋒$g'(x)=f'(x+h)-f'(x)$ だから

$g'(c_1)=f'(c_1+h)-f'(c_1)$

さらに，平均値の定理を用いて

$g'(c_1)=hf''(c_2)$　$(c_1<c_2<c_1+h)$

となる c_2 が存在するから

$g(x_0)-g(x_0-h)=h^2f''(c_2)$

$$\therefore \frac{f(x_0+h)-2f(x_0)+f(x_0-h)}{h^2}=f''(c_2)$$

ここで，㋓$h \to +0$ のとき $c_2 \to c_1$ かつ $c_1 \to x_0$ より

$h \to +0$ のとき　$c_2 \to x_0$

$$\therefore \lim_{h \to +0} \frac{f(x_0+h)-2f(x_0)+f(x_0-h)}{h^2}=f''(x_0)$$

これは，$h \to -0$ のときも成り立つ。

ポイント

㋐ まずは，$h \to +0$ のときを考える。

㋑ $\dfrac{g(x_0)-g(x_0-h)}{x_0-(x_0-h)}$ $=g'(c_1)$

㋒ $f''(x)$ が存在するので，$f'(x)$ も存在する。すなわち，$g(x)$ は微分可能である。

㋓ はさみうちの原理。

練習問題　4-3　解答 p.227

$\lim_{x \to \infty} f'(x)=l$（定数）ならば，$\lim_{x \to \infty}\{f(x+1)-f(x)\}=l$ であることを示せ。

問題4-4 ▼ ロピタルの定理 (1)

次の極限値を求めよ。

(1) $\displaystyle\lim_{x\to 0}\frac{\sin x - x\cos x}{x^3}$　　(2) $\displaystyle\lim_{x\to 1}\frac{nx^{n+1}-(n+1)x^n+1}{(x-1)^2}$

(3) $\displaystyle\lim_{x\to\frac{\pi}{2}}\frac{a^{\sin x}-a}{\log\sin x}$

解説　関数 $f(x)$, $g(x)$ が $x=a$ の十分近くの開区間 $(a-\varepsilon,\ a+\varepsilon)$ で微分可能で，この範囲で $g'(x)\neq 0$ かつ $f(a)=g(a)=0$ とする。

このとき，$\displaystyle\lim_{x\to a}\frac{f'(x)}{g'(x)}=A$ が存在すれば $\displaystyle\lim_{x\to a}\frac{f(x)}{g(x)}=A$ が成り立つ。

上の定理を「**ロピタルの定理**」という。いわゆる $\dfrac{0}{0}$ の不定形の極限を求めるときに有効な手法である。ここで，$x\to a$ は $x\to\infty$, $x\to-\infty$, また A は定数でも，∞, $-\infty$ でも成り立つ。さらに，$f'(a)=0$, $g'(a)=0$ で，$\displaystyle\lim_{x\to a}\frac{f''(x)}{g''(x)}$ が存在するときは，$\displaystyle\lim_{x\to a}\frac{f(x)}{g(x)}=\lim_{x\to a}\frac{f''(x)}{g''(x)}$ が成り立つ。

解答

(1) 与式㋐ $\displaystyle=\lim_{x\to 0}\frac{(\sin x - x\cos x)'}{(x^3)'}=\lim_{x\to 0}\frac{x\sin x}{3x^2}$

$\displaystyle=\lim_{x\to 0}\frac{\sin x}{3x}=\frac{1}{3}$　…(答)

(2) 与式 $\displaystyle=\lim_{x\to 1}\frac{n(n+1)x^n-n(n+1)x^{n-1}}{2(x-1)}$ ㋑

$\displaystyle=\lim_{x\to 1}\frac{n(n+1)\{nx^{n-1}-(n-1)x^{n-2}\}}{2}$

$\displaystyle=\frac{n(n+1)}{2}$　…(答)

(3) 与式 $\displaystyle=\lim_{x\to\frac{\pi}{2}}\frac{a^{\sin x}\cos x\cdot\log a}{\dfrac{\cos x}{\sin x}}$

$\displaystyle=\lim_{x\to\frac{\pi}{2}}a^{\sin x}\sin x\log a=a\log a$　…(答)

ポイント

㋐ $x\to 0$ のとき，$\dfrac{0}{0}$ の不定形である。厳密には，$\displaystyle\lim_{x\to 0}\frac{x\sin x}{3x^2}$ が存在することを確認してから，解答のように書くべきであるが，その部分は省略してよい。

㋑ 再び $\dfrac{0}{0}$ の不定形。さらに，ロピタルの定理を用いる。

練習問題　4-4　解答 p.227

次の極限値を求めよ。

(1) $\displaystyle\lim_{x\to 1}\frac{\log x}{x-1}$　　(2) $\displaystyle\lim_{x\to 0}\frac{\sqrt[3]{2x+8}-2}{\sqrt{x+4}-2}$　　(3) $\displaystyle\lim_{x\to 0}\frac{x-\sin^{-1}x}{x^3}$

問題4-5 ▼ロピタルの定理(2)

次の極限値を求めよ。

(1) $\lim_{x\to\infty}\frac{x^n}{e^x}$ (nは自然数)　　(2) $\lim_{x\to+0}x\log x$

(3) $\lim_{x\to 0}\left(\frac{a^x+b^x}{2}\right)^{\frac{1}{x}}$

解説 ロピタルの定理は，$\frac{\infty}{\infty}$ の不定形でも用いることができる。また，$\infty-\infty$, $\infty\times 0$, 1^∞, 0^0, ∞^0 の場合でもうまく工夫すれば $\frac{0}{0}$ または $\frac{\infty}{\infty}$ に帰着することができる。

解答

(1) $\underset{㋐}{\lim_{x\to\infty}\frac{x^n}{e^x}=\lim_{x\to\infty}\frac{nx^{n-1}}{e^x}}=\cdots$

$$=\lim_{n\to\infty}\frac{n!}{e^x}=0 \quad \cdots(答)$$

(2) $\underset{㋑}{\lim_{x\to+0}x\log x}=\lim_{x\to+0}\frac{\log x}{\frac{1}{x}}=\lim_{x\to+0}\frac{\frac{1}{x}}{-\frac{1}{x^2}}$

$$=\lim_{x\to+0}(-x)=0 \quad \cdots(答)$$

(3) $\underset{㋒}{\lim_{x\to 0}\log\left(\frac{a^x+b^x}{2}\right)^{\frac{1}{x}}}=\lim_{x\to 0}\frac{\log\left(\frac{a^x+b^x}{2}\right)}{x}$

$=\underset{㋓}{\lim_{x\to 0}\frac{\log(a^x+b^x)-\log 2}{x}}$

$=\lim_{x\to 0}\frac{a^x\log a+b^x\log b}{a^x+b^x}=\frac{\log a+\log b}{2}$

$=\frac{1}{2}\log ab=\log\sqrt{ab}$

$\log x$ は $x>0$ で連続だから

$$\lim_{x\to 0}\left(\frac{a^x+b^x}{2}\right)^{\frac{1}{x}}=\sqrt{ab} \quad \cdots(答)$$

ポイント

㋐ $\frac{\infty}{\infty}$ だから，ロピタルの定理を用いる。その結果が $\frac{\infty}{\infty}$ だから，再びロピタルの定理を用いる。x^n は n 回微分すると定数になる。

㋑ 与式は $(+0)\times(-\infty)$ の不定形だから

$x\log x=\frac{\log x}{\frac{1}{x}}$ と変形することにより，$\frac{-\infty}{+\infty}$ のタイプに帰着する。

㋒ 与式は 1^∞ であるから，自然対数をとる。

㋓ $\frac{0}{0}$ のタイプに帰着。

練習問題 4-5

解答 p.227

次の極限値を求めよ。

(1) $\lim_{x\to\infty}\frac{\log(px+a)}{\log(qx+b)}$ $(p,\ q>0)$　　(2) $\lim_{x\to+0}(\sin x)^{\sin x}$

問題4-6 ▼テイラーの定理

$f(x),\ f'(x),\ f''(x),\ \dots,\ f^{(n-1)}(x)$ は $[a,\ b]$ で連続で，かつ $f^{(n)}(x)$ が $(a,\ b)$ で存在するならば

$$f(b)=f(a)+\frac{f'(a)}{1!}(b-a)+\frac{f''(a)}{2!}(b-a)^2+\cdots$$
$$\cdots+\frac{f^{(n-1)}(a)}{(n-1)!}(b-a)^{n-1}+R_n$$

ただし，$R_n=\dfrac{1}{n!}f^{(n)}(c)(b-a)^n\quad(a<c<b)$

が成り立つことを示せ。

■ **解 説** ■　平均値の定理 $f(a+h)=f(a)+hf'(a+\theta h)$ を拡張・一般化したものがテイラーの定理である。これは「関数を多項式で表現する」という意味で重要である。これを機に証明できるようにしておくとよい。

解答

㋐ $F(x)=f(b)-\left\{f(x)+\dfrac{f'(x)}{1!}(b-x)+\dfrac{f''(x)}{2!}(b-x)^2\right.$
$\left.\qquad+\cdots+\dfrac{f^{(n-1)}(x)}{(n-1)!}(b-x)^{n-1}+K(b-x)^n\right\}$

とおく。ここで，㋑ K は $F(a)=0$ となるように定めておく。明らかに $F(b)=0$ であり，また，$F(x)$ は $(a,\ b)$ で微分可能だから，㋒ ロルの定理が適用できて，$F'(c)=0$ となる c が $a<c<b$ に少なくとも1つ存在する。ところで

㋓ $F'(x)=-\dfrac{f^{(n)}(x)}{(n-1)!}(b-x)^{n-1}+nK(b-x)^{n-1}$ より

$$F'(c)=-\frac{f^{(n)}(c)}{(n-1)!}(b-c)^{n-1}+nK(b-c)^{n-1}=0$$

$b-c\neq 0$ だから　$K=\dfrac{1}{n!}f^{(n)}(c)$

よって，これを $F(a)=0$ の式に代入すると，題意の等式が得られる。

ポイント

㋐ 示すべき式の右辺で a を x とおき，さらに $\dfrac{1}{n!}f^{(n)}(c)$ を K とおく。そして，左辺－右辺 を $F(x)$ とおく。
示すべき目標は

$$K=\frac{1}{n!}f^{(n)}(c)$$

㋑ $F(a)$ は示すべき等式の 左辺－右辺 に相当する。
ただし，

$$K=\frac{1}{n!}f^{(n)}(c)$$

㋒ $F(a)=F(b)=0$
かつ，微分可能だから。

㋓ 各項を微分すると，2つの項以外は打ち消し合う。

練習問題　4-6　解答 p.227

次の関数に対して，指定された区間でテイラーの定理を適用せよ。ただし，$n=2$ の場合とする。

(1) $f(x)=\log x\quad[1,\ 1+h]$　　(2) $f(x)=\tan^{-1}x\quad[a,\ a+h]$

問題4-7 ▼ マクローリン展開

次の関数を $x=0$ で展開せよ。

(1) $f(x)=\cosh x$　　　(2) $f(x)=\log(3-x)$

解説　関数 $f(x)$ を $x=0$ で展開（マクローリン展開）するとは，$f^{(n)}(x)$ が存在するとき

$$f(x)=f(0)+\frac{f'(0)}{1!}x+\frac{f''(0)}{2!}x^2+\cdots+\frac{f^{(n)}(0)}{n!}x^n+\cdots$$

と式変形することを意味する。すなわち，関数 $f(x)$ の整級数展開である。n 次の項で打ち止めにし，$(n+1)$ 次の項以降を省略すると「n 次の近似式」が得られる。

$(e^x)^{(n)}=e^x$, $(\sin x)^{(n)}=\sin\left(x+\frac{n\pi}{2}\right)$, $(\cos x)^{(n)}=\cos\left(x+\frac{n\pi}{2}\right)$ などより

$$e^x=1+x+\frac{x^2}{2!}+\frac{x^3}{3!}+\cdots+\frac{x^n}{n!}+\cdots$$

$$\sin x=x-\frac{x^3}{3!}+\frac{x^5}{5!}-\cdots+(-1)^{n-1}\frac{x^{2n-1}}{(2n-1)!}+\cdots$$

$$\cos x=1-\frac{x^2}{2!}+\frac{x^4}{4!}-\cdots+(-1)^n\frac{x^{2n}}{(2n)!}+\cdots$$

が成り立つ*。

解答

(1) $\underset{㋐}{\cosh x=\frac{e^x+e^{-x}}{2}}$

$$=\frac{1}{2}\left\{1+x+\frac{x^2}{2!}+\cdots+\frac{x^n}{n!}+\cdots\right.$$

$$\left.+1-x+\frac{x^2}{2!}-\cdots+(-1)^n\frac{x^n}{n!}+\cdots\right\}$$

$$=1+\frac{x^2}{2!}+\frac{x^4}{4!}+\cdots+\frac{x^{2m}}{(2m)!}+\cdots\quad\cdots(答)$$

(2) $\log(3-x)=\log 3\left(1-\frac{x}{3}\right)=\log 3+\log\left(1-\frac{x}{3}\right)$

㋑ $\log(1+x)=x-\frac{x^2}{2}+\frac{x^3}{3}-\cdots+(-1)^{n-1}\frac{x^n}{n}+\cdots$ より

㋒ $\log(3-x)=\log 3-\frac{x}{3}-\frac{1}{2}\left(\frac{x}{3}\right)^2-\frac{1}{3}\left(\frac{x}{3}\right)^3-\cdots$

$$-\frac{1}{n}\left(\frac{x}{3}\right)^n-\cdots\quad\cdots(答)$$

ポイント

㋐ 双曲線関数。
e^{-x} は e^x の整級数展開の式で，x を $-x$ とおく。

㋑ $(\log(1+x))^{(n)}$
$=(-1)^{n-1}\frac{(n-1)!}{(1+x)^n}$

㋒
$\log\left(1-\frac{x}{3}\right)$ は，$\log(1+x)$ の整級数展開の式で，x を $-\frac{x}{3}$ とおくと展開できる。

* これらは暗記しておくとよい。たとえば，$e^x\fallingdotseq 1+x+\frac{x^2}{2}$ は関数 $y=e^x$ の2次の近似式である。

練習問題　4-7　解答 p.227

次の関数を $x=0$ で展開せよ。

(1) $f(x)=\sinh x$　　　(2) $f(x)=\sin x\cos 2x$

問題4-8 ▼ 関数の近似式

x が無限小であるとき，次の関数の3次の近似式を求めよ。

$$f(x)=\tan^{-1}x$$

■ **解説** ■ $\alpha>0$ のとき，$\displaystyle\lim_{x\to 0}\frac{f(x)}{x^{\alpha}}=A$（0でも $\pm\infty$ でもない定数）ならば，$x\to 0$ のとき $f(x)$ は x に対して α **位の無限小**という。

〔例〕 $\displaystyle\lim_{x\to 0}\frac{2x^3-x^4}{x^3}=2$，$\displaystyle\lim_{x\to 0}\frac{\sqrt[3]{\sin^2 x}}{\sqrt[3]{x^2}}=\lim_{x\to 0}\sqrt[3]{\left(\frac{\sin x}{x}\right)^2}=1$ より

x が（1位の）無限小のとき，$2x^3-x^4$ は3位の無限小，$\sqrt[3]{\sin^2 x}$ は $\dfrac{2}{3}$ 位の無限小である。また，$\alpha>0$のとき，$x\to 0$ に対して，$\left|\dfrac{f(x)}{x^{\alpha}}\right|<A$（定数）のとき，$f(x)=O(x^{\alpha})$ と表す。

とくに，$\displaystyle\lim_{x\to 0}\frac{f(x)}{x^{\alpha}}=0$ のとき，$f(x)=o(x^{\alpha})$ と表す。

本問は，マクローリン展開を用いて

$$f(x)=a_0+a_1x+a_2x^2+a_3x^3+g(x),\ \ g(x)=a_4x^4+a_5x^5+\cdots$$

と表すとき，$x\to 0$ に対して $\left|\dfrac{g(x)}{x^4}\right|<A$ となるので，$g(x)=O(x^4)$ と書けることを利用すればよい。すなわち，$O(x^4)$ の項を省略すればよい。

解答

マクローリン展開を用いて

$$\underset{㋐}{f(x)}=f(0)+\frac{f'(0)}{1!}x+\frac{f''(0)}{2!}x^2+\frac{f'''(0)}{3!}x^3+O(x^4)$$

$$f'(x)=\frac{1}{1+x^2},\quad f''(x)=-\frac{2x}{(1+x^2)^2},$$

$$f'''(x)=\frac{2(3x^2-1)}{(1+x^2)^3}$$

よって，x が無限小のとき，3次の近似式は

$$f(x)=\tan^{-1}x\fallingdotseq x-\frac{1}{3}x^3 \qquad \cdots(\text{答})$$

㋐ 3次の近似式を求めるときの公式である。

なお

$f(0)=0,\ f'(0)=1,$

$f''(0)=0,\ f'''(0)=-2$

練習問題 4-8

解答 p.228

x が無限小であるとき，次の関数の3次の近似式を求めよ。

(1) $f(x)=(1+x)^{\frac{2}{3}}$ (2) $f(x)=e^x\cos x$

問題4-9 ▼ 2変数関数の極限値

次の極限を求めよ。

(1) $\displaystyle\lim_{x\to1}\left(\lim_{y\to0}\frac{(x-1)y}{(x-1)^2+y^2}\right)$　　(2) $\displaystyle\lim_{y\to0}\left(\lim_{x\to1}\frac{(x-1)y}{(x-1)^2+y^2}\right)$

(3) $\displaystyle\lim_{(x,y)\to(1,0)}\frac{(x-1)y}{(x-1)^2+y^2}$

解 説　2変数関数 $z=f(x,\ y)$ において，$\lim_{x\to a}(\lim_{y\to b}f(x,\ y))$ は，点 $\mathrm{P}(x,\ y)$ がまず x を固定して y 軸に平行に $(x,\ b)$ に近づき，次に x 軸に平行に $\mathrm{A}(a,\ b)$ に近づくときの $f(x,\ y)$ の近づく値を意味する。同様にして，$\lim_{y\to b}(\lim_{x\to a}f(x,\ y))$ の意味も明白であろう。

また，$\lim_{(x,y)\to(a,b)}f(x,\ y)$ は点 $(x,\ y)$ が $\mathrm{A}(a,\ b)$ に近づくときの $z=f(x,\ y)$ の極限である。$(x,\ y)$ は $(a,\ b)$ にどのような近づき方をしてもよい。

なお，$\lim_{x\to a}(\lim_{y\to b}f(x,\ y))$ と $\lim_{y\to b}(\lim_{x\to a}f(x,\ y))$ の値は一致するとは限らない。一致しても，それが $\lim_{(x,y)\to(a,b)}f(x,\ y)$ に等しいとは限らない。

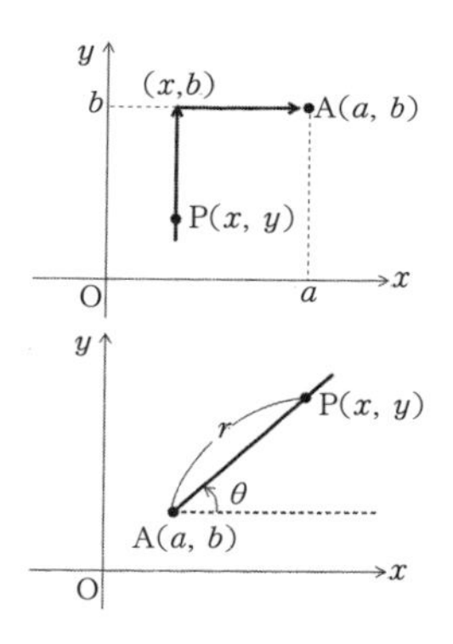

解答

(1) $x\neq1$ のとき $\displaystyle\underset{㋐}{\lim_{y\to0}\frac{(x-1)y}{(x-1)^2+y^2}=0}$

$$\therefore\ \lim_{x\to1}\left(\lim_{y\to0}\frac{(x-1)y}{(x-1)^2+y^2}\right)=0\quad\cdots(答)$$

(2) (1) と同様に $\displaystyle\lim_{y\to0}\underset{㋑}{\left(\lim_{x\to1}\frac{(x-1)y}{(x-1)^2+y^2}\right)}=0\cdots(答)$

(3) $\begin{cases}x=1+r\cos\theta\\ y=r\sin\theta\end{cases}$ とおくと ㋒

$$\frac{(x-1)y}{(x-1)^2+y^2}=\frac{r\cos\theta\cdot r\sin\theta}{r^2}=\ _{㋓}\cos\theta\sin\theta$$

θ の値によりいろいろな値をとるので，与えられた極限は存在しない。　…(答)

ポイント

㋐ $\displaystyle\lim_{y\to0}\frac{(x-1)y}{(x-1)^2+y^2}=\frac{0}{(x-1)^2}=0$

㋑ $\displaystyle\lim_{x\to1}\frac{(x-1)y}{(x-1)^2+y^2}=\frac{0}{y^2}=0$

㋒ (1, 0) 以外の点に対して。次問の解説を参照。

㋓ $\theta=0$ のとき 0

$\theta=\frac{\pi}{4}$ のとき $\frac{1}{2}$

$\theta=\frac{\pi}{3}$ のとき $\frac{\sqrt{3}}{4}$

など。

練習問題　4-9

解答 p.228

次の極限を求めよ。

(1) $\displaystyle\lim_{x\to0}\left(\lim_{y\to0}\frac{x-y}{x+y}\right)$　　(2) $\displaystyle\lim_{y\to0}\left(\lim_{x\to0}\frac{x-y}{x+y}\right)$　　(3) $\displaystyle\lim_{(x,y)\to(0,0)}\frac{x-y}{x+y}$

問題4-10 ▼ 2変数関数の連続

次の関数は原点 $(0,\ 0)$ で連続であるかどうかを調べよ。

(1) $f(x,\ y)=\begin{cases}\dfrac{xy}{x^2+y^2} & ((x,\ y)\neq(0,\ 0)\text{のとき})\\ 0 & ((x,\ y)=(0,\ 0)\text{のとき})\end{cases}$

(2) $f(x,\ y)=\begin{cases}\dfrac{x(x^2-y^2)}{x^2+y^2} & ((x,\ y)\neq(0,\ 0)\text{のとき})\\ 0 & ((x,\ y)=(0,\ 0)\text{のとき})\end{cases}$

解 説 2変数関数 $z=f(x,\ y)$ が $(a,\ b)$ で連続かどうかは

$\displaystyle\lim_{(x,y)\to(a,b)} f(x,\ y)=f(a,\ b)$ が成り立つかどうかである。

一般に，$(x,\ y)\to(a,\ b)$ のときは前問の極限を求めるときと同様に

$\begin{cases}x=a+r\cos\theta\\ y=b+r\sin\theta\end{cases}$ とおいて，$r\to 0$ と考えればよい。

また，原点における連続性を調べるときは直線 $y=mx$ 上で考えてもよい。

解答

原点以外の点 $(x,\ y)$ に対して $x=r\cos\theta$,

$y=r\sin\theta$ とおく。

(1) ㋐$f(x,\ y)=\dfrac{r\cos\theta\cdot r\sin\theta}{r^2}=\cos\theta\sin\theta$ より

$\displaystyle\lim_{(x,y)\to(0,0)} f(x,\ y)=\cos\theta\sin\theta$

これは θ の値によりいろいろな値をとるので，

$\displaystyle\lim_{(x,y)\to(0,0)} f(x,\ y)$ は存在しない。

よって，$f(x,\ y)$ は $(0,\ 0)$ で不連続である。…(答)

(2) $f(x,\ y)=\dfrac{r\cos\theta\cdot r^2(\cos^2\theta-\sin^2\theta)}{r^2}$

$=r\cos\theta\cos 2\theta$

∴ ㋑$\displaystyle\lim_{(x,y)\to(0.0)} f(x,\ y)=0=f(0,\ 0)$

よって，$f(x,\ y)$ は $(0,\ 0)$ で連続である。…(答)

ポイント

㋐ $y=mx$ とおくと，原点以外の点 $(x,\ y)$ に対し

$f(x,\ y)=\dfrac{mx^2}{(1+m^2)x^2}$

$=\dfrac{m}{1+m^2}$

となり，m に依存するから極限は存在しない。

㋑ $\displaystyle\lim_{(x,y)\to(0.0)} f(x,\ y)$

$\displaystyle=\lim_{r\to 0} f(x,\ y)$

$\displaystyle=\lim_{r\to 0} r\cos\theta\cos 2\theta$

$=0$

練習問題 4-10

解答 p.228

次の関数は $(x,\ y)=(0,\ 0)$ で連続であるかどうか調べよ。

$(x,\ y)\neq(0,\ 0)$ のとき $f(x,\ y)=\dfrac{xy^2}{x^2+y^4}$，$f(0,\ 0)=0$

問題4-11 ▼偏導関数

次の関数について，f_x，f_y を求めよ。

(1) $f(x,\ y)=\dfrac{x^2y}{x+y}$　　(2) $f(x,\ y)=\log(x^3-xy+2y^2)$

(3) $f(x,\ y)=\tan^{-1}\dfrac{y}{x}$　　(4) $f(x,\ y)=\sin^{-1}\dfrac{y}{x}\ (x>0)$

解説　2変数の関数 $z=f(x,\ y)$ の偏導関数に対しては，$\dfrac{\partial z}{\partial x}=f_x$，$\dfrac{\partial z}{\partial y}=f_y$ の2つが存在する。記号 ∂ はラウンドと読む。

1変数の関数の導関数がわかっていれば計算は容易である。

解答

(1) f_x ㋐ $=\dfrac{2xy(x+y)-x^2y}{(x+y)^2}=\dfrac{xy(x+2y)}{(x+y)^2}$ …(答)

$f_y=\dfrac{x^2(x+y)-x^2y}{(x+y)^2}=\dfrac{x^3}{(x+y)^2}$ …(答)

(2) f_x ㋑ $=\dfrac{3x^2-y}{x^3-xy+2y^2}$，$f_y=\dfrac{-x+4y}{x^3-xy+2y^2}$ …(答)

(3) f_x ㋒ $=\dfrac{-\dfrac{y}{x^2}}{1+\left(\dfrac{y}{x}\right)^2}=-\dfrac{y}{x^2+y^2}$ …(答)

$f_y=\dfrac{\dfrac{1}{x}}{1+\left(\dfrac{y}{x}\right)^2}=\dfrac{x}{x^2+y^2}$ …(答)

(4) f_x ㋓ $=\dfrac{-\dfrac{y}{x^2}}{\sqrt{1-\left(\dfrac{y}{x}\right)^2}}=\dfrac{-\dfrac{y}{x^2}}{\dfrac{\sqrt{x^2-y^2}}{x}}=-\dfrac{y}{x\sqrt{x^2-y^2}}$ …(答)

$f_y=\dfrac{\dfrac{1}{x}}{\sqrt{1-\left(\dfrac{y}{x}\right)^2}}=\dfrac{\dfrac{1}{x}}{\dfrac{\sqrt{x^2-y^2}}{x}}=\dfrac{1}{\sqrt{x^2-y^2}}$ …(答)

ポイント

㋐ $\dfrac{\partial}{\partial x}\left(\dfrac{g(x,\ y)}{h(x,\ y)}\right)=\dfrac{\dfrac{\partial g}{\partial x}\cdot h-g\cdot\dfrac{\partial h}{\partial x}}{h^2}$

㋑ $\dfrac{\partial}{\partial x}\log g(x,\ y)=\dfrac{\dfrac{\partial}{\partial x}g}{g}$

㋒ $\dfrac{\partial}{\partial x}\tan^{-1}g(x,\ y)=\dfrac{\dfrac{\partial}{\partial x}g}{1+g^2}$

㋓ $\dfrac{\partial}{\partial x}\sin^{-1}g(x,\ y)=\dfrac{\dfrac{\partial}{\partial x}g}{\sqrt{1-g^2}}$

練習問題　4-11

解答 p.228

次の関数について，f_x，f_y を求めよ。

(1) $f(x,\ y)=\sqrt{x^2-3y^2}$　　(2) $f(x,\ y)=x\sin\dfrac{1}{y}+y\cos\dfrac{1}{x}$

(3) $f(x,\ y)=\log_x y$

問題4-12 ▼高階偏導関数

次の関数の2階の偏導関数を考えられるものすべて求めよ。

(1) $f(x, y) = \cos xy$　　(2) $f(x, y) = \sqrt{x^2 + y^2}$

(3) $f(x, y) = x^y$ $(x > 0,\ x \neq 1)$

解説　一般に，$f_x(x, y)$, $f_y(x, y)$ は2変数の関数である。これらが x または y について偏微分可能であるとき，偏微分したものを2階の偏導関数という。$z = f(x, y)$ については，2階の偏導関数は4種類あり

$$f_{xx} = \frac{\partial}{\partial x} f_x = \frac{\partial}{\partial x}\left(\frac{\partial z}{\partial x}\right) = \frac{\partial^2 z}{\partial x^2}, \quad f_{xy} = \frac{\partial}{\partial y} f_x = \frac{\partial}{\partial y}\left(\frac{\partial z}{\partial x}\right) = \frac{\partial^2 z}{\partial y \partial x},$$

$$f_{yx} = \frac{\partial}{\partial x} f_y = \frac{\partial}{\partial x}\left(\frac{\partial z}{\partial y}\right) = \frac{\partial^2 z}{\partial x \partial y}, \quad f_{yy} = \frac{\partial}{\partial y} f_y = \frac{\partial}{\partial y}\left(\frac{\partial z}{\partial y}\right) = \frac{\partial^2 z}{\partial y^2}$$

となる。f_{xy}, f_{yx} が存在して連続ならば $f_{xy} = f_{yx}$ であるが，一般には $f_{xy} = f_{yx}$ とは限らない。（問題4-14参照）

解答

(1) $f_x = -y \sin xy$, $f_y = -x \sin xy$ より

$$f_{xx} = -y^2 \cos xy, \quad \underset{㋐}{f_{yy}} = -x^2 \cos xy \quad \cdots(答)$$

$$\underset{㋑}{f_{xy} = f_{yx}} = -\sin xy - xy \cos xy \quad \cdots(答)$$

(2) $f_x = \dfrac{2x}{2\sqrt{x^2 + y^2}} = \dfrac{x}{\sqrt{x^2 + y^2}}$, $f_y = \dfrac{y}{\sqrt{x^2 + y^2}}$

$$f_{xx} = \frac{1 \cdot \sqrt{x^2 + y^2} - x \cdot \dfrac{x}{\sqrt{x^2 + y^2}}}{x^2 + y^2} = \frac{y^2}{(x^2 + y^2)^{\frac{3}{2}}} \quad \cdots(答)$$

同様に $\underset{㋒}{f_{yy}} = \dfrac{x^2}{(x^2 + y^2)^{\frac{3}{2}}}$　…(答)

$$f_{xy} = f_{yx} = \frac{\partial}{\partial y}\left\{x(x^2 + y^2)^{-\frac{1}{2}}\right\} = -\frac{xy}{(x^2 + y^2)^{\frac{3}{2}}} \quad \cdots(答)$$

(3) $f_x = yx^{y-1}$, $\underset{㋓}{f_y = x^y \log x}$ より

$$f_{xx} = y(y-1)x^{y-2}, \quad f_{yy} = x^y (\log x)^2 \quad \cdots(答)$$

$$f_{xy} = f_{yx} = x^{y-1} + yx^{y-1} \log x$$

$$= x^{y-1}(1 + y \log x) \quad \cdots(答)$$

ポイント

㋐ $f(x, y) = \cos xy$ は x, y の対称式であるから，f_y, f_{yy} はそれぞれ f_x, f_{xx} で x と y を入れ換えた式である。

㋑ f_{xy}, f_{yx} が存在して，連続だから $f_{xy} = f_{yx}$ である。

㋒ ㋐と同様。

㋓ $f(x, y) = x^y$ は y だけの関数と見ると指数関数である。

練習問題　4-12

解答 p.229

次の関数の2階の偏導関数を考えられるものすべて求めよ。

(1) $f(x, y) = e^{x^2+y^2}$　(2) $f(x, y) = \sin(x + y)$　(3) $f(x, y) = \tan^{-1} xy$

問題4-13 ▼ 関数の決定

$z=f(r)$，$r=\sqrt{x^2+y^2}$ かつ $\dfrac{\partial^2 z}{\partial x^2}+\dfrac{\partial^2 z}{\partial y^2}=0$ となる関数 $f(r)$ を求めよ。

■ **解 説** ■　$\dfrac{\partial^2 z}{\partial x^2}$ を r, $f'(r)$, $f''(r)$ および x の式で表し，$\dfrac{\partial^2 z}{\partial x^2}+\dfrac{\partial^2 z}{\partial y^2}=0$ から x, y を消去して，$f'(r)$ と $f''(r)$ の満たす方程式を作る。

解答

$r^2=x^2+y^2$ から，両辺を x で偏微分して

$2r\dfrac{\partial r}{\partial x}=2x$ より $\dfrac{\partial r}{\partial x}=\dfrac{x}{r}$

$$\therefore\quad \frac{\partial z}{\partial x}=\frac{dz}{dr}\frac{\partial r}{\partial x}=f'(r)\cdot\frac{x}{r}=\frac{f'(r)}{r}x$$

したがって

$$\frac{\partial^2 z}{\partial x^2}=\frac{\partial}{\partial x}\left(\frac{\partial z}{\partial x}\right)=\underset{㋐}{\frac{\partial}{\partial x}\left(\frac{f'(r)}{r}x\right)}$$

$$=\frac{f''(r)r-f'(r)}{r^2}\frac{\partial r}{\partial x}\cdot x+\frac{f'(r)}{r}\cdot 1$$

$$=\frac{f''(r)r-f'(r)}{r^3}x^2+\frac{f'(r)}{r}$$

同様にして　$\underset{㋑}{\dfrac{\partial^2 z}{\partial y^2}}=\dfrac{f''(r)r-f'(r)}{r^3}y^2+\dfrac{f'(r)}{r}$

これらを $\dfrac{\partial^2 z}{\partial x^2}+\dfrac{\partial^2 z}{\partial y^2}=0$ に代入して，$x^2+y^2=r^2$ を用いて $\dfrac{f''(r)r-f'(r)}{r}+\dfrac{2f'(r)}{r}=0$

$$\therefore\quad \underset{㋒}{f''(r)r+f'(r)=0}$$

すなわち，$\{rf'(r)\}'=0$ から　$rf'(r)=a$

よって　$f(r)=\displaystyle\int\frac{a}{r}dr=a\log r+b$

(a, b は定数)　　…(答)

ポイント

㋐
$$\frac{\partial}{\partial x}\left(\frac{f'(r)}{r}x\right)$$
$$=\frac{\partial}{\partial x}\left(\frac{f'(r)}{r}\right)\cdot x+\frac{f'(r)}{r}\frac{\partial}{\partial x}(x)$$
$$=\frac{d}{dr}\left(\frac{f'(r)}{r}\right)\frac{\partial r}{\partial x}\cdot x+\frac{f'(r)}{r}\cdot 1$$

㋑　z は x, y の対称式だから，$\dfrac{\partial^2 z}{\partial y^2}$ は $\dfrac{\partial^2 z}{\partial x^2}$ の結果において x と y を入れ換えればよい。

㋒　$f'(r)+rf''(r)=\{rf'(r)\}'$
に気づかないときは
$\dfrac{f''(r)}{f'(r)}=-\dfrac{1}{r}$ から
$\displaystyle\int\frac{f''(r)}{f'(r)}dr=-\int\frac{dr}{r}$
$\log|f'(r)|=-\log r+a$
としてもよい。

練習問題　4-13　　解答 p.229

$u=f(r)$，$r=\sqrt{x^2+y^2+z^2}$ かつ $\dfrac{\partial^2 u}{\partial x^2}+\dfrac{\partial^2 u}{\partial y^2}+\dfrac{\partial^2 u}{\partial z^2}=0$ となる関数 $f(r)$ を求めよ。

問題4-14 ▼ 偏微分係数

次の関数 $f(x, y)$ について，$(0, 0)$ における，f_x, f_y, f_{xy}, f_{yx} を求めよ。

$$f(x, y)=\begin{cases} \dfrac{xy(x^2-y^2)}{x^2+y^2} & ((x, y) \neq (0, 0) \text{ のとき}) \\ 0 & ((x, y)=(0, 0) \text{ のとき}) \end{cases}$$

■ **解 説** ■　x または y について $(0, 0)$ における偏微分可能性が不明だから，$f_x(0, 0)$ と $f_y(0, 0)$ は定義から求める必要がある。

また，$f_{xy}(0, 0)=\lim_{k \to 0} \dfrac{f_x(0, k)-f_x(0, 0)}{k}$ であるが，$f_x(0, k)$ は $(x, y) \neq (0, 0)$ のときの $f_x(x, y)$ で $(x, y)=(0, k)$ とおけばよい。

解答

$$\underset{㋐}{f_x(0, 0)}=\lim_{h \to 0} \frac{f(h, 0)-f(0, 0)}{h}=\lim_{h \to 0} \frac{0-0}{h}=0$$

$$f_y(0, 0)=\lim_{k \to 0} \frac{f(0, k)-f(0, 0)}{k}=\lim_{k \to 0} \frac{0-0}{k}=0$$

また，$(x, y) \neq (0, 0)$ のとき

$$f_x=\frac{(3x^2y-y^3)(x^2+y^2)-xy(x^2-y^2)2x}{(x^2+y^2)^2}$$
$$=\frac{y(x^4+4x^2y^2-y^4)}{(x^2+y^2)^2}$$

$$f_y=\frac{(x^3-3xy^2)(x^2+y^2)-xy(x^2-y^2)2y}{(x^2+y^2)^2}$$
$$=\frac{x(x^4-4x^2y^2-y^4)}{(x^2+y^2)^2}$$

$$\therefore \quad \underset{㋑}{f_{xy}(0, 0)=\lim_{k \to 0} \frac{f_x(0, k)-f_x(0, 0)}{k}}$$
$$=\lim_{k \to 0} \frac{1}{k} \cdot \left(\frac{-k^5}{k^4}-0\right)=-1$$

$$f_{yx}(0, 0)=\lim_{h \to 0} \frac{f_y(h, 0)-f_y(0, 0)}{h}=\lim_{h \to 0} \frac{h-0}{h}=1$$

よって　$f_x=0$, $f_y=0$, $\underset{㋒}{f_{xy}=-1, f_{yx}=1}$ …(答)

ポイント

㋐　$f_x(x, y)$
$=\dfrac{y(x^4+4x^2y^2-y^4)}{(x^2+y^2)^2}$
の式から $f_x(0, 0)$ は存在しない，あるいは
$f_x(0, 0)=\lim_{(x,y) \to (0.0)} f_x(x, y)$
などと判断してはいけない。

㋑　$f_{xy}(a, b)$
$=\lim_{k \to 0} \dfrac{f_x(a, b+k)-f_x(a, b)}{k}$

㋒　$f_{xy}(0, 0) \neq f_{yx}(0, 0)$

練習問題　4-14

解答 p.229

次の関数 $f(x, y)$ について，$f_{xy}(0, 0) \neq f_{yx}(0, 0)$ を示せ。

$$f(x, y)=\begin{cases} \dfrac{xy(x^2+y^2)}{x^2-y^2} & ((x, y) \neq (0, 0) \text{ のとき}) \\ 0 & ((x, y)=(0, 0) \text{ のとき}) \end{cases}$$

問題4-15 ▼合成関数の偏導関数 (1)

次の関数について，$\dfrac{du}{dt}$ を求めよ。

(1) $u=\dfrac{3x+4y}{2x+y}$，$x=e^{2t}$，$y=e^{-t}$

(2) $u=e^{x}\sin yz$，$x=t^{3}$，$y=t+1$，$z=\dfrac{1}{t}$

■ **解 説** ■ $u=f(x,\ y)$ において，$x,\ y$ が t のみの関数ならば，u は t の1変数の関数となる。$u=f(x,\ y)$，$x=\varphi(t)$，$y=\phi(t)$ において，u が $x,\ y$ について偏微分可能，$x,\ y$ が t について微分可能ならば，u は t について微分可能で $\dfrac{du}{dt}=\dfrac{\partial u}{\partial x}\dfrac{dx}{dt}+\dfrac{\partial u}{\partial y}\dfrac{dy}{dt}$

$u=f(x,\ y,\ z)$ のときも同様。

解答

(1) $\underset{㋐}{\dfrac{\partial u}{\partial x}=\dfrac{-5y}{(2x+y)^{2}}}$，$\underset{㋑}{\dfrac{\partial u}{\partial y}=\dfrac{5x}{(2x+y)^{2}}}$

$\dfrac{dx}{dt}=2e^{2t}$，$\dfrac{dy}{dt}=-e^{-t}$

$$\therefore\ \underset{㋒}{\frac{du}{dt}}=\frac{\partial u}{\partial x}\frac{dx}{dt}+\frac{\partial u}{\partial y}\frac{dy}{dt}$$

$$=\frac{-5e^{-t}}{(2e^{2t}+e^{-t})^{2}}\cdot 2e^{2t}+\frac{5e^{2t}}{(2e^{2t}+e^{-t})^{2}}\cdot(-e^{-t})$$

$$=-\frac{15e^{t}}{(2e^{2t}+e^{-t})^{2}}\qquad\cdots(\text{答})$$

(2) $\dfrac{\partial u}{\partial x}=e^{x}\sin yz$，$\dfrac{\partial u}{\partial y}=e^{x}z\cos yz$，

$\dfrac{\partial u}{\partial z}=e^{x}y\cos yz$，$\dfrac{dx}{dt}=3t^{2}$，$\dfrac{dy}{dt}=1$，$\dfrac{dz}{dt}=-\dfrac{1}{t^{2}}$

$$\therefore\ \frac{du}{dt}=\frac{\partial u}{\partial x}\frac{dx}{dt}+\frac{\partial u}{\partial y}\frac{dy}{dt}+\frac{\partial u}{\partial z}\frac{dz}{dt}$$

$$=e^{t^{3}}\left(3t^{2}\sin\frac{t+1}{t}-\frac{1}{t^{2}}\cos\frac{t+1}{t}\right)\qquad\cdots(\text{答})$$

ポイント

㋐ $\dfrac{\partial u}{\partial x}$

$=\dfrac{3(2x+y)-(3x+4y)\cdot 2}{(2x+y)^{2}}$

$=\dfrac{-5y}{(2x+y)^{2}}$

㋑ $\dfrac{\partial u}{\partial y}$

$=\dfrac{4(2x+y)-(3x+4y)\cdot 1}{(2x+y)^{2}}$

$=\dfrac{5x}{(2x+y)^{2}}$

㋒ $u=\dfrac{3e^{2t}+4e^{-t}}{2e^{2t}+e^{-t}}$

としてから，$\dfrac{du}{dt}$ を求めることもできる。

練習問題 4-15

解答 p.230

次の関数について，$\dfrac{du}{dt}$ を求めよ。

(1) $u=\sin\sqrt{x^{2}+y^{2}}$，$x=2+t^{2}$，$y=2-t^{2}$

(2) $u=e^{x}(y-z)$，$x=t$，$y=\cos t$，$z=\sin t$

問題4-16 ▼ 合成関数の偏導関数 (2)

$z=f(x,y)$, $x=\cos t$, $y=\sin t$ のとき，$\dfrac{d^2z}{dt^2}$ を求めよ。

解説 $z=f(x,y)$, $x=\varphi(t)$, $y=\phi(t)$ のとき，$\dfrac{dz}{dt}=\dfrac{\partial z}{\partial x}\dfrac{dx}{dt}+\dfrac{\partial z}{\partial y}\dfrac{dy}{dt}$ となるが，$\dfrac{d^2z}{dt^2}$ はさらに t で微分する。このとき，$\dfrac{\partial z}{\partial x}$, $\dfrac{\partial z}{\partial y}$ は x, y すなわち t の関数であることに注意する。

解答

$$\frac{dz}{dt}=\frac{\partial z}{\partial x}\frac{dx}{dt}+\frac{\partial z}{\partial y}\frac{dy}{dt}$$

$$=-\sin t\frac{\partial z}{\partial x}+\cos t\frac{\partial z}{\partial y} \qquad \cdots①$$

$$\frac{d^2z}{dt^2}=\frac{d}{dt}\left(\frac{dz}{dt}\right)=\underbrace{\frac{d}{dt}\left(-\sin t\frac{\partial z}{\partial x}+\cos t\frac{\partial z}{\partial y}\right)}_{㋐}$$

$$=-\cos t\frac{\partial z}{\partial x}-\sin t\frac{d}{dt}\left(\frac{\partial z}{\partial x}\right)$$

$$-\sin t\frac{\partial z}{\partial y}+\cos t\frac{d}{dt}\left(\frac{\partial z}{\partial y}\right) \qquad \cdots②$$

ところで，①から

$$\underbrace{\frac{d}{dt}\left(\frac{\partial z}{\partial x}\right)}_{㋑}=-\sin t\frac{\partial}{\partial x}\left(\frac{\partial z}{\partial x}\right)+\cos t\frac{\partial}{\partial y}\left(\frac{\partial z}{\partial x}\right)$$

$$=-\sin t\frac{\partial^2 z}{\partial x^2}+\cos t\frac{\partial^2 z}{\partial y\partial x} \qquad \cdots③$$

同様にして

$$\underbrace{\frac{d}{dt}\left(\frac{\partial z}{\partial y}\right)}_{㋒}=-\sin t\frac{\partial^2 z}{\partial x\partial y}+\cos t\frac{\partial^2 z}{\partial y^2} \qquad \cdots④$$

③，④を②に代入して整理すると

$$\frac{d^2z}{dt^2}=\frac{\partial^2 z}{\partial x^2}\sin^2 t-2\underbrace{\frac{\partial^2 z}{\partial x\partial y}}_{㋓}\sin t\cos t$$

$$+\frac{\partial^2 z}{\partial y^2}\cos^2 t-\frac{\partial z}{\partial x}\cos t-\frac{\partial z}{\partial y}\sin t$$

…(答)

ポイント

㋐ $\dfrac{\partial z}{\partial x}$, $\dfrac{\partial z}{\partial y}$ はともに t の関数であるから $-\sin t\dfrac{\partial z}{\partial x}$ および $\cos t\dfrac{\partial z}{\partial y}$ は t の関数の積となる。

㋑ ①の z を $\dfrac{\partial z}{\partial x}$ で置き換える。

㋒ ①の z を $\dfrac{\partial z}{\partial y}$ で置き換える。

㋓ $\dfrac{\partial^2 z}{\partial x\partial y}=\dfrac{\partial^2 z}{\partial y\partial x}$

練習問題 4-16

解答 p.230

$z=f(x,y)$, $x=a+ht$, $y=b+kt$ (a, b, h, k は定数) のとき，$\dfrac{d^2z}{dt^2}$ を求めよ。

問題4-17 ▼ 合成関数の偏導関数 (3)

次の関数について，z_u, z_v をそれぞれ求めよ。

(1) $z=\dfrac{\tan^{-1}x}{y}$，$x=\dfrac{v}{u}$，$y=u^2+v^2$

(2) $z=xy$，$u=x+y$，$v=2x+3y$

解 説　$z=f(x,\ y)$ において，さらに $x,\ y$ がそれぞれ2変数 $u,\ v$ の関数 $x=\varphi(u,\ v)$，$y=\phi(u,\ v)$ であるならば，z は2変数 $u,\ v$ の関数となる。このとき，z が $x,\ y$ について偏微分可能，$x,\ y$ が $u,\ v$ について偏微分可能ならば，z は $u,\ v$ について偏微分可能で

$$\frac{\partial z}{\partial u}=\frac{\partial z}{\partial x}\frac{\partial x}{\partial u}+\frac{\partial z}{\partial y}\frac{\partial y}{\partial u},\qquad \frac{\partial z}{\partial v}=\frac{\partial z}{\partial x}\frac{\partial x}{\partial v}+\frac{\partial z}{\partial y}\frac{\partial y}{\partial v}$$

解答

(1) ㋐ $z_u=\dfrac{\partial z}{\partial x}\dfrac{\partial x}{\partial u}+\dfrac{\partial z}{\partial y}\dfrac{\partial y}{\partial u}$

$$=\frac{1}{y(1+x^2)}\cdot\left(-\frac{v}{u^2}\right)-\frac{\tan^{-1}x}{y^2}\cdot 2u$$

$$=-\frac{1}{(u^2+v^2)^2}\left(v+2u\tan^{-1}\frac{v}{u}\right)\quad\cdots(答)$$

$$z_v=\frac{\partial z}{\partial x}\frac{\partial x}{\partial v}+\frac{\partial z}{\partial y}\frac{\partial y}{\partial v}$$

$$=\frac{1}{y(1+x^2)}\cdot\frac{1}{u}-\frac{\tan^{-1}x}{y^2}\cdot 2v$$

$$=\frac{1}{(u^2+v^2)^2}\left(u-2v\tan^{-1}\frac{v}{u}\right)\quad\cdots(答)$$

(2) 条件から ㋑ $x=3u-v,\ y=-2u+v$

$$z_u=\frac{\partial z}{\partial x}\frac{\partial x}{\partial u}+\frac{\partial z}{\partial y}\frac{\partial y}{\partial u}=y\cdot 3+x\cdot(-2)$$

$$=3(-2u+v)-2(3u-v)=-12u+5v\quad\cdots(答)$$

$$z_v=\frac{\partial z}{\partial x}\frac{\partial x}{\partial v}+\frac{\partial z}{\partial y}\frac{\partial y}{\partial v}=y\cdot(-1)+x\cdot 1$$

$$=-(-2u+v)+(3u-v)=5u-2v\quad\cdots(答)$$

ポイント

㋐ $z=\dfrac{\tan^{-1}\dfrac{v}{u}}{u^2+v^2}$
としてから，z_u と z_v を求めてもよい。

㋑ z_u, z_v を求めるので，x と y を $u,\ v$ の式で表しておく。
これより
$z=(3u-v)(-2u+v)$
としてから，z_u と z_v を求めてもよい。

練習問題　4-17　解答 p.230

$z=f(x,\ y)$, $x=r\cos\theta$, $y=r\sin\theta$ のとき，$\dfrac{\partial z}{\partial x}$，$\dfrac{\partial z}{\partial y}$ を $\dfrac{\partial z}{\partial r}$，$\dfrac{\partial z}{\partial \theta}$ で表せ。

問題4-18 ▾ 偏微分に関する証明 (1)

$z=f(x,\ y)$ は連続な2階の偏導関数をもつとする。

$x=u\cos\alpha-v\sin\alpha,\ y=u\sin\alpha+v\cos\alpha$　（α は定数）

のとき，次の等式を証明せよ。

(1) $\left(\dfrac{\partial z}{\partial x}\right)^2+\left(\dfrac{\partial z}{\partial y}\right)^2=\left(\dfrac{\partial z}{\partial u}\right)^2+\left(\dfrac{\partial z}{\partial v}\right)^2$

(2) $\dfrac{\partial^2 z}{\partial x^2}+\dfrac{\partial^2 z}{\partial y^2}=\dfrac{\partial^2 z}{\partial u^2}+\dfrac{\partial^2 z}{\partial v^2}$

解説 (1) $z_u=z_xx_u+z_yy_u=z_x\cos\alpha+z_y\sin\alpha$ はすぐに得られるが，z_x を z_u, z_v で表すのは少し手間がかかる。したがって，右辺から左辺を導くのがよい。

(2) (1) と同様に，右辺から左辺を導くのがよい。

解答

(1) $z_u=z_xx_u+z_yy_u=z_x\cos\alpha+z_y\sin\alpha$

$z_v=z_xx_v+z_yy_v=-z_x\sin\alpha+z_y\cos\alpha$

2式の両辺を平方して辺々加えると

$z_u^2+z_v^2=(z_x^2+z_y^2)\underbrace{(\cos^2\alpha+\sin^2\alpha)}_{㋐}$

$=z_x^2+z_y^2$

(2) $\dfrac{\partial^2 z}{\partial u^2}=\dfrac{\partial}{\partial u}\left(\dfrac{\partial z}{\partial u}\right)=\underbrace{\dfrac{\partial}{\partial u}\left(\dfrac{\partial z}{\partial x}\cos\alpha+\dfrac{\partial z}{\partial y}\sin\alpha\right)}_{㋑}$

$=\left\{\dfrac{\partial}{\partial x}\left(\dfrac{\partial z}{\partial x}\right)\dfrac{\partial x}{\partial u}+\dfrac{\partial}{\partial y}\left(\dfrac{\partial z}{\partial x}\right)\dfrac{\partial y}{\partial u}\right\}\cos\alpha$

$+\left\{\dfrac{\partial}{\partial x}\left(\dfrac{\partial z}{\partial y}\right)\dfrac{\partial x}{\partial u}+\dfrac{\partial}{\partial y}\left(\dfrac{\partial z}{\partial y}\right)\dfrac{\partial y}{\partial u}\right\}\sin\alpha$

$\therefore\quad z_{uu}=z_{xx}\cos^2\alpha\underbrace{+2z_{xy}\sin\alpha\cos\alpha}_{㋒}$

$+z_{yy}\sin^2\alpha$　…①

同様にして

$z_{vv}=z_{xx}\sin^2\alpha-2z_{xy}\sin\alpha\cos\alpha$

$+z_{yy}\cos^2\alpha$　…②

よって，① + ②から $z_{uu}+z_{vv}=z_{xx}+z_{yy}$

ポイント

㋐ $\cos^2\alpha+\sin^2\alpha=1$

㋑ $\dfrac{\partial}{\partial u}\left(\dfrac{\partial z}{\partial x}\cos\alpha+\dfrac{\partial z}{\partial y}\sin\alpha\right)$
$=\dfrac{\partial}{\partial u}\left(\dfrac{\partial z}{\partial x}\right)\cos\alpha$
$+\dfrac{\partial}{\partial u}\left(\dfrac{\partial z}{\partial y}\right)\sin\alpha$

㋒ $\dfrac{\partial}{\partial y}\left(\dfrac{\partial z}{\partial x}\right)=\dfrac{\partial}{\partial x}\left(\dfrac{\partial z}{\partial y}\right)$
$=\dfrac{\partial^2 z}{\partial x\partial y}=z_{xy}$

かつ $\dfrac{\partial x}{\partial u}=\cos\alpha$,
$\dfrac{\partial y}{\partial u}=\sin\alpha$ より。

練習問題　4-18

解答 p.230

$z=f(x,\ y)$ は連続な2階の偏導関数をもち，$x=u+v$, $y=uv$ のとき，
$\dfrac{\partial^2 z}{\partial u\partial v}=\dfrac{\partial^2 z}{\partial x^2}+x\dfrac{\partial^2 z}{\partial x\partial y}+y\dfrac{\partial^2 z}{\partial y^2}+\dfrac{\partial z}{\partial y}$ を示せ。

問題4-19 ▼ 偏微分に関する証明 (2)

　$u=f(x,\ y,\ z)$ は連続な偏導関数をもつとする。
$x=r\sin\theta\cos\varphi,\ y=r\sin\theta\sin\varphi,\ z=r\cos\theta$ のとき，次を示せ。
(1)　$xu_x+yu_y+zu_z=0$ ならば，u は θ と φ だけの関数である。
(2)　$\dfrac{u_x}{x}=\dfrac{u_y}{y}=\dfrac{u_z}{z}$ ならば，u は r だけの関数である。

■ 解 説 ■　$u=f(x,\ y,\ z)$ において，$x,\ y,\ z$ は $r,\ \theta,\ \varphi$ の関数だから，u は 3 変数 $r,\ \theta,\ \varphi$ の関数となる。

　(1) で示すべきことは，u が r の関数ではないということだから

$$u \text{ は } r \text{ に無関係} \iff u \text{ は } r \text{ を含まない} \iff u_r=0$$

と考えて，$u_r=0$ を導けばよい。

解答

(1) $u_r=u_xx_r+u_yy_r+u_zz_r$

$$=u_x\sin\theta\cos\varphi+u_y\sin\theta\sin\varphi+u_z\cos\theta$$

$$=\frac{1}{r}\left(xu_x+yu_y+zu_z\right)$$

よって，$xu_x+yu_y+zu_z=0$ ならば $u_r=0$ となり，u は r を含まず，θ と φ だけの関数である。

(2) ㋐ $u_\theta=u_xx_\theta+u_yy_\theta+u_zz_\theta$

$$=u_xr\cos\theta\cos\varphi+u_yr\cos\theta\sin\varphi-u_zr\sin\theta$$

㋑ $u_\varphi=u_xx_\varphi+u_yy_\varphi+u_zz_\varphi$

$$=-u_xr\sin\theta\sin\varphi+u_yr\sin\theta\cos\varphi$$

㋒ 条件の分数式の値を k とおくと

$u_x=kx=kr\sin\theta\cos\varphi,$

$u_y=ky=kr\sin\theta\sin\varphi,\ \ u_z=kz=kr\cos\theta$

$$\therefore\quad u_\theta=kr^2(\sin\theta\cos\theta\cos^2\varphi+\sin\theta\cos\theta\sin^2\varphi-\sin\theta\cos\theta)$$

$$=kr^2(\sin\theta\cos\theta-\sin\theta\cos\theta)=0$$

同様にして　㋓ $u_\varphi=0$

よって，u は $\theta,\ \varphi$ を含まず，r だけの関数である。

ポイント

㋐　u が θ を含まないことを示すためには $u_\theta=0$ を導く。

㋑　u が φ を含まないことを示すためには，㋐と同様に $u_\varphi=0$ を導く。

㋒　比例式 $\dfrac{A}{p}=\dfrac{B}{q}=\dfrac{C}{r}$ は，「$=k$」とおくのが鉄則。

㋓
u_φ
$=-kr^2\sin^2\theta\cdot\sin\varphi\cos\varphi$
$\quad+kr^2\sin^2\theta\cdot\sin\varphi\cos\varphi$

練習問題　4-19

解答 p.231

　$z=f(x,\ y)$ は連続な偏導関数をもつとする。
$x\dfrac{\partial z}{\partial x}=y\dfrac{\partial z}{\partial y}$ のとき，$f(x,\ y)$ は積 xy だけの関数であることを示せ。

問題4-20 ▾ 全微分

次の関数の全微分を求めよ。

(1) $z=\dfrac{x-y}{x+y}$　　　(2) $z=\tan^{-1}\dfrac{y}{x}$

(3) $u=xy\sin(x-z)$

■ 解 説 ■　点 (a, b) において，$f(x, y)$ の任意の方向の微分係数が存在するとき，$f(x, y)$ は (a, b) で**全微分可能**であるという。具体的には，$z=f(x, y)$ に関して，x, y の値を固定して h, k の関数 $f(a+h, b+k)-f(a, b)$ を考えるとき，h, k に無関係な定数 A, B が存在し

$$f(a+h, b+k)-f(a, b)=Ah+Bk+\varepsilon\sqrt{h^2+k^2}$$

$$h, k\to 0 \text{ のとき } \quad \varepsilon\to 0$$

が成り立つならば，$f(x, y)$ は点 (a, b) で全微分可能であるという。

このとき，z の全微分 dz は　$dz=\dfrac{\partial z}{\partial x}dx+\dfrac{\partial z}{\partial y}dy$

解答

(1) $\underset{㋐}{\dfrac{\partial z}{\partial x}=\dfrac{2y}{(x+y)^2}}$，$\dfrac{\partial z}{\partial y}=-\dfrac{2x}{(x+y)^2}$ だから

$$dz=\frac{2y}{(x+y)^2}dx-\frac{2x}{(x+y)^2}dy \qquad \cdots(\text{答})$$

(2) $\underset{㋑}{\dfrac{\partial z}{\partial x}=-\dfrac{y}{x^2+y^2}}$，$\underset{㋒}{\dfrac{\partial z}{\partial y}=\dfrac{x}{x^2+y^2}}$ だから

$$dz=-\frac{y}{x^2+y^2}dx+\frac{x}{x^2+y^2}dy \qquad \cdots(\text{答})$$

(3) $\dfrac{\partial u}{\partial x}=y\sin(x-z)+xy\cos(x-z)$

$\dfrac{\partial u}{\partial y}=x\sin(x-z)$，$\dfrac{\partial u}{\partial z}=-xy\cos(x-z)$

$$\therefore \quad \underset{㋓}{du}=\{y\sin(x-z)+xy\cos(x-z)\}dx$$
$$+x\sin(x-z)dy-xy\cos(x-z)dz$$

$\cdots(\text{答})$

ポイント

㋐ $\dfrac{\partial z}{\partial x}=\dfrac{1\cdot(x+y)-(x-y)\cdot 1}{(x+y)^2}$

㋑，㋒　問題 4-11 参照。

㋓　$u=f(x, y, z)$ のとき
$du=f_x dx+f_y dy+f_z dz$

練習問題　4-20

解答 p.231

次の関数の全微分を求めよ。

(1) $z=\log\sqrt{1+x^2+y^2}$　　　(2) $u=a^{xyz}$　$(a>0,\ a\neq 1)$

問題4-21 ▼偏微分における近似式

ΔABC で AC $= b$, AB $= c$, ∠A がそれぞれ微小量 Δb, Δc, ΔA だけ変化するとき，ΔABC の面積 S および BC $= a$ のそれぞれの変化量 ΔS, Δa は次の近似式を満たすことを示せ。

$$\frac{\Delta S}{S} \fallingdotseq \frac{\Delta b}{b} + \frac{\Delta c}{c} + \cot A \Delta A$$

$$\Delta a \fallingdotseq \cos C \Delta b + \cos B \Delta c + h \Delta A$$

（h は点 A から辺 BC へ下ろした垂線の長さ）

解 説　x, y の微小変化 Δx, Δy に対する $z = f(x, y)$ の微小変化 Δz については，次式が成り立つ。

$$\Delta z \fallingdotseq \frac{\partial z}{\partial x}\Delta x + \frac{\partial z}{\partial y}\Delta y \quad \text{（全微分の公式と重ねて覚えよう）}$$

解答

㋐ $S = \frac{1}{2}bc \sin A$ から，両辺の ㋑ 自然対数をとって

$$\log S = -\log 2 + \log b + \log c + \log \sin A$$

両辺の全微分を考えて

$$\frac{dS}{S} = \frac{db}{b} + \frac{dc}{c} + \frac{\cos A}{\sin A}dA$$

よって　$\frac{\Delta S}{S} \fallingdotseq \frac{\Delta b}{b} + \frac{\Delta c}{c} + \cot A \Delta A$

また，㋒ $a^2 = b^2 + c^2 - 2bc \cos A$ の全微分を考えて

$$a\,da = b\,db + c\,dc - c\cos A \cdot db - b\cos A \cdot dc + bc \sin A \cdot dA$$

$$= ㋓ (b - c\cos A)\,db + (c - b\cos A)dc + bc\sin A \cdot dA$$

$$= ㋓ a\cos C \cdot db + a\cos B \cdot dc + 2S \cdot dA$$

$$\therefore \ da = \cos C \cdot db + \cos B \cdot dc + ㋔ h \cdot dA$$

よって　$\Delta a \fallingdotseq \cos C\, \Delta b + \cos B\, \Delta c + h\, \Delta A$

ポイント

㋐

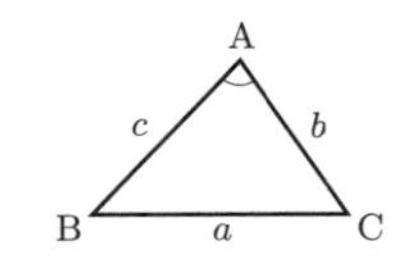

三角形の面積公式（2辺夾角）

㋑　対数をとると，全微分の計算が見やすい。

㋒　第2余弦定理

㋓　第1余弦定理

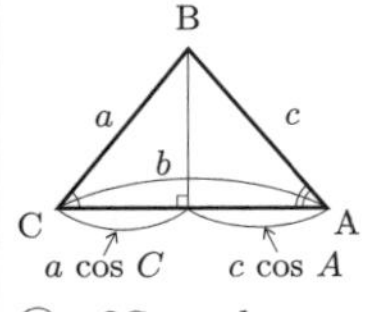

㋔　$2S = ah$

練習問題　4-21　解答 p.231

重力加速度を g とするとき，長さ l の単振子の周期 T は $T = 2\pi\sqrt{\frac{l}{g}}$ である。l, g が Δl, Δg だけ変わるとき，T の変化量 ΔT を求めよ。

問題4-22 ▼全微分における関数決定

$\omega = \dfrac{y\,dx - x\,dy}{(x+y)^2}$ は全微分であるかどうかを調べよ。全微分であれば，どのような関数の全微分であるか。

解説 $z = f(x, y)$ の全微分は $\omega = dz = f_x\,dx + f_y\,dy$ で与えられる。$P = P(x, y)$，$Q = Q(x, y)$ が連続な偏導関数をもつとき，1次微分式

$$\omega = P\,dx + Q\,dy$$

が全微分，すなわち $dz = P\,dx + Q\,dy$ となる $z = f(x, y)$ があるための必要十分条件は $\dfrac{\partial Q}{\partial x} = \dfrac{\partial P}{\partial y}$

解答

$P = \dfrac{y}{(x+y)^2}$, $Q = \dfrac{-x}{(x+y)^2}$ とおくと

$$\frac{\partial Q}{\partial x} = \frac{-(x+y)^2 + x \cdot 2(x+y)}{(x+y)^4} = \frac{x-y}{(x+y)^3}$$

$$\frac{\partial P}{\partial y} = \frac{(x+y)^2 - y \cdot 2(x+y)}{(x+y)^4} = \frac{x-y}{(x+y)^3}$$

したがって，$\dfrac{\partial Q}{\partial x} = \dfrac{\partial P}{\partial y}$ ㋐ だから ω は全微分である。

もとの関数 $z = f(x, y)$ は

$$z = \int \frac{y}{(x+y)^2}dx + g(y) = -\frac{y}{x+y} + g(y)$$ ㋑

このとき $\dfrac{\partial z}{\partial y}$ ㋒ $= -\dfrac{x}{(x+y)^2} + g'(y)$

これが，$Q = -\dfrac{x}{(x+y)^2}$ に等しいので

$g'(y) = 0 \qquad \therefore \quad g(y) = C$ （定数）

よって $z = f(x, y) = -\dfrac{y}{x+y} + C$ …(答)

ポイント

㋐ これより $dz = P\,dx + Q\,dy$ となるような2変数関数 $z = f(x, y)$ が存在する。ここに $f_x = P$ かつ $f_y = Q$ である。

㋑ $z_x = f_x = \dfrac{y}{(x+y)^2}$ から，z を求める。一般には $\dfrac{\partial z}{\partial x} = P(x, y)$ のとき $z = \int P(x, y)dx + g(y)$ （$g(y)$ は y の任意関数）

㋒ $z_y = f_y = Q$ と比較。

練習問題 4-22

解答 p.231

次の1次微分式は全微分であるか。全微分のときはどのような関数の全微分であるか。

(1) $\omega = y\,dx - x\,dy$　　(2) $\omega = (3x + y)dx + (x + 3y)dy$

問題4-23 ▼偏微分におけるテイラーの定理

関数 $f(x, y)=e^x \sin y$ について，$f(x+h, y+k)$ を h, k の多項式に展開せよ。ただし，2次の項まで求め，3次以上の項は計算しなくてよい。

解説 $f(x, y)=e^x \sin y$ は n 回微分可能であるから，本問の意味は

$$f(x+h, y+k)=f(x, y)+Df(x, y)+\frac{1}{2!}D^2f(x, y)+\frac{1}{3!}D^3f(x+\theta h, y+\theta k)$$
$$(0<\theta<1)$$

のように展開せよ，ということである。ここに

$$D^n=\left(h\frac{\partial}{\partial x}+k\frac{\partial}{\partial y}\right)^n=\sum_{r=0}^{n}{}_n\mathrm{C}_r h^{n-r}k^r\frac{\partial^n}{\partial x^{n-r}\partial y^r}$$

であり，二項定理 $(a+b)^n$ の展開式と関連させて覚えるとよい。

解答

$f_x=e^x \sin y,\ f_y=e^x \cos y,\ f_{xx}=e^x \sin y,$

$f_{xy}=e^x \cos y,\ f_{yy}=-e^x \sin y$

したがって，3次の項まで求めると㋐

$$\begin{aligned}
&f(x+h, y+k)\\
&=f(x, y)+\left(h\frac{\partial}{\partial x}+k\frac{\partial}{\partial y}\right)f(x, y)\\
&\qquad+\frac{1}{2!}\left(h\frac{\partial}{\partial x}+k\frac{\partial}{\partial y}\right)^2 f(x, y)+R_3 \text{ ㋑}\\
&=f(x, y)+\{hf_x(x, y)+kf_y(x, y)\}\\
&\qquad+\frac{1}{2}\{h^2f_{xx}(x, y)+2hkf_{xy}(x, y)\\
&\qquad\qquad+k^2f_{yy}(x, y)\}+R_3\\
&=e^x \sin y+(he^x \sin y+ke^x \cos y)\\
&\qquad+\frac{1}{2}(h^2e^x \sin y+2hke^x \cos y-k^2e^x \sin y)\\
&\qquad+R_3\\
&=e^x \sin y\left\{1+h+\frac{1}{2}(h^2-k^2)\right\}\\
&\qquad+e^x \cos y(k+hk)+R_3 \text{ ㋒}
\end{aligned}$$

…(答)

ポイント

㋐ $f_{xxx}=e^x \sin y,$
$f_{xxy}=e^x \cos y,$
$f_{xyy}=-e^x \sin y,$
$f_{yyy}=-e^x \cos y$

㋑
$$R_3=\frac{1}{3!}\left(h\frac{\partial}{\partial x}+k\frac{\partial}{\partial y}\right)^3 \times f(x+\theta h, y+\theta k)$$
$(0<\theta<1)$
は，問題文から具体的には計算しなくてよい。

㋒ 答の最後に，R_3 の説明(㋑)をしておくこと。

練習問題 4-23 解答 p.231

関数 $f(x, y)=\log(x+y)$ について，$f(x+h, y+k)$ を h, k の多項式に展開せよ。ただし，2次の項まで求め，3次以上の項は計算しなくてよい。

問題4-24 ▼ 偏微分におけるマクローリン展開

次の関数を x, y について2次の項まで展開せよ。3次以上の項は切り捨ててよい。

(1) $f(x,\ y)=e^{x+y}$　　(2) $f(x,\ y)=\cos(x+2y)$

解 説 $f(x,\ y)$ を x, y について2次の項まで展開するとは，マクローリン展開

$$f(x,\ y)=f(0,\ 0)+\{f_x(0,\ 0)x+f_y(0,\ 0)y\}$$
$$+\frac{1}{2!}\{f_{xx}(0,\ 0)x^2+2f_{xy}(0,\ 0)xy+f_{yy}(0,\ 0)y^2\}$$
$$+\frac{1}{3!}\{f_{xxx}(0,\ 0)x^3+3f_{xxy}(0,\ 0)x^2y+3f_{xyy}(0,\ 0)xy^2+f_{yyy}(0,\ 0)y^3\}$$
$$+\cdots$$

において，2階の偏導関数の項までを求めることを意味する。

解答

(1) $f_x=f_y=f_{xx}=f_{xy}=f_{yy}=e^{x+y}$ より

$$f(0,\ 0)=f_x(0,\ 0)=f_y(0,\ 0)=f_{xx}(0,\ 0)$$
$$=f_{xy}(0,\ 0)=f_{yy}(0,\ 0)=1$$

$$\therefore\ \underset{㋐}{e^{x+y}}=1+(x+y)+\frac{1}{2}(x^2+2xy+y^2)$$
$$=1+(x+y)+\frac{1}{2}(x+y)^2\qquad\cdots(答)$$

(2) $f_x=-\sin(x+2y)$, $f_y=-2\sin(x+2y)$,

$f_{xx}=-\cos(x+2y)$, $f_{xy}=-2\cos(x+2y)$,

$f_{yy}=-4\cos(x+2y)$ より

$f(0,\ 0)=1$, $f_x(0,\ 0)=f_y(0,\ 0)=0$

$f_{xx}(0,\ 0)=-1$, $f_{xy}(0,\ 0)=-2$, $f_{yy}(0,\ 0)=-4$

$$\therefore\ \underset{㋑}{\cos(x+2y)}=1+\frac{1}{2}\{-x^2+2\cdot(-2)xy-4y^2\}$$
$$=1-\frac{1}{2}(x+2y)^2\qquad\cdots(答)$$

ポイント

㋐ 答を求めるだけなら，機械的に，1変数の関数のマクローリン展開

$$e^x=1+x+\frac{1}{2!}x^2+\cdots$$

で x の代わりに $x+y$ を代入してもよい。

㋑ ㋐と同様にして

$$\cos x=1-\frac{1}{2!}x^2+\cdots$$

で x の代わりに $x+2y$ を代入してもよい。

練習問題 4-24

解答 p.232

次の関数を x, y について2次の項まで展開せよ。3次以上の項は切り捨ててよい。

(1) $f(x,\ y)=\log(1+xy)$　　(2) $f(x,\ y)=\dfrac{1}{1-2x+y}$

問題4-25 ▼ 2変数関数の極値 (1)

次の関数の極値を求めよ。

(1) $z = x^2 - 3xy + 3y^2 + 4x - 9y + 2$　　(2) $z = -x^2 + 2xy + y^2 + 4x$

■ **解 説** ■　$z = f(x, y)$ が2回微分可能であるとき，z の極値を与える (x, y) の候補は

$\dfrac{\partial z}{\partial x} = 0$ かつ $\dfrac{\partial z}{\partial y} = 0$ を満たす (x, y)

で，その解 (x, y) に対して

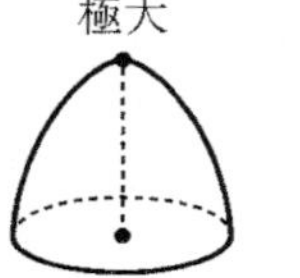

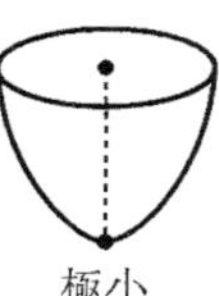

$$A = \frac{\partial^2 z}{\partial x^2},\ B = \frac{\partial^2 z}{\partial x \partial y},\ C = \frac{\partial^2 z}{\partial y^2}$$

を求め，$\Delta = B^2 - AC$ の符号で極値かどうかの判定をする。（基本事項10を参照のこと）

解答

(1) $z_x = 2x - 3y + 4,\ z_y = -3(x - 2y + 3)$

$2x - 3y + 4 = 0,\ x - 2y + 3 = 0$ を解いて

$x = 1,\ y = 2$ ㋐

また，$A = z_{xx} = 2,\ B = z_{xy} = -3,\ C = z_{yy} = 6$

$\therefore$ $\Delta = B^2 - AC$ ㋑ $= (-3)^2 - 2 \cdot 6 = -3$

よって，$\Delta = -3 < 0$ かつ $A = 2 > 0$ だから，z は $x = 1,\ y = 2$ で極小となり，極小値は

$1^2 - 3 \cdot 1 \cdot 2 + 3 \cdot 2^2 + 4 \cdot 1 - 9 \cdot 2 + 2 = -5$ …(答)

(2) $z_x = -2(x - y - 2),\ z_y = 2(x + y)$

$x - y - 2 = 0,\ x + y = 0$ を解いて

$x = 1,\ y = -1$

また，$A = z_{xx} = -2,\ B = z_{xy} = 2,\ C = z_{yy} = 2$

$\therefore$ $\Delta = B^2 - AC = 2^2 - (-2) \cdot 2 = 8$

よって，$\Delta = 8 > 0$ だから，極値はない。…(答)

ポイント

㋐　極値を与える (x, y) の候補。

㋑　$\Delta = B^2 - AC$ の符号で判定。

$\Delta < 0$ → 極値であり，さらに

$$\begin{cases} A > 0 \rightarrow \text{極小値} \\ A < 0 \rightarrow \text{極大値} \end{cases}$$

となる。また

$\Delta > 0$ → 極値でない。

練習問題　4-25　　解答 p.232

$z = f(x, y) = \sin x + \sin y + \sin(x + y)$ $(0 < x < \pi,\ 0 < y < \pi)$ の極値を求めよ。

問題4-26 ▼ 2変数関数の極値 (2)

次の関数の極値を求めよ。

$$z = x^4 + y^4 - 4x^2 - 4y^2 + 8xy$$

解説 前問と同様に考える。ただし，本問では極値かどうかの判定に用いる $\Delta = B^2 - AC$ において，$\Delta = 0$ となる $(x, y) = (a, b)$ が存在するので，簡単にはならない。$z = f(x, y)$ 上で $f(a, b)$ が

「山の頂点か，谷底か，鞍点（曲面が馬の鞍形）か」

の判定を，別な方法でしなければならない。

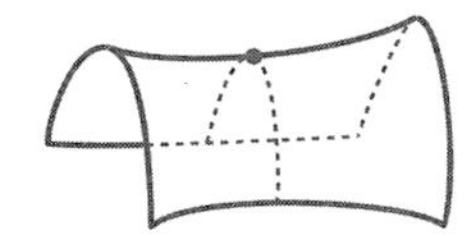

解答

$z_x = 4(x^3 - 2x + 2y)$, $z_y = 4(y^3 - 2y + 2x)$,

$z_{xx} = 12x^2 - 8$, $z_{xy} = 8$, $z_{yy} = 12y^2 - 8$

$\begin{cases} z_x = 0 \\ z_y = 0 \end{cases}$ を解くと $\begin{cases} x^3 - 2x + 2y = 0 & \cdots① \\ y^3 - 2y + 2x = 0 & \cdots② \end{cases}$

①＋②から $\underset{㋐}{x^3 + y^3 = 0}$ $\therefore$ $y = -x$

①に代入して $x^3 - 4x = 0$ $\therefore$ $x = 0, \pm 2$

したがって ㋑ $(x, y) = (0, 0), (2, -2), (-2, 2)$

(i) $(x, y) = (0, 0)$ のとき $z = 0$

㋒ $\Delta = 8^2 - (-8)\cdot(-8) = 0$ となるが

$z = x^4 + y^4 - 4(x - y)^2$ と表せることに着目し

㋓ $y = x$, $x \neq 0$ のとき $z = 2x^4 > 0$

㋔ $y = 0$, $x \fallingdotseq 0$ のとき $z = x^2(x^2 - 4) < 0$

となるので，極値ではない。

(ii) $(x, y) = (2, -2)$ のとき

$z_{xx} = 40 > 0$ かつ $\Delta = 8^2 - 40\cdot 40 < 0$ より，極小となり 極小値 -32

(iii) $(x, y) = (-2, 2)$ のとき (ii) と同様である。

以上から 極小値 -32 …(答)

ポイント

㋐ $y^3 = -x^3 = (-x)^3$

x, y は実数より $y = -x$ のみ。

㋑ 極値を与える (x, y) の候補。

㋒ $\Delta = 0$ より，このままでは極値かどうか判定できない。

㋓，㋔

$z = x^4 + y^4 - 4(x - y)^2$

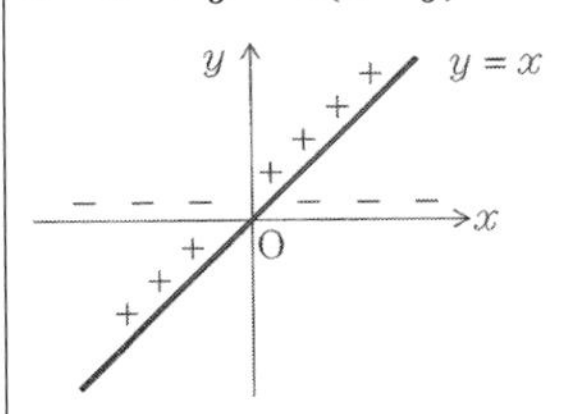

符号は z 座標を示す。

これより (0, 0) は，鞍点である。

練習問題 4-26

解答 p.232

次の関数の極値を求めよ。

$$z = (x^2 + y^2 - 2)^2$$

問題4-27 ▼ 陰関数における2階導関数

$2x^2+2xy+y^2=1$ のとき，y を x の関数と見なして，$\dfrac{dy}{dx}$ および $\dfrac{d^2y}{dx^2}$ を求めよ。

解説 一般に，$f(x, y)=0$ かつ $f_y(x, y)\neq 0$ のとき，$f(x, y)$ が2回微分可能ならば，$f(x, y)=0$ の両辺を x で微分して

$$f_x+f_y\frac{dy}{dx}=0 \qquad \therefore \quad \frac{dy}{dx}=-\frac{f_x}{f_y}$$

これより $\dfrac{d^2y}{dx^2}=-\dfrac{\left(\dfrac{d}{dx}f_x\right)f_y-f_x\left(\dfrac{d}{dx}f_y\right)}{f_y^{\,2}}$ …①

$$\frac{d}{dx}f_x=f_{xx}+f_{xy}\frac{dy}{dx}=f_{xx}+f_{xy}\left(-\frac{f_x}{f_y}\right)=\frac{f_{xx}f_y-f_xf_{xy}}{f_y}$$

$$\frac{d}{dx}f_y=f_{yx}+f_{yy}\frac{dy}{dx}=f_{xy}+f_{yy}\left(-\frac{f_x}{f_y}\right)=\frac{f_{xy}f_y-f_xf_{yy}}{f_y}$$

これらを①に代入して，整理すると

$$\frac{d^2y}{dx^2}=-\frac{f_{xx}f_y^{\,2}-2f_{xy}f_xf_y+f_{yy}f_x^{\,2}}{f_y^{\,3}} \quad \text{(暗記不要)}$$

解答

$f(x, y)=2x^2+2xy+y^2-1=0$ とおくと

$$f_x=4x+2y,\ f_y=2x+2y$$

$$\therefore \quad \frac{dy}{dx}=-\frac{f_x}{f_y}=-\frac{2x+y}{x+y} \qquad \cdots(\text{答})$$

$$\underset{㋐}{\frac{d^2y}{dx^2}}=-\frac{\left(2+\dfrac{dy}{dx}\right)(x+y)-(2x+y)\left(1+\dfrac{dy}{dx}\right)}{(x+y)^2}$$

$$\text{分子}=\left(2-\frac{2x+y}{x+y}\right)(x+y)-(2x+y)\left(1-\frac{2x+y}{x+y}\right)$$

$$=\frac{y(x+y)-(2x+y)(-x)}{x+y}=\underset{㋑}{\frac{1}{x+y}}$$

よって $\dfrac{d^2y}{dx^2}=-\dfrac{1}{(x+y)^3}$ …(答)

ポイント

㋐ $\dfrac{d^2y}{dx^2}=-\dfrac{\text{分子}}{(x+y)^2}$

分子
$=\dfrac{d}{dx}(2x+y)\cdot(x+y)$
$\quad-(2x+y)\cdot\dfrac{d}{dx}(x+y)$

㋑ $2x^2+2xy+y^2=1$ を用いた。

練習問題 4-27

解答 p.233

$x^3-3axy+y^3=0$ のとき，y を x の関数と見なして，$\dfrac{dy}{dx}$ および $\dfrac{d^2y}{dx^2}$ を求めよ。

問題4-28 ▼ 陰関数の極値

$x^3 - 3xy + y^3 = 3$ のとき，y を x の関数と見て極値を求めよ。

解 説 $f(x, y) = 0$ で $f_y(x, y) \neq 0$ のとき，y を x の関数と見なしたときの極値を求める方法は次の手順による。

(1) $f(x, y) = 0$ かつ $f_x(x, y) = 0$ となる x, y を求める。

(2) (1)の解 $(x, y) = (a, b)$ について

$$\frac{f_{xx}}{f_y} > 0 \Rightarrow y = b \text{ は極大値}, \qquad \frac{f_{xx}}{f_y} < 0 \Rightarrow y = b \text{ は極小値}$$

これは，前問の解説で示したように，$\dfrac{dy}{dx} = -\dfrac{f_x}{f_y}$ であるから，y の極値候補として $\dfrac{dy}{dx} = 0$ から $f_x = 0$，すなわち $f = 0$，$f_x = 0$ となる x, y を求めることになり，このとき $\dfrac{d^2y}{dx^2} = -\dfrac{f_{xx}f_y^2}{f_y^3} = -\dfrac{f_{xx}}{f_y}$ となるから

$$\frac{f_{xx}}{f_y} > 0 \Rightarrow \frac{d^2y}{dx^2} < 0 \Rightarrow y \text{ は極大}, \qquad \frac{f_{xx}}{f_y} < 0 \Rightarrow \frac{d^2y}{dx^2} > 0 \Rightarrow y \text{ は極小}$$

により極値の判定ができるからである。

解答

$f(x, y) = x^3 - 3xy + y^3 - 3$ とおくと

$f_x = 3x^2 - 3y$, $f_y = -3x + 3y^2$, $f_{xx} = 6x$

$\begin{cases} f = 0 \\ f_x = 0 \end{cases}$ を解くと $\begin{cases} x^3 - 3xy + y^3 - 3 = 0 & \cdots① \\ x^2 - y = 0 & \cdots② \end{cases}$

①，②を解いて $(x, y) = (-1, 1), (\sqrt[3]{3}, \sqrt[3]{9})$ ㋐

(i) $(x, y) = (-1, 1)$ のとき

$\dfrac{f_{xx}}{f_y} = \dfrac{2x}{y^2 - x} = -1 < 0$ より　極小値 1 ㋑

(ii) $(x, y) = (\sqrt[3]{3}, \sqrt[3]{9})$ のとき

$\dfrac{f_{xx}}{f_y} = \dfrac{2x}{y^2 - x} = \dfrac{2\sqrt[3]{3}}{2\sqrt[3]{3}} = 1 > 0$ より　極大値 $\sqrt[3]{9}$

よって　極大値 $\sqrt[3]{9}$ $(x = \sqrt[3]{3})$

極小値 1　$(x = -1)$　…(答)

ポイント

㋐　②より $y = x^2$

①に代入して

$x^6 - 2x^3 - 3 = 0$

$(x^3 + 1)(x^3 - 3) = 0$

$x^3 = -1, 3$

$\therefore \quad x = -1, \sqrt[3]{3}$

㋑　$\dfrac{d^2y}{dx^2} = -\dfrac{f_{xx}}{f_y} > 0$

$\dfrac{dy}{dx} = 0$ かつ $\dfrac{d^2y}{dx^2} > 0$

となる例としては，$y = x^2$ の $x = 0$ のときがある。このとき，$y = 0$ は極小値となる。

練習問題　4-28

解答 p.233

$2x^2 - 2xy + y^2 = 1$ のとき，y を x の関数と見て極値を求めよ。

問題4-29 ▼ 関数の最大・最小

x, y, z がすべて正で $x+y+z=a$（a は正の定数）のとき，x^2y^3z の最大値を求めよ。

解 説　極大・極小と最大・最小とは厳密には異なった概念であるが，極大（極小）は局所的，すなわち限られた範囲内での最大（最小）であると考えられるので，両者の間には深い関係がある。

$z=f(x, y)$ について

(1)　有界閉集合（境界を含んだ有限の領域）D で連続

(2)　D の内部で微分可能

(3)　D の境界上で最大（最小）とならない

が成り立つとき，$z=f(x, y)$ の最大（最小）を与える x, y は必ず存在し，それは $z_x=0$, $z_y=0$ を満たす。

解答

$x+y+z=a$, $x>0$, $y>0$, $z>0$ のとき

$x>0,\ y>0,\ \underset{㋐}{x+y<a}$　…①

①の満たす点 (x, y) は開集合だから，境界を加えて

$x \geqq 0,\ y \geqq 0,\ x+y \leqq a$　…②

とし ㋑有界閉集合 D で考える。この領域において

㋒$u=x^2y^3z=x^2y^3(a-x-y)$

ここで，㋓領域の境界上では $u=0$ となるから，
㋔最大となる点は内部にある。

$u_x=y^3(2ax-3x^2-2xy)=0$

$u_y=x^2(3ay^2-3xy^2-4y^3)=0$

$x \neq 0$, $y \neq 0$ から

$2a-3x-2y=0,\ 3a-3x-4y=0$

これを解いて　㋕$x=\dfrac{a}{3},\ y=\dfrac{a}{2},\ z=\dfrac{a}{6}$

よって，最大値は　$\left(\dfrac{a}{3}\right)^2\left(\dfrac{a}{2}\right)^3\left(\dfrac{a}{6}\right)=\dfrac{a^6}{432}$　…(答)

ポイント

㋐　$z=a-x-y>0$ より。

㋑

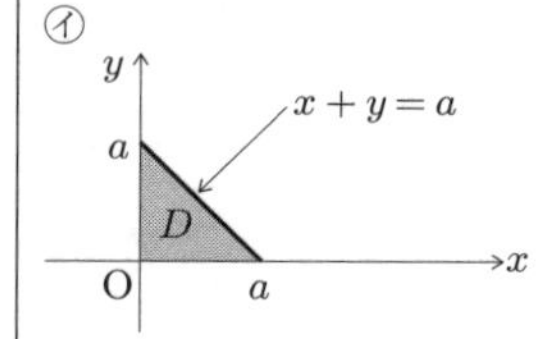

㋒　u は2変数 x, y の関数。

㋓　$x=0$ または $y=0$ または $x+y=a$ では $u=0$

㋔　u の極大点の中で，u の値が最も大きい点。

㋕　1組しかないので，これが u を最大にする。

練習問題　4-29

解答 p.233

正の数 x_1, x_2, x_3, x_4 の和が一定のとき，積 $x_1x_2x_3x_4$ が最大となるのはこれらがすべて等しいときであることを示せ。

問題4-30 ▼ 接平面

次の曲面上の点 (x_1, y_1, z_1) における接平面および法線の方程式を求めよ。

(1) $2z = \dfrac{x^2}{a^2} + \dfrac{y^2}{b^2}$　　　(2) $x^2 + y^2 - z^2 = 1$

解説 一般に，点 (x_1, y_1, z_1) を通り，ベクトル $\boldsymbol{u} = (a, b, c)$ に垂直な平面 π の方程式は　$a(x - x_1) + b(y - y_1) + c(z - z_1) = 0$

で与えられる。この $\boldsymbol{u}$ を平面 π の**法線ベクトル**という。

曲面 $f(x, y, z) = 0$ 上の点 (x_1, y_1, z_1) における接平面の方程式は

$$f_x(x - x_1) + f_y(y - y_1) + f_z(z - z_1) = 0$$

また，法線の方程式は

$$\frac{x - x_1}{f_x} = \frac{y - y_1}{f_y} = \frac{z - z_1}{f_z}$$

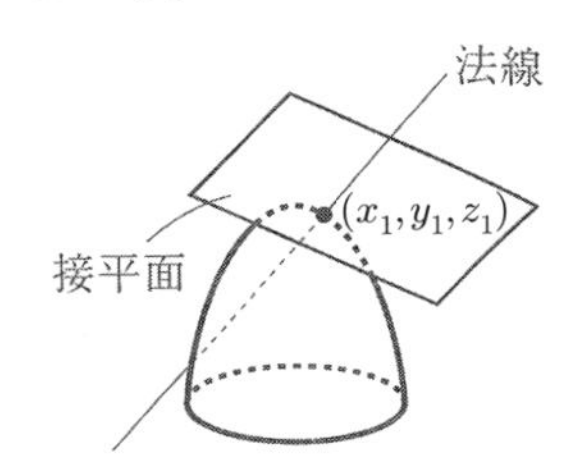

解答 接平面，法線の方程式を π, l とおく。

(1) $f = \dfrac{x^2}{a^2} + \dfrac{y^2}{b^2} - 2z = 0$ とおくと

$f_x = \dfrac{2x}{a^2}$, $f_y = \dfrac{2y}{b^2}$, $f_z = -2$ より，π は

$$\frac{2x_1}{a^2}(x - x_1) + \frac{2y_1}{b^2}(y - y_1) - 2(z - z_1) = 0 \quad ㋐$$

$\therefore$　$\pi : z + z_1 = \dfrac{x_1}{a^2}x + \dfrac{y_1}{b^2}y$　…(答)

また，l：$\dfrac{a^2(x - x_1)}{x_1} = \dfrac{b^2(y - y_1)}{y_1} = \dfrac{z - z_1}{-1}$　…(答)　㋑

(2) $f = x^2 + y^2 - z^2 - 1 = 0$ とおくと

$f_x = 2x$, $f_y = 2y$, $f_z = -2z$ より，π は

$$2x_1(x - x_1) + 2y_1(y - y_1) - 2z_1(z - z_1) = 0$$

$\therefore$　$\pi : x_1x + y_1y - z_1z = 1$　…(答)

また，l：$\dfrac{x - x_1}{x_1} = \dfrac{y - y_1}{y_1} = \dfrac{z - z_1}{-z_1}$　…(答)

ポイント

㋐ 2で割って整理して

$$\frac{x_1}{a^2}x + \frac{y_1}{b^2}y - z$$
$$= \frac{x_1^2}{a^2} + \frac{y_1^2}{b^2} - z_1$$
$$= 2z_1 - z_1 = z_1$$

これより π の式を得る。

㋑ l は π の法線ベクトルを分母にする。

練習問題　4-30　解答 p.234

曲面 $xyz = a$（a は正の定数）の任意の接平面が3つの座標面，すなわち xy 平面，yz 平面，zx 平面と囲む部分の体積は一定であることを示せ。

Chapter 5

積分 II

基本事項

1. 広義の定積分

それぞれ，左辺の積分は右辺の式で定義される。

(1) $f(x)$ が積分区間の端点 $x=b$（または $x=a$）で不連続のとき

$$\int_a^b f(x)dx = \lim_{\beta\to b-0}\int_a^\beta f(x)dx \quad \left(=\lim_{\alpha\to a+0}\int_\alpha^b f(x)dx\right)$$

(2) $f(x)$ が積分区間 $[a,\ b]$ の間の点 $x=c$ で不連続のとき

$$\int_a^b f(x)dx = \int_a^c f(x)dx + \int_c^b f(x)dx$$

$$= \lim_{\alpha\to c-0}\int_a^\alpha f(x)dx + \lim_{\beta\to c+0}\int_\beta^b f(x)dx$$

(3) **無限積分**

$$\int_a^\infty f(x)dx = \lim_{\beta\to+\infty}\int_a^\beta f(x)dx \qquad \int_{-\infty}^\infty f(x)dx = \lim_{\substack{\beta\to+\infty\\ \alpha\to-\infty}}\int_\alpha^\beta f(x)dx$$

2. 2重積分の定義

xy 平面上のある領域 D と，その上で定義された2変数関数 $f(x,\ y)$ を考える。

いま，D を任意に小領域 $D_1,\ D_2,\ \ldots,\ D_n$ に分割し，各領域 D_i 内の任意の点 $\mathrm{P}_i(x_i,\ y_i)$ における関数値 $f(x_i,\ y_i)(=f(\mathrm{P}_i))$ と，この領域の面積 ΔS_i との積の和

$$\sum_{i=1}^n f(x_i,\ y_i)\Delta S_i \left(=\sum_{i=1}^n f(\mathrm{P}_i)\Delta S_i\right)$$

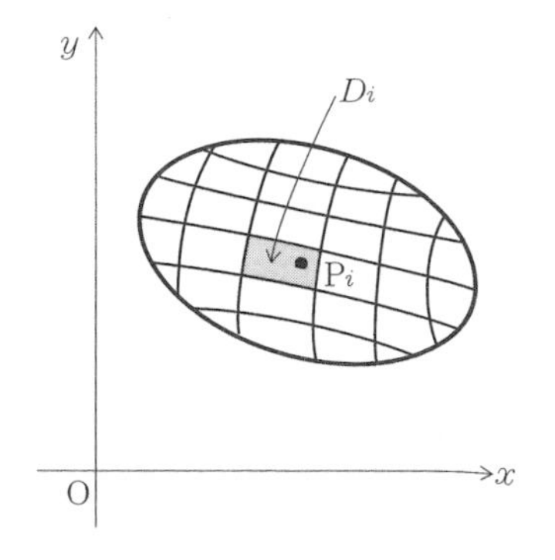

を考える。ここで，すべての小領域の面積が0に収束するように $n\to\infty$ とする。すなわち，$\lim_{\Delta S\to 0}\sum_{i=1}^n f(x_i,\ y_i)\Delta S_i$ を考える。このとき，この極限が有限確定な極限値をもつならば，$f(x,\ y)$ は D で**積分可能である**といい，この極限値を **D における $f(x,\ y)$ の2重積分**という。これを

$$\iint_D f(x,\ y)dxdy \quad または \quad \int_D f(\mathrm{P})dS$$

のように表す。D が面積をもつ有界な閉領域で，$f(x,\ y)$ が D で連続ならば積分可能である。

3. 2重積分の性質

2重積分は次の性質をもつ。

(1) $\displaystyle\iint_D \{f(x,\ y)\pm g(x,\ y)\}dxdy=\iint_D f(x,\ y)dxdy\pm\iint_D g(x,\ y)dxdy$

(2) $\displaystyle\iint_D kf(x,\ y)dxdy=k\iint_D f(x,\ y)dxdy$ （kは定数）

(3) $D=D_1\cup D_2,\ D_1\cap D_2=\phi$ （空集合）ならば

$$\iint_D f(x,\ y)dxdy=\iint_{D_1} f(x,\ y)dxdy+\iint_{D_2} f(x,\ y)dxdy$$

(4) D上で $f(x,\ y)\leq g(x,\ y)$ ならば

$$\iint_D f(x,\ y)dxdy\leq\iint_D g(x,\ y)dxdy$$

4. 累次積分

下図のような領域

$$D : a\leq x\leq b,\ \ \varphi_1(x)\leq y\leq\varphi_2(x)$$

での $f(x,\ y)$ の2重積分は

$$\iint_D f(x,\ y)dxdy=\int_a^b\left(\int_{\varphi_1(x)}^{\varphi_2(x)} f(x,\ y)dy\right)dx \qquad \cdots①$$

となる。これは，まず x を固定し $f(x,\ y)$ を y のみの関数と考えて，$\varphi_1(x)$ から $\varphi_2(x)$ まで y について定積分し，得られた x を含む式を a から b まで x について定積分することを意味する。

①の右辺を

$$\int_a^b\int_{\varphi_1(x)}^{\varphi_2(x)} f(x,\ y)dydx \quad \text{または} \quad \int_a^b dx\int_{\varphi_1(x)}^{\varphi_2(x)} f(x,\ y)dy$$

のようにも書く。①の右辺の計算を**累次積分**（**繰り返し積分**）という。

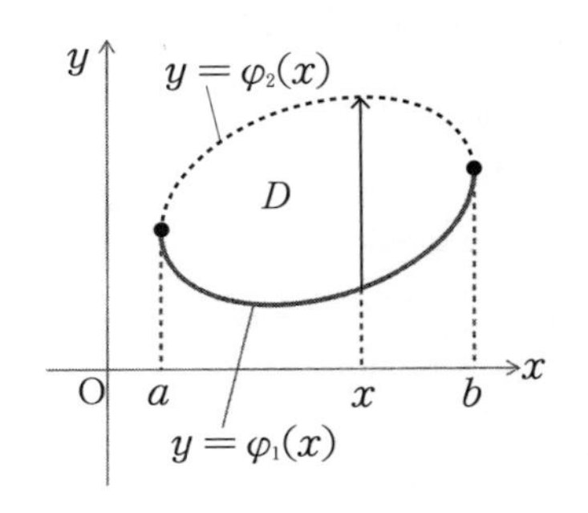

また，D が $c \leq y \leq d$, $\phi_1(y) \leq x \leq \phi_2(y)$ とも表せるなら，同様に

$$\iint_D f(x, y)dxdy = \int_c^d \left(\int_{\phi_1(y)}^{\phi_2(y)} f(x, y)dx \right) dy \quad \cdots ②$$

となる。①と②は同じ結果となるが，①と②の間の書き換えを，積分順序の変更という。

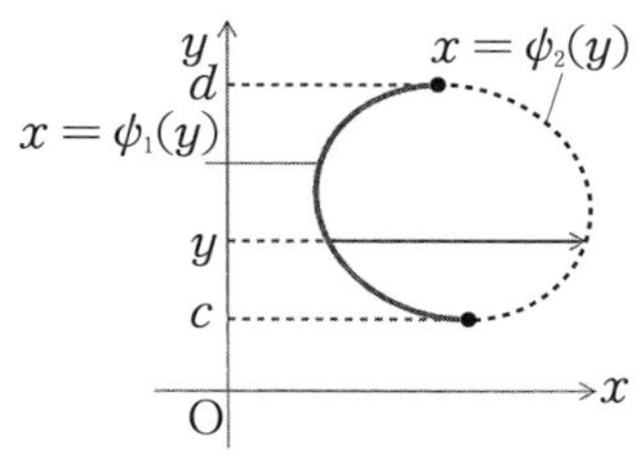

5. 積分変数の変換（合成関数の２重積分）

（1）一般の変換

変換 $\begin{cases} x = \varphi(u, v) \\ y = \phi(u, v) \end{cases}$ によって，uv 平面の領域 K が xy 平面の領域 D に 1対1に対応し，かつ，ヤコビ行列式（ヤコビアン）が

$$J = \frac{\partial(x, y)}{\partial(u, v)} = \begin{vmatrix} x_u & x_v \\ y_u & y_v \end{vmatrix} = x_u y_v - x_v y_u > 0$$

のとき $\displaystyle\iint_D f(x, y)dxdy = \iint_K f(\varphi(u, v),\ \phi(u, v))J\, dudv$

（2）極座標への変換

変換 $\begin{cases} x = r\cos\theta \\ y = r\sin\theta \end{cases}$ とおくときは，$J = \begin{vmatrix} \cos\theta & -r\sin\theta \\ \sin\theta & r\cos\theta \end{vmatrix} = r$ となり

$$\iint_D f(x, y)dxdy = \iint_K f(r\cos\theta,\ r\sin\theta)r\, drd\theta$$

6. ３重積分の定義，極座標への変数変換

（1）**３重積分の定義**　３次元空間の領域を D とし，D で定義された３変数関数を $f(x, y, z)$ とおく。このとき，D を n 個の小領域 D_1, D_2, . . . , D_n に分割し，各 D_i の体積を ΔV_i, D_i 内の任意の点を $\mathrm{P}(x_i, y_i, z_i)$ として，$\sum_{i=1}^{n} f(\mathrm{P}_i)\Delta V_i$ を作る。すべての ΔV_i が 0 に限りなく近づくように $n \to \infty$ とするときの極限

$$\lim_{\Delta V \to 0} \sum_{i=1}^{n} f(x_i, y_i, z_i)\Delta V_i$$

が有限確定であるとき，$f(x, y, z)$ は D で積分可能であるといい，その極

限値を

$$\iiint_D f(x,\ y,\ z)dxdydz \quad \text{または} \quad \int_D f(\mathrm{P})dV$$

などと表し，$f(x,\ y,\ z)$ の **D における 3 重積分**という。

(2) 3 重積分の極座標への変換

右図のように

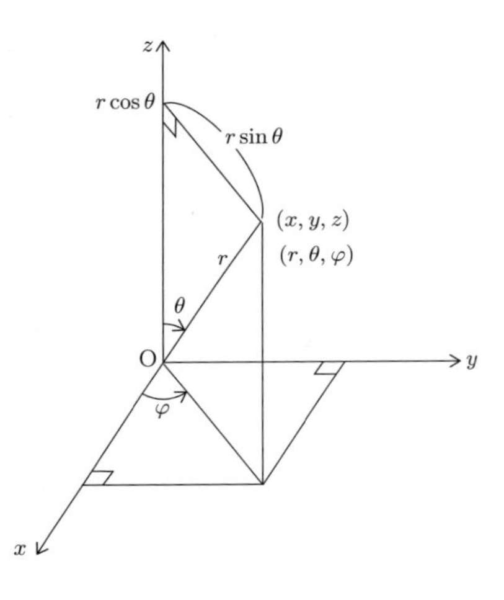

$$\begin{cases} x = r\sin\theta\cos\varphi \\ y = r\sin\theta\sin\varphi \\ z = r\cos\theta \end{cases}$$

$$(r \geq 0,\ 0 \leq \theta \leq \pi,\ 0 \leq \varphi \leq 2\pi)$$

により $(x,\ y,\ z)$ を $(r,\ \theta,\ \varphi)$ に変換すると

$$J = \begin{vmatrix} x_r & x_\theta & x_\varphi \\ y_r & y_\theta & y_\varphi \\ z_r & z_\theta & z_\varphi \end{vmatrix}$$

$$= \begin{vmatrix} \sin\theta\cos\varphi & r\cos\theta\cos\varphi & -r\sin\theta\sin\varphi \\ \sin\theta\sin\varphi & r\cos\theta\sin\varphi & r\sin\theta\cos\varphi \\ \cos\theta & -r\sin\theta & 0 \end{vmatrix} = r^2\sin\theta$$

となる。したがって，$f(x,\ y,\ z)$ が D で連続で，極座標変換により D の点 $(x,\ y,\ z)$ が M の点 $(r,\ \theta,\ \varphi)$ に 1 対 1 対応しているときは

$$I = \iiint_D f(x,\ y,\ z)\,dxdydz$$

$$= \iiint_M f(r\sin\theta\cos\varphi,\ r\sin\theta\sin\varphi,\ r\cos\theta)\cdot r^2\sin\theta\,drd\theta d\varphi$$

問題5-1 ▼ベータ関数の特別な場合

m, n が自然数のとき，次式が成り立つことを証明せよ。

$$\int_\alpha^\beta (x-\alpha)^m(\beta-x)^n dx = \frac{m!n!}{(m+n+1)!}(\beta-\alpha)^{m+n+1}$$

解 説 p, q を定数とするとき，定積分 $\int_0^1 x^{p-1}(1-x)^{q-1}dx$ をベータ関数といい，$B(p,\ q)=\int_0^1 x^{p-1}(1-x)^{q-1}dx$ と表す。

本問の等式の左辺は，$x=(\beta-\alpha)t+\alpha$ と置換すると，

$$(\beta-\alpha)^{m+n+1}\int_0^1 t^m(1-t)^n dt = (\beta-\alpha)^{m+n+1}B(m+1,\ n+1)$$

となり，ベータ関数を用いて表される。

解答

$I_{m,n}=\int_\alpha^\beta \underset{㋐}{(x-\alpha)^m}(\beta-x)^n dx$ とおくと

$$I_{m,n}=\left[\frac{(x-\alpha)^{m+1}}{m+1}\cdot(\beta-x)^n\right]_\alpha^\beta - \int_\alpha^\beta \frac{(x-\alpha)^{m+1}}{m+1}\cdot n(\beta-x)^{n-1}(-1)dx$$

$$=\frac{n}{m+1}\int_\alpha^\beta (x-\alpha)^{m+1}(\beta-x)^{n-1}dx$$

$$\therefore\quad \underset{㋑}{I_{m,n}=\frac{n}{m+1}I_{m+1,n-1}}$$

これを繰り返し用いると

$$I_{m,n}=\frac{n}{m+1}\cdot\frac{n-1}{m+2}\cdot\frac{n-2}{m+3}\cdot\cdots\cdot\frac{1}{m+n}I_{m+n,0}$$

ここに，$I_{m+n,0}=\int_\alpha^\beta (x-\alpha)^{m+n}dx$

$$=\left[\frac{(x-\alpha)^{m+n+1}}{m+n+1}\right]_\alpha^\beta=\frac{(\beta-\alpha)^{m+n+1}}{m+n+1}$$

$$\therefore\quad I_{m,n}=\frac{n!}{(m+1)(m+2)\cdots(m+n+1)}\times(\beta-\alpha)^{m+n+1}$$

$$=\frac{m!n!}{(m+n+1)!}(\beta-\alpha)^{m+n+1}$$

ポイント

㋐ $(x-\alpha)^m=\left\{\frac{(x-\alpha)^{m+1}}{m+1}\right\}'$

㋑

練習問題 5-1

解答 p.234

m, n が自然数のとき，$\int_{-1}^1 (1+x)^m(1-x)^n dx$ の値を求めよ。

問題5-2 ▼ 有限区間における広義積分

次の定積分の値を求めよ。

(1) $\displaystyle\int_0^1 \frac{x}{\sqrt{1-x^2}}dx$　　(2) $\displaystyle\int_0^1 \log\ x\,dx$

(3) $\displaystyle\int_{-1}^1 \frac{dx}{\sqrt[3]{x}}$　　(4) $\displaystyle\int_0^2 \frac{dx}{\sqrt{x(2-x)}}$

解 説　$f(x)$ が $[a,\ b)$ で連続，$x=b$ では不連続となる場合，$\displaystyle\lim_{\beta\to b-0}\int_a^\beta f(x)dx$ が存在するならば，この値を $\displaystyle\int_a^b f(x)dx$ と定義する。

同様に，$f(x)$ が $(a,\ b]$ で連続，$x=a$ で不連続となる場合は

$$\int_a^b f(x)dx=\lim_{\alpha\to a+0}\int_\alpha^b f(x)dx \text{ と定義する。}$$

(1) は $x=1$，(2) は $x=0$，(3) は $x=0$，(4) は $x=0,\ 2$ で不連続である。

解答　求める定積分の値を I とおく。

(1) $\displaystyle I=\underset{㋐}{\lim_{\beta\to1-0}\int_0^\beta \frac{x}{\sqrt{1-x^2}}dx}=\lim_{\beta\to1-0}\Big[-\sqrt{1-x^2}\Big]_0^\beta$

$\displaystyle=\lim_{\beta\to1-0}(-\sqrt{1-\beta^2}+1)=1$　…(答)

(2) $\displaystyle I=\lim_{\alpha\to+0}\int_\alpha^1 \log\ x\,dx=\lim_{\alpha\to+0}\Big[x\log x-x\Big]_\alpha^1$

$\displaystyle=\lim_{\alpha\to+0}(-1-\underset{㋑}{\alpha\log\alpha}+\alpha)=-1$　…(答)

(3) $\displaystyle \underset{㋒}{I=\int_{-1}^0+\int_0^1}=\lim_{\beta\to-0}\int_{-1}^\beta\frac{dx}{\sqrt[3]{x}}+\lim_{\alpha\to+0}\int_\alpha^1\frac{dx}{\sqrt[3]{x}}$

$\displaystyle=\lim_{\beta\to-0}\left[\frac{3}{2}x^{\frac{2}{3}}\right]_{-1}^\beta+\lim_{\alpha\to+0}\left[\frac{3}{2}x^{\frac{2}{3}}\right]_\alpha^1$

$\displaystyle=\lim_{\beta\to-0}\frac{3}{2}\left(\beta^{\frac{2}{3}}-1\right)+\lim_{\alpha\to+0}\frac{3}{2}\left(1-\alpha^{\frac{2}{3}}\right)=0$　…(答)

(4) $\displaystyle I=\lim_{\substack{\beta\to2-0\\ \alpha\to+0}}\int_\alpha^\beta\frac{dx}{\sqrt{1-(x-1)^2}}=\lim_{\substack{\beta\to2-0\\ \alpha\to+0}}\Big[\sin^{-1}(x-1)\Big]_\alpha^\beta$

$\displaystyle=\underset{㋓}{\sin^{-1}1}-\sin^{-1}(-1)=\frac{\pi}{2}-\left(-\frac{\pi}{2}\right)=\pi$

…(答)

ポイント

㋐

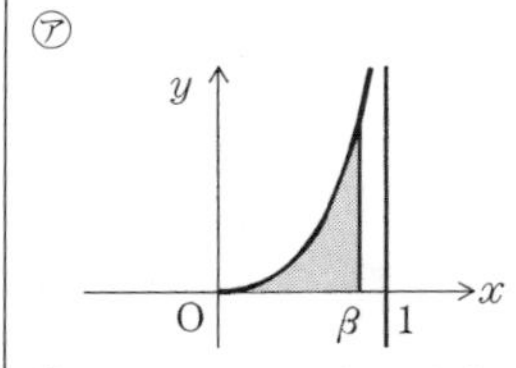

㋑ $\log\alpha=-t$ とおくと

$\displaystyle\lim_{\alpha\to+0}\alpha\log\alpha=\lim_{t\to+\infty}\frac{-t}{e^t}=0$

㋒

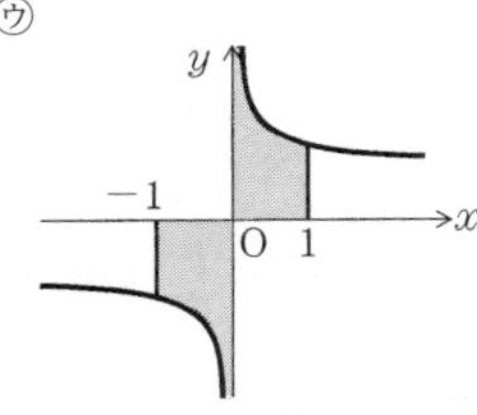

㋓ $\displaystyle\lim_{\beta\to2-0}\sin^{-1}(\beta-1)=\sin^{-1}1=\frac{\pi}{2}$

練習問題　5-2　解答 p.234

次の定積分の値を求めよ。

(1) $\displaystyle\int_1^2\frac{dx}{\sqrt{x^2-1}}$　　(2) $\displaystyle\int_{-1}^1\frac{dx}{1-x^2}$

問題5-3 ▼ 無限積分

次の定積分の値を求めよ。

(1) $\displaystyle\int_1^{\infty} \frac{dx}{x(x+1)}$ (2) $\displaystyle\int_{-\infty}^{\infty} \frac{dx}{x^2+x+1}$

(3) $\displaystyle\int_0^{\infty} \sin x\,dx$

解 説 $f(x)$ が $[a, \infty)$ すなわち $a \leq x$ で連続であるとき

$\displaystyle\int_a^{\infty} f(x)dx = \lim_{\beta\to+\infty}\int_a^{\beta} f(x)dx$ と定義する。同様に

$\displaystyle\int_{-\infty}^{b} f(x)dx = \lim_{\alpha\to-\infty}\int_{\alpha}^{b} f(x)dx,\ \int_{-\infty}^{\infty} f(x)dx = \lim_{\substack{\beta\to+\infty\\ \alpha\to-\infty}}\int_{\alpha}^{\beta} f(x)dx$ と定義する。

解答 求める定積分の値を I とおく。

(1) $$I = \lim_{\beta\to+\infty}\int_1^{\beta}\frac{dx}{x(x+1)} = \lim_{\beta\to+\infty}\int_1^{\beta}\left(\frac{1}{x}-\frac{1}{x+1}\right)dx$$

$$= \lim_{\beta\to+\infty}\left[\log\left|\frac{x}{x+1}\right|\right]_1^{\beta} = \underset{㋐}{\lim_{\beta\to+\infty}\left(\log\frac{\beta}{\beta+1} - \log\frac{1}{2}\right)}$$

$$= \log 1 + \log 2 = \log 2 \quad \cdots(\text{答})$$

(2) $$I = \lim_{\substack{\beta\to+\infty\\ \alpha\to-\infty}}\int_{\alpha}^{\beta}\frac{dx}{x^2+x+1}$$

$$= \lim_{\substack{\beta\to+\infty\\ \alpha\to-\infty}}\int_{\alpha}^{\beta}\frac{dx}{\left(x+\frac{1}{2}\right)^2+\left(\frac{\sqrt{3}}{2}\right)^2}$$

$$= \underset{㋑}{\lim_{\substack{\beta\to+\infty\\ \alpha\to-\infty}}\left[\frac{2}{\sqrt{3}}\tan^{-1}\frac{2x+1}{\sqrt{3}}\right]_{\alpha}^{\beta}}$$

$$= \frac{2}{\sqrt{3}}\left\{\frac{\pi}{2}-\left(-\frac{\pi}{2}\right)\right\} = \frac{2}{\sqrt{3}}\pi \quad \cdots(\text{答})$$

(3) $$I = \lim_{\beta\to+\infty}\int_0^{\beta}\sin x\,dx = \lim_{\beta\to+\infty}\Big[-\cos x\Big]_0^{\beta}$$

$$= \lim_{\beta\to+\infty}(1-\cos\beta)$$

ここで，$\displaystyle\lim_{\beta\to+\infty}\cos\beta$ は振動する㋒ので，与えられた積分は存在しない。 …(答)

ポイント

㋐ $\displaystyle\log\frac{\beta}{\beta+1} = \log\frac{1}{1+\frac{1}{\beta}} \to \log 1 = 0$

㋑ $\displaystyle\lim_{\beta\to+\infty}\tan^{-1}\frac{2\beta+1}{\sqrt{3}} = \tan^{-1}(+\infty) = \frac{\pi}{2}$

$\displaystyle\lim_{\alpha\to-\infty}\tan^{-1}\frac{2\alpha+1}{\sqrt{3}} = \tan^{-1}(-\infty) = -\frac{\pi}{2}$

㋒ $\cos\beta$ は，β の値により $[-1, 1]$ の値をとって一定の値には収束しない。

練習問題 5-3

解答 p.235

次の定積分の値を求めよ。

(1) $\displaystyle\int_0^{\infty} e^{-x}dx$ (2) $\displaystyle\int_0^{\infty}\frac{x}{(x^2+a^2)^{\frac{3}{2}}}dx$ $(a>0)$

問題5-4 ▼ガンマ関数 (1)

n が自然数のとき，次の式が成り立つことを示せ。

$$\int_0^{\infty} x^{n-1}e^{-x}dx=(n-1)!$$

解 説　$I_n=\int_0^{\infty} x^{n-1}e^{-x}dx$ とおいて，I_n の満たす漸化式を導く。

$\int_0^{\beta} x^{n-1}e^{-x}dx$ において部分積分法を用いて，$\beta\to\infty$ とすればよい。

$s>0$ のとき，$\int_0^{\infty} x^{s-1}e^{-x}dx$ を**ガンマ関数**といい $\Gamma(s)$ と表す。本問は s を自然数 n に限定したものであり，$\Gamma(n)$ と表される。

解答

$$\int_0^{\beta} x^{n-1}e^{-x}dx=\int_0^{\beta} x^{n-1}(-e^{-x})'dx$$

$$=\Big[-x^{n-1}e^{-x}\Big]_0^{\beta}-\int_0^{\beta}(n-1)x^{n-2}(-e^{-x})dx$$

$$=-\frac{\beta^{n-1}}{e^{\beta}}+(n-1)\int_0^{\beta} x^{n-2}e^{-x}dx \quad \cdots①$$

$\underset{㋐}{\lim_{\beta\to\infty}\frac{\beta^{n-1}}{e^{\beta}}=0}$ だから，$I_n=\int_0^{\infty} x^{n-1}e^{-x}dx$ とおくと

$$\underset{㋑}{I_n=(n-1)I_{n-1}}\ (n\geqq 2)$$

これを繰り返し用いると，$n\geqq 1$ のとき

$$I_n=(n-1)(n-2)(n-3)\cdot\cdots\cdot 1\cdot I_1=(n-1)!I_1$$

ここで

$$I_1=\int_0^{\infty} e^{-x}dx=\lim_{\beta\to\infty}\int_0^{\beta} e^{-x}dx$$

$$=\lim_{\beta\to\infty}\Big[-e^{-x}\Big]_0^{\beta}=\lim_{\beta\to\infty}(-e^{-\beta}+1)=1$$

よって $\underset{㋒}{I_n=(n-1)!}$

ポイント

㋐　ロピタルの定理を繰り返し用いて

$$\lim_{\beta\to\infty}\frac{\beta^{n-1}}{e^{\beta}}$$

$$=\lim_{\beta\to\infty}\frac{(n-1)\beta^{n-2}}{e^{\beta}}$$

$$=\lim_{\beta\to\infty}\frac{(n-1)(n-2)\beta^{n-3}}{e^{\beta}}$$

$$=\cdots$$

$$=\lim_{\beta\to\infty}\frac{(n-1)!}{e^{\beta}}=0$$

㋑　①で，$\beta\to\infty$ とする。

㋒

$$\Gamma(n)=\int_0^{\infty} x^{n-1}e^{-x}dx=(n-1)!$$

練習問題　5-4

解答 p.235

次の定積分の値を求めよ。

(1) $\int_0^{\infty} x^7e^{-2x}dx$　　(2) $\int_0^{\infty} x^{2n+1}e^{-x^2}dx$ (n は自然数)

問題5-5 ▼ ガンマ関数 (2)

$s>0$ のとき，$\int_0^{\infty} x^{s-1}e^{-x}dx$ は有限な値をもつことを証明せよ。

■ 解 説 ■ ガンマ関数 $\Gamma(s)=\int_0^{\infty} x^{s-1}e^{-x}dx\ (s>0)$ であるが，s が自然数のときのように簡単にはいかない。ここでは，定積分が積分可能，すなわち有限確定な値に収束するための次の定理を用いる。

次の3条件が満たされるとき，$f(x)$ は $[a,\ b]$ で積分可能である。

(1) $f(x),\ g(x)$ は $[a,\ b)$ で連続である。

(2) $[a,\ b)$ で $0 \leq f(x) \leq g(x)$ である。

(3) $g(x)$ は $[a,\ b]$ で積分可能である。

ここでは，区間が $(a,\ b]$ または $[a,\ \infty)$ などの場合でも，また，(2) において $0 \geq f(x) \geq g(x)$ または $|f(x)| \leq |g(x)|$ などとしても成り立つ。

解答

$\int_0^{\infty} = \int_0^1 + \int_1^{\infty} = I_1 + I_2$ として考える。

I_1 において，$x>0$ のとき ㋐$0<x^{s-1}e^{-x}<x^{s-1}$ で，

$s-1>-1$ だから ㋑$\int_0^1 x^{s-1}dx = \left[\dfrac{x^s}{s}\right]_0^1 = \dfrac{1}{s}$（収束）となるので，$I_1$ は積分可能である。

また，I_2 については，㋒$\lim_{x\to\infty} x^{s+1}e^{-x}=0\ (s+1>1)$ に着目すると，㋓十分大きな x に対しては

$$|x^{s-1}e^{-x}| \leq \left|\frac{x^{s+1}e^{-x}}{x^2}\right| < \frac{1}{x^2}$$

となる。$\int_1^{\infty} \dfrac{dx}{x^2} = \left[-\dfrac{1}{x}\right]_1^{\infty} = 1$（収束）だから，$I_2$ も積分可能である。

よって，与えられた積分は有限な値をもつ。

ポイント

㋐ $x>0$ のとき

$0<x^{s-1},\ 0<e^{-x}<1$

㋑ $0<s<1$ のときは

$\int_0^1 x^{s-1}dx = \int_0^1 \dfrac{dx}{x^{1-s}}$

であるから，広義積分となる。

㋒ ロピタルの定理から導ける。

㋓ 十分大きな x に対して

$|x^{s+1}e^{-x}|<1$

が成り立つ。

$x>0$ だから，$|\quad|$ はつけなくてもよい。

練習問題 5-5

解答 p.235

次を証明せよ。

(1) $\int_0^{\infty} e^{-x^2}dx$ は有限な値をもつ　　(2) $\int_{-\infty}^{\infty} e^{-x^2}dx = \Gamma\left(\dfrac{1}{2}\right)$

問題5-6 ▼ 累次積分 (1)

次の累次積分の値を求めよ。

(1) $\int_0^1 \int_0^2 xy\,dydx$　　(2) $\int_1^2 \int_0^4 (x-y)dxdy$

(3) $\int_0^a dx \int_0^b e^{x+y}dy$

■ **解 説** ■　$\int_a^b\int_c^d f(x,\,y)dydx = \int_a^b \left(\int_c^d f(x,\,y)dy\right)dx$，また

$\int_a^b dx \int_c^d f(x,\,y)dy = \int_a^b \left(\int_c^d f(x,\,y)dy\right)dx$ として計算する。

特に，$f(x,\,y) = g(x)h(y)$ のときは

$\int_a^b\int_c^d g(x)h(y)dydx = \left(\int_a^b g(x)dx\right)\cdot\left(\int_c^d h(y)dy\right)$ が成り立つ。

解答　求める積分の値を I とおく。

(1) $\underset{㋐}{I} = \left(\int_0^1 x\,dx\right)\cdot\left(\int_0^2 y\,dy\right) = \left[\frac{x^2}{2}\right]_0^1\left[\frac{y^2}{2}\right]_0^2$

$= \frac{1}{2}\cdot 2 = 1$　　…(答)

(2) $I = \int_1^2 \underset{㋑}{\left(\int_0^4 (x-y)dx\right)}dy$

$= \int_1^2 \left[\frac{x^2}{2} - yx\right]_{x=0}^{x=4} dy = \int_1^2 (8-4y)dy$

$= \left[8y - 2y^2\right]_1^2$

$= 8(2-1) - 2(4-1) = 2$　　…(答)

(3) $I = \int_0^a dx \int_0^b e^x e^y dy$

$= \left(\int_0^a e^x dx\right)\cdot\left(\int_0^b e^y dy\right)$

$= \left[e^x\right]_0^a\left[e^y\right]_0^b = (e^a - 1)(e^b - 1)$　　…(答)

ポイント

㋐　累次積分の原則どおりに計算すると

$I = \int_0^1 \left(\int_0^2 xy\,dy\right)dx$

$= \int_0^1 x\left[\frac{y^2}{2}\right]_0^2 dx$

$= \int_0^1 2x\,dx$

$= \left[x^2\right]_0^1 = 1$

となる。

㋑　$x - y = g(x)h(y)$ の形には表されないので，原則どおりに計算する。

練習問題　5-6　解答 p.235

次の累次積分の値を求めよ。ただし，$a>0,\,b>0$ とする。

(1) $\int_0^1\int_0^1 x^a y^b dydx$　　(2) $\int_0^b\int_0^a \frac{dxdy}{1+x+y}$

問題5-7 ▼ 累次積分 (2)

次の累次積分の値を求めよ。

(1) $\displaystyle\int_0^1\int_0^{x+1} y^2 dydx$　　(2) $\displaystyle\int_0^2\int_0^{y^2} \sqrt{x}\, dxdy$

(3) $\displaystyle\int_0^a\int_0^{\sqrt{a^2-x^2}} x^2y\, dydx$ $(a>0)$

解説 $\displaystyle\int_a^b\int_{\varphi_1(x)}^{\varphi_2(x)} f(x,\,y)dydx = \int_a^b\left(\int_{\varphi_1(x)}^{\varphi_2(x)} f(x,\,y)dy\right)dx$ に従って機械的に計算する。

解答 求める積分の値を I とおく。

(1) $\displaystyle \underset{㋐}{I = \int_0^1\left(\int_0^{x+1} y^2dy\right)dx} = \int_0^1\left[\frac{y^3}{3}\right]_0^{x+1} dx$

$\displaystyle = \frac{1}{3}\int_0^1 (x+1)^3dx = \frac{1}{3}\left[\frac{1}{4}(x+1)^4\right]_0^1$

$\displaystyle = \frac{1}{12}(2^4-1) = \frac{15}{12} = \frac{5}{4}$ …(答)

(2) $\displaystyle \underset{㋑}{I = \int_0^2\left(\int_0^{y^2} \sqrt{x}\, dx\right)dy} = \int_0^2\left[\frac{2}{3}x^{\frac{3}{2}}\right]_0^{y^2} dy$

$\displaystyle = \frac{2}{3}\int_0^2 \underset{㋒}{(y^2)^{\frac{3}{2}}}dy = \frac{2}{3}\int_0^2 y^3dy$

$\displaystyle = \frac{2}{3}\left[\frac{y^4}{4}\right]_0^2 = \frac{2}{3}\cdot\frac{2^4}{4} = \frac{8}{3}$ …(答)

(3) $\displaystyle \underset{㋓}{I = \int_0^a\left(\int_0^{\sqrt{a^2-x^2}} x^2y\, dy\right)dx}$

$\displaystyle = \int_0^a x^2\left[\frac{y^2}{2}\right]_0^{\sqrt{a^2-x^2}} dx$

$\displaystyle = \frac{1}{2}\int_0^a x^2(a^2-x^2)dx = \frac{1}{2}\left[\frac{a^2}{3}x^3 - \frac{1}{5}x^5\right]_0^a$

$\displaystyle = \frac{1}{2}\left(\frac{a^5}{3} - \frac{a^5}{5}\right) = \frac{a^5}{15}$ …(答)

ポイント

㋐

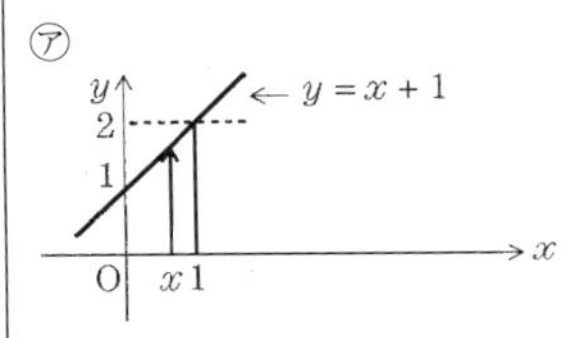

㋑

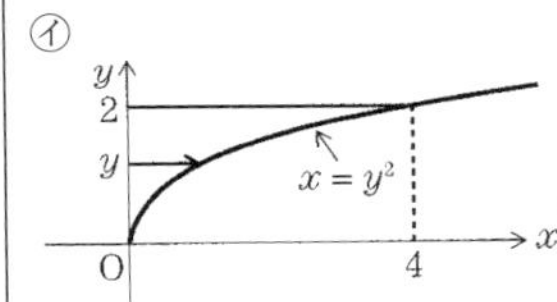

㋒ $(y^2)^{\frac{3}{2}} = (|y|^2)^{\frac{3}{2}}$
$= |y|^3$

y の積分区間が $0 \leq y \leq 2$ より $|y| = y$

㋓

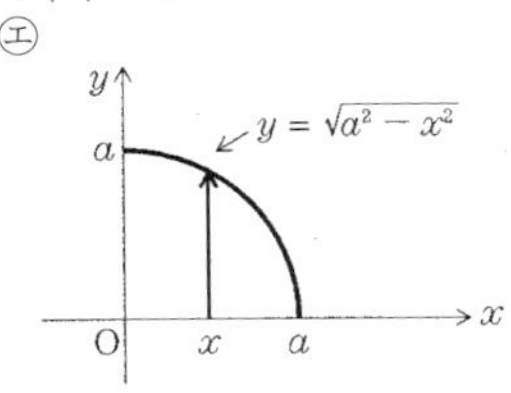

練習問題 5-7

解答 p.236

次の累次積分の値を求めよ。

(1) $\displaystyle\int_0^1\int_0^x y\, dydx$　　(2) $\displaystyle\int_0^a\int_0^{\sqrt{a^2-x^2}} dydx$ $(a>0)$

問題5-8 ▼ 2重積分 (1)

次の2重積分の値を求めよ。

(1) $\displaystyle\iint_D (1-x-y)\,dxdy \qquad D: x \geq 0,\ y \geq 0,\ x+y \leq 1$

(2) $\displaystyle\iint_D \sqrt{x}\,dxdy \qquad D: x^2+y^2 \leq x$

解 説 まず，積分領域Dを図示し，$a \leq x \leq b$，$\varphi_1(x) \leq y \leq \varphi_2(x)$と表せるときは，$\displaystyle\iint_D f(x,\ y)dxdy = \int_a^b \left(\int_{\varphi_1(x)}^{\varphi_2(x)} f(x,\ y)dy\right)dx$として計算する。

解答 求める積分の値をIとおく。

(1) Dは，$0 \leq y \leq 1-x$，$0 \leq x \leq 1$となるので

$$I = \int_0^1 \left(\int_0^{1-x}(1-x-y)dy\right)dx$$

$$= \int_0^1 \left[(1-x)y - \frac{y^2}{2}\right]_{y=0}^{y=1-x} dx$$

$$= \int_0^1 \frac{1}{2}(1-x)^2 dx = \left[\frac{1}{6}(x-1)^3\right]_0^1 = \frac{1}{6}$$

…(答)

(2) Dは，$y^2 \leq x - x^2$より

$$-\sqrt{x-x^2} \leq y \leq \sqrt{x-x^2}, \quad 0 \leq x \leq 1$$

$$\therefore\ I = \int_0^1 \left(\int_{-\sqrt{x-x^2}}^{\sqrt{x-x^2}} \sqrt{x}\,dy\right)dx$$

$$= \int_0^1 \sqrt{x}\left[y\right]_{-\sqrt{x-x^2}}^{\sqrt{x-x^2}} dx = 2\int_0^1 \sqrt{x}\sqrt{x-x^2}dx$$

$$= 2\int_0^1 x\sqrt{1-x}\,dx$$

$\sqrt{1-x} = t$とおくと　$x = 1-t^2$

$dx = -2t\,dt$

x	$0 \to 1$
t	$1 \to 0$

$$\therefore\ I = 2\int_1^0 (1-t^2)\cdot t\cdot(-2t)dt$$

$$= 4\int_0^1 (t^2-t^4)dt = 4\left[\frac{t^3}{3} - \frac{t^5}{5}\right]_0^1 = \frac{8}{15}$$

…(答)

ポイント

㋐ $x \geq 0$, $y \geq 0$および$y \leq 1-x$より，Dは下図のようになる。

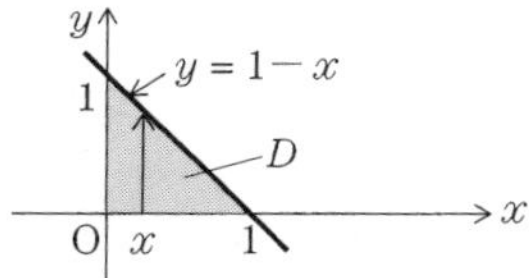

㋑ $1-x-y$をまとめて積分すると

$$\left[-\frac{1}{2}(1-x-y)^2\right]_{y=0}^{y=1-x}$$

㋒ $(x^2-x)+y^2 \leq 0$より

$$\left(x-\frac{1}{2}\right)^2 + y^2 \leq \left(\frac{1}{2}\right)^2$$

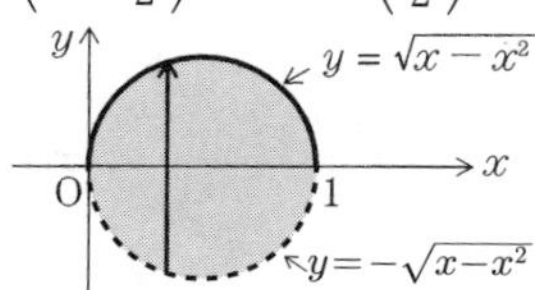

㋓ $0 \leq x \leq 1$のとき

$$\sqrt{x-x^2} = \sqrt{x(1-x)} = \sqrt{x}\sqrt{1-x}$$

練習問題 5-8 解答 p.236

2重積分$\displaystyle\iint_D (x^2+y^2)dxdy \quad D: x \geq 0,\ y \geq 0,\ x+y \leq 1$の値を求めよ。

問題5-9 ▼ 2重積分 (2)

次の2重積分の値を求めよ。

(1) $\displaystyle\iint_D y\,dxdy$ 　　$D: \sqrt{\dfrac{x}{a}}+\sqrt{\dfrac{y}{b}} \leq 1$ $(a>0,\ b>0)$

(2) $\displaystyle\iint_D \sqrt{xy-y^2}\,dxdy$ 　　$D: y \leq x \leq 5y,\ 0 \leq y \leq 3$

■ 解 説 ■ 　前問同様に，まず積分領域 D を図示する。

積分の順序は x, y のいずれを先にすればよいかを考える。

解答 　求める積分の値を I とおく。

(1) $\sqrt{\dfrac{x}{a}}+\sqrt{\dfrac{y}{b}}=1$ のとき，$x=a\left(1-\sqrt{\dfrac{y}{b}}\right)^2$ より

㋐$D: 0 \leq x \leq a\left(1-\sqrt{\dfrac{y}{b}}\right)^2,\quad 0 \leq y \leq b$

$$\therefore I=\int_0^b\left(\int_0^{a\left(1-\sqrt{\frac{y}{b}}\right)^2} y\,dx\right)dy$$

$$=\int_0^b y\Big[x\Big]_0^{a\left(1-\sqrt{\frac{y}{b}}\right)^2}dy=\int_0^b ya\left(1-\sqrt{\frac{y}{b}}\right)^2dy \quad ㋑$$

$$=a\int_0^b\left(y-\frac{2}{\sqrt{b}}y^{\frac{3}{2}}+\frac{y^2}{b}\right)dy$$

$$=a\left[\frac{y^2}{2}-\frac{2}{\sqrt{b}}\cdot\frac{2}{5}y^{\frac{5}{2}}+\frac{y^3}{3b}\right]_0^b$$

$$=a\left(\frac{b^2}{2}-\frac{4}{5}b^2+\frac{b^2}{3}\right)=\frac{1}{30}ab^2 \qquad \cdots(\text{答})$$

(2) ㋒D は右の図のようになるから

$$I=\int_0^3\left(\int_y^{5y}\sqrt{xy-y^2}\,dx\right)dy$$

$$=\int_0^3\left[\frac{2}{3y}(xy-y^2)^{\frac{3}{2}}\right]_{x=y}^{x=5y}dy$$

$$=\int_0^3\frac{2}{3y}(4y^2)^{\frac{3}{2}}dy=\int_0^3\frac{16}{3}y^2dy$$

$$=\frac{16}{3}\left[\frac{y^3}{3}\right]_0^3=48 \qquad \cdots(\text{答})$$

ポイント

㋐ $\sqrt{\dfrac{x}{a}} \leq 1-\sqrt{\dfrac{y}{b}}$ 　…①

$\sqrt{\dfrac{x}{a}} \geq 0$ より $1-\sqrt{\dfrac{y}{b}} \geq 0$

かつ 根号内 $\dfrac{y}{b} \geq 0$

$\therefore\ 0 \leq y \leq b$

このもとで①の両辺を平方する。

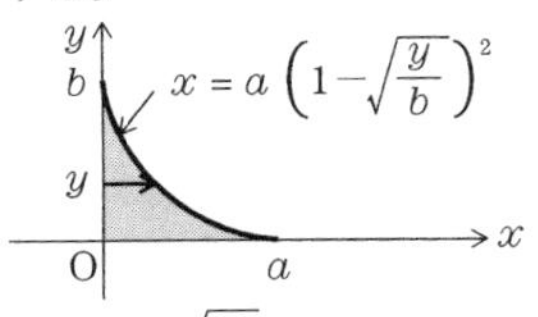

㋑ $1-\sqrt{\dfrac{y}{b}}=t$ と置換してもよい。

㋒

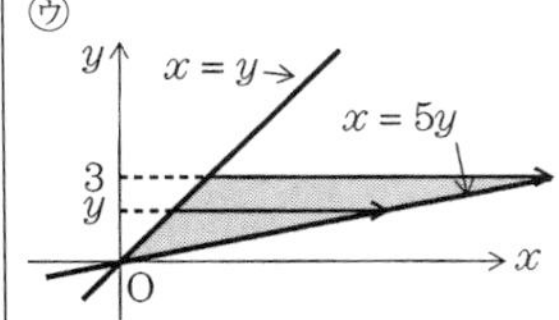

積分を，y を先に行うと面倒である。

練習問題　5-9	解答 p.236

2重積分 $\displaystyle\iint_D \sqrt{xy-x^2}\,dxdy$ 　$D: x \leq y \leq 2x,\ 0 \leq x \leq 1$ の値を求めよ。

問題5-10 ▼ 積分順序の変更 (1)

次の積分の順序を変更せよ。

(1) $\displaystyle\int_0^2 dx \int_0^x f(x, y)dy$　　(2) $\displaystyle\int_0^2 dy \int_y^{\sqrt{2y}} f(x, y)dx$

解 説　積分領域 D を図示する。境界となる曲線または直線の方程式を明確につかむことが大切である。

$\displaystyle\int_a^b dx \int_{\varphi_1(x)}^{\varphi_2(x)} f(x, y)dy$ の積分順序を変更してみよう。$\varphi_1(x) \leq \varphi_2(x)$ かつ $a < b$ とすると，D は $\varphi_1(x) \leq y \leq \varphi_2(x)$, $a \leq x \leq b$ となるので，これが $\phi_1(y) \leq x \leq \phi_2(y)$， $c \leq y \leq d$ と書き直せるならば $\displaystyle\int_a^b dx \int_{\varphi_1(x)}^{\varphi_2(x)} f(x, y)dy$ は $\displaystyle\int_c^d dy \int_{\phi_1(y)}^{\phi_2(y)} f(x, y)dx$ を計算してもよい。

解答

(1) 積分領域 D は右図のアミ部分である。㋐

$D: 0 \leq y \leq x,\ 0 \leq x \leq 2$

$y = x$ より $x = y$ だから，D は次と同値である。

$y \leq x \leq 2,\ 0 \leq y \leq 2$

よって　与式 $= \displaystyle\int_0^2 dy \int_y^2 f(x, y)dx$　　…(答)

(2) 積分領域 D は右図のアミ部分である。㋑

$D: y \leq x \leq \sqrt{2y},\ 0 \leq y \leq 2$

$x = y$ より　$y = x$

$x = \sqrt{2y}$ より　$y = \dfrac{1}{2}x^2\ (x \geq 0)$

2 曲線の交点は $(0, 0)$ と $(2, 2)$

したがって，D は次と同値である。

$\dfrac{1}{2}x^2 \leq y \leq x,\ 0 \leq x \leq 2$

よって 与式 $= \displaystyle\int_0^2 dx \int_{\frac{1}{2}x^2}^{x} f(x, y)dy$　　…(答)

ポイント

㋐

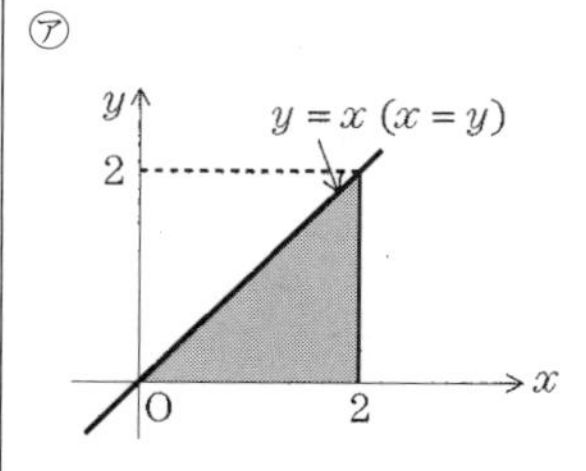

㋑

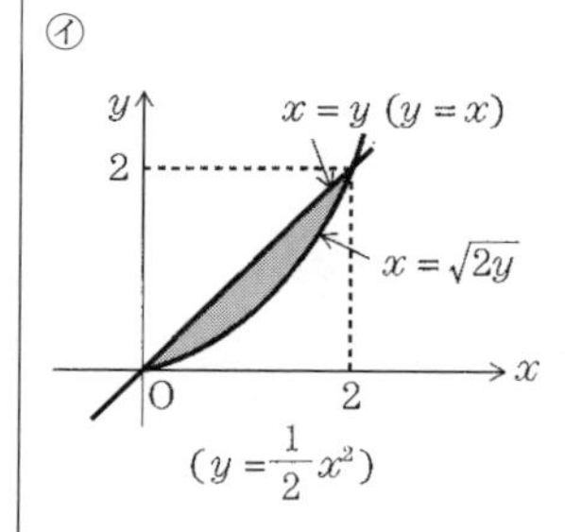

$x = \sqrt{2y} \geq 0$ に注意。

練習問題　5-10

解答 p.236

次の積分の順序を変更せよ。ただし，$a > 0$ とする。

(1) $\displaystyle\int_0^1 dx \int_{-\sqrt{x}}^{\sqrt{x}} f(x, y)dy$　　(2) $\displaystyle\int_{-a}^{a} dy \int_0^{\sqrt{a^2-y^2}} f(x, y)dx$

問題5-11 ▼ 積分順序の変更 (2)

次の積分の順序を変更せよ。

(1) $\int_0^1 dx \int_0^{x+2} f(x,\ y)dy$　　(2) $\int_2^3 dx \int_{2x}^{3x} f(x,\ y)dy$

解 説 前問同様に，積分領域 D を図示してから積分の順序を変更する。

たとえば，(1) は D が右図のアミ部分となるが，これは $\int_c^d dy \int_{\phi_1(y)}^{\phi_2(y)} f(x,\ y)dx$ の形では表せない。D を直線 $y=2$ で長方形の部分 D_1 と三角形の部分 D_2 の2つに分割して考えなければいけない。

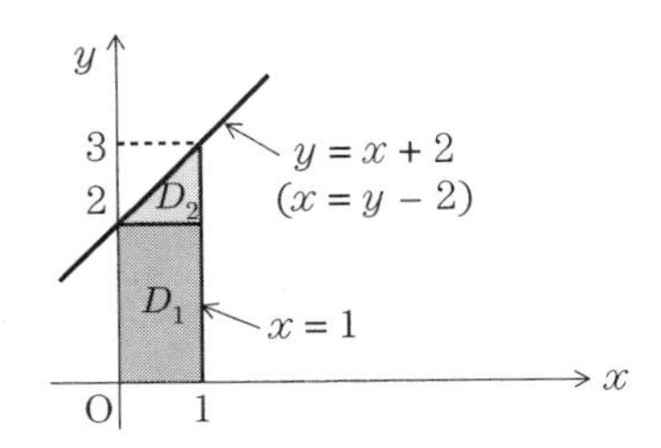

(2) も同様に考える。

解答 与えられた積分を I とおく。

(1) 上図のように，積分領域 D を2つの部分 ㋐ D_1 と D_2 に分割する。

$y=x+2$ より $x=y-2$ だから

$$I=\int_0^2 dy \int_0^1 f(x,\ y)dx+\int_2^3 dy \int_{y-2}^1 f(x,\ y)dx$$

…(答)

(2) 積分領域 D を図示すると右図のようになるので，D を直線 $y=6$ で2つの三角形 ㋑ D_1 と D_2 に分割する。

$y=2x$ より　　$x=\dfrac{y}{2}$

$y=3x$ より　　$x=\dfrac{y}{3}$

よって，I は

$$I=\int_4^6 dy \int_2^{\frac{y}{2}} f(x,\ y)dx+\int_6^9 dy \int_{\frac{y}{3}}^3 f(x,\ y)dx$$

…(答)

ポイント

㋐ $D=D_1\cup D_2$

$D_1：0\leq x\leq 1$
　かつ　$0\leq y\leq 2$

$D_2：y-2\leq x\leq 1$
　かつ　$2\leq y\leq 3$

㋑

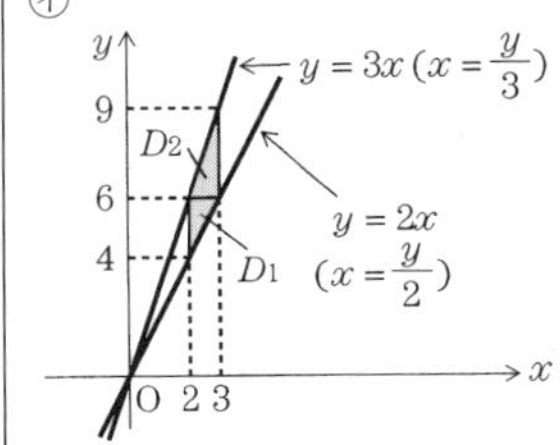

$D_1：2\leq x\leq \dfrac{y}{2}$
　かつ　$4\leq y\leq 6$

$D_2：\dfrac{y}{3}\leq x\leq 3$
　かつ　$6\leq y\leq 9$

練習問題　5-11

解答 p.236

次の積分の順序を変更せよ。

$$\int_0^a dx \int_{\sqrt{a^2-x^2}}^{x+3a} f(x,\ y)dy \quad (a>0)$$

問題5-12 ▼積分領域の分割

2重積分 $\displaystyle\iint_D xy\,dxdy$ の値を求めよ。

ただし，D は3点 $(0,\ 0)$，$(2,\ 2)$，$(1,\ 3)$ を頂点とする三角形の周および内部とする。

■ **解 説** ■　積分領域 D を図示すると右図のようになるので，D を直線 $x=1$ で2つの部分 D_1 と D_2 に分けて考える。すなわち

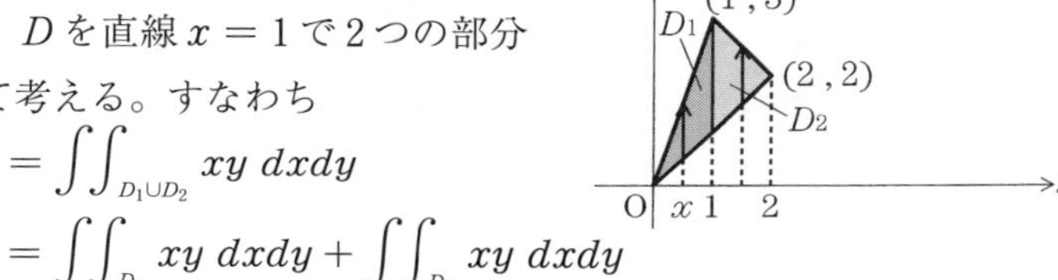

$$\iint_D xy\,dxdy=\iint_{D_1\cup D_2} xy\,dxdy$$
$$=\iint_{D_1} xy\,dxdy+\iint_{D_2} xy\,dxdy$$

解答

D の境界の3直線の方程式は ㋐

$$y=x,\ \ y=3x,\ \ y=-x+4$$

だから，直線 $x=1$ で2つの部分 D_1 と D_2 に分けて

$$D_1:x\leqq y\leqq 3x,\ \ 0\leqq x\leqq 1$$

$$D_2:x\leqq y\leqq 4-x,\ \ 1\leqq x\leqq 2$$

$$\therefore\ \iint_D xy\,dxdy$$
$$=\iint_{D_1} xy\,dxdy+\iint_{D_2} xy\,dxdy$$
$$=\int_0^1\left(\int_x^{3x} xy\,dy\right)dx+\int_1^2\left(\int_x^{4-x} xy\,dy\right)dx$$
$$=\int_0^1 x\left[\frac{y^2}{2}\right]_x^{3x}dx+\int_1^2 x\left[\frac{y^2}{2}\right]_x^{4-x}dx$$
$$=\int_0^1 \frac{x}{2}(9x^2-x^2)dx+\int_1^2 \frac{x}{2}\{(4-x)^2-x^2\}dx$$
$$=\int_0^1 4x^3dx+\int_1^2(8x-4x^2)dx$$
$$=\Big[x^4\Big]_0^1+\left[4x^2-\frac{4}{3}x^3\right]_1^2=\frac{11}{3}\qquad\cdots(\text{答})$$

ポイント

㋐　ちなみに，D を直線 $y=2$ で2つの部分 D_3 と D_4 に分けると

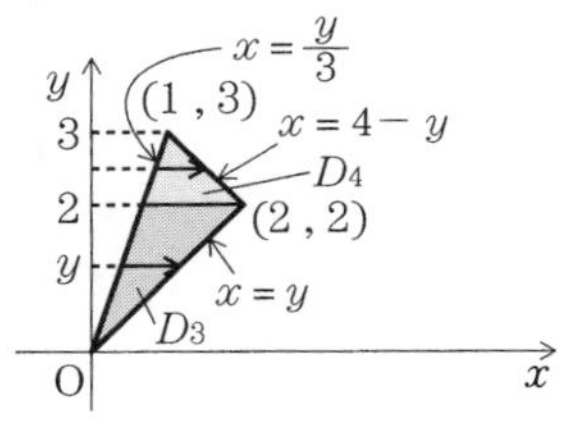

与式

$$=\int_0^2\left(\int_{\frac{y}{3}}^{y} xy\,dx\right)dy$$
$$+\int_2^3\left(\int_{\frac{y}{3}}^{4-y} xy\,dx\right)dy$$

となる。

練習問題　5-12　解答 p.237

D が4点 $(1,\ 1)$，$(3,\ 3)$，$(5,\ 7)$，$(3,\ 5)$ を頂点とする平行四辺形の周および内部であるとき，2重積分 $\displaystyle\iint_D x\,dxdy$ の値を求めよ。

問題5-13 ▼ 極座標への変数変換 (1)

次の2重積分の値を求めよ。ただし，$a>0$とする。

(1) $I=\iint_D e^{-x^2-y^2}dxdy \qquad D: x^2+y^2\leq a^2$

(2) $I=\iint_D \sqrt{a^2-x^2-y^2}\,dxdy \qquad D: x^2+y^2\leq a^2,\ y\geq 0$

解 説 一般に，2重積分$I=\iint_D f(x,\ y)dxdy$において，Dが円の周および内部，または$f(x,y)$がx^2+y^2の関数となっている場合などには，極座標変換が有力である。$x=r\cos\theta$, $y=r\sin\theta$とおくと，$J=r$となるので

$$I=\iint_M f(r\cos\theta,\ r\sin\theta)r\,drd\theta \quad \text{となる。}$$

解答

$x=r\cos\theta$, $y=r\sin\theta$とおくと　$J=r$

(1) ㋐Dは$r^2\leq a^2$から ㋑$M: 0\leq r\leq a,\ 0\leq\theta\leq 2\pi$

$$\therefore\ I=\iint_M e^{-r^2}r\,drd\theta$$
$$=\int_0^{2\pi}d\theta\int_0^a re^{-r^2}dr$$
$$=\Big[\theta\Big]_0^{2\pi}\Big[-\frac{1}{2}e^{-r^2}\Big]_0^a$$
$$=2\pi\cdot\Big\{-\frac{1}{2}(e^{-a^2}-1)\Big\}=\pi(1-e^{-a^2})$$

…(答)

(2) ㋒Dは$r^2\leq a^2$, $r\ \sin\theta\geq 0$から

㋓$M:\ 0\leq r\leq a,\ 0\leq\theta\leq\pi$

$$\therefore\ I=\iint_M\sqrt{a^2-r^2}\,r\,drd\theta$$
$$=\int_0^{\pi}d\theta\int_0^a r\sqrt{a^2-r^2}\,dr$$
$$=\Big[\theta\Big]_0^{\pi}\Big[-\frac{1}{3}(a^2-r^2)^{\frac{3}{2}}\Big]_0^a$$
$$=\pi\cdot\frac{1}{3}(a^2)^{\frac{3}{2}}=\frac{\pi}{3}a^3$$

…(答)

ポイント

㋐
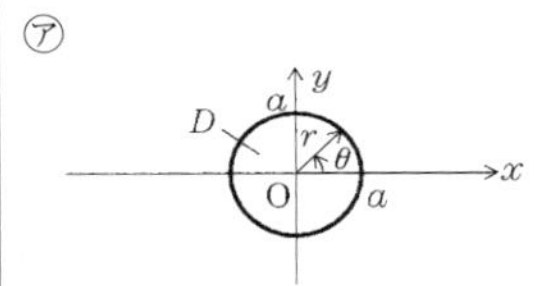

㋑
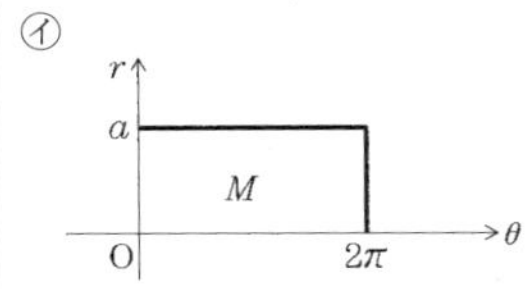

㋒
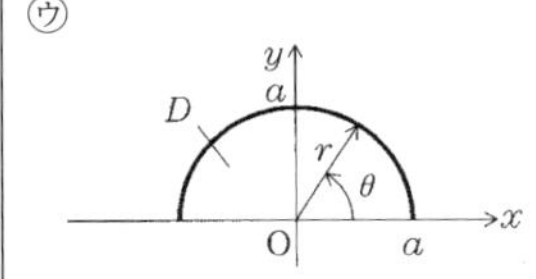

$0\leq\theta\leq\pi$はグラフからも計算からもわかる。

㋓
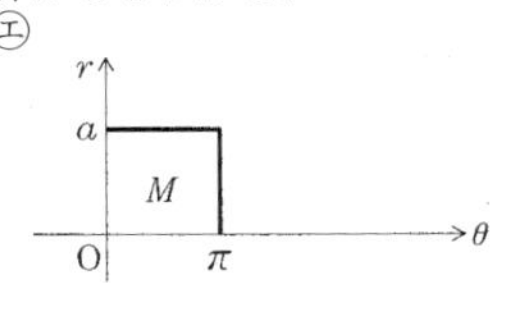

練習問題 5-13

解答 p.237

2重積分$I=\iint_D\sqrt{\dfrac{1-x^2-y^2}{1+x^2+y^2}}dxdy \quad D: x^2+y^2\leq 1$ の値を求めよ。

問題5-14 ▼ 極座標への変数変換 (2)

2重積分 $I = \iint_D xy\,dxdy$ の値を求めよ。

ただし，$D = \{(x,\ y) | (x-1)^2 + y^2 \leq 1,\ \ y \geq 0\}$ とする。

■ **解 説** ■　D が円(半円)の周および内部であるから，前問同様，極座標に変換する。ただし，円の中心は原点ではないので，$D \to M$ は $0 \leq r \leq a$, $\alpha \leq \theta \leq \beta$ のようにはならないことに注意しよう。ここでは，M は $0 \leq r \leq g(\theta)$，$\alpha \leq \theta \leq \beta$ となる。

解答

$x = r\cos\theta$, $y = r\sin\theta$ とおくと $J = r$

D ㋐ は $(r\cos\theta - 1)^2 + (r\sin\theta)^2 \leq 1$ から

$$r^2 - 2r\cos\theta \leq 0 \quad \therefore \quad \underset{㋑}{0 \leq r \leq 2\cos\theta}$$

かつ $\cos\theta \geq 0$，$r\sin\theta \geq 0$ から $\underset{㋒}{0 \leq \theta \leq \dfrac{\pi}{2}}$

$$\therefore\ M = \left\{(r,\ \theta) \,\middle|\, 0 \leq r \leq 2\cos\theta,\ \ 0 \leq \theta \leq \frac{\pi}{2}\right\}$$

したがって

$$I = \iint_M (r\cos\theta)(r\sin\theta)r\,drd\theta$$

$$= \int_0^{\frac{\pi}{2}} \cos\theta\sin\theta\left(\int_0^{2\cos\theta} r^3 dr\right)d\theta$$

$$= \int_0^{\frac{\pi}{2}} \cos\theta\sin\theta\left[\frac{1}{4}r^4\right]_0^{2\cos\theta} d\theta$$

$$= \int_0^{\frac{\pi}{2}} \cos\theta\sin\theta \cdot 4\cos^4\theta d\theta$$

$$= 4\int_0^{\frac{\pi}{2}} \cos^5\theta\sin\theta\,d\theta$$

$$= 4\left[-\frac{1}{6}\cos^6\theta\right]_0^{\frac{\pi}{2}} = 4\cdot\frac{1}{6} = \frac{2}{3} \qquad \cdots(答)$$

ポイント

㋐

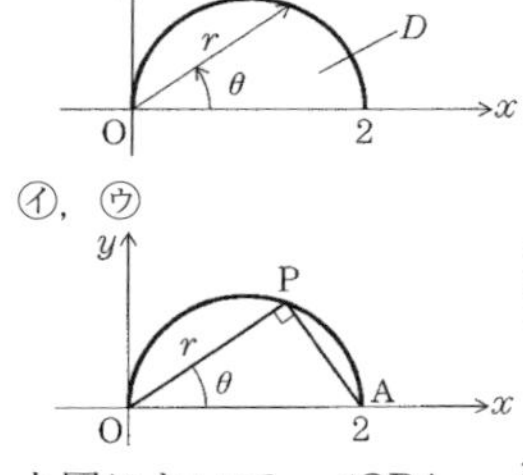

上図において，$\angle OPA = \dfrac{\pi}{2}$ だから，$OP = OA\cos\theta$ すなわち $r = 2\cos\theta$ となる。

この図からも r と θ の条件㋑，㋒がわかる。

なお，$\sin\theta \geq 0$ から $0 \leq \theta \leq \pi$ としないこと。

練習問題　5-14　解答 p.237

2重積分 $I = \iint_D y^2 dxdy$ の値を求めよ。

ただし，$D = \{(x,\ \ y) \mid x^2 + y^2 \leq x\}$ とする。

問題5-15 ▼代表的な積分変数の変換

次の2重積分の値を求めよ。ただし，$a>0, b>0$とする。

$$I=\iint_D xy\,dxdy \qquad D：\frac{x^2}{a^2}+\frac{y^2}{b^2}\leq 1,\ x\geq 0,\ y\geq 0$$

解説 $x=au, y=bv$とおくと，Dは
$\dfrac{(au)^2}{a^2}+\dfrac{(bv)^2}{b^2}\leq 1,\ au\geq 0,\ bv\geq 0$より，$D_1：u^2+v^2\leq 1,\ u\geq 0,\ v\geq 0$
に写る。

このとき，$J=\begin{vmatrix} x_u & x_v \\ y_u & y_v \end{vmatrix}=\begin{vmatrix} a & 0 \\ 0 & b \end{vmatrix}=ab$となるので

$\iint_D xy\,dxdy=\iint_{D_1}(au)(bv)\cdot ab\,dudv=\iint_{D_1}a^2b^2uv\,dudv$となり，さらに，極座標変換により$u=r\cos\theta, v=r\sin\theta$とおけばよい。したがって，最初から$x=ar\cos\theta,\ y=br\sin\theta$とおくと速くて楽である。

解答

㋐ $x=ar\cos\theta,\ y=br\sin\theta$とおくと，$D$は

$\dfrac{(ar\cos\theta)^2}{a^2}+\dfrac{(br\sin\theta)^2}{b^2}\leq 1,\ \cos\theta\geq 0,\ \sin\theta\geq 0$

より$M：0\leq r\leq 1,\ 0\leq\theta\leq\dfrac{\pi}{2}$にうつる。

このとき

$$J=\begin{vmatrix} x_r & x_\theta \\ y_r & y_\theta \end{vmatrix}=\begin{vmatrix} a\cos\theta & -ar\sin\theta \\ b\sin\theta & br\cos\theta \end{vmatrix}$$

$$=abr(\cos^2\theta+\sin^2\theta)=abr$$

$$\therefore\ I=\iint_M(ar\cos\theta)(br\sin\theta)abr\,drd\theta$$

$$=a^2b^2\int_0^{\frac{\pi}{2}}\cos\theta\sin\theta d\theta\int_0^1 r^3dr$$

$$=a^2b^2\left[\frac{1}{2}\sin^2\theta\right]_0^{\frac{\pi}{2}}\left[\frac{r^4}{4}\right]_0^1=\frac{1}{8}a^2b^2 \qquad\cdots(答)$$

ポイント

㋐ $\dfrac{x^2}{a^2}+\dfrac{y^2}{b^2}=1$はだ円である。

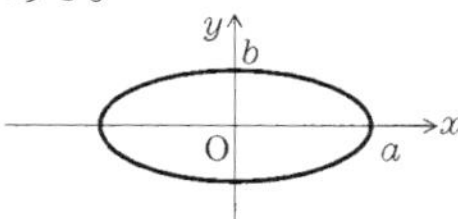

積分領域 D がだ円の周および内部のときは

$$\begin{cases} x=ar\cos\theta \\ y=br\sin\theta \end{cases}$$

とおくとよい。

練習問題 5-15

解答 p.237

次の2重積分の値を求めよ。

$$I=\iint_D\sqrt{4x^2+y^2}\,dxdy \qquad D：\frac{x^2}{4}+\frac{y^2}{16}\leq 1,\ x\geq 0$$

問題5-16 ▼ 一般的な積分変数の変換

次の2重積分の値を求めよ。

$$I=\iint_D (x+y)\,dxdy \qquad D: 0\leq x-2y\leq 1,\ 0\leq x+3y\leq 1$$

■ 解 説 ■　積分領域 D は，右図のように4点 $(0,\ 0)$，$\left(\frac{3}{5},\ -\frac{1}{5}\right)$，$(1,\ 0)$，$\left(\frac{2}{5},\ \frac{1}{5}\right)$ を頂点とする平行四辺形の周および内部である。x 軸 $(y=0)$ で2つの部分に分けて考えてもよいが，ここでは $x-2y=u$，$x+3y=v$ とおくと楽である。

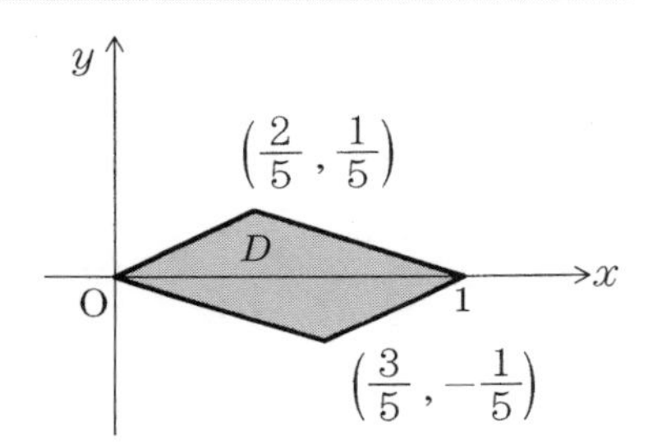

解答

$x-2y=u,\ x+3y=v$　とおくと

$$x=\frac{1}{5}(3u+2v),\quad y=\frac{1}{5}(-u+v)$$

$$\therefore\quad J=\begin{vmatrix} x_u & x_v \\ y_u & y_v \end{vmatrix}=\begin{vmatrix} \frac{3}{5} & \frac{2}{5} \\ -\frac{1}{5} & \frac{1}{5} \end{vmatrix}=\frac{1}{5}$$

D は $\underset{㋐}{M: 0\leq u\leq 1,\ 0\leq v\leq 1}$ にうつるから

$$\underset{㋑}{I}=\iint_M \frac{1}{5}(2u+3v)\cdot\frac{1}{5}dudv$$

$$=\frac{1}{25}\int_0^1\left(\int_0^1(2u+3v)dv\right)du$$

$$=\frac{1}{25}\int_0^1\left[2uv+\frac{3}{2}v^2\right]_{v=0}^{v=1}du$$

$$=\frac{1}{25}\int_0^1\left(2u+\frac{3}{2}\right)du$$

$$=\frac{1}{25}\left[u^2+\frac{3}{2}u\right]_0^1$$

$$=\frac{1}{25}\cdot\frac{5}{2}=\frac{1}{10}$$　…(答)

ポイント

㋐

v
1
M
O　1　u

㋑　$x=\varphi(u,\ v)$，$y=\phi(u,\ v)$ とおくとき

$$\iint_D f(x,\ y)\,dxdy$$
$$=\iint_M f(\varphi(u,\ v),\ \phi(u,\ v))\times J(u,\ v)dudv$$

練習問題　5-16　解答 p.238

次の2重積分の値を求めよ。

$$I=\iint_D (x+y)^2dxdy \qquad D: |x-2y|\leq 1,\ |x+3y|\leq 1$$

問題5-17 ▼2重積分における広義積分 (1)

次の広義積分を計算せよ。

$$I = \iint_D \sqrt{\frac{x^2+y^2}{1-x^2-y^2}}\,dxdy \qquad D = \{(x,\ y) \mid x^2+y^2 \leq 1\}$$

■ **解 説** ■ D は閉領域で有界であるが，$f(x, y) = \sqrt{\dfrac{x^2+y^2}{1-x^2-y^2}}$ は円 $x^2 + y^2 = 1$ の周上の点では定義されない。そこで D' : $0 \leq x^2+y^2 \leq a^2 < 1$ $(a>0)$ として，$a \to 1-0$ とすればよい。すなわち

$$与式 = \lim_{a\to 1-0}\iint_{D'} \sqrt{\frac{x^2+y^2}{1-x^2-y^2}}\,dxdy \quad と定義される。$$

解答

円 $x^2+y^2=1$ の周上の点では定義されないから

$$I = \lim_{a\to 1-0}\iint_{D'} \sqrt{\frac{x^2+y^2}{1-x^2-y^2}}\,dxdy \quad ㋐$$

$$D' : 0 \leq x^2+y^2 \leq a^2\ (<1)$$

$x = r\cos\theta$，$y = r\sin\theta$ とおくと　$J = r$

D' は $M : 0 \leq r \leq a,\ 0 \leq \theta \leq 2\pi$ にうつるから

$$I = \lim_{a\to 1-0}\iint_M \sqrt{\frac{r^2}{1-r^2}}\cdot r\,drd\theta \quad ㋑$$

$$= \lim_{a\to 1-0}\int_0^{2\pi} d\theta \int_0^a \frac{r^2}{\sqrt{1-r^2}}dr \quad ㋒$$

$$= [\theta]_0^{2\pi} \lim_{a\to 1-0}\int_0^a \left(\frac{1}{\sqrt{1-r^2}} - \sqrt{1-r^2}\right)dr$$

$$= 2\pi\left(\lim_{a\to 1-0}[\sin^{-1} r]_0^a - \int_0^1 \sqrt{1-r^2}dr\right) \quad ㋓$$

$$= 2\pi\left(\sin^{-1} 1 - \frac{\pi}{4}\right) = \frac{\pi^2}{2} \qquad \cdots(答)$$

ポイント

㋐，㋑　極限を用いないで，次のようにしてもよい。
I において，$x = r\cos\theta$，$y = r\sin\theta$ とおくと

$$I = \int_0^{2\pi} d\theta \int_0^1 \frac{r^2}{\sqrt{1-r^2}}dr$$

㋒

$$\frac{r^2}{\sqrt{1-r^2}} = \frac{1-(1-r^2)}{\sqrt{1-r^2}} = \frac{1}{\sqrt{1-r^2}} - \sqrt{1-r^2}$$

㋓　4分円の面積。

練習問題　5-17

解答 p.238

次の広義積分を計算せよ。ただし，$a > 0$ とする。

$$I = \iint_D \tan^{-1}\frac{y}{x}\,dxdy \qquad D : x^2+y^2 \leq a^2,\ x \geq 0,\ y \geq 0$$

問題5-18 ▼ 2重積分における広義積分 (2)

広義積分 $I=\iint_D e^{-\frac{x}{y}}dxdy$ を求めよ。
ただし，$D=\{(x,\ y)\mid x+y\geq 0,\ 1\leq y\leq 2\}$ とする。

■ **解 説** ■　D は有界ではない。そこで

$$D' : -y\leq x\leq a,\ 1\leq y\leq 2$$

として，$a\to +\infty$ とすればよい。すなわち

与式 $=\lim_{a\to+\infty}\iint_{D'} e^{-\frac{x}{y}}dxdy$ と定義される。

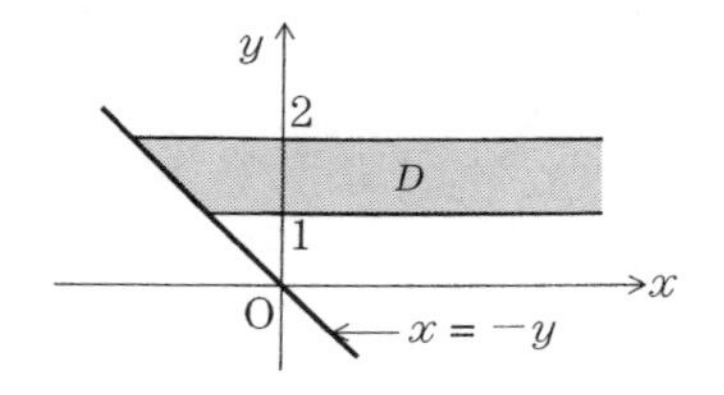

解答

D は上図のようになるので有界ではない。
したがって，広義積分 I は
D': $-y\leq x\leq a,\ 1\leq y\leq 2$ とおくとき

$$\begin{aligned}I&=\lim_{a\to+\infty}\iint_{D'} e^{-\frac{x}{y}}dxdy\\&=\lim_{a\to+\infty}\underbrace{\int_1^2\left(\int_{-y}^{a} e^{-\frac{x}{y}}dx\right)dy}_{㋐}\\&=\lim_{a\to+\infty}\int_1^2\left[-ye^{-\frac{x}{y}}\right]_{x=-y}^{x=a}dy\\&=\lim_{a\to+\infty}\left(\int_1^2 ey\,dy-\underbrace{\int_1^2 ye^{-\frac{a}{y}}dy}_{㋑}\right)\end{aligned}$$

$1\leq y\leq 2,\ a>0$ のとき，$e^{-a}\leq e^{-\frac{a}{y}}\leq e^{-\frac{a}{2}}$ より

$$e^{-a}y\leq ye^{-\frac{a}{y}}\leq e^{-\frac{a}{2}}y$$

$y=1$ から $y=2$ まで定積分して

$$\frac{3}{2}e^{-a}\leq\int_1^2 ye^{-\frac{a}{y}}dy\leq\frac{3}{2}e^{-\frac{a}{2}}$$

$a\to+\infty$ とすると $\underbrace{\lim_{a\to+\infty}\int_1^2 ye^{-\frac{a}{y}}dy=0}_{㋒}$

よって，$I=\int_1^2 ey\,dy=e\left[\frac{y^2}{2}\right]_1^2=\frac{3}{2}e$　　…(答)

ポイント

㋐　y を先に積分すると計算は面倒である。
㋑　この定積分は計算できない。$a\to+\infty$ のときの極限がわかればよいので，被積分関数を積分のできる関数ではさむ不等式を考える。
㋒　はさみうちの原理。

$$\lim_{a\to+\infty}\frac{3}{2}e^{-a}=\lim_{a\to+\infty}\frac{3}{2}e^{-\frac{a}{2}}=0$$

より，導かれる。

練習問題　5-18　解答 p.238

広義積分 $I=\iint_D\frac{dxdy}{(x+y+1)^3}$，　$D=\{(x,\ y)\mid x\geq 0,\ y\geq 0\}$ を求めよ。

問題5-19 ▼有名な広義積分

定積分 $\int_0^\infty e^{-x^2}dx$ の値を求めよ。

■ **解 説** ■ $I(a)=\int_0^a e^{-x^2}dx$ とおくと，$\int_0^\infty e^{-x^2}dx=\lim_{a\to\infty}I(a)$ であるが，$I(a)$ はこのままでは積分できない。そこで，$\int_0^a e^{-y^2}dy=I(a)$ とも表せることに着目し，$\{I(a)\}^2$ を考える。重要問題であるから解法は覚えておくこと。

解答

$I(a)=\int_0^a e^{-x^2}dx\ (a>0)$ とおくと

$$\{I(a)\}^2=\int_0^a e^{-x^2}dx\underset{㋐}{\int_0^a e^{-y^2}dy}$$

$$=\iint_D e^{-x^2-y^2}dxdy$$

$D:0\leq x\leq a,\ 0\leq y\leq a$

ここで　$D_1:x^2+y^2\leq a^2,\ x\geq 0,\ y\geq 0$

$D_2:x^2+y^2\leq 2a^2,\ x\geq 0,\ y\geq 0$

とおくと，$\underset{㋑}{D_1\subset D\subset D_2}$ より

$$\iint_{D_1}e^{-x^2-y^2}dxdy<\{I(a)\}^2<\iint_{D_2}e^{-x^2-y^2}dxdy$$

左右の積分 $I_1(a)$, $I_2(a)$ において，それぞれ極座標に変換すると

$$\underset{㋒}{I_1(a)}=\int_0^{\frac{\pi}{2}}\int_0^a e^{-r^2}r\,drd\theta$$

$$=\Big[\theta\Big]_0^{\frac{\pi}{2}}\Big[-\frac{1}{2}e^{-r^2}\Big]_0^a=\frac{\pi}{4}(1-e^{-a^2})$$

同様に $\underset{㋓}{I_2(a)}=\frac{\pi}{4}(1-e^{-2a^2})$

$$\therefore\ \frac{\pi}{4}(1-e^{-a^2})<\{I(a)\}^2<\frac{\pi}{4}(1-e^{-2a^2})$$

$a\to\infty$ とすると $\underset{㋔}{\lim_{a\to\infty}\{I(a)\}^2=\frac{\pi}{4}}$

よって　$\int_0^\infty e^{-x^2}dx=\lim_{a\to\infty}I(a)=\frac{\sqrt{\pi}}{2}$　…(答)

ポイント

㋐　定積分は変数によらない。

㋑

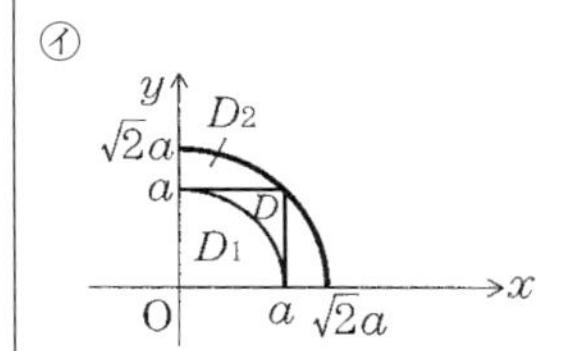

D は1辺 a の正方形の周および内部。これを2つの4分円ではさむ。

㋒　$D_1:0\leq r\leq a$

かつ　$0\leq\theta\leq\frac{\pi}{2}$

㋓　$I_1(a)$ の結果の式で，a の代わりに $\sqrt{2}a$ とおけばよい。

㋔　はさみうちの原理。ここで，$I(a)>0$ より $\lim_{a\to\infty}I(a)\geq 0$ である。

練習問題　5-19　解答 p.238

上の問題の結果を利用して，次の積分の値を求めよ。

(1) $\int_{-\infty}^\infty e^{-\frac{x^2}{2}}dx$　　(2) $\int_0^\infty e^{-x}x^{-\frac{1}{2}}dx\ \left(=\Gamma\left(\frac{1}{2}\right)\right)$

問題5-20 ▼ 3重積分

次の3重積分の値を求めよ。

(1) $I=\int_0^1\int_0^x\int_0^{x+2y} e^{x+y+z}dzdydx$

(2) $I=\iiint_D x^3y^2\sin z\,dxdydz$　　$D: 0\leq x\leq a,\ 0\leq y\leq b,\ 0\leq z\leq\pi$

■ **解 説** ■　多重積分も2重積分と同じように定義される。

(2)は，領域Dが直方体の内部および表面であることに着目する。

解答

(1) $\underset{㋐}{I}=\int_0^1\int_0^x\left[e^{x+y+z}\right]_{z=0}^{z=x+2y}dydx$

$$=\int_0^1\int_0^x(e^{2x+3y}-e^{x+y})dydx$$

$$=\int_0^1\left[\frac{1}{3}e^{2x+3y}-e^{x+y}\right]_{y=0}^{y=x}dx$$

$$=\int_0^1\left(\frac{e^{5x}-e^{2x}}{3}-e^{2x}+e^x\right)dx$$

$$=\left[\frac{1}{15}e^{5x}-\frac{4}{3}\cdot\frac{1}{2}e^{2x}+e^x\right]_0^1$$

$$=\frac{1}{15}e^5-\frac{2}{3}e^2+e-\frac{1}{15}+\frac{2}{3}-1$$

$$=\frac{1}{15}e^5-\frac{2}{3}e^2+e-\frac{2}{5}$$　…(答)

(2) $\underset{㋑}{I}=\int_0^a x^3dx\int_0^b y^2dy\int_0^\pi \sin z\,dz$

$$=\left[\frac{x^4}{4}\right]_0^a\left[\frac{y^3}{3}\right]_0^b\left[-\cos z\right]_0^\pi$$

$$=\frac{a^4}{4}\cdot\frac{b^3}{3}\cdot 2=\frac{1}{6}a^4b^3$$　…(答)

ポイント

㋐　累次積分で求める。最初は，x, yを定数とし，zのみの関数と見なして積分する。次に，y, xの順に積分していけばよい。

㋑　Iは

$\int_0^a\int_0^b\int_0^\pi f(x,\ y,\ z)dzdydx$,

$f(x,\ y,\ z)$

$=x^3\cdot y^2\cdot\sin z$

$=g(x)\cdot h(y)\cdot k(z)$

の形をしている。

したがって

$I=\int_0^a g(x)dx\int_0^b h(y)dy$

$\times\int_0^\pi k(z)dz$

のように計算できる。

練習問題　5-20　解答 p.239

$D: x+y+z\leq 1,\ x\geq 0,\ y\geq 0,\ z\geq 0$とするとき3重積分

$I=\iiint_D xy\,dxdydz$の値を求めよ。

Chapter 6

定積分の応用

基本事項

1. 面積

(1) 面積の基本公式

① $S=\int_a^b y\,dx=\int_a^b f(x)dx$

一般には

$$S=\int_a^b |f(x)|dx$$

② $S=\int_a^b \{f(x)-g(x)\}dx$

一般には

$$S=\int_a^b |f(x)-g(x)|dx$$

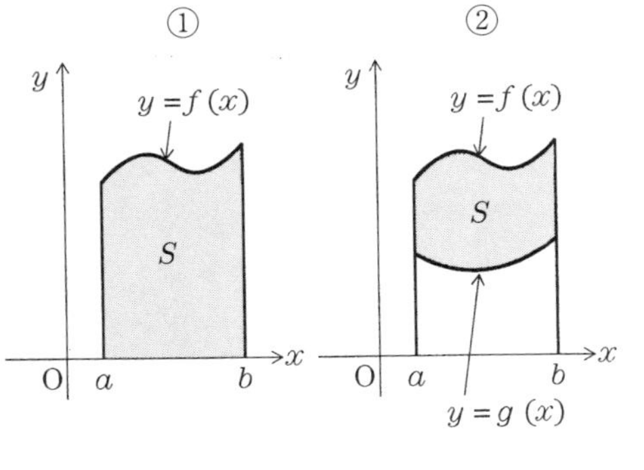

(2) 媒介変数表示された曲線と x 軸が囲む面積

曲線の方程式が媒介変数 t を用いて

$\begin{cases} x=f(t) \\ y=g(t) \end{cases}$ $(\alpha \leqq t \leqq \beta)$ と表されるとき，曲線と x 軸で囲まれた図形の面積 S は

$$S=\int_a^b |y|dx$$
$$=\int_\alpha^\beta |y|\frac{dx}{dt}dt$$
$$=\int_\alpha^\beta |g(t)|f'(t)dt$$

x	$a \to b$
t	$\alpha \to \beta$

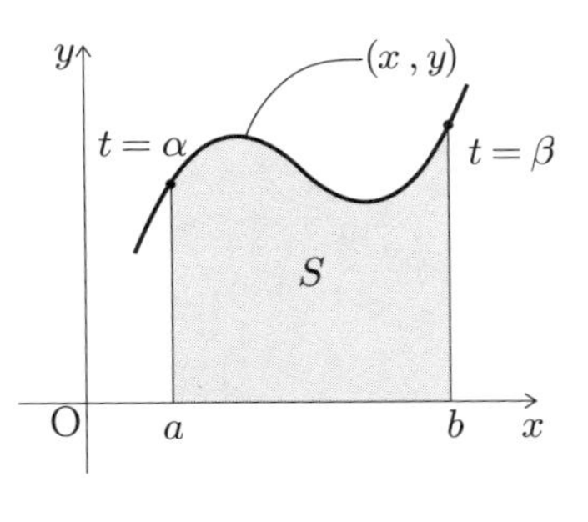

(3) 極方程式で表された曲線の場合の面積

極方程式 $r=f(\theta)$ で表される曲線上の点をPとする。角 θ が α から β まで増加するとき，線分OPが通過する領域（右図の影部）の面積を S とする。角 θ が微小量 $\Delta\theta$ だけ増加するときに，OPの通過する領域の面積を ΔS とすると，ΔS は右下図の扇形で近似できる。

すなわち　$\Delta S \fallingdotseq \frac{1}{2}r^2\Delta\theta$

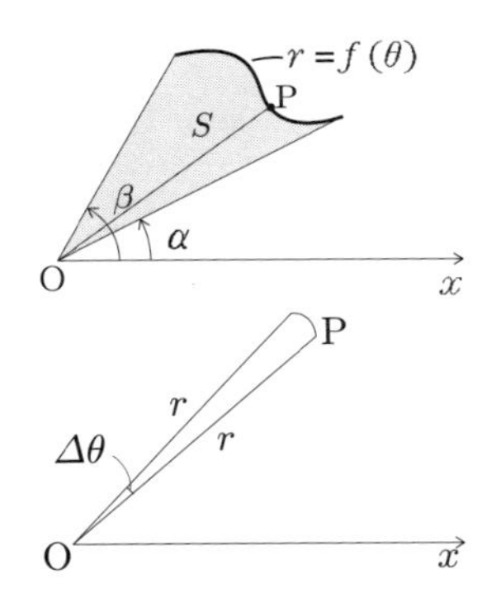

S は ΔS を $\theta=\alpha$ から $\theta=\beta$ まで加えたものだから

$$S=\int_{\alpha}^{\beta}\frac{1}{2}r^2d\theta=\int_{\alpha}^{\beta}\frac{1}{2}\{f(\theta)\}^2d\theta$$

(4) **2重積分との関係**

xy 平面上の領域 D の面積 $=\int_D dS=\iint_D dxdy$

2.　体積

(1) **断面積による体積**

数直線 l 上の点 x を通って l に垂直な平面で立体を切るとき，切り口の面積を $S(x)$ とおくと，体積 V は

$$V=\int_a^b S(x)dx$$

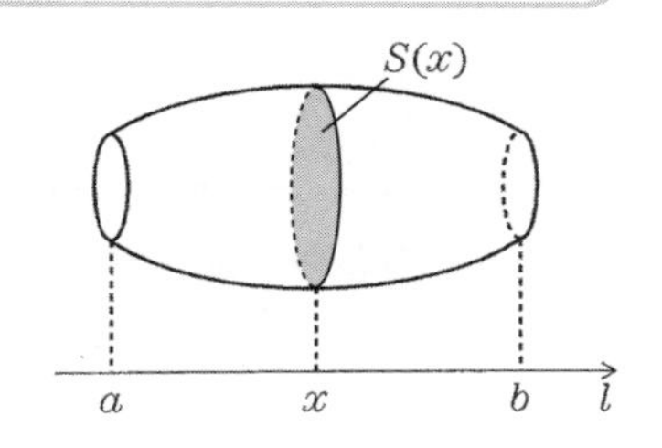

(2) **回転体の体積**

● 曲線 $y=f(x)$ と，x 軸および2直線 $x=a,\ x=b$ で囲まれた部分を x 軸のまわりに1回転してできる立体の体積 V は

$$V=\pi\int_a^b y^2dx$$

$$=\pi\int_a^b \{f(x)\}^2dx$$

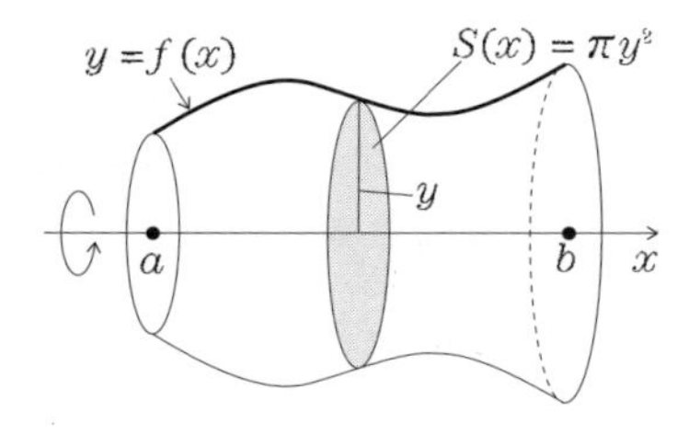

● 曲線 $x=g(y)$ と，y 軸および2直線 $y=c,\ y=d$ で囲まれた部分を y 軸のまわりに1回転してできる立体の体積 V は

$$V=\pi\int_c^d x^2dy$$

$$=\pi\int_c^d \{g(y)\}^2dy$$

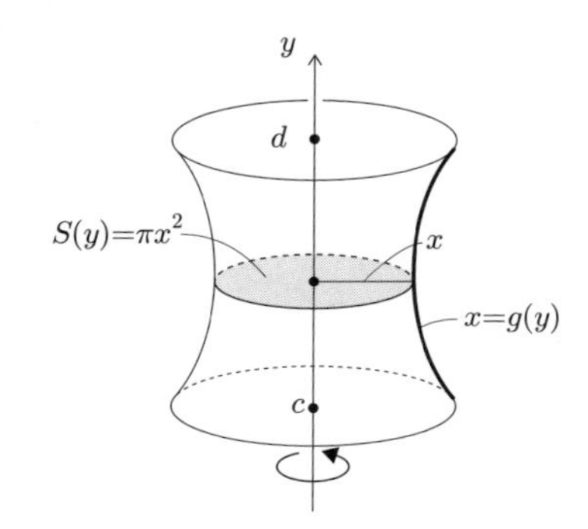

●曲線の方程式が $\begin{cases} x=f(t) \\ y=g(t) \end{cases}$ で右図のようになるとき，影の部分を x 軸のまわりに1回転してできる立体の体積 V は，$f'(t)$ が一定符号のとき

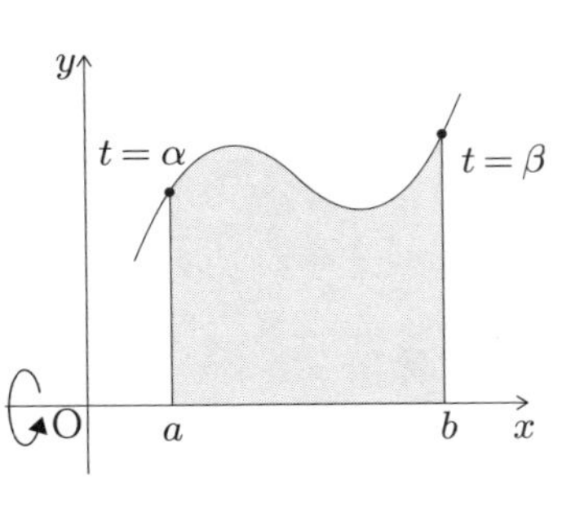

$$V=\pi\int_a^b y^2dx=\pi\int_\alpha^\beta y^2\frac{dx}{dt}dt$$

$$=\pi\int_\alpha^\beta \{g(t)\}^2f'(t)dt$$

(3) **2重積分による体積**

xy 平面上の領域 D を底面とし，z 軸に平行な母線をもつ柱体が曲面

$$z=f(x,\ y)\quad (f(x,\ y)\geq 0)$$

によって切り取られる部分の体積は

$$V=\iint_D z\,dxdy$$

$$=\iint_D f(x,\ y)dxdy$$

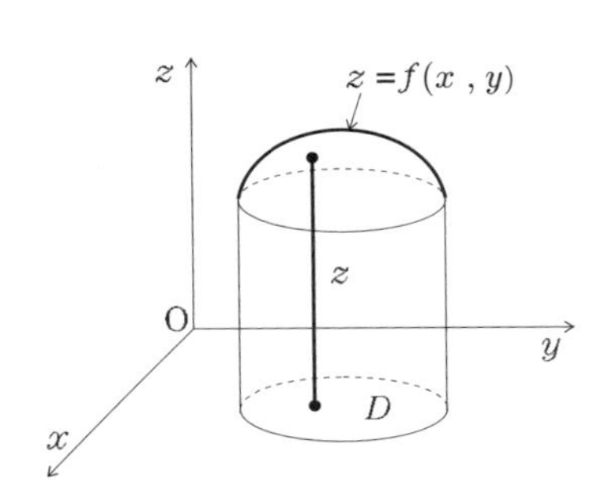

(4) **3重積分との関係**

空間の領域 D の体積 $=\int_D dV=\iiint_D dxdydz$

3.　曲線の長さ

(1) **曲線 $y=f(x)$ の弧長**

$$s=\int_a^b\sqrt{1+\left(\frac{dy}{dx}\right)^2}dx=\int_a^b\sqrt{1+\{f'(x)\}^2}dx$$

(2) **媒介変数表示された曲線の弧長**

曲線の方程式が $\begin{cases} x=f(t) \\ y=g(t) \end{cases}$ $(\alpha\leq t\leq\beta)$ のとき

$$s=\int_\alpha^\beta\sqrt{\left(\frac{dx}{dt}\right)^2+\left(\frac{dy}{dt}\right)^2}dt=\int_\alpha^\beta\sqrt{\{f'(t)\}^2+\{g'(t)\}^2}dt$$

(3) **極方程式で表された曲線の弧長**

曲線が極方程式 $r=f(\theta)$ $(\alpha\leq\theta\leq\beta)$ で表されているとき

$$s=\int_\alpha^\beta\sqrt{r^2+\left(\frac{dr}{d\theta}\right)^2}d\theta$$

問題6-1 ▼2曲線で囲まれた部分の面積

次の各部分の面積を求めよ。ただし，a は正の定数とする。

(1) 2曲線 $y=-x^2+4x+5$, $y=x^2-1$ の囲む部分

(2) 2曲線 $y=x^3$, $y=3ax^2-4a^3$ の囲む部分

解 説　2曲線で囲まれた部分の面積を求めるときは，グラフの概形を描き，共有点の座標を求めて位置関係を明確につかむことが大切。本問では

$$\int_\alpha^\beta (x-\alpha)^m(x-\beta)^n dx=\frac{(-1)^n m!n!}{(m+n+1)!}(\beta-\alpha)^{m+n+1}$$

を利用すると計算が楽である。

解答　求める面積を S とおく。

(1) 2曲線㋐の共有点の x 座標は

$-x^2+4x+5=x^2-1$ から　$2(x^2-2x-3)=0$

$(x+1)(x-3)=0$　　　$x=-1,\ 3$

$$\therefore\ S=\int_{-1}^3\{-x^2+4x+5-(x^2-1)\}dx$$

$$=-2\int_{-1}^3(x+1)(x-3)dx \quad ㋑$$

$$=-2\cdot\frac{-1}{6}\{3-(-1)\}^3=\frac{64}{3} \qquad \cdots(答)$$

(2) 2曲線㋒の共有点の x 座標は

$x^3=3ax^2-4a^3$から　$x^3-3ax^2+4a^3=0$

$(x+a)(x-2a)^2=0$　　$x=2a$ (重解), $-a$ ㋓

$$\therefore\ S=\int_{-a}^{2a}\{x^3-(3ax^2-4a^3)\}dx$$

$$=\int_{-a}^{2a}(x+a)(x-2a)^2dx \quad ㋔$$

$$=\frac{1}{12}\{2a-(-a)\}^4=\frac{27}{4}a^4 \qquad \cdots(答)$$

ポイント

㋐

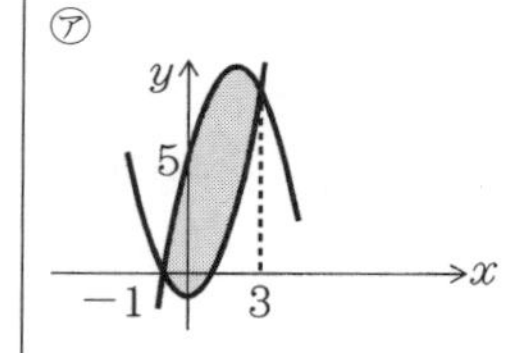

㋑ $\int_\alpha^\beta (x-\alpha)(x-\beta)dx=-\frac{1}{6}(\beta-\alpha)^3$

㋒

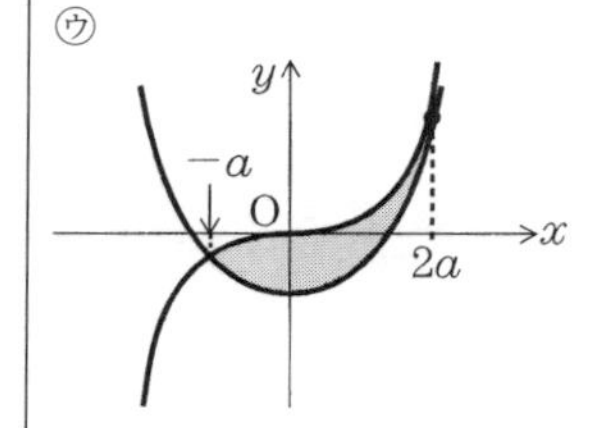

㋓ 重解 $x=2a$ より，この点で2曲線は接する。

㋔ $\int_\alpha^\beta (x-\alpha)(x-\beta)^2dx=\frac{1}{12}(\beta-\alpha)^4$

練習問題　6-1　解答 p.239

2曲線 $y=x^4-2x^3$, $y=3x^2-4x-4$ の囲む部分の面積を求めよ。

問題6-2 ▼ 陰関数で表された曲線の面積

曲線 $x^2-2xy+3y^2=2$ の囲む部分の面積を求めよ。

■ **解 説** ■ 与えられた方程式を y について整理すると

$$3y^2-2xy+(x^2-2)=0$$

y について解くと

$$y=\frac{x\pm\sqrt{x^2-3(x^2-2)}}{3}=\frac{x\pm\sqrt{6-2x^2}}{3}$$

x の変域は，$6-2x^2\geqq 0$ から　$|x|\leqq\sqrt{3}$

これは2つの曲線

$$y=\frac{x+\sqrt{6-2x^2}}{3} \text{ と } y=\frac{x-\sqrt{6-2x^2}}{3}$$

からなるが，直線 $y=\dfrac{x}{3}$ と

だ円 $y=\pm\dfrac{\sqrt{6-2x^2}}{3}$　$\left(\dfrac{x^2}{3}+\dfrac{3}{2}y^2=1\right)$

とを合成したものと見なすと，右図のようになる。

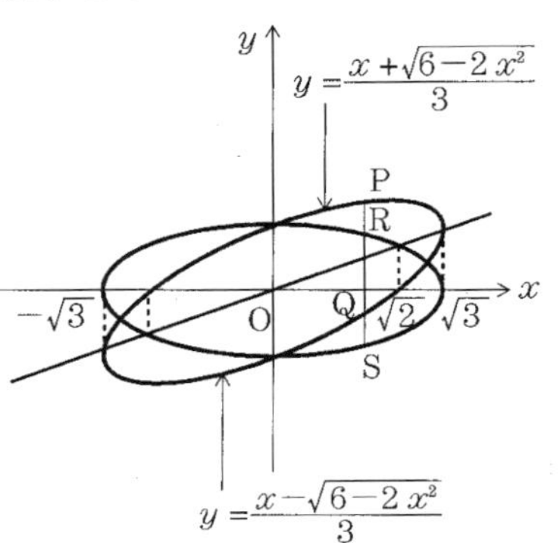

解答

与式から　　$3y^2-2xy+(x^2-2)=0$

$$\therefore\quad y=\frac{x\pm\sqrt{6-2x^2}}{3}\ \underset{㋐}{(-\sqrt{3}\leqq x\leqq\sqrt{3})}$$

したがって，求める面積は

$$\int_{-\sqrt{3}}^{\sqrt{3}}\left(\frac{x+\sqrt{6-2x^2}}{3}-\frac{x-\sqrt{6-2x^2}}{3}\right)dx$$

$$=\underset{㋑}{\int_{-\sqrt{3}}^{\sqrt{3}}\frac{2}{3}\sqrt{6-2x^2}dx}$$

$$=\frac{4\sqrt{2}}{3}\int_{0}^{\sqrt{3}}\sqrt{3-x^2}dx \quad \cdots①$$

$$=\frac{4\sqrt{2}}{3}\cdot\frac{\pi}{4}(\sqrt{3})^2=\sqrt{2}\pi \quad \cdots(答)$$

（$\because$　①の定積分は4分円の面積に等しい）

ポイント

㋐　根号内 $\geqq 0$ より。

㋑　「カバリエリの定理」

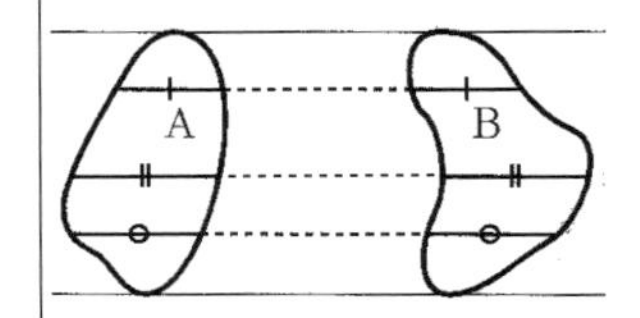

上図のような場合には
A の面積 = B の面積
が成り立つ。
本問では，PQ ＝ RS だから，求める面積はだ円 $\dfrac{x^2}{3}+\dfrac{y^2}{2/3}=1$ の面積 $\pi\sqrt{3}\cdot\sqrt{\dfrac{2}{3}}$ に等しい。

練習問題　6-2　　　解答 p.239

次の曲線の囲む部分の面積を求めよ。

(1)　$y^2=(x-1)(x-2)^2$　　(2)　$x^6-a^2x^4+y^2=0$　$(a>0)$

問題6-3 ▼媒介変数表示された曲線の面積

曲線 $\begin{cases} x = 4 - t^2 \\ y = 3t - t^3 \end{cases}$ の自閉線の内部の面積 S を求めよ。

■ **解 説** ■ t を消去して $y = f(x)$ の形の方程式に直すこともできるが，ここでは t のまま処理してみる。

$\dfrac{dx}{dt}$, $\dfrac{dy}{dt}$ をそれぞれ求めて x, y の変化をつかみ，$S = \displaystyle\int_\alpha^\beta |y| \frac{dx}{dt} dt$ の式にもち込むことになる。なお，グラフの対称性にも注意しよう。

解答

$x(t) = 4 - t^2$, $y(t) = 3t - t^3$ とおくと

㋐ $x(-t) = x(t)$, $y(-t) = -y(t)$ が成り立つので，曲線は x 軸に関して対称である。

$\dfrac{dx}{dt} = -2t$, $\dfrac{dy}{dt} = 3 - 3t^2 = -3(t+1)(t-1)$

より ㋑ $t \geqq 0$ における増減表は次のようになる。

t	0	$\cdots$	1	$\cdots$	∞
x'	0	$-$	$-$	$-$	
y'		$+$	0	$-$	
x	4	↘	3	↘	$-\infty$
y	0	↗	2	↘	$-\infty$

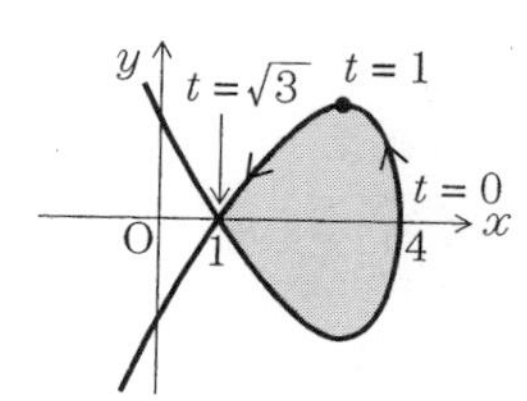

また，$y = 0$ とおくと，$t = 0, \pm\sqrt{3}$ より，x 軸とは $(4, 0)$, $(1, 0)$ で交わる。

$$\therefore\ S = 2\int_1^4 |y|dx = 2\int_{\sqrt{3}}^0 y\frac{dx}{dt}dt \quad ㋒$$

$$= 2\int_{\sqrt{3}}^0 (3t - t^3)(-2t)dt$$

$$= 4\int_0^{\sqrt{3}} (3t^2 - t^4)dt = 4\left[t^3 - \frac{t^5}{5}\right]_0^{\sqrt{3}}$$

$$= \frac{24\sqrt{3}}{5} \quad \cdots(答)$$

ポイント

㋐

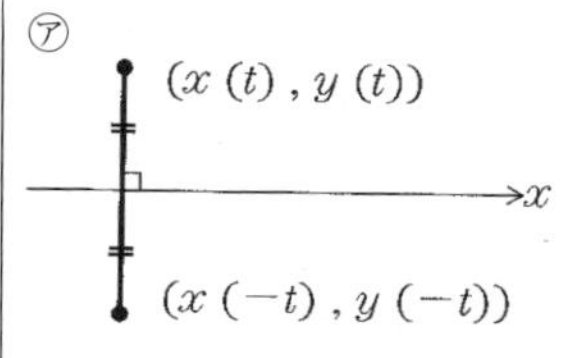

㋑ ㋐から，$t \geqq 0$ におけるグラフがわかれば，x 軸に関して対称なグラフもわかる。

㋒ 対称性を利用して，$y \geqq 0$ の部分の面積の2倍を求めればよい。

x	$1 \to 4$
t	$\sqrt{3} \to 0$

$0 \leqq t \leqq \sqrt{3}$ では $y \geqq 0$ に注意する。

練習問題 6-3 解答 p.240

曲線 $\begin{cases} x = t - t^3 \\ y = 1 - 2t^4 \end{cases}$ の自閉線の内部の面積を求めよ。

問題6-4 ▼有名曲線（アステロイド）の面積

曲線 $x^{\frac{2}{3}}+y^{\frac{2}{3}}=a^{\frac{2}{3}}$ $(a>0)$ の囲む部分の面積を求めよ。

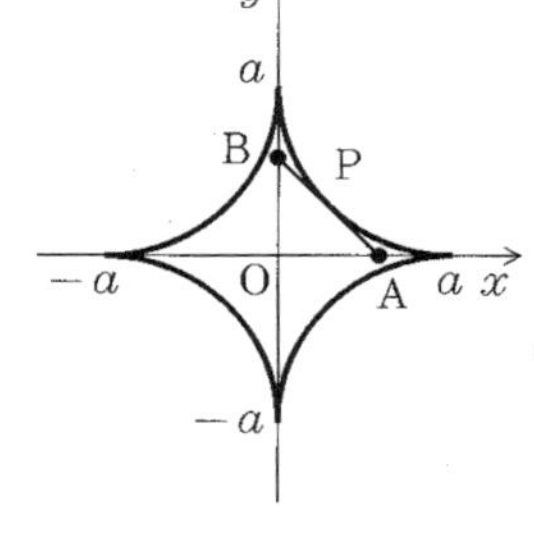

解 説 $f(x,\ y)=x^{\frac{2}{3}}+y^{\frac{2}{3}}-a^{\frac{2}{3}}$ とおくと

$(-x)^{\frac{2}{3}}=\sqrt[3]{(-x)^2}=\sqrt[3]{x^2}=x^{\frac{2}{3}}$ および $(-y)^{\frac{2}{3}}=y^{\frac{2}{3}}$ から

$$f(-x,\ y)=f(x,\ -y)=f(x,\ y)$$

したがって，与えられた曲線は $x,\ y$ 両軸に関して対称となるので，まず，曲線の $x\geq 0,\ y\geq 0$ の部分と $x,\ y$ 軸とで囲まれる部分を考える。

さて，与えられた曲線は媒介変数 t を用いて

$$x=a\cos^3 t,\ \ y=a\sin^3 t\quad (0\leq t\leq 2\pi)$$

と表せるが，この曲線は**アステロイド**（星芒形）と呼ばれる有名曲線の1つである。右図のように曲線上の点Pにおける接線と $x,\ y$ 両軸との交点をそれぞれA，Bとおくと，$\mathrm{AB}=a$（＝ 一定）となる性質がある。

解答

$$x^{\frac{2}{3}}+y^{\frac{2}{3}}=a^{\frac{2}{3}} \qquad \cdots①$$

①は，$x,\ y$ 両軸に関して対称であるから，求める面積は①の $x\geq 0,\ y\geq 0$ の部分と $x,\ y$ 両軸で囲まれる部分の面積の4倍に等しい。

①は，$x=a\cos^3 t,\ y=a\sin^3 t\quad (0\leq t\leq 2\pi)$

とおけるので，求める面積は，$y\geq 0$ として

$$\underbrace{4\int_0^a y\,dx=4\int_{\frac{\pi}{2}}^0 y\frac{dx}{dt}dt}_{㋐}$$

$$=4\int_{\frac{\pi}{2}}^0 a\sin^3 t\cdot(-3a\cos^2 t\sin t)dt$$

$$=\underbrace{12a^2\int_0^{\frac{\pi}{2}}(\sin^4 t-\sin^6 t)dt}_{㋑}$$

$$=12a^2\left(\frac{3}{4}\cdot\frac{1}{2}\cdot\frac{\pi}{2}-\frac{5}{6}\cdot\frac{3}{4}\cdot\frac{1}{2}\cdot\frac{\pi}{2}\right)$$

$$=12a^2\cdot\frac{\pi}{32}=\frac{3}{8}\pi a^2 \qquad \cdots(答)$$

ポイント

㋐

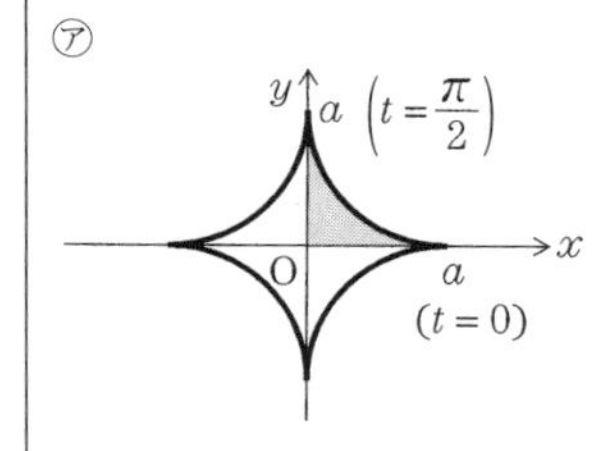

t の範囲に注意。

㋑ $\displaystyle\int_0^{\frac{\pi}{2}}\sin^n t\,dt=\frac{n-1}{n}\int_0^{\frac{\pi}{2}}\sin^{n-2}t\,dt$ の公式を利用。

練習問題 6-4 解答 p.240

曲線 $\begin{cases}x=a(t-\sin t)\\ y=a(1-\cos t)\end{cases}$ $(a>0,\ 0\leq t\leq 2\pi)$ と x 軸とが囲む部分の面積を求めよ。

問題6-5 ▼ 極方程式で表された曲線の面積

レムニスケート $r^2 = 2a^2\cos 2\theta$ の内部の面積を求めよ。ただし，a は正の定数とする。

■ 解 説 ■　$r^2 \leq 2a^2$ だから $0 \leq r \leq \sqrt{2}a$ であり，曲線は原点を中心とし，半径 $\sqrt{2}a$ の円内にある。また，$\cos 2\theta < 0$ の部分では曲線は存在しないので，$0 \leq \theta \leq 2\pi$ においては $0 \leq \theta \leq \dfrac{\pi}{4}$，$\dfrac{3}{4}\pi \leq \theta \leq \dfrac{5}{4}\pi$，$\dfrac{7}{4}\pi \leq \theta \leq 2\pi$ の部分に曲線が存在する。また，$\cos 2(-\theta) = \cos 2\theta$，$\cos 2(\pi - \theta) = \cos 2\theta$ から，曲線は x 軸および y 軸に関して対称である。

したがって，$x \geq 0$，$y \geq 0$ の部分がわかればよい。すなわち，$0 \leq \theta \leq \dfrac{\pi}{4}$ の場合を調べればよい。この範囲で $\cos 2\theta$ は θ の減少関数だから，r も θ の減少関数であり，右表が得られる。これより，曲線の概形は右図のようになる。これはレムニスケート（連珠形）と呼ばれる。

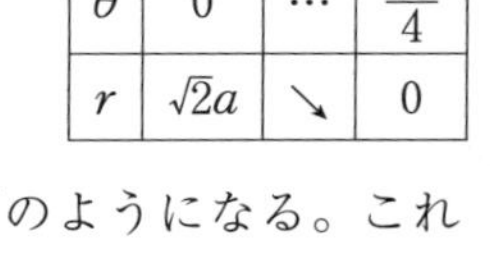

θ	0	$\cdots$	$\dfrac{\pi}{4}$
r	$\sqrt{2}a$	↘	0

なお，より正確なグラフをかくには，$x = r\cos\theta$，$y = r\sin\theta$ から

$$\frac{dx}{d\theta} = \frac{\partial x}{\partial r}\cdot\frac{dr}{d\theta} + \frac{\partial x}{\partial \theta}\cdot\frac{d\theta}{d\theta} = \cos\theta\cdot\left(-\frac{2a^2\sin 2\theta}{r}\right) - r\sin\theta = -\frac{2a^2}{r}\sin 3\theta$$

$$\frac{dy}{d\theta} = \frac{2a^2}{r}\cos 3\theta$$

だから，$\dfrac{dy}{dx} = -\cot 3\theta$ となるので，$\theta = \dfrac{\pi}{6}$ で y は最大値をとることがわかる。

解答

曲線は原線および極について対称だから，面積は

$$4\cdot\frac{1}{2}\underbrace{\int_0^{\frac{\pi}{4}} r^2 d\theta}_{㋐} = 2\int_0^{\frac{\pi}{4}} 2a^2\cos 2\theta\, d\theta$$

$$= 2a^2\Big[\sin 2\theta\Big]_0^{\frac{\pi}{4}}$$

$$= 2a^2 \quad \cdots(答)$$

ポイント

㋐　基本事項 1.(3) の公式より。

練習問題　6-5　解答 p.240

カージオイド（心臓形）$r = a(1 + \cos\theta)$ の囲む部分の面積を求めよ。

問題6-6 ▼ 重積分による面積

だ円 $\dfrac{x^2}{a^2}+\dfrac{y^2}{b^2}=1\ (a>0,\ b>0)$ の囲む部分の面積 S を，2重積分を利用して求めよ。

■ **解 説** ■　重積分の定義から，領域 D の面積 S は $S=\iint_D dxdy$ で与えられる。本問は D が $\dfrac{x^2}{a^2}+\dfrac{y^2}{b^2}\leq 1$ であるから，$x=ar\cos\theta$ および $y=br\sin\theta$ に変数変換すればよい。解法の指定がなければ

(1) 直交座標による解法

だ円の式から $y=\dfrac{b}{a}\sqrt{a^2-x^2}\ (y\geq 0)$ として

$$S=4\int_0^a \frac{b}{a}\sqrt{a^2-x^2}\,dx=\frac{4b}{a}\cdot\frac{\pi}{4}a^2=\pi ab$$

(2) 媒介変数表示による解法

離心角を t とおくと，右図の点 $(x,\ y)$ は

$$\begin{cases} x=a\cos t \\ y=b\sin t \end{cases}$$ となるので

$$S=4\int_0^a y\,dx=4\int_{\frac{\pi}{2}}^0 b\sin t\cdot\frac{dx}{dt}dt \quad （略）$$

などによっても求めることができる。

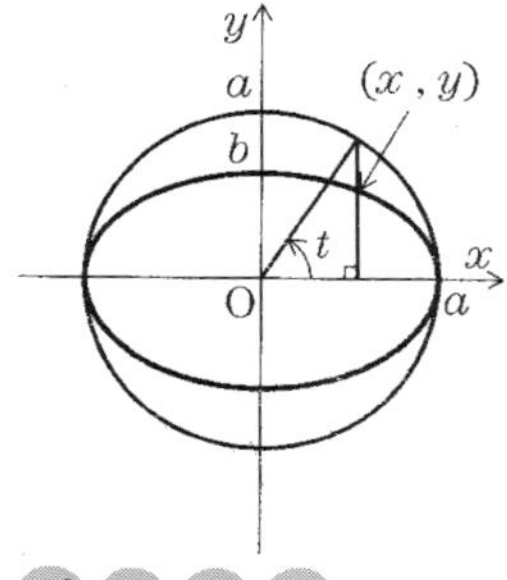

解答

$D:\dfrac{x^2}{a^2}+\dfrac{y^2}{b^2}\leq 1,\ x\geq 0,\ y\geq 0$ とおくと

$$S=4\iint_D dxdy \quad ㋐$$

$x=ar\cos\theta,\ \ y=br\sin\theta$ とおくと

$$J=\begin{vmatrix} x_r & x_\theta \\ y_r & y_\theta \end{vmatrix}=abr$$

$$D\to M:0\leq r\leq 1,\ 0\leq\theta\leq\frac{\pi}{2}$$

$$\therefore\ S=4\iint_M abr\,drd\theta=4ab\int_0^1 r\,dr\int_0^{\frac{\pi}{2}}d\theta$$

$$=4ab\left[\frac{1}{2}r^2\right]_0^1\left[\theta\right]_0^{\frac{\pi}{2}}=\pi ab \qquad \cdots(答)$$

ポイント

㋐

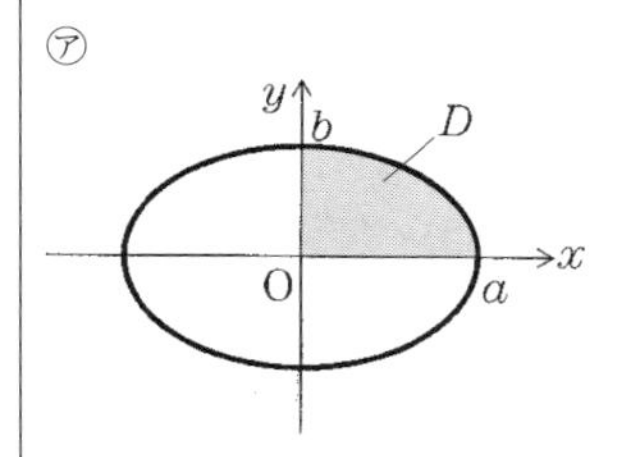

S は影部分の4倍に等しい。

練習問題　6-6　解答 p.240

曲線 $\left(\dfrac{x}{a}\right)^{\frac{2}{3}}+\left(\dfrac{y}{b}\right)^{\frac{2}{3}}=1\ (a>0,\ b>0)$ の囲む面積を $x=au^3,\ y=bv^3$ と変換することにより，2重積分を利用して求めよ。

問題6-7 ▼ 回転体の体積

曲線 $y=\sin x\ (0\leqq x\leqq\pi)$ と x 軸とで囲まれた部分を x 軸および y 軸のまわりにそれぞれ1回転してできる立体の体積 V_1, V_2 を求めよ。

解説　x 軸のまわりの回転体は容易である。y 軸のまわりの回転体は，右の図のように，$x=0$ から $x=x$ までの部分を y 軸のまわりに回転して得られる立体の体積を $V(x)$ とおくと，x が $x+\Delta x$ と微小変化したとき

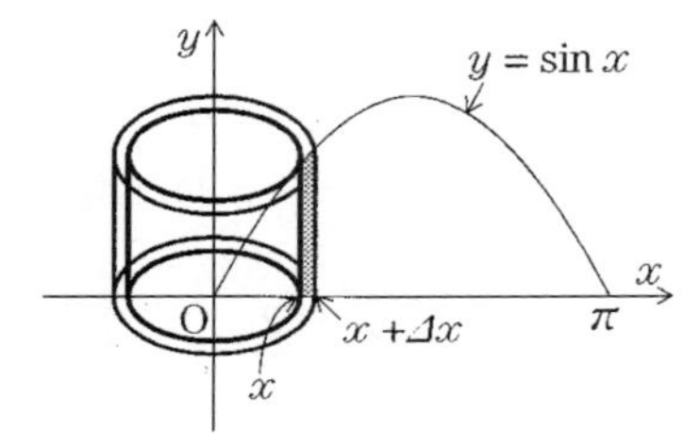

$$\Delta V \fallingdotseq \pi(x+\Delta x)^2 f(x+\Delta x)-\pi x^2 f(x)$$
$$\fallingdotseq \pi\{(x+\Delta x)^2-x^2\}f(x)$$
$$\fallingdotseq \pi\{2x\Delta x+(\Delta x)^2\}f(x)$$

これより $\dfrac{\Delta V}{\Delta x}\fallingdotseq\pi(2x+\Delta x)f(x)$ となり，$\dfrac{dV}{dx}=\lim\limits_{\Delta x\to 0}\dfrac{\Delta V}{\Delta x}=2\pi x f(x)$

よって $V=\displaystyle\int_0^{\pi}2\pi x f(x)dx=\int_0^{\pi}2\pi x\sin x\,dx$ となる。

このような求め方を**バームクーヘン型求積法**と呼ぶ。

解答

$$V_1=\pi\int_0^{\pi}y^2dx=\pi\underbrace{\int_0^{\pi}\sin^2 x\,dx}_{㋐}$$
$$=2\pi\int_0^{\frac{\pi}{2}}\sin^2 x\,dx=2\pi\cdot\frac{1}{2}\cdot\frac{\pi}{2}=\frac{\pi^2}{2}\quad\cdots(答)$$
$$V_2=\int_0^{\pi}\underbrace{2\pi xy}_{㋑}\,dx=2\pi\int_0^{\pi}x\sin x\,dx$$
$$=2\pi\Big[-x\cos x+\sin x\Big]_0^{\pi}=2\pi^2\quad\cdots(答)$$

〔別解〕 $y=\sin x$ の $0\leqq x\leqq\dfrac{\pi}{2}$ の部分を $x=f(y)$，$\dfrac{\pi}{2}\leqq x\leqq\pi$ の部分を $x=g(y)$ とおくと

$$V_2=\pi\int_0^{1}\{g(y)\}^2dy-\pi\int_0^{1}\{f(y)\}^2dy$$
$$=\pi\left(\int_{\pi}^{\frac{\pi}{2}}x^2\cos x\,dx-\int_0^{\frac{\pi}{2}}x^2\cos x\,dx\right)\ (略)$$

ポイント

㋐　$y=\sin x$ のグラフは直線 $x=\dfrac{\pi}{2}$ に関して対称。

㋑

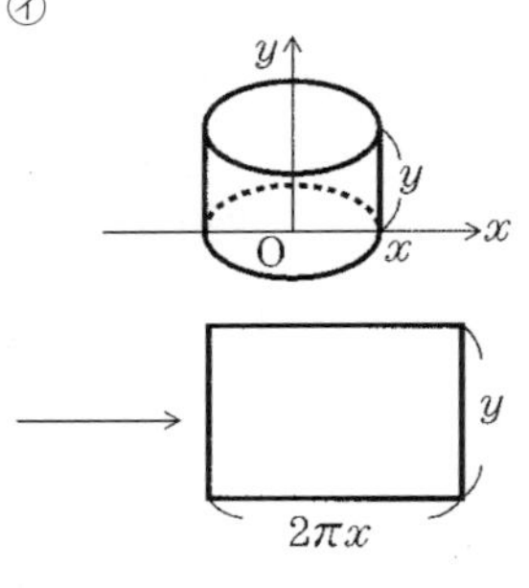

$2\pi xy$ は側面積である。

練習問題　6-7　解答 p.241

$0\leqq x\leqq\dfrac{\pi}{4}$ のとき，2つの曲線 $y=\sin x$, $y=\cos x$ および y 軸で囲まれる部分を y 軸のまわりに回転してできる立体の体積を求めよ。

問題6-8 ▼ 媒介変数表示された曲線の回転体の体積

サイクロイド $x=a(t-\sin t)$, $y=a(1-\cos t)$ $(a>0,\ 0\leqq t\leqq 2\pi)$ と x 軸とで囲まれる部分を x 軸のまわりに1回転してできる立体の体積 V を求めよ。

■ 解 説 ■ 一般に，半径が一定 a の円が定直線上を滑らずに転がるとき，円の周上の1点が描く曲線を**サイクロイド**と呼ぶ。

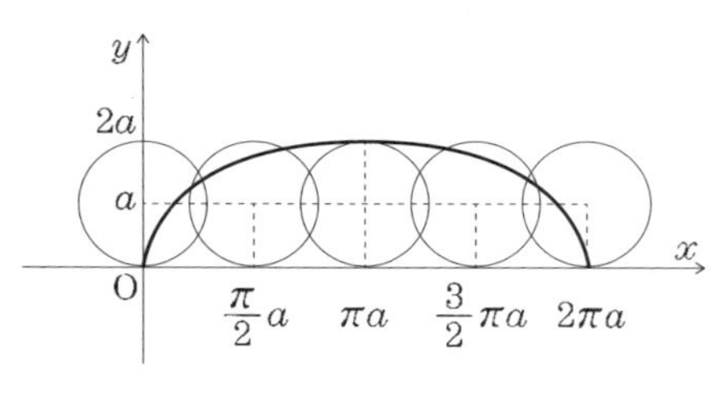

いま，はじめに円が $x^2+(y-a)^2=a^2$ であるとして，原点の位置にある点P が回転角 t により右下図のような位置にきたとすると，$\mathrm{OH}=\widehat{\mathrm{PH}}=at$ から

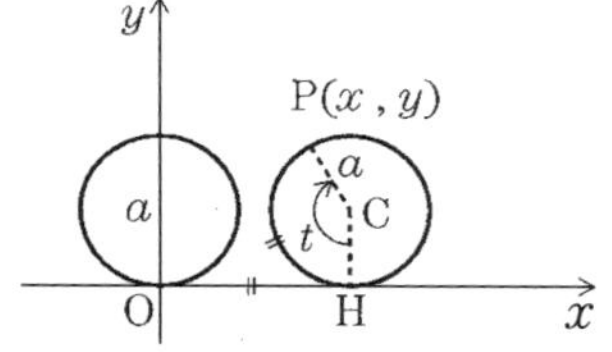

$$\overrightarrow{\mathrm{OP}}=\overrightarrow{\mathrm{OC}}+\overrightarrow{\mathrm{CP}}=\begin{pmatrix}at\\ a\end{pmatrix}+\begin{pmatrix}a\cos\left(-\frac{\pi}{2}-t\right)\\ a\sin\left(-\frac{\pi}{2}-t\right)\end{pmatrix}$$

$$=\begin{pmatrix}at\\ a\end{pmatrix}+\begin{pmatrix}-a\sin t\\ -a\cos t\end{pmatrix}=\begin{pmatrix}a(t-\sin t)\\ a(1-\cos t)\end{pmatrix}$$ となる。

$0\leqq t\leqq 2\pi$ のときは，右上図の太線部分のように動く。

解答

図形は直線 $x=\pi a$ に関して対称だから ㋐

$$V=2\pi\int_0^{\pi a}y^2dx=2\pi\int_0^{\pi}y^2\frac{dx}{dt}dt$$ ㋑

$$=2\pi\int_0^{\pi}a^2(1-\cos t)^2\cdot a(1-\cos t)dt$$

$$=2\pi a^3\int_0^{\pi}\left(2\sin^2\frac{t}{2}\right)^3dt$$ ㋒

$$=32\pi a^3\int_0^{\frac{\pi}{2}}\sin^6\theta\,d\theta$$

$$=32\pi a^3\cdot\frac{5}{6}\cdot\frac{3}{4}\cdot\frac{1}{2}\cdot\frac{\pi}{2}=5\pi^2a^3$$ …(答)

ポイント

㋐ 上図参照

㋑ t へ置換。

x	$0\to\pi a$
t	$0\to\pi$

㋒ $\frac{t}{2}=\theta$ とおく。

練習問題 6-8

解答 p.241

アステロイド $x^{\frac{2}{3}}+y^{\frac{2}{3}}=a^{\frac{2}{3}}$ $(a>0)$ を，x 軸のまわりに1回転してできる立体の体積を求めよ。

問題6-9 ▼断面積を利用する体積

次の立体の体積を断面積を利用して求めよ。

(1) 2つの直円柱 $x^2+y^2=a^2$, $x^2+z^2=a^2$ $(a>0)$ で囲まれる部分

(2) 曲面 $\dfrac{x^2}{a^2}+\dfrac{y^2}{b^2}=4z$ と平面 $z=c$ $(a>0,\ b>0,\ c>0)$ とで囲まれる部分

解説 (1) 2つの直円柱で囲まれた部分を平面 $x=t$ $(-a\leq t\leq a)$ で切ると $t^2+y^2=a^2$ かつ $t^2+z^2=a^2$ から $y=\pm\sqrt{a^2-t^2}$, $z=\pm\sqrt{a^2-t^2}$ となり，その断面は図1のように1辺が $2\sqrt{a^2-t^2}$ の正方形となる。図2は，x, y, z が0以上となる部分における断面を表す。

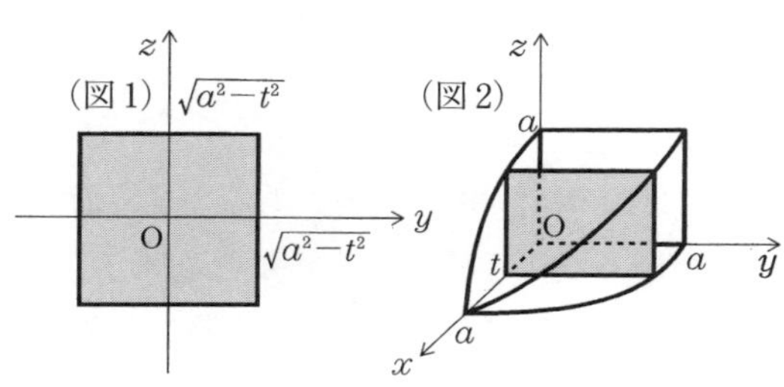

(2) 平面 $z=t$ $(0\leq t\leq c)$ による断面を考える。

解答

求める立体の体積を V とおく。

(1) 平面 $x=t$ による断面は1辺が $2\sqrt{a^2-t^2}$ の正方形だから，その面積 $S(t)$ は $S(t)=4(a^2-t^2)$

t の変域は $-a\leq t\leq a$ だから

$$V=\int_{-a}^{a}S(t)dt=8\underbrace{\int_{0}^{a}(a^2-t^2)dt}_{㋐}$$

$$=8\left[a^2t-\frac{t^3}{3}\right]_0^a=\frac{16}{3}a^3 \quad \cdots(\text{答})$$

(2) 平面 $z=t$ $(0\leq t\leq c)$ による断面は㋑

$\dfrac{x^2}{a^2}+\dfrac{y^2}{b^2}=4t$ だから $S(t)=\pi ab\cdot 4t$㋒ $=4\pi abt$

$$\therefore\ V=\int_0^c 4\pi abt\,dt=2\pi ab\left[t^2\right]_0^c$$

$$=2\pi abc^2 \quad \cdots(\text{答})$$

ポイント

㋐ a^2-t^2 は偶関数。

㋑

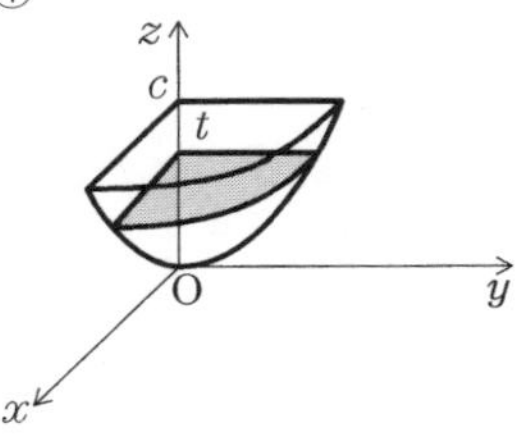

$x\geq 0$, $y\geq 0$ の部分。

㋒ だ円 $\dfrac{x^2}{a^2}+\dfrac{y^2}{b^2}=1$ の面積は πab である。

練習問題　6-9 解答 p.241

曲面 $x^2+y^2-z^2=a^2$ と2平面 $z=-d$, $z=2d$ $(a>0,\ d>0)$ とで囲まれる部分の体積を求めよ。

問題6-10 ▼ 重積分を利用する体積 (1)

円柱 $x^2+y^2=a^2\ (a>0)$ の xy 平面の上方，かつ平面 $z=x$ の下方にある部分の体積を求めよ。

解 説　求める立体は右図のアミ部分であるから，xy 平面の領域 $D: x^2+y^2 \leq a^2$, $x \geq 0$ の上における曲面（平面）$z=x$ の下方の部分の体積に等しい。したがって，2重積分の考え方が適用できる。

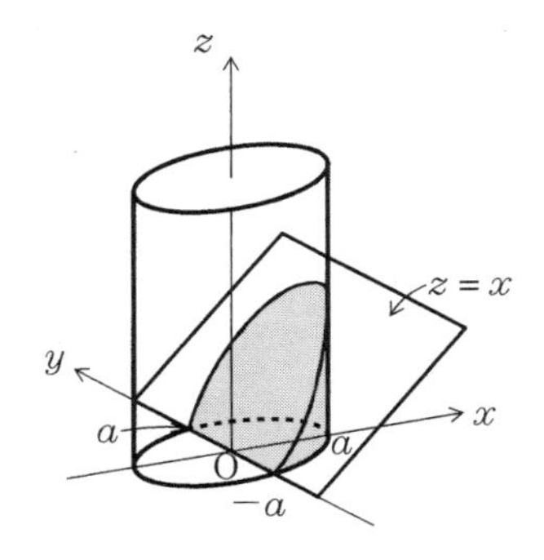

別解としては，平面 $x=t$ あるいは平面 $y=t$ による切り口を考える解法がある。断面は，$x=t\ (0 \leq t \leq a)$ で切ると長方形，$y=t\ (-a \leq t \leq a)$ で切ると直角二等辺三角形であり，断面積はそれぞれ $2t\sqrt{a^2-t^2}$, $\dfrac{1}{2}(a^2-t^2)$ となる。

解答

$D: x^2+y^2 \leq a^2$, $x \geq 0$, $z=f(x,\ y)=x$ とおくと，求める体積 V は

$$\underset{㋐}{V=\iint_D f(x,\ y)dxdy}=\iint_D x\,dxdy$$

$x=r\cos\theta$, $y=r\sin\theta$ とおくと，$J=r$ で

$$D \to \underset{㋑}{M: 0 \leq r \leq a,\ -\frac{\pi}{2} \leq \theta \leq \frac{\pi}{2}}$$

よって　$V=\iint_M r\cos\theta \cdot r\,drd\theta$

$$=\int_0^a r^2dr\int_{-\frac{\pi}{2}}^{\frac{\pi}{2}}\cos\theta\,d\theta$$

$$=\left[\frac{1}{3}r^3\right]_0^a\left[\sin\theta\right]_{-\frac{\pi}{2}}^{\frac{\pi}{2}}=\frac{2}{3}a^3 \qquad \cdots(答)$$

ポイント

㋐　重積分による体積の定義。

㋑

練習問題　6-10　解答 p.241

円柱 $(x-a)^2+y^2=a^2\ (a>0)$ が2平面 $z=bx$, $z=cx\ (b>c)$ によって切り取られる部分の体積を求めよ。

問題6-11 ▼重積分を利用する体積 (2)

球 $x^2+y^2+z^2=a^2\ (a>0)$ の直円柱面 $x^2+y^2=ax$ の内部にある部分の体積を求めよ。

解 説　球および直円柱はともに xy 平面に関して対称だから，$z\geqq 0$ の部分の体積を求める。

解答

D： $x^2+y^2\leqq ax$ および

$z=f(x,\,y)=\sqrt{a^2-x^2-y^2}$

とおくと，求める 体積 V は㋐

$$V=2\iint_D z\,dxdy$$

$x=r\cos\theta,\ y=r\sin\theta$ とおくと　$J=r$

D は，$r^2\leqq ar\cos\theta$ より

$$M:\begin{cases}0\leqq r\leqq a\cos\theta\\ -\dfrac{\pi}{2}\leqq\theta\leqq\dfrac{\pi}{2}\end{cases}$$㋑

にうつるので

$$V=2\iint_M\sqrt{a^2-r^2}\,r\,drd\theta$$

$$=2\int_{-\frac{\pi}{2}}^{\frac{\pi}{2}}\left(\int_0^{a\cos\theta}r(a^2-r^2)^{\frac{1}{2}}dr\right)d\theta$$

$$=2\int_{-\frac{\pi}{2}}^{\frac{\pi}{2}}\left[-\frac{1}{3}(a^2-r^2)^{\frac{3}{2}}\right]_0^{a\cos\theta}d\theta$$

$$=2\int_{-\frac{\pi}{2}}^{\frac{\pi}{2}}\left\{-\frac{1}{3}\left\{(a^2\sin^2\theta)^{\frac{3}{2}}-(a^2)^{\frac{3}{2}}\right\}\right\}d\theta$$㋒

$$=\frac{2}{3}a^3\int_{-\frac{\pi}{2}}^{\frac{\pi}{2}}(1-|\sin\theta|^3)d\theta$$

$$=\frac{4}{3}a^3\int_0^{\frac{\pi}{2}}(1-\sin^3\theta)d\theta=\frac{4}{3}a^3\left(\Big[\theta\Big]_0^{\frac{\pi}{2}}-\frac{2}{3}\right)$$

$$=\frac{4}{3}a^3\left(\frac{\pi}{2}-\frac{2}{3}\right)=\frac{2}{9}(3\pi-4)a^3\qquad\cdots(答)$$

ポイント

㋐　$y\geqq 0,\ z\geqq 0$ の部分を図に示す。

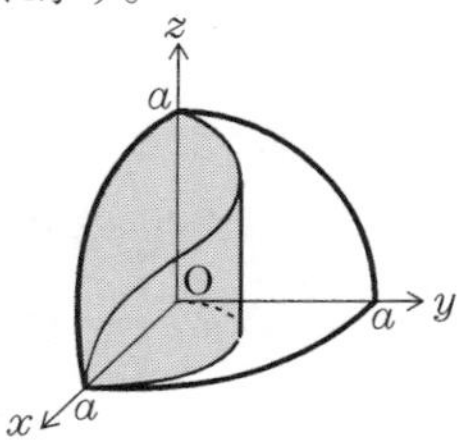

㋑　$0\leqq r\leqq a\cos\theta$ から $\cos\theta\geqq 0$ である。

㋒　$(\sin^2\theta)^{\frac{3}{2}}\neq\sin^3\theta$
一般に，実数 A に対しては
$(A^2)^{\frac{3}{2}}=(|A|^2)^{\frac{3}{2}}=|A|^3$
本問では

$$(\sin^2\theta)^{\frac{3}{2}}=(|\sin\theta|^2)^{\frac{3}{2}}=|\sin\theta|^3$$

となり，さらに $|\sin\theta|$ は y 軸に関して対称となる。

練習問題　6-11　解答 p.242

xy 平面より上方にあり，放物面 $y^2+z^2=4ax$ と円柱 $x^2+y^2=2ax$ とで囲まれる部分の体積を求めよ。ただし，$a>0$ とする。

問題6-12 ▼ 3重積分と体積

$D : x^2 + y^2 + z^2 \leq a^2 \ (a > 0)$ のとき

3重積分 $I = \iiint_D dxdydz$ の値を求めよ。

■ **解 説** ■ Dは原点中心，半径 a の球の内部および表面であるから，空間極座標への変換を考える。

空間に点P(x, y, z)をとり，$r\,(=\mathrm{OP})$および角θ, φを右図のように定める。このとき，(x, y, z)を(r, θ, φ)に変換することを，空間極座標への変換という。

$$\begin{cases} x = \mathrm{OH}\cos\varphi = r\sin\theta\cos\varphi \\ y = \mathrm{OH}\sin\varphi = r\sin\theta\sin\varphi \\ z = \mathrm{OP}\cos\theta = r\cos\theta \end{cases}$$

となり，Jは

$$J = \begin{vmatrix} x_r & x_\theta & x_\varphi \\ y_r & y_\theta & y_\varphi \\ z_r & z_\theta & z_\varphi \end{vmatrix} = \begin{vmatrix} \sin\theta\cos\varphi & r\cos\theta\cos\varphi & -r\sin\theta\sin\varphi \\ \sin\theta\sin\varphi & r\cos\theta\sin\varphi & r\sin\theta\cos\varphi \\ \cos\theta & -r\sin\theta & 0 \end{vmatrix}$$

$$= r^2\sin\theta$$

このとき，I は領域 D の体積に等しい。

解答

$x = r\sin\theta\cos\varphi$, $y = r\sin\theta\sin\varphi$, $z = r\cos\theta$ とおくと　$J = r^2\sin\theta$

$D \to M$ ㋐ : $0 \leq r \leq a$, $0 \leq \theta \leq \pi$, $0 \leq \varphi \leq 2\pi$

$$\therefore\ I = \iiint_M r^2\sin\theta\, drd\theta d\varphi \ \text{㋑}$$

$$= \int_0^a r^2 dr \int_0^\pi \sin\theta\, d\theta \int_0^{2\pi} d\varphi$$

$$= \left[\frac{r^3}{3}\right]_0^a \left[-\cos\theta\right]_0^\pi \left[\varphi\right]_0^{2\pi}$$

$$= \frac{a^3}{3}\cdot 2\cdot 2\pi = \frac{4}{3}\pi a^3 \ \text{㋒}$$

…(答)

ポイント

㋐ D は球の内部，および表面全体を表すので，r, θ, φ の範囲は M のようになる。

㋑ 積分変数の変換は，2重積分の場合と同様。

㋒ $\iiint_D dxdydz$ は D の体積に等しい。

練習問題 6-12　解答 p.242

$D : \dfrac{x^2}{a^2} + \dfrac{y^2}{b^2} + \dfrac{z^2}{c^2} \leq 1 \ (a > 0,\ b > 0,\ c > 0)$, $x \geq 0$, $y \geq 0$, $z \geq 0$ のとき

3重積分 $\iiint_D dxdydz$ の値を求めよ。

問題6-13 ▼ $y=f(x)$ の形で表される曲線の弧長

次の曲線の長さを求めよ。

(1) $y^2=x^3$ $(0\leq y\leq 8)$　　(2) $y=\log\cos x$ $\left(0\leq x\leq\dfrac{\pi}{4}\right)$

解説 曲線 $y=f(x)$ の $a\leq x\leq b$ の部分の弧長は $s=\displaystyle\int_a^b\sqrt{1+\left(\frac{dy}{dx}\right)^2}dx$ で与えられる。右図で $\Delta l\fallingdotseq\sqrt{(\Delta x)^2+(\Delta y)^2}$ から $\dfrac{\Delta l}{\Delta x}\fallingdotseq\sqrt{1+\left(\dfrac{\Delta y}{\Delta x}\right)^2}$ として $\dfrac{dl}{dx}=\sqrt{1+\left(\dfrac{dy}{dx}\right)^2}$ と覚えておくとよい。

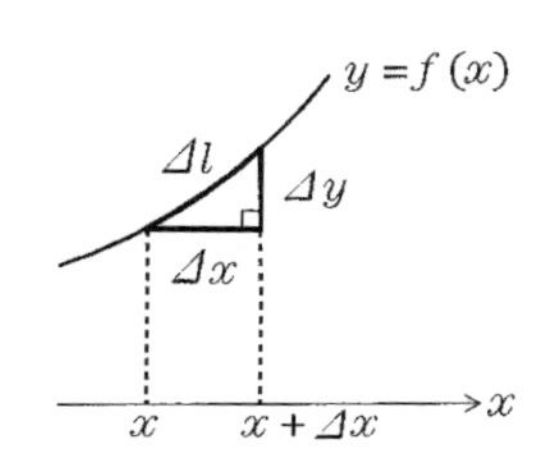

解答 求める曲線の長さを s とおく。

(1) $y\geq 0$ だから $y=x^{\frac{3}{2}}$ ㋐　$\therefore\ y'=\dfrac{3}{2}x^{\frac{1}{2}}$

$0\leq y\leq 8$ のとき，$0\leq x\leq 4$ だから

$$s=\int_0^4\sqrt{1+y'^2}dx=\int_0^4\sqrt{1+\frac{9}{4}x}\,dx$$

$$=\left[\frac{4}{9}\cdot\frac{2}{3}\left(1+\frac{9}{4}x\right)^{\frac{3}{2}}\right]_0^4=\frac{8}{27}(10\sqrt{10}-1)$$

…(答)

(2) $y=\log\cos x$ のとき　$y'=\dfrac{-\sin x}{\cos x}=-\tan x$

$$\therefore\ s=\int_0^{\frac{\pi}{4}}\sqrt{1+(-\tan x)^2}dx=\int_0^{\frac{\pi}{4}}\frac{dx}{\cos x}$$

$$=\int_0^{\frac{\pi}{4}}\frac{\cos x}{1-\sin^2 x}dx \quad ㋑$$

$\sin x=t$ とおくと $\cos x\,dx=dt$

x	$0\to\dfrac{\pi}{4}$
t	$0\to\dfrac{1}{\sqrt{2}}$

よって　$s=\displaystyle\int_0^{\frac{1}{\sqrt{2}}}\frac{dt}{1-t^2}$ ㋒

$$=\frac{1}{2}\left[\log\left|\frac{1+t}{1-t}\right|\right]_0^{\frac{1}{\sqrt{2}}}$$

$$=\frac{1}{2}\log\frac{\sqrt{2}+1}{\sqrt{2}-1}=\log(\sqrt{2}+1)$$ …(答)

ポイント

㋐

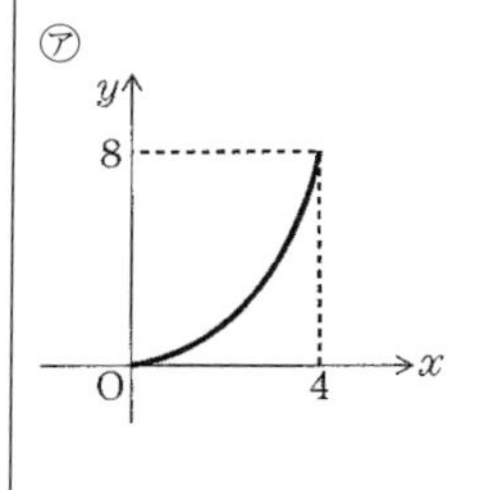

㋑ $\dfrac{1}{\cos x}$ の分母・分子に $\cos x$ を掛ける。

㋒ $\dfrac{1}{1-t^2}=\dfrac{1}{2}\left(\dfrac{1}{1-t}+\dfrac{1}{1+t}\right)$ として積分する。

練習問題　6-13

解答 p.242

カテナリー $y=\dfrac{a}{2}(e^{\frac{x}{a}}+e^{-\frac{x}{a}})$ $(a>0)$ の $-b\leq x\leq b$ の部分の曲線の長さを求めよ。

問題6-14 ▼ 媒介変数表示された曲線の弧長

円の伸開線 $\begin{cases} x = a(\cos t + t\sin t) \\ y = a(\sin t - t\cos t) \end{cases}$ $(a > 0)$ の $t = 0$ から $t = \alpha$ における曲線の長さを求めよ。

解 説 端点Pを点 $A(a,\ 0)$ にもつ糸を円 $x^2 + y^2 = a^2$ のまわりに巻きつけておいて，その糸をたわむことなくほどいていくときの点 $P(x,\ y)$ の軌跡を求めてみる。

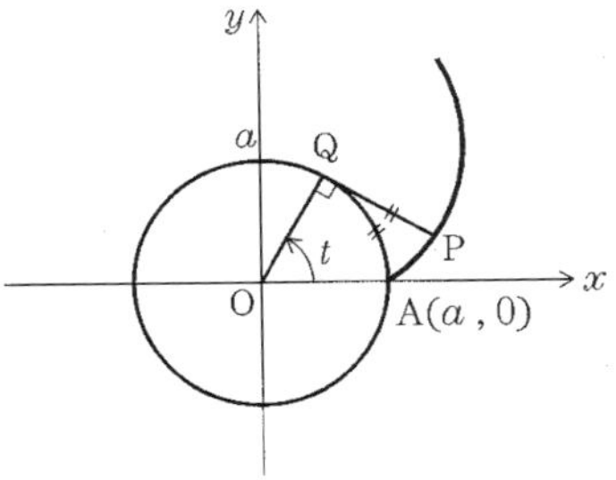

右図のように回転角 $\angle AOQ = t$ とおくと

$PQ = \overset{\frown}{AQ} = at$，$\angle OQP = \dfrac{\pi}{2}$

$\therefore\quad \overrightarrow{OP} = \overrightarrow{OQ} + \overrightarrow{QP}$

$$= \begin{pmatrix} a\cos t \\ a\sin t \end{pmatrix} + \begin{pmatrix} at\cos\left(t - \dfrac{\pi}{2}\right) \\ at\sin\left(t - \dfrac{\pi}{2}\right) \end{pmatrix} = \begin{pmatrix} a\cos t + at\sin t \\ a\sin t - at\cos t \end{pmatrix}$$

$$= \begin{pmatrix} a(\cos t + t\sin t) \\ a(\sin t - t\cos t) \end{pmatrix}$$

これが本問に示した式で，点Pの軌跡をインボリュート（伸開線）と呼ぶ。

解答

$$\frac{dx}{dt} = a(-\sin t + \sin t + t\cos t) = at\cos t$$

$$\frac{dy}{dt} = a(\cos t - \cos t + t\sin t) = at\sin t$$

$$\therefore\ \left(\frac{dx}{dt}\right)^2 + \left(\frac{dy}{dt}\right)^2 = (at\cos t)^2 + (at\sin t)^2 = a^2t^2$$

よって，求める曲線の長さ s は

$$s = \underbrace{\int_0^\alpha \sqrt{a^2t^2}\,dt}_{㋐} = \int_0^\alpha at\,dt$$

$$= \left[\frac{a}{2}t^2\right]_0^\alpha = \frac{a}{2}\alpha^2 \qquad \cdots(\text{答})$$

ポイント

㋐ 媒介変数表示された曲線の弧長

$$s = \int_\alpha^\beta \sqrt{\left(\frac{dx}{dt}\right)^2 + \left(\frac{dy}{dt}\right)^2}\,dt$$

練習問題 6-14

解答 p.243

曲線 $\begin{cases} x = 2\cos t + \cos 2t \\ y = 2\sin t - \sin 2t \end{cases}$ の $0 \leq t \leq \dfrac{2}{3}\pi$ における曲線の長さを求めよ。

問題6-15 ▼ 極方程式で表された曲線の弧長

カージオイド（心臓形）$r=a(1+\cos\theta)$ の曲線の長さを求めよ。

■ **解 説** ■　一般に，極方程式 $r=f(\theta)$ の $\alpha\leq\theta\leq\beta$ における曲線の長さ s を求めるには，直交座標を極座標に変換して

$x=r\cos\theta,\ y=r\sin\theta$ より

$$dx=dr\cos\theta-r\sin\theta\,d\theta$$

$$dy=dr\sin\theta+r\cos\theta\,d\theta$$

$$\therefore (dx)^2+(dy)^2$$

$$=(dr\cos\theta-r\sin\theta\,d\theta)^2+(dr\sin\theta+r\cos\theta\,d\theta)^2$$

$$=r^2(d\theta)^2+(dr)^2$$

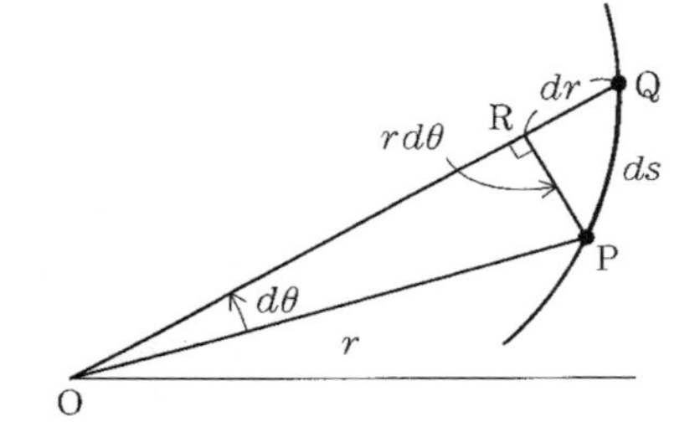

したがって，$\left(\dfrac{dx}{d\theta}\right)^2+\left(\dfrac{dy}{d\theta}\right)^2=r^2+\left(\dfrac{dr}{d\theta}\right)^2$ となることから公式を得る。

公式の覚え方としては，上図で OPR は扇形，PQR は直角三角形と見なして

$\mathrm{PR}=r\,d\theta$，$\mathrm{PQ}=\sqrt{(rd\theta)^2+(dr)^2}$

と考えて　$ds=\sqrt{(r\,d\theta)^2+(dr)^2}$ から　$\dfrac{ds}{d\theta}=\sqrt{r^2+\left(\dfrac{dr}{d\theta}\right)^2}$　とすればよい。

解答

曲線㋐は原線に関して対称であるから，求める長さは

$$s=2\int_0^{\pi}\sqrt{r^2+\left(\frac{dr}{d\theta}\right)^2}\,d\theta$$

$$=2\int_0^{\pi}\sqrt{a^2(1+\cos\theta)^2+(-a\sin\theta)^2}\,d\theta$$

$$=2a\int_0^{\pi}\sqrt{2(1+\cos\theta)}\,d\theta=4a\int_0^{\pi}\cos\frac{\theta}{2}\,d\theta$$

（㋑：$2(1+\cos\theta)$）

$$=8a\Big[\sin\frac{\theta}{2}\Big]_0^{\pi}=8a \qquad \cdots(\text{答})$$

ポイント

㋐

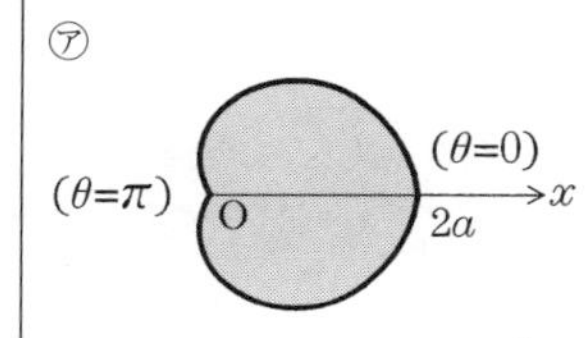

㋑　$1+\cos\theta=2\cos^2\dfrac{\theta}{2}$

練習問題　6-15　　解答 p.243

曲線 $r=a\cos^3\dfrac{\theta}{3}\ (a>0)$ の長さを求めよ。

問題6-16 ▼線積分

線積分 $I=\int_C (3x-y)dx+(x+y)dy$ を次の曲線 C に沿って求めよ。

(1) C は原点 $(0,\ 0)$ から点 $(1,\ 2)$ へ至る線分

(2) C は円 $x^2+y^2=1$ 上を正の向きに $(1,\ 0)$ から $(0,\ 1)$ へ至る弧

■ **解 説** ■ 1次の微分式 $\omega=P(x,\ y)dx+Q(x,\ y)dy$ と，

曲線 $C:x=\varphi(t),\ y=\phi(t)\ (a\leq t\leq b)$

が与えられているとき

$$\int_a^b\left\{P(\varphi,\ \phi)\frac{dx}{dt}+Q(\varphi,\ \phi)\frac{dy}{dt}\right\}dt$$

を ω の積分路 C に沿っての線積分といい

$$\int_C\omega=\int_C P(x,\ y)dx+Q(x,\ y)dy$$

と表す。また，C が閉曲線のときは，$\int_C\omega$ を $\oint_C\omega$ とも表す。

解答

(1) $\underset{㋐}{C}$ は，$x=t,\ y=2t\ (0\leq t\leq 1)$ と表せるので

$$I=\int_0^1\left\{(3x-y)\frac{dx}{dt}+(x+y)\frac{dy}{dt}\right\}dt$$

$$=\int_0^1\{(3t-2t)\cdot 1+(t+2t)\cdot 2\}dt$$

$$=\int_0^1 7t\,dt=\left[\frac{7}{2}t^2\right]_0^1=\frac{7}{2}\qquad\cdots(答)$$

(2) $\underset{㋑}{C}$ は，$x=\cos t,\ y=\sin t\ \left(0\leq t\leq\frac{\pi}{2}\right)$ と表せるので

$$I=\int_0^{\frac{\pi}{2}}\{(3\cos t-\sin t)(-\sin t)+(\cos t+\sin t)\cos t\}dt$$

$$=\int_0^{\frac{\pi}{2}}(1-2\sin t\cos t)dt=\left[t-\sin^2 t\right]_0^{\frac{\pi}{2}}$$

$$=\frac{\pi}{2}-1\qquad\cdots(答)$$

ポイント

㋐

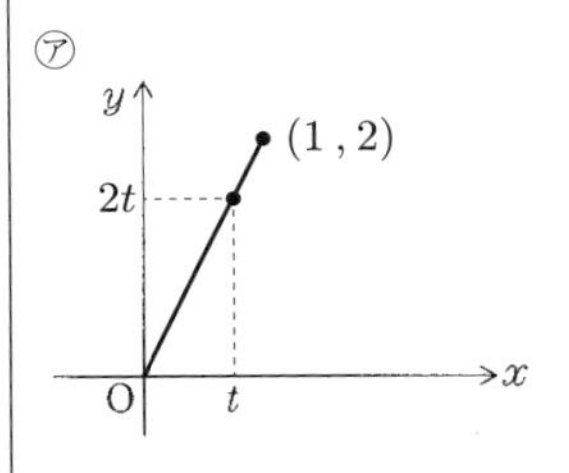

㋑

練習問題 6-16 解答 p.243

上の問題の線積分 I について，曲線 C が円 $(x-1)^2+(y-2)^2=1$ の上を正の向きに $(1,\ 1)$ から $(2,\ 2)$ へ至る弧のとき，I の値を求めよ。

問題6-17 ▼ グリーンの定理

曲線 C : $y=1,\ x=4,\ y=\sqrt{x}$ に沿って正の向きに1周するとき，次の線積分の値を求めよ。

(1) $\displaystyle\oint_C y\,dx + x\,dy$　　　(2) $\displaystyle\oint_C \frac{1}{y}dx + \frac{1}{x}dy$

■ 解 説 ■　有界な領域 D の境界が，有限個の閉曲線からなるとする。また，C は D の周で，まわる向きは正の向き（D を左側に見てまわる向き）とする。このとき，$P=P(x,\ y)$，$Q=Q(x,\ y)$ が領域 D（境界を含む）で連続な偏導関数をもつならば，次の等式が成り立つ。

$$\oint_C P\,dx + Q\,dy = \iint_D \left(\frac{\partial Q}{\partial x} - \frac{\partial P}{\partial y}\right)dxdy \qquad \text{（グリーンの定理）}$$

解答　与えられた線積分を I とおく。

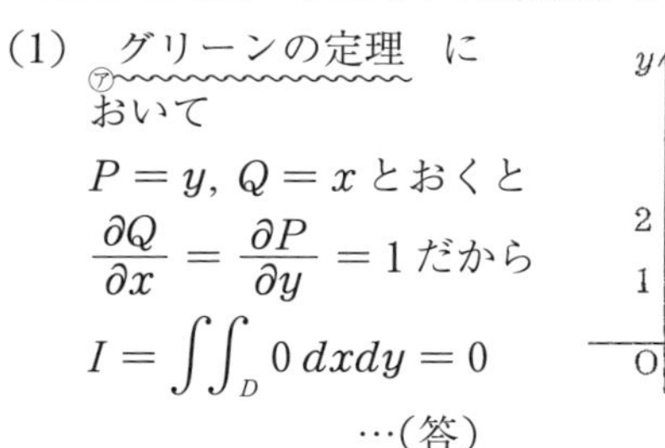

(1) グリーンの定理㋐ において

$P=y,\ Q=x$ とおくと

$\dfrac{\partial Q}{\partial x} = \dfrac{\partial P}{\partial y} = 1$ だから

$I = \displaystyle\iint_D 0\,dxdy = 0$

…(答)

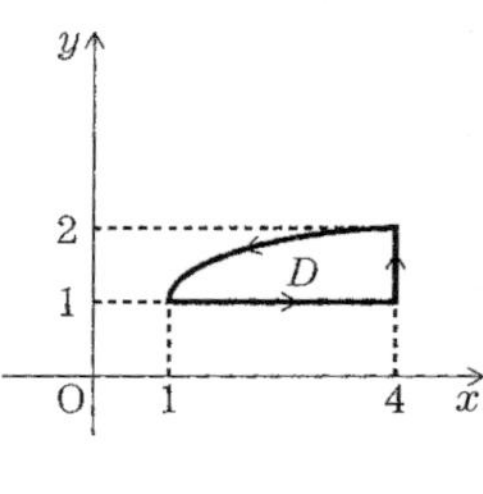

(2) $P=\dfrac{1}{y},\ Q=\dfrac{1}{x}$ とおくと㋑

$$I = \iint_D \left(-\frac{1}{x^2}+\frac{1}{y^2}\right)dxdy \text{㋒}$$

$$= \int_1^4 \left\{\int_1^{\sqrt{x}} \left(-\frac{1}{x^2}+\frac{1}{y^2}\right)dy\right\}dx$$

$$= \int_1^4 \left[-\frac{y}{x^2}-\frac{1}{y}\right]_{y=1}^{y=\sqrt{x}}dx$$

$$= \int_1^4 \left(-x^{-\frac{3}{2}} - x^{-\frac{1}{2}} + \frac{1}{x^2} + 1\right)dx$$

$$= \left[\frac{2}{\sqrt{x}} - 2\sqrt{x} - \frac{1}{x} + x\right]_1^4 = \frac{3}{4}$$

…(答)

ポイント

㋐ 曲線 C に沿って正の向きに1周し，かつ，$P=y,\ Q=x$ は連続な偏導関数をもつので，グリーンの定理が適用できる。

㋑ $\dfrac{\partial Q}{\partial x} = -\dfrac{1}{x^2}$，

$\dfrac{\partial P}{\partial y} = -\dfrac{1}{y^2}$

㋒ D は

$\begin{cases} 1 \leq y \leq \sqrt{x} & \text{かつ} \\ 1 \leq x \leq 4 \end{cases}$

練習問題　6-17　解答 p.244

円 $x^2+y^2=a^2$ を正の向きに一周するとき，次の線積分の値を求めよ。

(1) $\displaystyle\oint x\,dy - y\,dx$　　　(2) $\displaystyle\oint (x+x^2y)dx + (x^3+y^2)dy$

Chapter 7
微分方程式

基本事項

1. 微分方程式

$$(x+1)\frac{dy}{dx}=2y,\quad \frac{d^2y}{dx^2}=-y,\quad \frac{d^2y}{dx^2}+\frac{dy}{dx}-2y=e^{-x}$$

のように，x と x の関数 y，およびその導関数などの間の等式を**微分方程式**という。与えられた微分方程式を満たす y を求めることを**微分方程式を解く**という。

一般には

$$F(x,\ y,\ y',\ .\ .\ .\ ,\ y^{(n)})=0 \qquad \cdots①$$

の形の方程式を **n 階常微分方程式**という。これを解くと n 個の任意定数を含む解が得られる。この解を微分方程式①の**一般解**といい，また，一般解の任意定数に特定の値を代入して得られる解を**特殊解**という。

2. 変数分離形

$\dfrac{dy}{dx}=P(x)Q(y)\ \cdots②$　の形の微分方程式を**変数分離形**という。②を変形して，次の方程式を解けばよい。

$$\int\frac{dy}{Q(y)}=\int P(x)dx$$

これは（x のみの関数）$dx+$（y のみの関数）$dy=0$ と変形して

$$f(x)dx+g(y)dy=0 \longrightarrow \int f(x)dx+\int g(y)dy=C$$

でもよい。

3. 同次形

$\dfrac{dy}{dx}=f\left(\dfrac{y}{x}\right)\cdots③$　の形の微分方程式を**同次形**という。

$\dfrac{y}{x}=v\ (y=xv)$ とおくと，$\dfrac{dy}{dx}=v+x\dfrac{dv}{dx}$ から③は

$$v+x\frac{dv}{dx}=f(v) \Longleftrightarrow x\frac{dv}{dx}=f(v)-v$$

となり，変数分離形②に帰着する。

4. 1階線形微分方程式

$\dfrac{dy}{dx}+P(x)y=Q(x)\ \cdots④$　の形の微分方程式を**1階線形微分方程式**という。線形とは「1次」の意味で，y, y' についての1次を指す。

④の両辺に $e^{\int P(x)dx}$ を掛けて

$$e^{\int P(x)dx}\frac{dy}{dx}+P(x)e^{\int P(x)dx}y=Q(x)e^{\int P(x)dx}$$

から　$\dfrac{d}{dx}\left(ye^{\int P(x)dx}\right)=Q(x)e^{\int P(x)dx}$

よって　$y=e^{-\int P(x)dx}\left\{\int Q(x)e^{\int P(x)dx}dx+C\right\}$　となる。

5. 完全微分方程式

1 階微分方程式 $P(x,\ y)+Q(x,\ y)\dfrac{dy}{dx}=0$　…⑤

を形式的に $P(x,\ y)dx+Q(x,\ y)dy=0$ …⑤′と書いたとき，⑤′の左辺がある関数 $u(x,\ y)$ の全微分 du に等しいとき，⑤，⑤′を**完全微分方程式**という。

⑤が完全微分形 $\Longleftrightarrow$ $\dfrac{\partial P}{\partial y}=\dfrac{\partial Q}{\partial x}$ が成り立つ。

6. 2階線形微分方程式

$$\frac{d^2y}{dx^2}+P(x)\frac{dy}{dx}+Q(x)y=R(x) \quad \cdots⑥$$

の形を**2階線形微分方程式**という。

$R(x)=0$ すなわち $\dfrac{d^2y}{dx^2}+P(x)\dfrac{dy}{dx}+Q(x)y=0$　…⑦

を 2 階同次線形微分方程式という。ここで，⑦の一般解は線形独立な 2 つの解 $\varphi_1(x)$, $\varphi_2(x)$（$\varphi_1\neq 0$, $\varphi_2\neq 0$, $\varphi_2\neq\varphi_1$ の定数倍）がわかれば $y=c_1\varphi_1(x)+c_2\varphi_2(x)$（$c_1$, c_2 は任意定数）となる。このとき

⑥の一般解＝⑦の一般解＋⑥の特殊解　である。

また，定数係数の 2 階同次線形微分方程式 $\dfrac{d^2y}{dx^2}+a\dfrac{dy}{dx}+by=0$ は，特性方程式 $t^2+at+b=0$ の解によって一般解が次のようになる。

$$\begin{cases}\text{異なる 2 実数解 } \alpha,\ \beta \Longleftrightarrow y=c_1e^{\alpha x}+c_2e^{\beta x}\\ \text{重解 } \alpha \Longleftrightarrow y=(c_1+c_2x)e^{\alpha x}\\ \text{虚数解 } t=p\pm qi \Longleftrightarrow y=e^{px}(c_1\cos qx+c_2\sin qx)\end{cases}$$

7. 微分演算子

t の多項式 $P(t)=a_0t^n+a_1t^{n-1}+\cdots+a_n$ に対して

$P(D)y=a_0y^{(n)}+a_1y^{(n-1)}+\cdots+a_{n-1}y'+a_ny$

と定める。このような $P(D)$ を**微分演算子**という。

定数係数の線形微分方程式 $y^{(n)}+a_1y^{(n-1)}+\cdots+a_{n-1}y'+a_n=R(x)$ の特殊解を求めるときに，微分演算子を活用する。

問題7-1 ▼微分方程式の作成

次の式から( )内の定数を消去して微分方程式を作れ。

(1) $y = ax + a^2$ (a)　　(2) $y = ax^2 + bx$ (a, b)

(3) $x^2 + (y-a)^2 = b^2$ (a, b)

解説 一般に，n 個の任意定数を含む式からこれらを消去すると，n 階微分方程式が得られる。したがって，微分方程式の導関数の次数は任意定数の個数に一致する。(2) では，y'' までで求めるべきで，これを

$$y = ax^2 + bx \text{ から } \quad y' = 2ax + b, \quad y'' = 2a, \quad y^{(3)} = 0$$

すなわち，微分方程式は $y^{(3)} = 0$ としてはいけない。

$y^{(3)} = 0$ から順次積分すると，$y'' = c_1$，$y' = c_1x + c_2$，$y = \dfrac{c_1}{2}x^2 + c_2x + c_3$ となり，原点を通る放物線群 $y = ax^2 + bx$ と一致しなくなる。

解答

(1) $y = ax + a^2$ から $y' = a$

ⓐこれを $y = ax + a^2$ に代入して

$$y = xy' + y'^2 \quad \cdots(答)$$

(2) $y = ax^2 + bx$ から　$y' = 2ax + b$　$\cdots$①

さらに，ⓘ$y'' = 2a$ だから①に代入して

$$b = y' - 2ax = y' - xy''$$

よって，ⓤ$y = ax^2 + bx$ に a, b の式を代入して

$$2y = y''x^2 + 2(y' - xy'')x$$

$$\therefore\ x^2y'' - 2xy' + 2y = 0 \quad \cdots(答)$$

(3) $x^2 + (y-a)^2 = b^2$ の両辺を x で微分して

$2x + 2(y-a)y' = 0$　から　$x + (y-a)y' = 0$

さらに両辺を x で微分して

$$1 + y'^2 + (y-a)y'' = 0$$

よって，最後の2式からⓔ$y - a$ を消去して

$$xy'' = y' + y'^3 \quad \cdots(答)$$

ポイント

ⓐ $y'' = 0$ はいけない。1階どまりだから，$y = ax + a^2$ と $y' = a$ の2式から a を消去することになる。

ⓘ $y = ax^2 + bx$ および $y' = 2ax + b$, $y'' = 2a$ から a と b を消去する。

ⓤ 2倍した式に代入する。

ⓔ $x + (y-a)y' = 0$ $\cdots$①

$1 + y'^2 + (y-a)y'' = 0$ $\cdots$②

①$\times y''$ − ②$\times y'$ から。

練習問題　7-1　解答 p.244

次の式から( )内の定数を消去して微分方程式を作れ。

(1) $y = a\cos kx + b\sin kx$ (a, b)

(2) $ax^2 + by^2 = 1$ $(b \neq 0)$ (a, b)

問題7-2 ▼ 変数分離形

次の微分方程式を解け。

(1) $y\dfrac{dy}{dx}=xe^{x^2+y^2}$　　(2) $\left(\dfrac{dy}{dx}\right)^3=27y^2$

(3) $(2y-1)dx+(3x+1)dy=0$

解説 $\dfrac{dy}{dx}=P(x)Q(y)$ のタイプは，基本事項でも述べたように x と y を切り離して，$\dfrac{dy}{Q(y)}=P(x)dx$ として $\displaystyle\int\frac{dy}{Q(y)}=\int P(x)dx$ とする。

解答

(1) $y\dfrac{dy}{dx}=xe^{x^2+y^2}$ のとき　$y\dfrac{dy}{dx}=xe^{x^2}e^{y^2}$

$\therefore\ ye^{-y^2}dy=xe^{x^2}dx$

$\displaystyle\int ye^{-y^2}dy=\int xe^{x^2}dx$　から

$-e^{-y^2}+C=e^{x^2}$ ㋐

よって　$e^{x^2}+e^{-y^2}=C$（C は任意定数）　…(答)

(2) 与式より $\dfrac{dy}{dx}=3y^{\frac{2}{3}}$

$y=0$ ㋑ のとき　$y'=0$ となり，与式を満たす。

$y\neq0$ のとき　$y^{-\frac{2}{3}}dy=3\,dx$

$\displaystyle\int y^{-\frac{2}{3}}dy=\int 3\,dx$ から　$3y^{\frac{1}{3}}=3x+C$

$\therefore$　$y=(x+A)^3,\ y=0$ ㋒　…(答)

(3) $2y-1\neq0,\ 3x+1\neq0$ のとき

$\dfrac{dx}{3x+1}+\dfrac{dy}{2y-1}=0$ から

$\displaystyle\int\frac{dx}{3x+1}+\int\frac{dy}{2y-1}=C$

$\dfrac{1}{3}\log|3x+1|+\dfrac{1}{2}\log|2y-1|=C$

整理して ㋓　$(3x+1)^2(2y-1)^3=A$　…(答)

これは　$2y-1=0,\ 3x+1=0$ を含む。

ポイント

㋐ 正確には

$-\dfrac{1}{2}e^{-y^2}+C_1=\dfrac{1}{2}e^{x^2}$

積分定数は左辺でなく，右辺につけてもよい。

㋑ 恒等的な $y=0$，すなわち関数 $y=0$

㋒ $y^{\frac{1}{3}}=x+\dfrac{C}{3}$ で $\dfrac{C}{3}=A$ とおき，$y^{\frac{1}{3}}=x+A$ の両辺を3乗する。この $y=(x+A)^3$ において，A にどんな値を代入しても $y=0$ は得られない。

$y=0$ を特異解という。

㋓ 6倍して

$\log|(3x+1)^2(2y-1)^3|=6C$

から。

練習問題　7-2

解答 p.244

次の微分方程式を解け。

(1) $y+x\dfrac{dy}{dx}=0$　　(2) $(1+x^2)dy+(1+y^2)dx=0$

問題7-3 ▼同次形

次の微分方程式を与えられた初期条件のもとで解け。

$$x+y+(y-x)\frac{dy}{dx}=0 \quad (x=2\text{のとき } y=0)$$

■ **解 説** ■ 与式は$x+y$, $y-x$がともに定数を含まないx, yの1次式であるから，両辺をxで割り$1+\dfrac{y}{x}+\left(\dfrac{y}{x}-1\right)\dfrac{dy}{dx}=0$と変形すると，同次形$\dfrac{dy}{dx}=f\left(\dfrac{y}{x}\right)$であることがわかる。このようなときは$\dfrac{y}{x}=v$とおくと，$x$, vについての変数分離形に帰着する。

解答

$x=0$は与式を満たさないので，両辺をxで割ると

$$1+\frac{y}{x}+\left(\frac{y}{x}-1\right)\frac{dy}{dx}=0 \qquad \cdots①$$

$\dfrac{y}{x}=v$とおくと，$y=xv$より $\dfrac{dy}{dx}=v+x\dfrac{dv}{dx}$

①に代入して　$1+v+(v-1)\left(v+x\dfrac{dv}{dx}\right)=0$

$$x(v-1)\frac{dv}{dx}+v^2+1=0$$

$$\underset{㋐}{\frac{v-1}{v^2+1}dv+\frac{dx}{x}=0}$$

$$\int\frac{v-1}{v^2+1}dv+\int\frac{dx}{x}=C$$

$$\underset{㋑}{\frac{1}{2}\log(v^2+1)-\tan^{-1}v+\log|x|=C}$$

$$\log(v^2+1)+\log x^2=2C+2\tan^{-1}v$$

$$\underset{㋒}{\log(v^2+1)x^2}=2C+2\tan^{-1}v$$

$$\therefore\ x^2+y^2=Ae^{2\tan^{-1}\frac{y}{x}}$$

$\underset{㋓}{\text{初期条件}x}=2$のとき $y=0$より

$$2^2=Ae^0=A \qquad \therefore\ A=4$$

よって　$x^2+y^2=4e^{2\tan^{-1}\frac{y}{x}}$ $\qquad\cdots$(答)

ポイント

㋐　変数分離形

㋑　$\displaystyle\int\frac{v}{v^2+1}dv=\frac{1}{2}\log(v^2+1)$

$\displaystyle\int\frac{dv}{v^2+1}=\tan^{-1}v$

㋒

$(v^2+1)x^2=x^2+y^2$

$\log(x^2+y^2)=2C+2\tan^{-1}\dfrac{y}{x}$

より

$x^2+y^2=e^{2C}e^{2\tan^{-1}\frac{y}{x}}$

$e^{2C}=A$とおく。

㋓　特殊解を求めるために与えられた条件。

練習問題　7-3 　　解答 p.245

微分方程式$(x^2-y^2)\dfrac{dy}{dx}=2xy$を初期条件「$x=1$のとき $y=1$」のもとで解け。

問題7-4 ▼ 1階線形微分方程式

次の微分方程式を解け。

(1) $\dfrac{dy}{dx}-2y=e^{3x}$　　(2) $(1+x^2)\dfrac{dy}{dx}=xy+2$

解説　線形微分方程式 $\dfrac{dy}{dx}+P(x)y=Q(x)$ の解法，およびその一般解は基本事項で示したが，両辺に $e^{\int P(x)dx}$ を掛けることを覚えておくとよい。

特に，$\dfrac{dy}{dx}+py=Q(x)$（pは定数）のタイプは，両辺に e^{px} を掛けて $\dfrac{dy}{dx}e^{px}+pe^{px}y=(ye^{px})'=Q(x)e^{px}$ と変形できる。

解答

(1) 与式の両辺に e^{-2x} を掛けて

$$\frac{dy}{dx}e^{-2x}-2e^{-2x}y=e^{3x}\cdot e^{-2x}=e^x$$

$$(ye^{-2x})'=e^x \qquad ye^{-2x}=\int e^x dx=e^x+C$$

$\therefore\quad y=e^{3x}+Ce^{2x}$　（Cは任意定数）　…(答)

(2) 与式から $\dfrac{dy}{dx}-\dfrac{x}{1+x^2}y=\dfrac{2}{1+x^2}$　…①

$$e^{\int\left(-\frac{x}{1+x^2}\right)dx}=\underset{㋐}{e^{-\frac{1}{2}\log(1+x^2)}}=\frac{1}{\sqrt{1+x^2}}$$

を①の両辺に掛けて

$\underset{㋑}{\left(y\cdot\dfrac{1}{\sqrt{1+x^2}}\right)'}=\dfrac{2}{(1+x^2)^{\frac{3}{2}}}$ となるので

$$\frac{y}{\sqrt{1+x^2}}=2\int\frac{dx}{(1+x^2)^{\frac{3}{2}}}\underset{㋒}{+C} \quad\cdots②$$

②の右辺で $\underset{㋓}{x=\tan\theta}\left(|\theta|<\dfrac{\pi}{2}\right)$ とおくと

$$\int\frac{dx}{(1+x^2)^{\frac{3}{2}}}=\int\frac{\sec^2\theta}{\sec^3\theta}d\theta=\int\cos\theta\,d\theta$$

$$=\underset{㋔}{\sin\theta=\frac{x}{\sqrt{1+x^2}}}$$

よって，②から　$y=2x+C\sqrt{1+x^2}$　…(答)

ポイント

㋐ $a^{\log_a x}=x$ により
$e^{\log(1+x^2)^{-\frac{1}{2}}}=(1+x^2)^{-\frac{1}{2}}$

㋑ $\left(y\cdot\dfrac{1}{\sqrt{1+x^2}}\right)'$
$=\dfrac{dy}{dx}\cdot\dfrac{1}{\sqrt{1+x^2}}-\dfrac{x}{(1+x^2)^{\frac{3}{2}}}y$

㋒ 任意定数Cは，ここでつけないで，㋔のところでつけてもよい。

㋓ $1+x^2=\dfrac{1}{\cos^2\theta}=\sec^2\theta$
$dx=\dfrac{d\theta}{\cos^2\theta}=\sec^2\theta\,d\theta$

㋔ $|\theta|<\dfrac{\pi}{2}$ においては，$\tan\theta$ と $\sin\theta$ は同符号である。

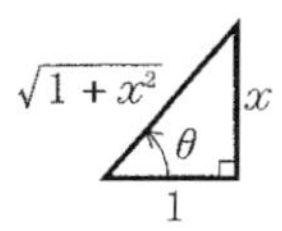

練習問題　7-4　解答 p.245

微分方程式 $x\dfrac{dy}{dx}+y=x^3y^2$ を $z=\dfrac{1}{y}$ とおくことにより解け。

問題7-5 ▼ 完全微分方程式

微分方程式 $3x^2+8xy+2(2x^2+3y^2)\dfrac{dy}{dx}=0$ を解け。

解 説 本問は，同次形と見なして解くこともできるが，ここでは $(3x^2+8xy)dx+(4x^2+6y^2)dy=0$ と変形して，左辺がある関数の完全微分形になっていないかどうかを確かめてみよう。

$P(x,\ y)=3x^2+8xy,\ Q(x,\ y)=2(2x^2+3y^2)$ とおくと $\dfrac{\partial P}{\partial y}=\dfrac{\partial Q}{\partial x}=8x$ より，与えられた微分方程式は完全微分形であることがわかる。

一般に，$P(x,\ y)dx+Q(x,\ y)dy=0$ が完全微分形のとき

$df(x,\ y)=P(x,\ y)dx+Q(x,\ y)dy$ となる $f(x,\ y)$ の求め方の手順は

(1) $\displaystyle\int P(x,\ y)dx$ を計算し，これを $g(x,\ y)$ とおく。

(2) $f(x,\ y)=g(x,\ y)+\varphi(y)$ とおいて，$\dfrac{\partial f}{\partial y}=Q(x,\ y)$ より未知の関数 $\varphi(y)$ を求める。

(3) $f(x,\ y)=g(x,\ y)+\varphi(y)=C$ が求める一般解である。

のようにする。

解答

$P=3x^2+8xy,\ Q=2(2x^2+3y^2)$ とおくと

$\dfrac{\partial P}{\partial y}=\dfrac{\partial Q}{\partial x}=8x$ より，与式は完全微分形である。

㋐ $\displaystyle\int P\,dx=\int(3x^2+8xy)dx=x^3+4x^2y$

より，$f(x,\ y)=x^3+4x^2y+$ ㋑ $\varphi(y)$ とおくと

$\dfrac{\partial f}{\partial y}=4x^2+\varphi'(y)$ から

㋒ $4x^2+\varphi'(y)=2(2x^2+3y^2)$

$\varphi'(y)=6y^2$ より $\varphi(y)=2y^3$

よって，求める ㋓ 一般解 は

$x^3+4x^2y+2y^3=C$ （C は任意定数） …(答)

ポイント

㋐ $\displaystyle\int P\,dx$ は，y を定数と見なして x について積分する。

㋑ $\varphi(y)$ は x を含まない y のみの関数。

㋒ $\dfrac{\partial f}{\partial y}=Q$

㋓ $f(x,\ y)=C$ （C は任意定数）

練習問題 7-5

解答 p.245

微分方程式 $2xy^3+\dfrac{1}{x}+\left(3x^2y^2-\dfrac{1}{y}\right)\dfrac{dy}{dx}=0$ を解け。

問題7-6 ▼ 定数係数の2階同次線形微分方程式

次の微分方程式を与えられた初期条件のもとで解け。

(1) $2y'' + 5y' - 3y = 0$ ($x = 0$ のとき $y = 5$, $y' = -8$)

(2) $y'' - 6y' + 13y = 0$ ($x = 0$ のとき $y = 3$, $y' = 7$)

解説 定数係数の2階同次線形微分方程式 $y'' + ay' + by = 0$ は，基本事項でまとめたように，特性方程式 $t^2 + at + b = 0$ を解いて，その解の形により一般解が異なる。

この特性方程式は，$y = e^{tx}$ を微分方程式の解とするとき，$y' = te^{tx}$, $y'' = t^2e^{tx}$ となるので，これらを微分方程式に代入して　$t^2e^{tx} + ate^{tx} + be^{tx} = 0$

$e^{tx} \neq 0$ から　$t^2 + at + b = 0$　として導かれる。

解答

(1) 特性方程式は　$2t^2 + 5t - 3 = 0$

$(t+3)(2t-1) = 0$　$t = \underset{㋐}{-3,\ \frac{1}{2}}$

$\therefore$ 一般解は $y = Ae^{-3x} + Be^{\frac{1}{2}x}$

このとき $y' = -3Ae^{-3x} + \frac{B}{2}e^{\frac{1}{2}x}$

したがって，初期条件から

$A + B = 5$, $-3A + \frac{B}{2} = -8$ より $A = 3$, $B = 2$

よって　$y = 3e^{-3x} + 2e^{\frac{1}{2}x}$　…(答)

(2) 特性方程式は　$t^2 - 6t + 13 = 0$

㋑ $t = 3 \pm \sqrt{-4} = 3 \pm 2i$

$\therefore$ 一般解は　$y = e^{3x}(A\cos 2x + B\sin 2x)$

このとき $y' = 3e^{3x}(A\cos 2x + B\sin 2x)$

$+ e^{3x}(-2A\sin 2x + 2B\cos 2x)$

㋒ 初期条件から　$A = 3$, $B = -1$

よって　$y = e^{3x}(3\cos 2x - \sin 2x)$　…(答)

ポイント

㋐ 異なる2実数解 α, β だから，一般解は

$y = Ae^{\alpha x} + Be^{\beta x}$

㋑ 虚数解 $t = p \pm qi$ だから，一般解は
$y = e^{px}(A\cos qx + B\sin qx)$

㋒ $\begin{cases} A = 3 \\ 3A + 2B = 7 \end{cases}$ より。

練習問題 7-6

解答 p.245

微分方程式 $y'' - 6y' + 9y = 0$ を初期条件「$x = 0$ のとき $y = -1$, $y' = 1$」のもとで解け。

問題7-7 ▼ 定数係数の2階非同次線形微分方程式 (1)

次の微分方程式を解け。

$$y'' + 3y' - 4y = x^2$$

■ **解 説** ■　定数係数の2階線形微分方程式の一般的な場合である。

$$y'' + ay' + by = R(x) \quad (R(x) \neq 0) \qquad \cdots ①$$

の一般解を求めるには次の手順に従えばよい。

(1) 同次線形微分方程式 $y'' + ay' + by = 0$ の一般解（**余関数**という）$y_c(x)$ を求める。

(2) ①を満たす特殊解 $Y(x)$ を求める。この際，$y'' + ay' + by = 0$ の一般解 $y_c(x)$ の任意定数 c_1, c_2 がどのような値をとっても $R(x)$ に等しくならないときは，$Y(x)$ は $R(x)$ の形に合わせて，簡単に決定することができる。

(3) ①の一般解は $y = y_c(x) + Y(x)$ となる。

解答

特性方程式 $t^2 + 3t - 4 = 0$ の解は　$t = 1, -4$

$\therefore$ 余関数 $y_c(x) = c_1e^x + c_2e^{-4x}$

特殊解を ㋐$Y(x) = Ax^2 + Bx + C$ とおくと

$$Y' = 2Ax + B,\ Y'' = 2A$$

これらを与式に代入して

$$2A + 3(2Ax + B) - 4(Ax^2 + Bx + C) = x^2$$

$$-4Ax^2 + (6A - 4B)x + 2A + 3B - 4C = x^2$$

これは ㋑x についての恒等式だから

$$-4A = 1, \quad 6A - 4B = 0, \quad 2A + 3B - 4C = 0$$

$$\therefore\ A = -\frac{1}{4},\ B = -\frac{3}{8},\ C = -\frac{13}{32}$$

すなわち　$Y(x) = -\dfrac{1}{4}x^2 - \dfrac{3}{8}x - \dfrac{13}{32}$

よって　$y = y_c(x) + Y(x)$

$$= c_1e^x + c_2e^{-4x} - \frac{1}{4}x^2 - \frac{3}{8}x - \frac{13}{32}$$

…(答)

ポイント

㋐ c_1, c_2 がどのような値をとっても，$y_c(x)$ は x^2 にはならないので，「2次式には2次式を」と考えて，$Y(x)$ をこのようにおく。

㋑ 未定係数法における係数比較法。

練習問題　7-7

解答 p.246

次の微分方程式を解け。

(1) $y'' - 2y' + y = e^{3x}$　　(2) $y'' + 2y' + 2y = \cos x$

問題7-8 ▼ 定数係数の2階非同次線形微分方程式 (2)

次の微分方程式を解け。

$$y'' + 4y = e^{-x} + 3\cos 2x$$

■ **解 説** ■ $t^2 + 4 = 0$ より $t = \pm 2i$ だから，余関数は

$y_c(x) = e^{0x}(c_1 \cos 2x + c_2 \sin 2x) = c_1 \cos 2x + c_2 \sin 2x$ となる。

これより，e^{-x} に対応する特殊解は Ae^{-x} としてよいが，$3\cos 2x$ に対応する特殊解は $B\cos 2x + C\sin 2x$ としてはいけない。実際に $y = B\cos 2x + C\sin 2x$ とおくと，$y'' = -4B\cos 2x - 4C\sin 2x$ となり，$y'' + 4y = 0$ となってしまう。このようなときは，特殊解を $x(B\cos 2x + C\sin 2x)$ とおくとよい。

解答

特性方程式 $t^2 + 4 = 0$ の解は　$t = \pm 2i$

$\therefore$ 余関数 $y_c(x) = c_1 \cos 2x + c_2 \sin 2x$

特殊解を $Y(x) = Ae^{-x} + \underbrace{x(B\cos 2x + C\sin 2x)}_{㋐}$ とおくと

$$Y' = -Ae^{-x} + B\cos 2x + C\sin 2x + x(-2B\sin 2x + 2C\cos 2x)$$

$$Y'' = Ae^{-x} - 4B\sin 2x + 4C\cos 2x + x(-4B\cos 2x - 4C\sin 2x)$$

これらを与式に代入して，整理すると

$$5Ae^{-x} - 4B\sin 2x + 4C\cos 2x = e^{-x} + 3\cos 2x$$

これより　$5A = 1,\ -4B = 0,\ 4C = 3$

$\therefore\ A = \dfrac{1}{5},\ B = 0,\ C = \dfrac{3}{4}$

すなわち　$Y(x) = \dfrac{1}{5}e^{-x} + \dfrac{3}{4}x\sin 2x$

よって　$y = c_1 \cos 2x + c_2 \sin 2x + \dfrac{1}{5}e^{-x} + \dfrac{3}{4}x\sin 2x$　…(答)

ポイント

㋐ $c_1 = 3,\ c_2 = 0$ とおくと与式の $3\cos 2x$ と一致する。

一般に

$y'' + ay' + by = R(x)$ で

$R(x) = p\cos \mu x + q\sin \mu x$

の場合，特性方程式が

(i) 虚数解 μi を解にもたない

→ 特殊解は

$B\cos \mu x + C\sin \mu x$

(ii) 虚数解 μi を解にもつ

→ 特殊解は

$x(B\cos \mu x + C\sin \mu x)$

とおける。

練習問題 7-8

解答 p.246

次の微分方程式を解け。

$$y'' - 2y' - 3y = x + e^{-x}$$

問題7-9 ▼ 定数係数の n 階線形微分方程式 (1)

次の微分方程式を解け。

(1) $y^{(3)}-3y'-2y=0$　　(2) $y^{(3)}+3y''+3y'+y=0$

(3) $y^{(5)}-2y^{(4)}+2y^{(3)}-4y''+y'-2y=0$

解 説　n 階線形微分方程式で定数係数であるもの，すなわち

$$y^{(n)}+a_1y^{(n-1)}+\cdots+a_{n-1}y'+a_ny=R(x)\quad(\text{係数 } a_i \text{ はすべて定数})$$

の解法の原理は2階線形微分方程式と同じである。

特性方程式 $t^n+a_1t^{n-1}+\cdots+a_{n-1}t+a_n=0$ を解いて，その解により $R(x)=0$ の場合の一般解がわかる。ただし，解 t の重複度に注意が必要である。

解 t の種類により，一般解の基本解は次のようになる。

- $t=\lambda$ が実数の単根 ⟶ $c_1e^{\lambda x}$
- $t=\lambda$ が実数の m 重解 ⟶ $(c_1+c_2x+\cdots+c_mx^{m-1})e^{\lambda x}$
- $t=p\pm qi$ が m 重解 ⟶ $(c_1+c_2x+\cdots+c_mx^{m-1})e^{px}\cos qx$
  $+(d_1+d_2x+\cdots+d_mx^{m-1})e^{px}\sin qx$

解答

(1) 特性方程式 $t^3-3t-2=0$ を解いて ㋐

$(t+1)^2(t-2)=0$　　$t=-1$ (2重解), 2

よって，$y=(c_1+c_2x)e^{-x}+c_3e^{2x}$

(c_1, c_2, c_3 は任意定数) …(答)

(2) 特性方程式 $t^3+3t^2+3t+1=0$ を解いて

$(t+1)^3=0$　　$t=-1$ (3重解)

よって，$y=(c_1+c_2x+c_3x^2)e^{-x}$ …(答)

(3) 特性方程式は

$t^5-2t^4+2t^3-4t^2+t-2=0$ ㋑

$(t-2)(t^2+1)^2=0$

$\therefore\ t=\pm i$ (2重解), 2

よって，

$y=c_1e^{2x}$

$+(c_2+c_3x)\cos x+(c_4+c_5x)\sin x$ …(答)

ポイント

㋐ $t=-1$ は解である。組立て除法を用いて

−1	1	0	−3	−2
		−1	1	2
	1	−1	−2	0

これより

$(t+1)(t^2-t-2)=0$

㋑ $t=2$ は解である。㋐と同様に，組立て除法を用いる。

練習問題　7-9　解答 p.246

次の微分方程式を解け。

(1) $y^{(4)}-y''-2y'+2y=0$　　(2) $y^{(4)}-4y^{(3)}+8y''-8y'+4y=0$

問題7-10 ▼定数係数の n 階線形微分方程式 (2)

次の微分方程式を解け。

$$y^{(3)}-3y'-2y=xe^{-x}$$

■ **解 説** ■ 問題7-9の(1)から，余関数は $y_c(x)=(c_1+c_2x)e^{-x}+c_3e^{2x}$ である。ここで，$c_1=0,\ c_2=1,\ c_3=0$ とおくと $R(x)=xe^{-x}$ と一致するので，特殊解として $(Ax+B)e^{-x}$ とおくことはできない。そこで，Ax^2e^{-x} とおくとよさそうであるが，実際に計算を実行すると，$y=Ax^2e^{-x}$ のとき $y^{(3)}-3y'-2y=-6Ae^{-x}$ となり不適である。$(Ax^3+Bx^2)e^{-x}$ とおいてみよう。

詳しくは微分演算子による解法を学ぶと特殊解がわかる。

解答

余関数は $y_c(x)=(c_1+c_2x)e^{-x}+c_3e^{2x}$ ㋐

特殊解として，$Y(x)=(Ax^3+Bx^2)e^{-x}$ ㋑ とおくと

$$Y'=(3Ax^2+2Bx)e^{-x}-(Ax^3+Bx^2)e^{-x}$$

$$Y''=(6Ax+2B)e^{-x}-2(3Ax^2+2Bx)e^{-x}+(Ax^3+Bx^2)e^{-x}$$

$$Y^{(3)}=6Ae^{-x}-3(6Ax+2B)e^{-x}+3(3Ax^2+2Bx)e^{-x}-(Ax^3+Bx^2)e^{-x}$$

これらを与式に代入して，整理すると

$$(-18Ax+6A-6B)e^{-x}=xe^{-x}$$

$$\therefore\ -18Ax+6A-6B=x$$

x についての恒等式であるから

$$-18A=1,\ 6A-6B=0 \qquad \therefore\ A=B=-\frac{1}{18}$$

したがって $Y(x)=\left(-\dfrac{1}{18}x^3-\dfrac{1}{18}x^2\right)e^{-x}$

よって $y=y_c(x)+Y(x)$

$$=\left(c_1+c_2x-\frac{1}{18}x^2-\frac{1}{18}x^3\right)e^{-x}+c_3e^{2x}$$

…(答)

ポイント

㋐ 問題7-9の(1)参照。

㋑ $y=(Cx+D)e^{-x}$ とおくと

$$y^{(3)}-3y'-2y=0$$

となるので
$Y(x)=(Ax^3+Bx^2+Cx+D)e^{-x}$
とおく必要はない。

練習問題 7-10 解答 p.247

次の微分方程式を解け。

$$y^{(3)}+y=e^{-x}+\sin x$$

問題7-11 ▼微分演算子による解法 (1)

次の微分方程式の特殊解を求めよ。

(1) $(D^2+D+1)y=e^{2x}$ (2) $(D^4-2D^2+1)y=e^{-x}$

解 説 微分演算子による定数係数の非同次線形微分方程式

$$P(D)y=(D^n+a_1D^{n-1}+\cdots+a_{n-1}D+a_n)y=f(x)$$

の特殊解 $Y(x)=y_0(x)$ の求め方について学ぶ。

$P(D)y=f(x)$ のとき $y_0(x)=P(D)^{-1}f(x)=\dfrac{1}{P(D)}f(x)$ と表す。

① $Dy=f(x)$ のときは $y_0(x)=D^{-1}f(x)=\displaystyle\int f(x)dx$

② $P(D)e^{\lambda x}=P(\lambda)e^{\lambda x}$

③ $(D-\lambda)y=e^{\alpha x}$ のとき

$$y_0(x)=(D-\lambda)^{-1}e^{\alpha x}=\begin{cases}\dfrac{1}{\alpha-\lambda}e^{\alpha x} & (\alpha\neq\lambda)\\ xe^{\alpha x} & (\alpha=\lambda)\end{cases}$$

$(D-\lambda)^m y=e^{\alpha x}$ のとき

$$y_0(x)=(D-\lambda)^{-m}e^{\alpha x}=\begin{cases}\dfrac{1}{(\alpha-\lambda)^m}e^{\alpha x} & (\alpha\neq\lambda)\\ \dfrac{x^m}{m!}e^{\alpha x} & (\alpha=\lambda)\end{cases}$$

などが成り立つ。特に，$P(D)y=e^{\alpha x}$ で $P(\alpha)\neq 0$ のときは，②より

$P(D)\left(\dfrac{e^{\alpha x}}{P(\alpha)}\right)=e^{\alpha x}$ となるので $y_0(x)=\dfrac{e^{\alpha x}}{P(\alpha)}$ となる。

解答

(1) $P(D)y=e^{2x}$ で $P(2)=2^2+2+1=7\neq 0$

よって $y_0(x)=\dfrac{e^{2x}}{P(2)}=\dfrac{1}{7}e^{2x}$ …(答)

(2) $P(D)y=(D^4-2D^2+1)y$

$$=\underset{㋐}{(D-1)^2(D+1)^2y=e^{-x}}$$

$$\underset{㋑}{(D+1)^2y=(D-1)^{-2}e^{-x}=\frac{1}{(-1-1)^2}e^{-x}=\frac{1}{4}e^{-x}}$$

$$\therefore\ y_0(x)=(D+1)^{-2}\left(\frac{1}{4}e^{-x}\right)$$

$$=\frac{x^2}{2!}\cdot\frac{1}{4}e^{-x}=\frac{x^2}{8}e^{-x}$$ …(答)

ポイント

㋐ $P(D)$
$=(D-1)^2(D+1)^2$
$=P_1(D)(D+1)^2$
で，$P_1(-1)=4\neq 0$

㋑ 上の解説の③で $\alpha=\lambda=-1,\ m=2$ のときである。

練習問題 7-11 解答 p.247

次の微分方程式を解け。

(1) $(D^2-2D+4)y=e^{-2x}$ (2) $(D^3-2D^2-D+2)y=e^{2x}$

問題7-12 ▼微分演算子による解法 (2)

次の微分方程式の特殊解を求めよ。

$$(D^3 - 4D^2 + 3D)y = x^2 + 2x + 3$$

■ 解 説 ■　$P(D)y = Q_k(x)$（$Q_k(x)$ は k 次多項式）の解法について考える。

$\lambda = 0$ が特性方程式 $P(\lambda) = 0$ の解でないとき，すなわち $P(0) \neq 0$ のとき，1 を $P(\lambda)$ で昇べきの順に割り算して

$$\frac{1}{P(\lambda)} = b_0 + b_1\lambda + \cdots + b_k\lambda^k + \lambda^{k+1}\frac{R(\lambda)}{P(\lambda)}$$

となったとすると

$$1 = (b_0 + b_1\lambda + \cdots + b_k\lambda^k)P(\lambda) + \lambda^{k+1}R(\lambda)$$

λ を D で置き換え，k 次の多項式 $Q_k(x)$ に対し $D^{k+1}Q_k(x) = 0$ を用いて

$$Q_k(x) = P(D)(b_0 + b_1D + \cdots + b_kD^k)Q_k(x)$$

よって，特殊解 $y_0(x) = P(D)^{-1}Q_k(x) = (b_0 + b_1D + \cdots + b_kD^k)Q_k(x)$ が得られる。

また，$\lambda = 0$ が $P(\lambda) = 0$ の m 重解のときは $P(\lambda) = \lambda^m P_1(\lambda)$ となり

$$P(D)y = D^m P_1(D)y = P_1(D)(D^m y) = Q_k(x)$$

これより $D^m y = P_1(D)^{-1}Q_k(x)$ となり，積分を m 回繰り返すことにより特殊解 $y_0(x)$ が得られる。

解答

$$P(D) = D^3 - 4D^2 + 3D = (3 - 4D + D^2)D = P_1(D)D$$

$$\frac{1}{P_1(\lambda)} = \underset{㋐}{\frac{1}{3 - 4\lambda + \lambda^2}} = \frac{1}{3} + \frac{4}{9}\lambda + \frac{13}{27}\lambda^2 + \frac{\lambda^3 R(\lambda)}{3 - 4\lambda + \lambda^2}$$

$$\therefore \quad \underset{㋑}{Dy} = P_1(D)^{-1}(x^2 + 2x + 3)$$

$$= \left(\frac{1}{3} + \frac{4}{9}D + \frac{13}{27}D^2\right)(x^2 + 2x + 3)$$

$$= \frac{1}{3}(x^2 + 2x + 3) + \frac{4}{9}(2x + 2) + \frac{13}{27}\cdot 2$$

$$= \frac{1}{3}x^2 + \frac{14}{9}x + \frac{77}{27}$$

よって　$\underset{㋒}{y_0(x) = \frac{1}{9}x^3 + \frac{7}{9}x^2 + \frac{77}{27}x}$　…(答)

ポイント

㋐　たての割り算を実行。
$3 - 4\lambda + \lambda^2 \,\overline{)\,1}$

㋑
$P_1(D)(Dy) = x^2 + 2x + 3$ より Dy を求める。

㋒　積分して
$y_0(x)$
$= \int \left(\frac{1}{3}x^2 + \frac{14}{9}x + \frac{77}{27}\right)dx$

練習問題　7-12　解答 p.247

次の微分方程式を解け。

$$(D^4 - 3D^3 + 2D^2)y = x^2 + 2x + 1$$

問題7-13 ▼ 微分演算子による解法 (3)

次の微分方程式の特殊解を求めよ。

$$(D^2-8D+15)y=e^{2x}(x^2+2x+3)$$

解 説 $P(D)y=e^{\alpha x}Q_k(x)$（$\alpha \neq 0$, $Q_k(x)$ は k 次多項式）の解法について考える。まず，$y=f(x)$ として

$$D(e^{-\alpha x}y)=e^{-\alpha x}y'-\alpha e^{-\alpha x}y=e^{-\alpha x}(y'-\alpha y)$$

$$=e^{-\alpha x}(D-\alpha)y$$

より，両辺に $e^{\alpha x}$ を掛けると　$(D-\alpha)y=e^{\alpha x}D(e^{-\alpha x}y)$

これを繰り返し用いると

$$(D-\alpha)^2y=(D-\alpha)\{(D-\alpha)y\}=(D-\alpha)\{e^{\alpha x}D(e^{-\alpha x}y)\}$$

$$=e^{\alpha x}D\{e^{-\alpha x}\cdot e^{\alpha x}D(e^{-\alpha x}y)\}$$

$$=e^{\alpha x}D\{D(e^{-\alpha x}y)\}=e^{\alpha x}D^2(e^{-\alpha x}y)$$

したがって，帰納的に $(D-\alpha)^ny=e^{\alpha x}D^n(e^{-\alpha x}y)$ が成り立つ。演算子多項式 $P(D)=\sum_{k=0}^{n}a_kD^{n-k}$ に対しても成り立つので

$$P(D-\alpha)y=\sum_{k=0}^{n}a_k(D-\alpha)^{n-k}y=e^{\alpha x}P(D)(e^{-\alpha x}y)$$

D の代わりに $D+\alpha$ とおくと　　$P(D)y=e^{\alpha x}P(D+\alpha)(e^{-\alpha x}y)$

よって，$P(D+\alpha)(e^{-\alpha x}y)=Q_k(x)$ となり，前問の考え方を利用して $e^{-\alpha x}y$ がわかり，すなわち $y_0(x)$ を求めることができる。

解答

$$\underset{㋐}{\{(D+2)^2-8(D+2)+15\}(e^{-2x}y)}=x^2+2x+3$$

$$(D^2-4D+3)(e^{-2x}y)=x^2+2x+3$$

$$\therefore\ e^{-2x}y=(3-4D+D^2)^{-1}(x^2+2x+3)$$

$$=\underset{㋑}{\left(\frac{1}{3}+\frac{4}{9}D+\frac{13}{27}D^2\right)}(x^2+2x+3)$$

$$=\frac{1}{3}x^2+\frac{14}{9}x+\frac{77}{27}$$

よって，求める特殊解は

$$y_0(x)=e^{2x}\left(\frac{1}{3}x^2+\frac{14}{9}x+\frac{77}{27}\right)\qquad\cdots(答)$$

ポイント

㋐ $P(D)y=e^{\alpha x}Q_k(x)$ において，$\alpha=2$ のときだから $P(D+2)(e^{-2x}y)=Q_k(x)$ となる。

㋑ 前問の $P_1(D)^{-1}$ の結果を用いた。

練習問題　7-13　解答 p.248

次の微分方程式を解け。

$$(D^3-2D^2-D+2)y=e^{2x}x$$

問題7-14 ▼ 簡単な連立線形微分方程式（1）

連立微分方程式 $\begin{cases} \dfrac{dx}{dt} = 4x - y \\ \dfrac{dy}{dt} = 2x + y \end{cases}$ を解け。

■ **解 説** ■　tを独立変数とし，2つの従属変数x, yに関する連立微分方程式で，定数係数の連立同次線形微分方程式 $\begin{cases} \dfrac{dx}{dt} = p_1x + q_1y \\ \dfrac{dy}{dt} = p_2x + q_2y \end{cases}$ …①

の解法について学ぶ。このとき，解は$x = \alpha e^{\lambda t}$, $y = \beta e^{\lambda t}$（α, β, λは定数）であると推測されるので，①に代入して$e^{\lambda t}$ $(\neq 0)$で割ると

$$\begin{cases} (p_1 - \lambda)\alpha + q_1\beta = 0 \\ p_2\alpha + (q_2 - \lambda)\beta = 0 \end{cases} \iff \begin{pmatrix} p_1 - \lambda & q_1 \\ p_2 & q_2 - \lambda \end{pmatrix}\begin{pmatrix} \alpha \\ \beta \end{pmatrix} = \begin{pmatrix} 0 \\ 0 \end{pmatrix}$$

ここで，α, βは同時には0でないから $\begin{vmatrix} p_1 - \lambda & q_1 \\ p_2 & q_2 - \lambda \end{vmatrix} = 0$ …②

であるべきである。この関係式②を①の**特性方程式**という。これは行列の固有値を求める固有方程式とまったく同値である。

解答

㋐特性方程式は $\begin{vmatrix} 4 - \lambda & -1 \\ 2 & 1 - \lambda \end{vmatrix} = 0$

$(4 - \lambda)(1 - \lambda) - (-1)\cdot 2 = 0$　　$\lambda^2 - 5\lambda + 6 = 0$

$(\lambda - 2)(\lambda - 3) = 0$　　　$\therefore\ \lambda = 2, 3$

$\lambda = 2$のとき　$2\alpha - \beta = 0$から$\alpha : \beta = 1 : 2$だから，

解は㋑$x = e^{2t}$, $y = 2e^{2t}$

$\lambda = 3$のとき　$\alpha - \beta = 0$から$\alpha : \beta = 1 : 1$だから，

解は$x = e^{3t}$, $y = e^{3t}$

よって，求める一般解は

$x = c_1e^{2t} + c_2e^{3t}$, $y = 2c_1e^{2t} + c_2e^{3t}$　　…(答)

ポイント

㋐　$A = \begin{pmatrix} 4 & -1 \\ 2 & 1 \end{pmatrix}$とおくと

$$\begin{pmatrix} x' \\ y' \end{pmatrix} = A\begin{pmatrix} x \\ y \end{pmatrix}$$

Aの固有値をλ，λに対する固有ベクトルをuとおくと，$Au = \lambda u$から固有方程式（特性方程式）は$|A - \lambda E| = 0$となる。

㋑　$\lambda = 2$の基本解の系。

練習問題　7-14

解答 p.248

次の連立微分方程式を解け。

$$\frac{dx}{dt} = x - z,\quad \frac{dy}{dt} = x + 2y + z,\quad \frac{dz}{dt} = 2x + 2y + 3z$$

問題7-15 ▼ 簡単な連立線形微分方程式 (2)

連立微分方程式 $\begin{cases} \dfrac{dx}{dt} = 4x + y & \cdots ① \\ \dfrac{dy}{dt} = -x + 2y & \cdots ② \end{cases}$ を解け。

■ **解 説** ■ 前問と同様に特性方程式を求めると，$\begin{vmatrix} 4-\lambda & 1 \\ -1 & 2-\lambda \end{vmatrix} = 0$ から $\lambda^2 - 6\lambda + 9 = 0$，すなわち $\lambda = 3$（重解）となり独立な解は1組しか求められない。

そこで，一般解を求めるために定数係数の同次線形微分方程式 $y'' + ay' + by = 0$ が重解をもつときの考え方を適用してみる。

重解 $\lambda = 3$ に対して，$x = (A + Bt)e^{3t}$, $y = (C + Dt)e^{3t}$ とおいて，A, B, C, D の関係式を求めてみよう。

解答

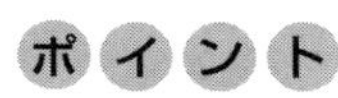

特性方程式は $\begin{vmatrix} 4-\lambda & 1 \\ -1 & 2-\lambda \end{vmatrix} = 0$

$(4-\lambda)(2-\lambda) - 1 \cdot (-1) = 0 \qquad \lambda^2 - 6\lambda + 9 = 0$

$(\lambda - 3)^2 = 0 \qquad \therefore \ \lambda = 3$(重解) ㋐

したがって，求める一般解は

$x = (A + Bt)e^{3t}$，$y = (C + Dt)e^{3t}$

とおける。これを①に代入して

$\{B + 3(A + Bt)\}e^{3t} = \{4(A + Bt) + (C + Dt)\}e^{3t}$

e^{3t} (>0) で割って整理すると

$3Bt + 3A + B = (4B + D)t + 4A + C$

これより㋑ $\begin{cases} 3B = 4B + D & \cdots ③ \\ 3A + B = 4A + C & \cdots ④ \end{cases}$

$A = c_1$，$B = c_2$ とおくと

③から $D = -c_2$，④から $C = -c_1 + c_2$

よって $x = (c_1 + c_2 t)e^{3t}$

$y = \{(c_2 - c_1) - c_2 t\}e^{3t}$ …(答)

これは ㋒②も満たすので，求める一般解である。

㋐ $\lambda = 3$ のとき
$\alpha + \beta = 0$ から
$\alpha : \beta = 1 : (-1)$ だから，独立な解の1組は
$x = e^{3t}$, $y = -e^{3t}$

㋑ t の恒等式

㋒ 一応，検算しておくとよい。

練習問題 7-15

解答 p.248

次の連立微分方程式を解け。

$\dfrac{dx}{dt} = 3x + y$，$\dfrac{dy}{dt} = -x + 3y$

Chapter 8

行列と
連立１次方程式

基本事項

1. 行列の演算

(1) 行列の加法・減法，スカラー倍

$A=(a_{ij})$, $B=(b_{ij})$ がいずれも $(m,\ n)$ 型行列のとき

加法 $A+B=(a_{ij}+b_{ij})$，減法 $A-B=(a_{ij}-b_{ij})$

スカラー倍 $kA=(ka_{ij})$

(2) 行列の乗法

行列 A が $(l,\ m)$ 型行列，行列 B が $(m,\ n)$ 型行列，すなわち，「A の列の数 $=$ B の行の数」のとき，積 $C=AB$ は定義される。

C の $(i,\ j)$ 成分 c_{ij} は行列 A の i 行と行列 B の j 列との内積

$$c_{ij}=\sum_{k=1}^{m}a_{ik}b_{kj}=a_{i1}b_{1j}+a_{i2}b_{2j}+\cdots+a_{im}b_{mj}$$

で与えられる。

一般に，和および積が定義されている行列 A, B, C に対して

$(A+B)+C=A+(B+C)$, $(AB)C=A(BC)$ および $A+B=B+A$

は成り立つが，積の交換法則 $AB=BA$ は成り立たない。

〔例〕$(A+B)^2=A^2+AB+BA+B^2 \neq A^2+2AB+B^2$

(3) 零行列 O，単位行列 E

$$OA=AO=O,\quad kO=O,\quad 0A=O,\quad EA=AE=A$$

(4) 転置行列

$(m,\ n)$ 行列 $A=(a_{ij})$ の行と列を入れ換えてできる $(n,\ m)$ 行列 (a_{ji}) を A の**転置行列**といい，${}^tA$ あるいは A' と表す。

転置行列に対しては，次の公式が成り立つ。

$${}^t({}^tA)=A,\ {}^t(A+B)={}^tA+{}^tB,\ {}^t(kA)=k\,{}^tA,\ {}^t(AB)={}^tB\,{}^tA$$

(5) 対称行列，交代行列

正方行列 A が ${}^tA=A$ を満たすとき，**対称行列**といい，${}^tA=-A$ を満たすとき，**交代行列**という。特に，A が3次の場合

$$\text{対称行列 } A=\begin{pmatrix} a & d & e \\ d & b & f \\ e & f & c \end{pmatrix},\qquad \text{交代行列 } A=\begin{pmatrix} 0 & d & e \\ -d & 0 & f \\ -e & -f & 0 \end{pmatrix}$$

2.　行列の基本変形

(1) **行列の基本変形**　　次の操作を行（または列）**基本変形**という。

① ある行（または列）に 0 でない数を掛ける。

② ある行（または列）を他の行（または列）に加える。

③ ある行（または列）の定数倍を他の行（または列）に加える。

④ 2つの行（または列）を交換する。

(2) **行列の階数（ランク）**　行列 A に基本変形を有限回続けて，A を $A = \begin{pmatrix} E_r & X \\ O & O \end{pmatrix}$（$E_r$ は r 次の単位行列，X は任意の行列）の形に変形できるとき，r を行列 A の**階数（ランク）**といい，$\mathrm{rank}\, A = r$ と表す。

3.　行列式

(1) **定義**　n 次の正方行列 $A = (a_{ij})$ に対して，各列から1つずつ，同じ行から重複なく計 n 個の成分をとってできる積 $a_{\sigma(1)1}a_{\sigma(2)2}\cdots a_{\sigma(n)n}$ に置換の符号 $\mathrm{sgn}(\sigma) = \begin{pmatrix} 1 & 2 & \cdots & n \\ \sigma(1) & \sigma(2) & \cdots & \sigma(n) \end{pmatrix}$ を掛けて作った総和

$$\sum \mathrm{sgn}(\sigma)a_{\sigma(1)1}a_{\sigma(2)2}\cdots a_{\sigma(n)n}$$

を行列 $A = (a_{ij})$ の**行列式**という。$\Delta(A)$, $\det A$, $|A|$, $D(A)$ などと表す。

(2) **2次および3次の行列式**

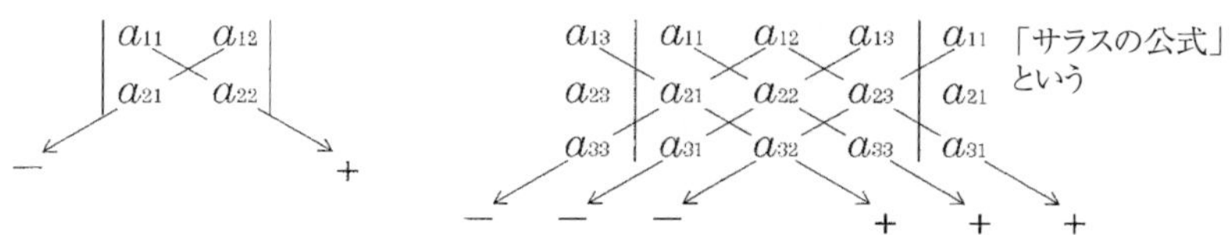

(3) **行列式の基本性質**

① 行と列を交換しても，行列式の値は変わらない。

② 2つの行（または列）を交換すると，行列式は符号だけが変わる。

③ ある行（または列）のすべての成分に共通な因数は行列式の外にくくり出してよい。

④ 2つの行（または列）の対応する成分がそれぞれ等しい，または比例するとき，行列式の値は 0 である。

⑤ ある行（または列）のすべての成分が 0 のとき，行列式は 0 である。

⑥ ある行（または列）の k 倍を他の行（または列）に加えても，行列式

の値は変わらない。

⑦ ある行（または列）が2つのベクトルの和になっている行列式は，それぞれのベクトルを行（または列）とする2つの行列式の和になる。

上の性質①～⑦について，3次の場合の例を1つ挙げておく。

① $$\begin{vmatrix} a_1 & b_1 & c_1 \\ a_2 & b_2 & c_2 \\ a_3 & b_3 & c_3 \end{vmatrix} = \begin{vmatrix} a_1 & a_2 & a_3 \\ b_1 & b_2 & b_3 \\ c_1 & c_2 & c_3 \end{vmatrix}$$

② $$\begin{vmatrix} a_2 & b_2 & c_2 \\ a_1 & b_1 & c_1 \\ a_3 & b_3 & c_3 \end{vmatrix} = -\begin{vmatrix} a_1 & b_1 & c_1 \\ a_2 & b_2 & c_2 \\ a_3 & b_3 & c_3 \end{vmatrix}, \quad \begin{vmatrix} b_1 & a_1 & c_1 \\ b_2 & a_2 & c_2 \\ b_3 & a_3 & c_3 \end{vmatrix} = -\begin{vmatrix} a_1 & b_1 & c_1 \\ a_2 & b_2 & c_2 \\ a_3 & b_3 & c_3 \end{vmatrix}$$

③ $$\begin{vmatrix} a_1 & b_1 & kc_1 \\ a_2 & b_2 & kc_2 \\ a_3 & b_3 & kc_3 \end{vmatrix} = k\begin{vmatrix} a_1 & b_1 & c_1 \\ a_2 & b_2 & c_2 \\ a_3 & b_3 & c_3 \end{vmatrix}, \quad \begin{vmatrix} a_1 & b_1 & c_1 \\ a_2 & b_2 & c_2 \\ ka_3 & kb_3 & kc_3 \end{vmatrix} = k\begin{vmatrix} a_1 & b_1 & c_1 \\ a_2 & b_2 & c_2 \\ a_3 & b_3 & c_3 \end{vmatrix}$$

④ $$\begin{vmatrix} a_1 & b_1 & c_1 \\ a_2 & b_2 & c_2 \\ a_2 & b_2 & c_2 \end{vmatrix} = 0, \quad \begin{vmatrix} a_1 & b_1 & b_1 \\ a_2 & b_2 & b_2 \\ a_3 & b_3 & b_3 \end{vmatrix} = 0, \quad \begin{vmatrix} a_1 & b_1 & c_1 \\ a_2 & b_2 & c_2 \\ ka_2 & kb_2 & kc_2 \end{vmatrix} = 0$$

⑤ $$\begin{vmatrix} a_1 & b_1 & c_1 \\ a_2 & b_2 & c_2 \\ 0 & 0 & 0 \end{vmatrix} = 0, \quad \begin{vmatrix} a_1 & b_1 & 0 \\ a_2 & b_2 & 0 \\ a_3 & b_3 & 0 \end{vmatrix} = 0$$

⑥ $$\begin{vmatrix} a_1 & b_1 & c_1 \\ a_2 + ka_1 & b_2 + kb_1 & c_2 + kc_1 \\ a_3 & b_3 & c_3 \end{vmatrix} = \begin{vmatrix} a_1 & b_1 & c_1 \\ a_2 & b_2 & c_2 \\ a_3 & b_3 & c_3 \end{vmatrix}$$

⑦ $$\begin{vmatrix} a_1 & b_1 + d_1 & c_1 \\ a_2 & b_2 + d_2 & c_2 \\ a_3 & b_3 + d_3 & c_3 \end{vmatrix} = \begin{vmatrix} a_1 & b_1 & c_1 \\ a_2 & b_2 & c_2 \\ a_3 & b_3 & c_3 \end{vmatrix} + \begin{vmatrix} a_1 & d_1 & c_1 \\ a_2 & d_2 & c_2 \\ a_3 & d_3 & c_3 \end{vmatrix}$$

4. 行列式の展開

(1) **余因子**　n 次の行列式 $|A|$ から，i 行と i 列を取り除いて得られる $(n-1)$ 次の行列式 D_{ij} を行列式 $|A|$ の (i, j) **成分の小行列式**といい，$A_{ij} = (-1)^{i+j} D_{ij}$ を $|A|$ の (i, j) **成分の余因子**という。

(2) **余因子展開**　n 次行列式 $|A| = |a_{ij}|$ の (i, j) 成分の余因子を A_{ij} とおくと，$|A|$ は次のようになる。

$$\begin{cases} i\text{行による展開} & |A| = a_{i1}A_{i1} + a_{i2}A_{i2} + \cdots + a_{in}A_{in} \\ j\text{列による展開} & |A| = a_{1j}A_{1j} + a_{2j}A_{2j} + \cdots + a_{nj}A_{nj} \end{cases}$$

5.　逆行列

(1) **定義**　　n 次の正方行列 A に対して，$AX = XA = E$ を満たす n 次の正方行列 X が存在するとき，**行列 A は正則**であるといい，X を A の**逆行列**と呼ぶ。$X = A^{-1}$ と表す。

(2) **余因子による求め方**　　n 次の正方行列 $A = (a_{ij})$ の $(i,\ j)$ 成分の余因子を A_{ij} とするとき

$$\tilde{A} = \mathrm{adj}\ A = \begin{pmatrix} A_{11} & A_{21} & \cdots & A_{n1} \\ A_{12} & A_{22} & \cdots & A_{n2} \\ \vdots & \vdots & \cdots & \vdots \\ A_{1n} & A_{2n} & \cdots & A_{nn} \end{pmatrix}$$

を**行列 A の余因子行列**という。

$(i,\ j)$ 成分が A_{ij} でなく A_{ji} であることに注意する。

$\tilde{A}A = A\tilde{A} = |A|E$ から

$$\begin{cases} |A| \neq 0 \text{ のとき} & A^{-1} = \dfrac{1}{|A|}\tilde{A} \\ |A| = 0 \text{ のとき} & A^{-1} \text{は存在しない} \end{cases}$$

(3) **掃き出し法による求め方**

行基本変形だけを用いて $(A \mid E) \to (E \mid A^{-1})$ とする。

6.　連立 n 元１次方程式

$x_1,\ x_2,\ ...,\ x_n$ を未知数とする連立 n 元１次方程式 $(*)$

$$\begin{cases} a_{11}x_1 + a_{12}x_2 + \cdots + a_{1n}x_n = b_1 \\ a_{21}x_1 + a_{22}x_2 + \cdots + a_{2n}x_n = b_2 \\ \quad\cdots\cdots \\ a_{m1}x_1 + a_{m2}x_2 + \cdots + a_{mn}x_n = b_m \end{cases} \text{は} \begin{pmatrix} a_{11} & a_{12} & \cdots & a_{1n} \\ a_{21} & a_{22} & \cdots & a_{2n} \\ & \cdots & & \cdots \\ a_{m1} & a_{m2} & \cdots & a_{mn} \end{pmatrix} \begin{pmatrix} x_1 \\ x_2 \\ \vdots \\ x_n \end{pmatrix} = \begin{pmatrix} b_1 \\ b_2 \\ \vdots \\ b_m \end{pmatrix}$$

または　$A\boldsymbol{x} = \boldsymbol{b}\ (A = (a_{ij}),\ \boldsymbol{x} = {}^t(x_i),\ \boldsymbol{b} = {}^t(b_i))$ と表すことができる。

$m \times n$ 行列 A を連立 n 元１次方程式 $(*)$ の**係数行列**といい，$\boldsymbol{x}$ をその**解**という。さらに，$m \times (n+1)$ 行列 $(A\quad \boldsymbol{b})$ を $(*)$ の**拡大係数行列**という。

連立 n 元１次方程式 $(*)$ は，拡大係数行列 $(A\quad \boldsymbol{b})$ に行基本変形を行って求めることができる。

特に，未知数と方程式の個数が等しいとき，すなわち $(*)$ において $m = n$ の場合，$A\boldsymbol{x} = \boldsymbol{b}$ が $|A| \neq 0$ であれば「クラーメルの公式」を用いることもできる。

問題8-1 ▼ 対称行列・交代行列

任意の正方行列 A は，対称行列と交代行列の和としてただ一通りに表されることを示せ。

解 説 (m, n) 行列 $A=(a_{ij})$ の行と列を入れ換えてできる (n, m) 行列 (a_{ji}) を A の**転置行列**といい，${}^tA$ あるいは A' と表す。

転置行列に対しては，次の公式が成り立つ。

$${}^t({}^tA)=A,\ {}^t(A+B)={}^tA+{}^tB,\ {}^t(kA)=k\,{}^tA,\ {}^t(AB)={}^tB\,{}^tA$$

解答

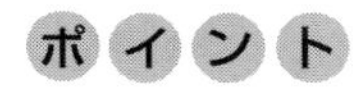

任意の正方行列 A に対して行列 A が対称行列 B と交代行列 C の和として表せたとすると，

$$A=B+C,\quad {}^tB=B,\quad {}^tC=-C,$$

${}^tA={}^tB+{}^tC=B-C$ から

$$B=\frac{1}{2}(A+{}^tA),\quad C=\frac{1}{2}(A-{}^tA)$$

とおくと，${}^tB=B$ かつ ${}^tC=-C$ を満たすので，B は対称行列，C は交代行列である。

さらに，㋐ $A=B+C$ である。

次に，一意性を示す。いま，行列 A が対称行列 B_i と交代行列 C_i を用いて ㋑ $A=B_1+C_1=B_2+C_2$ のように2通りで表せたとすると

$$B_1-B_2=C_2-C_1\ (=P とおく)$$

${}^tP={}^t(B_1-B_2)=B_1-B_2=P$ かつ

${}^tP={}^t(C_2-C_1)=-C_2+C_1=-P$ から

$$P=-P\qquad \therefore\ P=O$$

したがって，$B_1=B_2$ かつ $C_1=C_2$ となり，一意性も示された。以上から，題意は示された。

㋐ 任意の正方行列 A は，対称行列と交代行列の和として表せた。

㋑ 見かけ上は2通りあるとして，一致を示す。

練習問題 8-1

解答 p.249

行列 $A=\begin{pmatrix}1 & 3 & 2\\ -5 & 2 & -1\\ 8 & 3 & 4\end{pmatrix}$ を対称行列と交代行列の和として表せ。

問題8-2 ▼ 行列の分割による積

次の行列の積を，点線のように分割して求めよ。

$$AB=\left(\begin{array}{cc:c} 5 & 0 & 1 \\ 3 & -1 & 0 \\ \hdashline 0 & 0 & 3 \end{array}\right)\left(\begin{array}{ccc:c} 1 & 3 & 2 & 2 \\ 2 & 4 & 1 & 1 \\ \hdashline 0 & 0 & 0 & 1 \end{array}\right)$$

■ **解 説** ■　行列 A の成分をいくつかの縦線と横線で分割するとき，分割されたそれぞれを行列と見なして，A の**小行列**という。

$(l,\ m)$ 行列 A と $(m,\ n)$ 行列 B を，A_{ik} は $(l_i,\ m_k)$ 型，B_{kj} は $(m_k,\ n_j)$ 型となるように小行列に分けると，積 AB の計算はうまくできる。たとえば

$$AB=\begin{pmatrix} A_{11} & A_{12} \\ A_{21} & A_{22} \end{pmatrix}\begin{pmatrix} B_{11} & B_{12} \\ B_{21} & B_{22} \end{pmatrix}=\begin{pmatrix} A_{11}B_{11}+A_{12}B_{21} & A_{11}B_{12}+A_{12}B_{22} \\ A_{21}B_{11}+A_{22}B_{21} & A_{21}B_{12}+A_{22}B_{22} \end{pmatrix}$$

のようになる。特に，小行列に零行列があるとこの計算は有効である。

解答

$A=\begin{pmatrix} A_{11} & A_{12} \\ A_{21} & A_{22} \end{pmatrix}$, $B=\begin{pmatrix} B_{11} & B_{12} \\ B_{21} & B_{22} \end{pmatrix}$ とし

$AB=\underset{㋐}{(C_{ij})}$ とおくと

$C_{11}=A_{11}B_{11}+A_{12}B_{21}$

$$=\begin{pmatrix} 5 & 0 \\ 3 & -1 \end{pmatrix}\begin{pmatrix} 1 & 3 & 2 \\ 2 & 4 & 1 \end{pmatrix}+\begin{pmatrix} 1 \\ 0 \end{pmatrix}(0\ \ 0\ \ 0)=\begin{pmatrix} 5 & 15 & 10 \\ 1 & 5 & 5 \end{pmatrix}$$

同様にして

$$C_{12}=\begin{pmatrix} 5 & 0 \\ 3 & -1 \end{pmatrix}\begin{pmatrix} 2 \\ 1 \end{pmatrix}+\begin{pmatrix} 1 \\ 0 \end{pmatrix}(1)=\begin{pmatrix} 11 \\ 5 \end{pmatrix}$$

$$\underset{㋑}{C_{21}}=(0\ \ 0)\begin{pmatrix} 1 & 3 & 2 \\ 2 & 4 & 1 \end{pmatrix}+(3)(0\ \ 0\ \ 0)=\underset{㋑}{(0\ \ 0\ \ 0)}$$

$$C_{22}=(0\ \ 0)\begin{pmatrix} 2 \\ 1 \end{pmatrix}+(3)(1)=(3)$$

よって　$AB=\begin{pmatrix} C_{11} & C_{12} \\ C_{21} & C_{22} \end{pmatrix}=\begin{pmatrix} 5 & 15 & 10 & 11 \\ 1 & 5 & 5 & 5 \\ 0 & 0 & 0 & 3 \end{pmatrix}$ …(答)

ポイント

㋐　$i=1,\ 2,\ j=1,\ 2$

㋑
$AB=\begin{pmatrix} A_{11} & A_{12} \\ O & A_{22} \end{pmatrix}\begin{pmatrix} B_{11} & B_{12} \\ O & B_{22} \end{pmatrix}$
より
$C_{21}=OB_{11}+A_{22}O=O$
となる。

練習問題　8-2　　解答 p.249

$$AB=\begin{pmatrix} 1 & 2 & -1 & -2 \\ 3 & 4 & -3 & -4 \\ 0 & 0 & 5 & 6 \\ 0 & 0 & 7 & 8 \end{pmatrix}\begin{pmatrix} -1 & 2 & 4 & 2 \\ 3 & -6 & 2 & 1 \\ 0 & 0 & 1 & 0 \\ 0 & 0 & 0 & 1 \end{pmatrix}$$ の計算をせよ。

問題8-3 ▼特殊な行列のn乗

$A=\begin{pmatrix} a & 1 & 0 & 0 \\ 0 & a & 1 & 0 \\ 0 & 0 & a & 1 \\ 0 & 0 & 0 & a \end{pmatrix}$のとき，$A^n$を求めよ。

解説

$A=\begin{pmatrix} a & 0 & 0 & 0 \\ 0 & a & 0 & 0 \\ 0 & 0 & a & 0 \\ 0 & 0 & 0 & a \end{pmatrix}+\begin{pmatrix} 0 & 1 & 0 & 0 \\ 0 & 0 & 1 & 0 \\ 0 & 0 & 0 & 1 \\ 0 & 0 & 0 & 0 \end{pmatrix}=aE+T$ とおいて，T^2, T^3, T^4 を具体的に計算すると

$$T^2=\begin{pmatrix} 0 & 0 & 1 & 0 \\ 0 & 0 & 0 & 1 \\ 0 & 0 & 0 & 0 \\ 0 & 0 & 0 & 0 \end{pmatrix},\ T^3=\begin{pmatrix} 0 & 0 & 0 & 1 \\ 0 & 0 & 0 & 0 \\ 0 & 0 & 0 & 0 \\ 0 & 0 & 0 & 0 \end{pmatrix},\ T^4=\begin{pmatrix} 0 & 0 & 0 & 0 \\ 0 & 0 & 0 & 0 \\ 0 & 0 & 0 & 0 \\ 0 & 0 & 0 & 0 \end{pmatrix}=O$$

となり，$n\geq 4$ のときは $T^n=O$ となる。したがって，aE と T は可換であることに着目して，$A^n=(aE+T)^n$ に二項定理を適用すればよい。

解答

$$A=\begin{pmatrix} a & 0 & 0 & 0 \\ 0 & a & 0 & 0 \\ 0 & 0 & a & 0 \\ 0 & 0 & 0 & a \end{pmatrix}+\begin{pmatrix} 0 & 1 & 0 & 0 \\ 0 & 0 & 1 & 0 \\ 0 & 0 & 0 & 1 \\ 0 & 0 & 0 & 0 \end{pmatrix}=aE+T$$

$T^4=O$ であるから，$n\geq 4$ のとき 二項定理から（㋐ $T^4=O$，㋑ 二項定理から）

$$\begin{aligned} A^n &= (aE+T)^n \\ &= (aE)^n+{}_n\mathrm{C}_1(aE)^{n-1}T+{}_n\mathrm{C}_2(aE)^{n-2}T^2 \\ &\quad +{}_n\mathrm{C}_3(aE)^{n-3}T^3+{}_n\mathrm{C}_4(aE)^{n-4}T^4+\cdots \\ &= a^nE+{}_n\mathrm{C}_1a^{n-1}T+{}_n\mathrm{C}_2a^{n-2}T^2+{}_n\mathrm{C}_3a^{n-3}T^3 \end{aligned}$$

よって $A^n=\begin{pmatrix} a^n & {}_n\mathrm{C}_1a^{n-1} & {}_n\mathrm{C}_2a^{n-2} & {}_n\mathrm{C}_3a^{n-3} \\ 0 & a^n & {}_n\mathrm{C}_1a^{n-1} & {}_n\mathrm{C}_2a^{n-2} \\ 0 & 0 & a^n & {}_n\mathrm{C}_1a^{n-1} \\ 0 & 0 & 0 & a^n \end{pmatrix}$

$n=1,\ 2,\ 3$ のときも満たす。（㋒） …(答)

ポイント

㋐ T^2, T^3, T^4 の計算は上の解説を参照のこと。
$T^4=O$ だから
$T^4=T^5=T^6=\cdots=O$

㋑ 一般に，A, B が可換でないときは，$(A+B)^n$ に二項定理は適用できない。本問では，aE と T は可換である。また，$(aE)^k=a^kE$

㋒ ${}_n\mathrm{C}_1=n$,
${}_n\mathrm{C}_2=\dfrac{n(n-1)}{2}$,
${}_n\mathrm{C}_3=\dfrac{n(n-1)(n-2)}{6}$

練習問題 8-3

解答 p.250

$A=\begin{pmatrix} a & 1 & 0 & 0 \\ 0 & a & 0 & 0 \\ 0 & 0 & a & 0 \\ 0 & 0 & 0 & b \end{pmatrix}$のとき，$A^n$ を求めよ。

問題8-4 ▼行列の階数 (1)

次の行列 A の階数を求めよ。

(1) $A=\begin{pmatrix}1&5&8&-1\\1&7&14&-3\\2&7&7&2\end{pmatrix}$　(2) $A=\begin{pmatrix}0&2&3&3\\-2&0&5&9\\1&3&2&0\\1&1&-1&-3\end{pmatrix}$

解 説 $(m,\ n)$ 行列 $A(\neq O)$ を基本変形して $\begin{pmatrix}E_r&X\\O&O\end{pmatrix}$，$E_r$ は r 次の単位行列，X はある $(r,\ n-r)$ 行列の形に変形できるとき，r は行列 A の基本変形の仕方に無関係に一意に決まる。この r を A の**階数**（ランク）といい，rank A または $r(A)$ で表す。

A が $(m,\ n)$ 行列のときは，$0\leq \mathrm{rank}\,A\leq \min(m,\ n)$ であり，$A=O$ のときのみ rank $A=0$ となる。

なお，小行列式を利用して階数を求める方法（問題8-9）もある。

解答

(1) $A\xrightarrow[\substack{㋐\ ②-①\\③-①\times2}]{}\begin{pmatrix}1&5&8&-1\\0&2&6&-2\\0&-3&-9&4\end{pmatrix}\xrightarrow[②\div2]{}\begin{pmatrix}1&5&8&-1\\0&1&3&-1\\0&-3&-9&4\end{pmatrix}$

$\xrightarrow[③+②\times3]{}\begin{pmatrix}1&5&8&-1\\0&1&3&-1\\0&0&0&1\end{pmatrix}$ より ㋑ $r(A)=3$ …(答)

(2) $A\xrightarrow[㋒\ ①\leftrightarrow③]{}\begin{pmatrix}1&3&2&0\\-2&0&5&9\\0&2&3&3\\1&1&-1&-3\end{pmatrix}\xrightarrow[\substack{②+①\times2\\④-①}]{}\begin{pmatrix}1&3&2&0\\0&6&9&9\\0&2&3&3\\0&-2&-3&-3\end{pmatrix}$

$\xrightarrow[\substack{②\div3=②'\\③-②'\\④+②'}]{}\begin{pmatrix}1&3&2&0\\0&2&3&3\\0&0&0&0\\0&0&0&0\end{pmatrix}$ より $r(A)=2$ …(答)

ポイント

㋐「2行から1行を引く」ことを以下，このように表す。

㋑ 実際の問題では，基本変形によって，A の左上を単位行列にしなくても

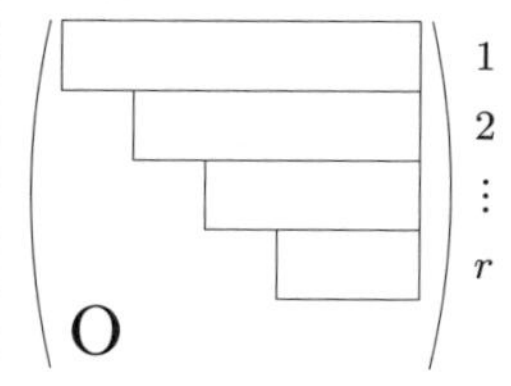

のように，階段行列の形に直すことができればよい。

㋒「1行と3行を交換する」ことを，以下，このように表す。

練習問題 8-4 　解答 p.250

行列 $A=\begin{pmatrix}2&1&0\\-2&-1&3\\1&2&-3\\-1&4&-3\end{pmatrix}$，$B=\begin{pmatrix}3&0&12&7\\1&1&9&5\\5&-2&10&3\end{pmatrix}$ の階数をそれぞれ求めよ。

問題8-5 ▼ 行列式の計算

次の行列式の値を求めよ。

(1) $\begin{vmatrix} 2 & 3 & 1 \\ -1 & 4 & 2 \\ 1 & 2 & -1 \end{vmatrix}$　　(2) $\begin{vmatrix} 17 & 11 & 13 \\ 20 & 18 & 15 \\ 57 & 47 & 43 \end{vmatrix}$

解説　行列式の計算は，基本事項に示した「行列式の基本性質」に従って行えばよいが，3次の行列で(1)のように成分の絶対値が小さい場合には，サラスの公式が速くて便利である。なお，4次以上ではサラスの公式のような簡便な公式はないことに注意。

(2)は，このままサラスの公式を適用したのでは，値が大きくなり計算が大変である。基本性質⑥を用いて，成分の値を小さくすることを考える。

解答　与えられた行列式を $|A|$ とおく。

(1) サラスの公式を用いる。

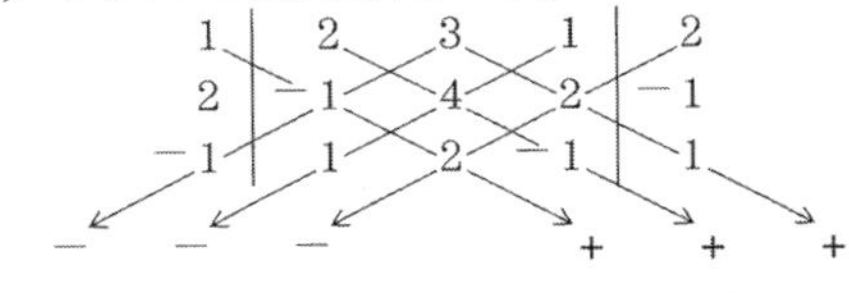

$$\underset{㋐}{|A|} = 1\cdot(-1)\cdot 2 + 2\cdot 4\cdot(-1) + 3\cdot 2\cdot 1 - 3\cdot(-1)\cdot(-1) - 1\cdot 4\cdot 1 - 2\cdot 2\cdot 2$$

$$= -2-8+6-3-4-8 = -19 \quad \cdots(答)$$

(2) $|A| \underset{㋑}{=} \begin{vmatrix} 17 & 11 & 13 \\ 3 & 7 & 2 \\ 6 & 14 & 4 \end{vmatrix}$

$$\underset{㋒}{=} 2\underset{㋓}{\begin{vmatrix} 17 & 11 & 13 \\ 3 & 7 & 2 \\ 3 & 7 & 2 \end{vmatrix}}$$

$$= 0 \quad \cdots(答)$$

ポイント

㋐　$|A|$ の計算は

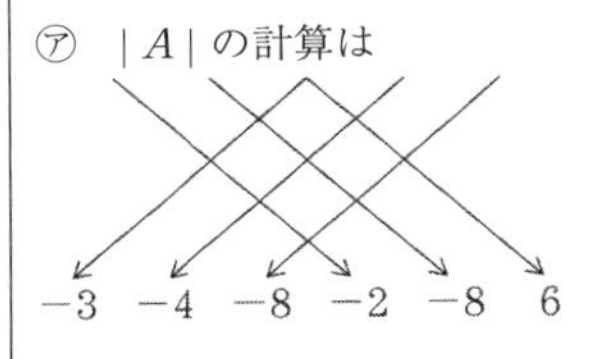

としておくと楽である。

㋑　②−①，③−①×3

㋒　③から2をくくり出した。

㋓　2行，3行が一致するので $|A|$ の値は0となる。

練習問題 8-5

解答 p.250

次の行列式の値を求めよ。

(1) $\begin{vmatrix} 65 & 35 \\ 35 & 65 \end{vmatrix}$　　(2) $\begin{vmatrix} 4 & 2 & -1 \\ 1 & 6 & 3 \\ -3 & 1 & 1 \end{vmatrix}$　　(3) $\begin{vmatrix} 100 & 101 & 102 \\ 3 & 2 & 1 \\ 16 & 9 & 8 \end{vmatrix}$

問題8-6 ▼行列式の余因子展開

行列式 $|A| = \begin{vmatrix} 5 & 6 & 7 & 8 \\ 1 & 2 & 3 & 4 \\ 2 & 5 & 7 & 9 \\ 0 & 5 & 1 & 3 \end{vmatrix}$ の値を求めよ。

解説　4次以上の行列式 $|A|$ の計算では，余因子 $A_{ij} = (-1)^{i+j}D_{ij}$ によって，次数を下げる方法が有効である。

たとえば，4次の行列式 $|A| = |a_{ij}|$ を2行目で展開すると

$$|A| = a_{21}A_{21} + a_{22}A_{22} + a_{23}A_{23} + a_{24}A_{24}$$

$$A_{ij} = (-1)^{i+j} \begin{vmatrix} a_{11} & a_{1n} \\ a_{n1} & a_{nn} \end{vmatrix} < i \left(= (-1)^{i+j}D_{ij}\right)$$

（列 j に $\vee$ の印）

となる。ここで，$< i,\ \underset{\vee}{j}$ は i 行と j 列を取り除くことを意味する。

一般には，いきなり展開するのではなく，基本性質を用いてある1つの行または列に成分が0となるものを多くすると計算が楽になる。

解答

$$|A| \underset{㋐}{=} \begin{vmatrix} 0 & -4 & -8 & -12 \\ 1 & 2 & 3 & 4 \\ 0 & 1 & 1 & 1 \\ 0 & 5 & 1 & 3 \end{vmatrix} = -4 \begin{vmatrix} 0 & 1 & 2 & 3 \\ 1 & 2 & 3 & 4 \\ 0 & 1 & 1 & 1 \\ 0 & 5 & 1 & 3 \end{vmatrix}$$

よって，㋑1列で展開して

$$|A| = -4 \cdot 1 \cdot (-1)^{2+1} \begin{vmatrix} 1 & 2 & 3 \\ 1 & 1 & 1 \\ 5 & 1 & 3 \end{vmatrix} \underset{㋒}{=} 4 \begin{vmatrix} 1 & 2 & 3 \\ 0 & -1 & -2 \\ 0 & -9 & -12 \end{vmatrix}$$

$$\underset{㋓}{=} 4 \cdot 1 \cdot (-1)^{1+1} \begin{vmatrix} -1 & -2 \\ -9 & -12 \end{vmatrix} = -24$$　…(答)

ポイント

㋐　①－②×5，③－②×2

㋑　1列で展開すると

$$|A| = -4(0 \cdot A_{11} + 1 \cdot A_{21} + 0 \cdot A_{31} + 0 \cdot A_{41}) = -4A_{21}$$

㋒　②－①，③－①×5

㋓　1列で展開。

練習問題　8-6

解答 p.251

次の行列式の値を求めよ。

(1) $\begin{vmatrix} 3 & 1 & -6 & -1 \\ 4 & 2 & 3 & -4 \\ 5 & 1 & -4 & 3 \\ 1 & 0 & 5 & 1 \end{vmatrix}$　　(2) $\begin{vmatrix} 1 & {}_1C_1 & {}_2C_2 & {}_3C_3 \\ 1 & {}_2C_1 & {}_3C_2 & {}_4C_3 \\ 1 & {}_3C_1 & {}_4C_2 & {}_5C_3 \\ 1 & {}_4C_1 & {}_5C_2 & {}_6C_3 \end{vmatrix}$

問題8-7 ▼行列式の因数分解

行列式 $|A|=\begin{vmatrix} a & b+c & bc \\ b & c+a & ca \\ c & a+b & ab \end{vmatrix}$ を因数分解せよ。

解 説 3次の行列式であるからサラスの公式でもよいが，それでは因数分解に手間どってしまう。見通しのよい計算が要求される。

1つの方法は

$$|A|=\begin{vmatrix} a+b+c & b+c & bc \\ a+b+c & c+a & ca \\ a+b+c & a+b & ab \end{vmatrix}=(a+b+c)\begin{vmatrix} 1 & b+c & bc \\ 1 & c+a & ca \\ 1 & a+b & ab \end{vmatrix}$$

$$=(a+b+c)\begin{vmatrix} 1 & b+c & bc \\ 0 & a-b & c(a-b) \\ 0 & a-c & b(a-c) \end{vmatrix}=(a+b+c)\begin{vmatrix} a-b & c(a-b) \\ a-c & b(a-c) \end{vmatrix}$$

$$=(a+b+c)(a-b)(a-c)\begin{vmatrix} 1 & c \\ 1 & b \end{vmatrix}=-(a-b)(b-c)(c-a)(a+b+c)$$

であるが，因数定理と交代式の性質を利用した次のような解法もある。

解答

$|A|$ で $a=b$ とおくと，1行と2行が一致するので $|A|=0$ となる。

したがって，㋐$|A|$ は $a-b$ を因数にもつ。

同様に，$b-c$, $c-a$ も $|A|$ の因数となる。

また，$|A|$ で a と b を交換すると，㋑$-|A|$ となるので，$|A|$ は a, b, c の4次の㋒交代式となる。

$\therefore\ |A|=k(a-b)(b-c)(c-a)(a+b+c)$

とおける。$a=2, b=1, c=0$ とおいたときの㋓両辺の値を比べて　$-6k=6$　$\therefore\ k=-1$

よって

$|A|=-(a-b)(b-c)(c-a)(a+b+c)$ …(答)

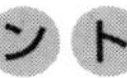

ポイント

㋐ $|A|$ は a, b, c の4次式である。因数定理を利用した。

㋑ $\begin{vmatrix} b & a+c & ac \\ a & c+b & cb \\ c & b+a & ba \end{vmatrix}=-|A|$

㋒ 整式において，任意の2文字を交換すると，つねに -1 倍になる式。

㋓ $|A|=6$

練習問題 8-7 解答 p.251

行列式 $|A|=\begin{vmatrix} 1 & a & a^2 \\ 1 & b & b^2 \\ 1 & c & c^2 \end{vmatrix}$，$|B|=\begin{vmatrix} 1 & a & a^3 \\ 1 & b & b^3 \\ 1 & c & c^3 \end{vmatrix}$ をそれぞれ因数分解せよ。

問題8-8 ▼行列の積の行列式

次の等式を証明せよ。

$$\begin{vmatrix} a_1+b_1 & b_1+c_1 & c_1+a_1 \\ a_2+b_2 & b_2+c_2 & c_2+a_2 \\ a_3+b_3 & b_3+c_3 & c_3+a_3 \end{vmatrix} = 2\begin{vmatrix} a_1 & b_1 & c_1 \\ a_2 & b_2 & c_2 \\ a_3 & b_3 & c_3 \end{vmatrix}$$

解 説　行列式の基本性質の１つ

$$\begin{vmatrix} a_1+d_1 & b_1 & c_1 \\ a_2+d_2 & b_2 & c_2 \\ a_3+d_3 & b_3 & c_3 \end{vmatrix} = \begin{vmatrix} a_1 & b_1 & c_1 \\ a_2 & b_2 & c_2 \\ a_3 & b_3 & c_3 \end{vmatrix} + \begin{vmatrix} d_1 & b_1 & c_1 \\ d_2 & b_2 & c_2 \\ d_3 & b_3 & c_3 \end{vmatrix}$$

を用いて，与えられた等式の左辺の行列式を８個の行列式の和に直すと，そのうち列が等しくなるものが6個ある。これを用いて右辺を導くことができるが，ここでは積の行列式

$|AB|=|A||B|$（A, B はともに n 次の正方行列）

の公式を用いて示してみよう。

なお，A, B が正方行列のときは次式が成り立つ。

$$\begin{vmatrix} A & C \\ O & B \end{vmatrix} = |A||B|,\quad \begin{vmatrix} A & O \\ D & B \end{vmatrix} = |A||B|$$

解答

$$\text{左辺} = \left|\begin{pmatrix} a_1 & b_1 & c_1 \\ a_2 & b_2 & c_2 \\ a_3 & b_3 & c_3 \end{pmatrix}\begin{pmatrix} 1 & 0 & 1 \\ 1 & 1 & 0 \\ 0 & 1 & 1 \end{pmatrix}\right|$$

$$= \begin{vmatrix} a_1 & b_1 & c_1 \\ a_2 & b_2 & c_2 \\ a_3 & b_3 & c_3 \end{vmatrix} \cdot \begin{vmatrix} 1 & 0 & 1 \\ 1 & 1 & 0 \\ 0 & 1 & 1 \end{vmatrix}$$

$$= \begin{vmatrix} a_1 & b_1 & c_1 \\ a_2 & b_2 & c_2 \\ a_3 & b_3 & c_3 \end{vmatrix} \cdot 2 = \text{右辺}$$

よって，等式は示された。

ポイント

㋐〔別解〕

左辺

$$= \left|\begin{pmatrix} 1 & 1 & 0 \\ 0 & 1 & 1 \\ 1 & 0 & 1 \end{pmatrix}\begin{pmatrix} a_1 & a_2 & a_3 \\ b_1 & b_2 & b_3 \\ c_1 & c_2 & c_3 \end{pmatrix}\right|$$

$$= 2\begin{vmatrix} a_1 & a_2 & a_3 \\ b_1 & b_2 & b_3 \\ c_1 & c_2 & c_3 \end{vmatrix}$$

＝右辺

（$\because\ |{}^tA|=|A|$）

練習問題　8-8　解答 p.251

$$A=\begin{pmatrix} b^2+c^2 & ab & ca \\ ab & c^2+a^2 & bc \\ ca & bc & a^2+b^2 \end{pmatrix},\ B=\begin{pmatrix} -a^2 & ab & ca \\ ab & -b^2 & bc \\ ca & bc & -c^2 \end{pmatrix}$$

とおくとき，$|AB|$ を計算することにより，行列式 $|A|$ の値を求めよ。ただし，$abc \neq 0$ とする。

問題8-9 ▼ 行列の階数 (2)

行列 $A=\begin{pmatrix} 1 & 1 & 1 & x+1 \\ 1 & 1 & x+1 & 1 \\ 1 & x+1 & 1 & 1 \\ x+1 & 1 & 1 & 1 \end{pmatrix}$ の階数を A の行列式 $|A|$ を計算することにより求めよ。

解説 行列 A の階数は基本変形して求めるのが原則であるが，A の 0 でない小行列式の最大次数から求めることもできる。すなわち

$$\left\{\begin{array}{l} \text{行列 } A \text{ のある } r \text{ 次の小行列式 } D_r \neq 0 \\ \text{かつ } D_r \text{ を含むあらゆる } r+1 \text{ 次の小行列式が } 0 \end{array}\right. \rightarrow \operatorname{rank} A = r$$

が成り立つ。本問のように，文字成分を含む n 次の行列 A の階数を求めるときに有効な方法である。

解答

$$|A| \underset{㋐}{=} (x+4)\begin{vmatrix} 1 & 1 & 1 & x+1 \\ 1 & 1 & x+1 & 1 \\ 1 & x+1 & 1 & 1 \\ 1 & 1 & 1 & 1 \end{vmatrix}$$

$$\underset{㋑}{=} (x+4)\begin{vmatrix} 1 & 1 & 1 & x+1 \\ 0 & 0 & x & -x \\ 0 & x & 0 & -x \\ 0 & 0 & 0 & -x \end{vmatrix} \underset{㋒}{=} (x+4)x^3$$

よって，$x \neq -4$ かつ $x \neq 0$ のとき，$|A| \neq 0$ だから

$\operatorname{rank} A = 4$ …(答)

$x=-4$ のとき

$$A=\begin{pmatrix} 1 & 1 & 1 & -3 \\ 1 & 1 & -3 & 1 \\ 1 & -3 & 1 & 1 \\ -3 & 1 & 1 & 1 \end{pmatrix} \rightarrow \begin{pmatrix} 0 & 1 & 1 & -3 \\ 0 & 0 & -4 & 4 \\ 0 & -4 & 0 & 4 \\ 0 & 0 & 0 & 4 \end{pmatrix}$$

$D_{11} = -64 \neq 0$ だから $\underset{㋓}{\operatorname{rank} A = 3}$ …(答)

$x=0$ のとき，各行が同じだから $\underset{㋔}{\operatorname{rank} A = 1}$ …(答)

ポイント

㋐ 1列 +(2，3，4列) とし，1列から $x+4$ をくくり出す。

㋑ それぞれ ②－①，③－①，④－①

㋒ 1列で展開し，サラスの方法を用いる。

㋓ A は4次の行列だから，$\operatorname{rank} A \leq 4$ であるが，1列がすべて 0 より $\operatorname{rank} A \leq 3$ となる。

㋔ $A \rightarrow \begin{pmatrix} 1 & 1 & 1 & 1 \\ 0 & 0 & 0 & 0 \\ 0 & 0 & 0 & 0 \\ 0 & 0 & 0 & 0 \end{pmatrix}$

練習問題 8-9

解答 p.252

行列 $A=\begin{pmatrix} a & b & b & b \\ b & a & b & b \\ b & b & a & b \\ b & b & b & a \end{pmatrix}$ の階数を求めよ。

問題8-10 ▼ 余因子による逆行列

行列 $A=\begin{pmatrix}4 & 9 & 2\\ 1 & -1 & 3\\ 2 & 3 & 1\end{pmatrix}$ は正則か。正則ならば逆行列を求めよ。

解 説 正方行列 A は，行列式 $|A|$ の値により次のように分類できる。

$$\begin{cases}|A|\neq 0 \text{ のとき，正則で } A^{-1}=\dfrac{1}{|A|}\widetilde{A}\ [\text{余因子行列 } \widetilde{A}=(A_{ji})]\\ |A|=0 \text{ のとき，正則ではない}\end{cases}$$

特に，$A=\begin{pmatrix}a & b\\ c & d\end{pmatrix}$ のときは，$|A|=ad-bc\neq 0$ ならば正則で

$$A^{-1}=\frac{1}{ad-bc}\begin{pmatrix}d & -b\\ -c & a\end{pmatrix}$$

解答

$$|A|=\begin{vmatrix}4 & 9 & 2\\ 1 & -1 & 3\\ 2 & 3 & 1\end{vmatrix} \underset{㋐}{=} \begin{vmatrix}0 & 13 & -10\\ 1 & -1 & 3\\ 0 & 5 & -5\end{vmatrix}$$

$$=1\cdot(-1)^{2+1}\begin{vmatrix}13 & -10\\ 5 & -5\end{vmatrix}=15\neq 0$$

よって，A は正則である。

余因子 $\underset{㋑}{A_{ij}}$ $(1\leq i,\ j\leq 3)$ を求めると

$$\begin{cases}A_{11}=-10,\ A_{21}=-3,\ A_{31}=29\\ A_{12}=5,\quad A_{22}=0,\quad A_{32}=-10\\ A_{13}=5,\quad A_{23}=6,\quad A_{33}=-13\end{cases}$$ ㋒

よって $A^{-1}=\dfrac{1}{|A|}\widetilde{A}=\dfrac{1}{15}\begin{pmatrix}-10 & -3 & 29\\ 5 & 0 & -10\\ 5 & 6 & -13\end{pmatrix}$

…(答)

ポイント

㋐ ①−②×4，③−②×2

㋑ $A_{ij}=(-1)^{i+j}D_{ij}$ 符号に注意する。

㋒ 転置して並べておくとよい。

練習問題 8-10

解答 p.252

次の行列は正則か。正則ならば逆行列を求めよ。

(1) $\begin{pmatrix}a-1 & 2\\ a & a+2\end{pmatrix}$　(2) $\begin{pmatrix}1 & 2 & 3\\ 0 & 2 & 2\\ 1 & 0 & 1\end{pmatrix}$　(3) $\begin{pmatrix}a & b & c\\ 0 & a & 0\\ 0 & d & e\end{pmatrix}$

問題8-11 ▼クラーメルの公式

連立1次方程式 $\begin{cases} 2x+3y+2z=1 \\ x+2y+2z=3 \\ 5x-3y+3z=-12 \end{cases}$ をクラーメルの公式で解け。

■ **解 説** ■ 未知数と方程式の個数が等しい連立1次方程式

$$A\boldsymbol{x}=\boldsymbol{b} \qquad (A=(a_{ij}),\ \boldsymbol{x}={}^t(x_i),\ \boldsymbol{b}={}^t(b_i))$$

の解は，係数行列 $A=(a_{ij})$ が正則のとき，次の式で与えられる。

$$x_j=\frac{1}{|A|}\underbrace{\begin{vmatrix} a_{11} & \cdots & a_{1j-1} & b_1 & a_{1j+1} & \cdots & a_{1n} \\ \vdots & & \vdots & \vdots & \vdots & & \\ a_{n1} & \cdots & a_{nj-1} & b_n & a_{nj+1} & \cdots & a_{nn} \end{vmatrix}} \qquad (j=1,\ 2,\ \ldots,\ n)$$

右辺の行列式〰〰は $|A|$ の第 j 列をベクトル $\begin{pmatrix} b_1 \\ \vdots \\ b_n \end{pmatrix}$ で置き換えたものである。

この解法を**クラーメルの公式**という。

解答

$$|A|=\begin{vmatrix} 2 & 3 & 2 \\ 1 & 2 & 2 \\ 5 & -3 & 3 \end{vmatrix} \overset{㋐}{=} \begin{vmatrix} 0 & -1 & -2 \\ 1 & 2 & 2 \\ 0 & -13 & -7 \end{vmatrix}=19\neq 0$$

$$D_1=\begin{vmatrix} 1 & 3 & 2 \\ 3 & 2 & 2 \\ -12 & -3 & 3 \end{vmatrix}=-57 \quad \therefore x=\frac{D_1}{|A|}=\frac{-57}{19}=-3$$

(㋑)

$$D_2=\begin{vmatrix} 2 & 1 & 2 \\ 1 & 3 & 2 \\ 5 & -12 & 3 \end{vmatrix}=19 \quad \therefore\ y=\frac{D_2}{|A|}=\frac{19}{19}=1$$

(㋒)

$$D_3=\begin{vmatrix} 2 & 3 & 1 \\ 1 & 2 & 3 \\ 5 & -3 & -12 \end{vmatrix}=38 \quad \therefore\ z=\frac{D_3}{|A|}=\frac{38}{19}=2$$

(㋓)

よって $(x,\ y,\ z)=(-3,\ 1,\ 2)$ …(答)

ポイント

㋐ ①－②×2，③－②×5

㋑ $|A|$ の1列を定数項で置き換える。

㋒ $|A|$ の2列を定数項で置き換える。

㋓ $|A|$ の3列を定数項で置き換える。

練習問題 8-11

解答 p.253

連立1次方程式 $\begin{cases} x+\ y+\ z=1 \\ ax+by+cz=k \\ a^2x+b^2y+c^2z=k^2 \end{cases}$ をクラーメルの公式で解け。

ただし，$a,\ b,\ c$ は互いに異なるとする。

問題8-12 ▼ 連立1次方程式 (1)

連立1次方程式 $\begin{cases} 2x+7y-3z=-1 \\ x+4y-5z=5 \\ 3x-2y+9z=9 \end{cases}$ を解け。

解 説 連立1次方程式では，1つの式に0と異なる数を掛けて他の式に加えても，その解は変わらない。そこで，連立1次方程式

$$\begin{cases} a_{11}x_1+a_{12}x_2+\cdots+a_{1n}x_n=b_1 \\ a_{21}x_1+a_{22}x_2+\cdots+a_{2n}x_n=b_2 \\ \cdots\cdots \\ a_{m1}x_1+a_{m2}x_2+\cdots+a_{mn}x_n=b_m \end{cases} \Longleftrightarrow A\begin{pmatrix} x_1 \\ x_2 \\ \vdots \\ x_n \end{pmatrix}=\begin{pmatrix} b_1 \\ b_2 \\ \vdots \\ b_m \end{pmatrix} \Longleftrightarrow A\boldsymbol{x}=\boldsymbol{b}$$

は，拡大係数行列 $(A \quad \boldsymbol{b})$ に行基本変形を施して解くことができる。

もしも $m=n$，すなわち未知数と方程式の個数が等しいときは，拡大係数行列 $(A \quad \boldsymbol{b})$ が $(A \quad \boldsymbol{b}) \to (E_n \quad \boldsymbol{d})=\begin{pmatrix} 1 & & O & d_1 \\ & \ddots & & \vdots \\ O & & 1 & d_n \end{pmatrix}$ と変形できれば

$$\begin{pmatrix} x_1 \\ \vdots \\ x_n \end{pmatrix}=\begin{pmatrix} d_1 \\ \vdots \\ d_n \end{pmatrix}$$ と解は一意に定まる。

解答

拡大係数行列㋐ に行基本変形を行うと

$$(A \quad \boldsymbol{b})㋑=\begin{pmatrix} 1 & 4 & -5 & 5 \\ 2 & 7 & -3 & -1 \\ 3 & -2 & 9 & 9 \end{pmatrix} \xrightarrow[③-①\times3]{②-①\times2} \begin{pmatrix} 1 & 4 & -5 & 5 \\ 0 & -1 & 7 & -11 \\ 0 & -14 & 24 & -6 \end{pmatrix}$$

$$\xrightarrow[③\div(-2)]{②\times(-1)} \begin{pmatrix} 1 & 4 & -5 & 5 \\ 0 & 1 & -7 & 11 \\ 0 & 7 & -12 & 3 \end{pmatrix} \xrightarrow[③-②\times7]{①-②\times4} \begin{pmatrix} 1 & 0 & 23 & -39 \\ 0 & 1 & -7 & 11 \\ 0 & 0 & 37 & -74 \end{pmatrix}$$

$$\xrightarrow{㋒} \begin{pmatrix} 1 & 0 & 0 & 7 \\ 0 & 1 & 0 & -3 \\ 0 & 0 & 1 & -2 \end{pmatrix} \qquad \therefore \begin{pmatrix} x \\ y \\ z \end{pmatrix}=\begin{pmatrix} 7 \\ -3 \\ -2 \end{pmatrix}$$

…(答)

ポイント

㋐ 本問の解法を，掃き出し法，ガウスの消去法などと呼ぶ。

㋑ 与えられた方程式の1番目と2番目をあらかじめ入れ換えた。
(1, 1) 成分を1にするのがコツ。

㋒ ③÷37＝③′として，①－③′×23，②＋③′×7

練習問題 8-12

解答 p.253

連立1次方程式 $\begin{cases} 3x_1+3x_2+8x_3+x_4=2 \\ x_1+x_2+x_3+x_4=1 \\ 5x_1+4x_2+9x_3-x_4=-1 \\ 2x_1-x_2-3x_3-4x_4=3 \end{cases}$ を解け。

問題8-13 ▼ 連立1次方程式 (2)

連立1次方程式 $\begin{cases} x_1 + x_2 - x_3 + 5x_4 = a \\ x_1 + 2x_2 + 2x_3 + 3x_4 = b \\ 2x_1 + 3x_2 + x_3 + 8x_4 = 5 \\ 2x_1 + 5x_2 + 7x_3 + 4x_4 = 3 \end{cases}$

が解をもつようにa, bの値を定めよ。また，そのときの解を求めよ。

解説 x_1, x_2, $\cdots$, x_n を未知数とする連立1次方程式 $A\boldsymbol{x} = b$ の拡大係数行列 $(A \quad \boldsymbol{b})$ に行基本変形を行って

$$(A \quad \boldsymbol{b}) \to \begin{pmatrix} E_r & C & \boldsymbol{d}_1 \\ O & O & \boldsymbol{d}_2 \end{pmatrix} \text{になったとすると}$$

$$A\boldsymbol{x} = \boldsymbol{b} \text{が解をもつ} \iff \boldsymbol{d}_2 = \boldsymbol{0} \iff \text{rank}(A \quad \boldsymbol{b}) = \text{rank}\, A$$

特に，rank $A = r = n$ ならば，解は $\boldsymbol{x} = \boldsymbol{d}_1$ と一意に定まる。

解答 拡大係数行列に行基本変形を行うと

$$\begin{pmatrix} 1 & 1 & -1 & 5 & a \\ 1 & 2 & 2 & 3 & b \\ 2 & 3 & 1 & 8 & 5 \\ 2 & 5 & 7 & 4 & 3 \end{pmatrix} \underset{㋐}{\to} \begin{pmatrix} 1 & 1 & -1 & 5 & a \\ 0 & 1 & 3 & -2 & -a+b \\ 0 & 1 & 3 & -2 & 5-2a \\ 0 & 3 & 9 & -6 & 3-2a \end{pmatrix}$$

$$\underset{㋑}{\to} \begin{pmatrix} 1 & 0 & -4 & 7 & 2a-b \\ 0 & 1 & 3 & -2 & -a+b \\ 0 & 0 & 0 & 0 & 5-a-b \\ 0 & 0 & 0 & 0 & 3+a-3b \end{pmatrix}$$

したがって，解をもつための条件は㋒

$5 - a - b = 0$　かつ　$3 + a - 3b = 0$

$\therefore\ a = 3,\ b = 2$　…(答)

このとき $x_1 - 4x_3 + 7x_4 = 4$, $x_2 + 3x_3 - 2x_4 = -1$

よって，解㋓は $x_1 = 4s - 7t + 4$, $x_2 = -3s + 2t - 1$

$x_3 = s$, $x_4 = t$（s, t は任意）　…(答)

ポイント

㋐ ②－①，③－①×2，④－①×2

㋑ ①－②，③－②，④－②×3

㋒ 3行は $0x_1 + 0x_2 + 0x_3 + 0x_4 = 5 - a - b$ より，解をもつには $0 = 5 - a - b$ が必要。4行も同様である。

㋓ $n - \text{rank}\, A = 4 - 2 = 2$（自由度）より，解には2つの媒介変数が現れる。

練習問題　8-13

解答 p.253

連立1次方程式 $\begin{cases} x + 2y + 3z = a \\ 2x + 3y + 4z = a^2 \\ 3x + 4y + 5z = a^3 \end{cases}$ が解をもつようにaの値を定めよ。

問題8-14 ▼掃き出し法による逆行列

行列 $A=\begin{pmatrix} 3 & 2 & 0 \\ -7 & -6 & 1 \\ 9 & 7 & -1 \end{pmatrix}$ の逆行列を求めよ。

■ **解 説** ■　余因子による逆行列の求め方は問題8-10で学んだ。ここでは，掃き出し法により求めてみよう。n 次の正方行列 A に対して，逆行列 X は $AX=E$ を満たすので，$X=(\boldsymbol{x}_1\ \boldsymbol{x}_2\ \ldots\ \boldsymbol{x}_n)$ とおくと

$$A\boldsymbol{x}_1=\begin{pmatrix} 1 \\ 0 \\ \vdots \\ 0 \end{pmatrix},\quad A\boldsymbol{x}_2=\begin{pmatrix} 0 \\ 1 \\ \vdots \\ 0 \end{pmatrix},\ \ldots,\quad A\boldsymbol{x}_n=\begin{pmatrix} 0 \\ \vdots \\ 0 \\ 1 \end{pmatrix}$$

を満たす $\boldsymbol{x}_1, \boldsymbol{x}_2, \ldots, \boldsymbol{x}_n$ を求めればよい。これは n 個の連立1次方程式を同時に解くと考えて，行基本変形を行って，$(A \mid E) \to (E \mid A^{-1})$ とすればよい。

解答　$(A\quad E)$ に行基本変形を行うと

$$\left(\begin{array}{ccc|ccc} 3 & 2 & 0 & 1 & 0 & 0 \\ -7 & -6 & 1 & 0 & 1 & 0 \\ 9 & 7 & -1 & 0 & 0 & 1 \end{array}\right) \underset{㋐}{\to} \left(\begin{array}{ccc|ccc} 1 & 1 & 0 & 1 & -1 & -1 \\ -7 & -6 & 1 & 0 & 1 & 0 \\ 9 & 7 & -1 & 0 & 0 & 1 \end{array}\right)$$

$$\underset{㋑}{\to} \left(\begin{array}{ccc|ccc} 1 & 1 & 0 & 1 & -1 & -1 \\ 0 & 1 & 1 & 7 & -6 & -7 \\ 0 & -2 & -1 & -9 & 9 & 10 \end{array}\right)$$

$$\underset{㋒}{\to} \left(\begin{array}{ccc|ccc} 1 & 1 & 0 & 1 & -1 & -1 \\ 0 & 1 & 1 & 7 & -6 & -7 \\ 0 & 0 & 1 & 5 & -3 & -4 \end{array}\right)$$

$$\underset{㋓}{\to} \left(\begin{array}{ccc|ccc} 1 & 0 & 0 & -1 & 2 & 2 \\ 0 & 1 & 0 & 2 & -3 & -3 \\ 0 & 0 & 1 & 5 & -3 & -4 \end{array}\right)$$

よって　$A^{-1}=\begin{pmatrix} -1 & 2 & 2 \\ 2 & -3 & -3 \\ 5 & -3 & -4 \end{pmatrix}$　…(答)

ポイント

㋐　①－(②＋③)

㋑　②＋①×7，③－①×9

㋒　③＋②×2

㋓　②－③を計算し，新たに①－②。

練習問題　8-14

解答 p.253

行列 $A=\begin{pmatrix} 1 & -2 & 0 & 0 \\ 2 & 0 & 1 & -1 \\ 0 & 5 & 1 & 0 \\ 3 & -5 & 0 & 0 \end{pmatrix}$ の逆行列を求めよ。

Chapter 9

線形空間

1. ベクトル

ここでは実ベクトルとする。

(1) **ベクトルの内積**　n 次元実ベクトル $\boldsymbol{a}=(a_i)$，$\boldsymbol{b}=(b_i)$ に対して，$\boldsymbol{a}$ と $\boldsymbol{b}$ の内積は

$$\boldsymbol{a}\cdot\boldsymbol{b}=a_1b_1+a_2b_2+\cdots+a_nb_n$$

$\boldsymbol{a}$, $\boldsymbol{b}$ のなす角を $\theta\ (0\leq\theta\leq\pi)$ とおくと　$\boldsymbol{a}\cdot\boldsymbol{b}=|\boldsymbol{a}||\boldsymbol{b}|\cos\theta$

(2) **内積の性質**　実ベクトルの内積は，次の性質を満たす。

$$\boldsymbol{a}\cdot\boldsymbol{a}=|\,\boldsymbol{a}\,|^2\geq 0,\quad \boldsymbol{a}\cdot\boldsymbol{b}=\boldsymbol{b}\cdot\boldsymbol{a},\quad (\boldsymbol{a}+\boldsymbol{b})\cdot\boldsymbol{c}=\boldsymbol{a}\cdot\boldsymbol{c}+\boldsymbol{b}\cdot\boldsymbol{c},$$

$$(\lambda\boldsymbol{a})\cdot\boldsymbol{b}=\boldsymbol{a}\cdot(\lambda\boldsymbol{b})=\lambda(\boldsymbol{a}\cdot\boldsymbol{b}),\quad (h\boldsymbol{a})\cdot(k\boldsymbol{b})=hk(\boldsymbol{a}\cdot\boldsymbol{b})$$

(3) **ベクトルの外積**　3次元ベクトル $\boldsymbol{a}=(a_x,\ a_y,\ a_z)$，$\boldsymbol{b}=(b_x,\ b_y,\ b_z)$ に対して，$\boldsymbol{a}$ と $\boldsymbol{b}$ の**外積**（**ベクトル積**）は

$$\boldsymbol{a}\times\boldsymbol{b}=\left(\begin{vmatrix}a_y & a_z\\ b_y & b_z\end{vmatrix},\ \begin{vmatrix}a_z & a_x\\ b_z & b_x\end{vmatrix},\ \begin{vmatrix}a_x & a_y\\ b_x & b_y\end{vmatrix}\right)$$

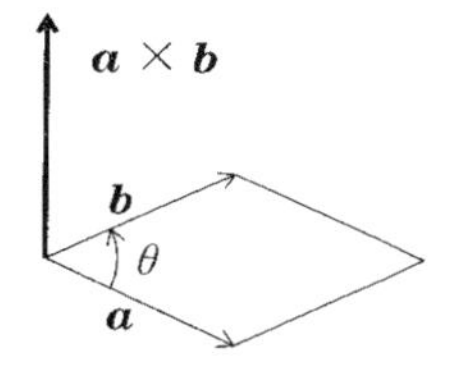

外積 $\boldsymbol{a}\times\boldsymbol{b}$ は，ベクトル $\boldsymbol{a}$, $\boldsymbol{b}$ の定める平行四辺形の面積を大きさにもち，この平行四辺形に垂直なベクトルを右図のようにとったもの。

$$\boldsymbol{a}\times\boldsymbol{b}=-\boldsymbol{b}\times\boldsymbol{a},\quad (k\boldsymbol{a})\times\boldsymbol{b}=k(\boldsymbol{a}\times\boldsymbol{b})$$

$$\boldsymbol{a}\times(\boldsymbol{b}+\boldsymbol{c})=\boldsymbol{a}\times\boldsymbol{b}+\boldsymbol{a}\times\boldsymbol{c},\quad \boldsymbol{a}\cdot(\boldsymbol{b}\times\boldsymbol{c})=\det(\boldsymbol{a},\ \boldsymbol{b},\ \boldsymbol{c})$$

(4) **線形独立，線形従属**　いくつかのベクトルのスカラー倍の和を**線形結合**という。n 個のベクトル $\boldsymbol{a}_1$, $\boldsymbol{a}_2$, . . . , $\boldsymbol{a}_n$ に対しては次のように表される。

$$c_1\boldsymbol{a}_1+c_2\boldsymbol{a}_2+\cdots+c_n\boldsymbol{a}_n\ (c_i\text{はスカラー})$$

$\boldsymbol{a}_1$, $\boldsymbol{a}_2$, . . . , $\boldsymbol{a}_n$ について $c_1\boldsymbol{a}_1+c_2\boldsymbol{a}_2+\cdots+c_n\boldsymbol{a}_n=\boldsymbol{0}$ となるのが

$c_1=c_2=\cdots=c_n=0$ のときのみ

$\Longleftrightarrow$ $\boldsymbol{a}_1$, $\boldsymbol{a}_2$, . . . , $\boldsymbol{a}_n$ は**線形独立（1次独立）**

$c_1=c_2=\cdots=c_n=0$ 以外にもある

$\Longleftrightarrow$ $\boldsymbol{a}_1$, $\boldsymbol{a}_2$, . . . , $\boldsymbol{a}_n$ は**線形従属（1次従属）**

2. ベクトル空間

実数全体の集合を $\boldsymbol{R}$ とする。空でない集合 V の任意の元 $\boldsymbol{a}$, $\boldsymbol{b}$ および $\boldsymbol{R}$ の任意の元 k に対して，和 $\boldsymbol{a}+\boldsymbol{b}\in V$，スカラー倍 $k\boldsymbol{a}\in V$ が定義されていて，これらが次の7個の条件を満たすとき，V を $\boldsymbol{R}$ 上の**ベクトル空間**（**線形空間**）という。複素数の集合 $\boldsymbol{C}$ 上でも同様に定義される。

① $\boldsymbol{a}+\boldsymbol{b}=\boldsymbol{b}+\boldsymbol{a}$　　② $(\boldsymbol{a}+\boldsymbol{b})+\boldsymbol{c}=\boldsymbol{a}+(\boldsymbol{b}+\boldsymbol{c})$

③ 任意の $\boldsymbol{a}$, $\boldsymbol{b}\in V$ に対して，$\boldsymbol{a}+\boldsymbol{x}=\boldsymbol{b}$ なる $\boldsymbol{x}\in V$ が存在する

④ $k(\boldsymbol{a}+\boldsymbol{b})=k\boldsymbol{a}+k\boldsymbol{b}$　　⑤ $(h+k)\boldsymbol{a}=h\boldsymbol{a}+k\boldsymbol{a}$

⑥ $(hk)\boldsymbol{a}=h(k\boldsymbol{a})$　　⑦ $1\boldsymbol{a}=\boldsymbol{a}$

(1) **部分空間**　　$\boldsymbol{R}$ 上のベクトル空間 V の空でない部分集合 $W(\subseteqq V)$ が，

$$\boldsymbol{a}\in W,\ \boldsymbol{b}\in W,\ k\in\boldsymbol{R}\Rightarrow\boldsymbol{a}+\boldsymbol{b}\in W,\ k\boldsymbol{a}\in W$$

を満たすとき，W は V の部分ベクトル空間であるという。

(2) **基底と次元**　　ベクトル空間 V の部分集合 $B=\{\boldsymbol{a}_1, \boldsymbol{a}_2, \ldots, \boldsymbol{a}_r\}$ が，次の条件(i)，(ii)を満たすとき，V の**基底**（または**基**）という。

(i) V の任意のベクトル $\boldsymbol{x}$ は，$\boldsymbol{x}=c_1\boldsymbol{a}_1+c_2\boldsymbol{a}_2+\cdots+c_r\boldsymbol{a}_r$ と一意的に表せる。

(ii) $\boldsymbol{a}_1, \boldsymbol{a}_2, \ldots, \boldsymbol{a}_r$ は線形独立である。

また，r を V の次元といい，$\dim V=r$ と表す。

(3) **交空間・和空間**　　$W_1, W_2, \ldots, W_r, \ldots$ はベクトル空間 V の部分空間とする。このとき，共通部分 $\cap_{i\in I}W_i = W_1\cap W_2\cap\cdots\cap W_r\cap\cdots$ を $\{W_i \mid i\in I\}$ の**交空間**（交わり）という。すなわち

$$W_1\cap W_2\cap\cdots\cap W_r\cap\cdots$$
$$=\{\boldsymbol{x}\mid\boldsymbol{x}\in W_1, \boldsymbol{x}\in W_2, \ldots, \boldsymbol{x}\in W_r, \ldots\}$$

また，和集合 $\cup_{i\in I}W_i$ から作られる部分空間を $\{W_i \mid i\in I\}$ の**和空間**といい，$\sum_{i\in I}W_i$ と表す。特に，$I=\{1, 2, \ldots, r\}$ のとき，和空間を $W_1+W_2+\cdots+W_r$ と表す。すなわち

$$W_1+W_2+\cdots+W_r$$
$$=\{\boldsymbol{x}_1+\boldsymbol{x}_2+\cdots+\boldsymbol{x}_r\mid\boldsymbol{x}_1\in W_1, \boldsymbol{x}_2\in W_2, \ldots, \boldsymbol{x}_r\in W_r\}$$

一般に，$W_1\cup W_2\neq W_1+W_2$ である。

(4) **線形写像**　V, W を $\boldsymbol{R}$ 上のベクトル空間とする。

写像 $f : V \to W$ が

$$f(\boldsymbol{x}_1 + \boldsymbol{x}_2) = f(\boldsymbol{x}_1) + f(\boldsymbol{x}_2)$$

$$f(k\boldsymbol{x}) = kf(\boldsymbol{x})$$

を満たすとき，f を V から W への**線形写像**という。

3.　固有値

線形写像 f で，$W = V$ $(f : V \to V)$ のとき，f を**線形変換**（1 次変換）という。

f を n 次元ベクトル空間 V の線形変換，A を n 次正方行列とするとき

$$f(\boldsymbol{x}) = A\boldsymbol{x} = \lambda\boldsymbol{x},\ \boldsymbol{x} \neq \boldsymbol{0}$$

となる $\boldsymbol{x} \in V$ が存在するとき，λ を f の**固有値**，$\boldsymbol{x}$ を固有値 λ に対する f の**固有ベクトル**という。λ を A の固有値，$\boldsymbol{x}$ を固有値 λ に対する A の固有ベクトルということもある。

また，行列式 $|\lambda E - A| = \varphi_A(\lambda)$ を A の固有多項式といい，n 次方程式 $\varphi_A(\lambda) = 0$ を A の**固有方程式**という。

A の固有値が $\lambda_1, \lambda_2, \ldots, \lambda_n$（重複を含めて）のとき，

$$A\boldsymbol{p}_1 = \lambda_1\boldsymbol{p}_1,\ A\boldsymbol{p}_2 = \lambda_2\boldsymbol{p}_2,\ \ldots,\ A\boldsymbol{p}_n = \lambda_n\boldsymbol{p}_n$$

を満たす線形独立なベクトル $\boldsymbol{p}_1, \boldsymbol{p}_2, \ldots, \boldsymbol{p}_n$ が存在すれば，

$P = (\boldsymbol{p}_1\ \boldsymbol{p}_2\ \ldots\ \boldsymbol{p}_n)$ とおくことにより

$$P^{-1}AP = \begin{pmatrix} \lambda_1 & & & O \\ & \lambda_2 & & \\ & & \ddots & \\ O & & & \lambda_n \end{pmatrix}$$

と変形できる。

このとき，n 次の正方行列 A は正方行列 P により**対角化可能**であるという。線形独立なベクトル $\boldsymbol{p}_1, \boldsymbol{p}_2, \ldots, \boldsymbol{p}_n$ が存在しないとき，A は対角化不可能である。

問題9-1 ▼外積

空間内に4点 A(1, 2, 3), B(2, −1, 4), C(4, 1, 2), D(5, 0, 6) があるとき，三角形 ABC の面積 S および四面体 ABCD の体積 V を求めよ。

解説 $\angle \mathrm{BAC} = \theta\ (0 < \theta < \pi)$ とおくとき △ABC の面積 S は

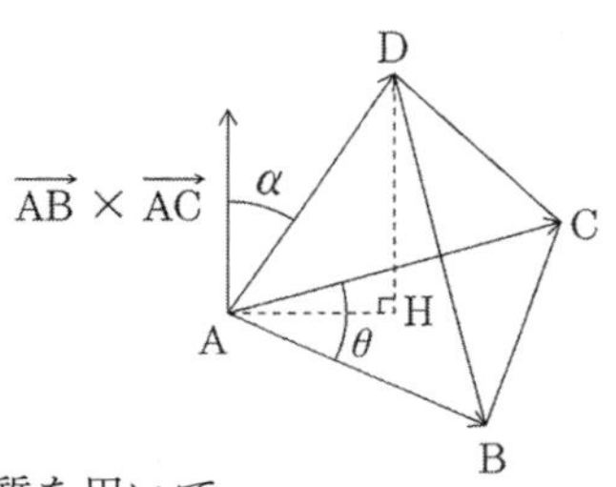

$$S = \frac{1}{2}|\overrightarrow{\mathrm{AB}}||\overrightarrow{\mathrm{AC}}|\sin\theta$$
$$= \frac{1}{2}\sqrt{|\overrightarrow{\mathrm{AB}}|^2|\overrightarrow{\mathrm{AC}}|^2(1-\cos^2\theta)}$$
$$= \frac{1}{2}\sqrt{|\overrightarrow{\mathrm{AB}}|^2|\overrightarrow{\mathrm{AC}}|^2-(\overrightarrow{\mathrm{AB}}\cdot\overrightarrow{\mathrm{AC}})^2}$$

としても求めることもできるが，外積の図形的性質を用いて

$S = \frac{1}{2}|\overrightarrow{\mathrm{AB}} \times \overrightarrow{\mathrm{AC}}|$ とすると簡単である。

また，$\overrightarrow{\mathrm{AD}}$ と $\overrightarrow{\mathrm{AB}} \times \overrightarrow{\mathrm{AC}}$ のなす角を α とおくと，四面体の体積 V は

$$V = \frac{1}{3}S\cdot \mathrm{DH} = \frac{1}{3}\cdot\frac{1}{2}|\overrightarrow{\mathrm{AB}} \times \overrightarrow{\mathrm{AC}}|\cdot\| \overrightarrow{\mathrm{AD}}|\cos\alpha| = \frac{1}{6}|(\overrightarrow{\mathrm{AB}} \times \overrightarrow{\mathrm{AC}})\cdot\overrightarrow{\mathrm{AD}}|$$

となる。なお，平行六面体の体積なら $|(\overrightarrow{\mathrm{AB}} \times \overrightarrow{\mathrm{AC}})\cdot\overrightarrow{\mathrm{AD}}|$ となる。

解答

$\overrightarrow{\mathrm{AB}} = (1,\ -3,\ 1)$, $\overrightarrow{\mathrm{AC}} = (3,\ -1,\ -1)$ だから

$$\overrightarrow{\mathrm{AB}} \times \overrightarrow{\mathrm{AC}} = \left(\begin{vmatrix} -3 & 1 \\ -1 & -1 \end{vmatrix},\ \begin{vmatrix} 1 & 1 \\ -1 & 3 \end{vmatrix},\ \begin{vmatrix} 1 & -3 \\ 3 & -1 \end{vmatrix} \right) \quad ㋐$$
$$= (4,\ 4,\ 8) = 4(1,\ 1,\ 2)$$

$$\therefore\quad S = \frac{1}{2}|\overrightarrow{\mathrm{AB}} \times \overrightarrow{\mathrm{AC}}| = \frac{1}{2}\cdot 4\sqrt{6} = 2\sqrt{6} \qquad \cdots(答)$$

また　$\overrightarrow{\mathrm{AD}} = (4,\ -2,\ 3)$

$$\therefore\quad V = \frac{1}{6}\left|(\overrightarrow{\mathrm{AB}} \times \overrightarrow{\mathrm{AC}})\cdot\overrightarrow{\mathrm{AD}}\right|$$
$$= \frac{1}{6}\cdot|4(4-2+6)| = \frac{16}{3} \qquad \cdots(答)$$

ポイント

㋐ $\overrightarrow{\mathrm{AB}}$, $\overrightarrow{\mathrm{AC}}$ の y, z, x, y 成分の順に書き並べて求めてもよい。

y	z	x	y
−3	1	1	−3
−1	−1	3	−1

4	4	8
x	y	z

練習問題　9-1　　解答 p.254

空間内の4点 O(0, 0, 0)，A(x_1, y_1, z_1)，B(x_2, y_2, z_2), C(x_3, y_3, z_3) を頂点にもつ平行六面体の体積 V は，右式で表されることを示せ。

$$V = \begin{vmatrix} x_1 & y_1 & z_1 \\ x_2 & y_2 & z_2 \\ x_3 & y_3 & z_3 \end{vmatrix} \text{ の絶対値}$$

問題9-2 ▼ 部分空間

3次元実ベクトル空間 $\boldsymbol{R}^3$ の次の部分集合 W は $\boldsymbol{R}^3$ の部分空間か。

(1) $W=\{(x,\ y,\ z)\mid z=0\}$　　(2) $W=\{(x,\ y,\ z)\mid x+y=2z\}$

(3) $W=\{(x,\ y,\ z)\mid x+y+z=1\}$

解 説 部分空間の定義に従って，ベクトル空間 $\boldsymbol{R}^3$ の部分集合 W が部分空間であることを示すには

$$\begin{cases} \boldsymbol{a}\in W,\ \boldsymbol{b}\in W \Rightarrow \boldsymbol{a}+\boldsymbol{b}\in W \\ \boldsymbol{a}\in W,\ k\in \boldsymbol{R} \Rightarrow k\boldsymbol{a}\in W \end{cases}$$

すなわち，W 内で加法とスカラー倍について閉じていることを示すことになる。また，部分空間でないときは，それを示す具体例（反例）を挙げればよい。

解答

(1) $\boldsymbol{a}=(x_1,\ y_1,\ 0),\ \boldsymbol{b}=(x_2,\ y_2,\ 0)\in W,\ k\in \boldsymbol{R}$

とおくと　$\underset{㋐}{\boldsymbol{a}+\boldsymbol{b}}=(x_1+x_2,\ y_1+y_2,\ 0)$

$\underset{㋑}{k\boldsymbol{a}}=(kx_1,\ ky_1,\ 0)$

$\therefore$　$\boldsymbol{a}+\boldsymbol{b}\in W$　かつ　$k\boldsymbol{a}\in W$

よって，W は $\boldsymbol{R}^3$ の部分空間である。　…(答)

(2) $\boldsymbol{a}=(x_1,\ y_1,\ z_1),\ \boldsymbol{b}=(x_2,\ y_2,\ z_2)\in W,\ k\in \boldsymbol{R}$

とおくと　$x_1+y_1=2z_1,\ x_2+y_2=2z_2$

$\boldsymbol{a}+\boldsymbol{b}=(x_1+x_2,\ y_1+y_2,\ z_1+z_2)$

$k\boldsymbol{a}=(kx_1,\ ky_1,\ kz_1)$

$\therefore$　$(x_1+x_2)+(y_1+y_2)=(x_1+y_1)+(x_2+y_2)$

$=2z_1+2z_2=2(z_1+z_2)$

かつ $kx_1+ky_1=k(x_1+y_1)=k(2z_1)=2(kz_1)$

したがって　$\boldsymbol{a}+\boldsymbol{b}\in W$　かつ　$k\boldsymbol{a}\in W$

よって，W は $\boldsymbol{R}^3$ の部分空間である。　…(答)

(3) $\underset{㋒}{\boldsymbol{0}=(0,\ 0,\ 0)\notin W}$ だから，W は $\boldsymbol{R}^3$ の部分空間ではない。　…(答)

ポイント

㋐ $\boldsymbol{a}+\boldsymbol{b}=(\square,\ \triangle,\ 0)$ となったので $\boldsymbol{a}+\boldsymbol{b}\in W$ である。

㋑ ㋐と同様である。

㋒ $\boldsymbol{a}\in W$ とすると，W が部分空間であるときは，$0\boldsymbol{a}\in W$ より，$\boldsymbol{0}\in W$ となるので，W は必ず零ベクトルを含んでいる。しかし，本問は $0+0+0=0\neq 1$ だから，$\boldsymbol{0}\notin W$ である。

練習問題 9-2　解答 p.254

3次元実ベクトル空間 $\boldsymbol{R}^3$ の次の部分集合 W は $\boldsymbol{R}^3$ の部分空間か。

(1) $W=\{(x,\ y,\ z)\mid x=2y=3z\}$　　(2) $W=\{(x,\ y,\ z)\mid x^2=y^2\}$

問題9-3 ▼ベクトルの線形独立・線形従属

次のベクトル $\boldsymbol{a}$, $\boldsymbol{b}$, $\boldsymbol{c}$ は線形独立であることを示せ。

$$\boldsymbol{a}=(1,\ 3,\ -2),\quad \boldsymbol{b}=(-2,\ -1,\ 1),\quad \boldsymbol{c}=(-2,\ 9,\ -4)$$

また，$\boldsymbol{d}=(-1,\ 47,\ -24)$ を $\boldsymbol{a}$, $\boldsymbol{b}$, $\boldsymbol{c}$ の線形結合として表せ。

解 説　3つのベクトル $\boldsymbol{a}$, $\boldsymbol{b}$, $\boldsymbol{c}$ が線形独立であることを示すには $x\boldsymbol{a}+y\boldsymbol{b}+z\boldsymbol{c}=\boldsymbol{0}$ とおいて，$x=y=z=0$ を導けばよいが，これは連立1次方程式 $\begin{pmatrix} 1 & -2 & -2 \\ 3 & -1 & 9 \\ -2 & 1 & -4 \end{pmatrix}\begin{pmatrix} x \\ y \\ z \end{pmatrix}=\begin{pmatrix} 0 \\ 0 \\ 0 \end{pmatrix}$ が $\begin{pmatrix} x \\ y \\ z \end{pmatrix}=\begin{pmatrix} 0 \\ 0 \\ 0 \end{pmatrix}$ のみを解にもつことと同値である。したがって，行列式 $|{}^t\boldsymbol{a}\ \ {}^t\boldsymbol{b}\ \ {}^t\boldsymbol{c}|\fallingdotseq 0$ を示せばよい。すなわち，$\mathrm{rank}({}^t\boldsymbol{a}\ \ {}^t\boldsymbol{b}\ \ {}^t\boldsymbol{c})=3$ を示してもよい。

また，$\boldsymbol{d}$ を $\boldsymbol{a}$, $\boldsymbol{b}$, $\boldsymbol{c}$ の**線形結合**（**1次結合**）で表すということは

$$\boldsymbol{d}=x\boldsymbol{a}+y\boldsymbol{b}+z\boldsymbol{c}$$ の形に直すことである。

解答

$$\begin{matrix} {}^t\boldsymbol{a} & {}^t\boldsymbol{b} & {}^t\boldsymbol{c} & {}^t\boldsymbol{d} \end{matrix}$$

$$\begin{pmatrix} 1 & -2 & -2 & -1 \\ 3 & -1 & 9 & 47 \\ -2 & 1 & -4 & -24 \end{pmatrix} \underset{㋐}{\rightarrow} \begin{pmatrix} 1 & -2 & -2 & -1 \\ 0 & 5 & 15 & 50 \\ 0 & -3 & -8 & -26 \end{pmatrix}$$

$$\underset{㋑}{\rightarrow} \begin{pmatrix} 1 & -2 & -2 & -1 \\ 0 & 1 & 3 & 10 \\ 0 & 3 & 8 & 26 \end{pmatrix} \underset{㋒}{\rightarrow} \begin{pmatrix} 1 & 0 & 4 & 19 \\ 0 & 1 & 3 & 10 \\ 0 & 0 & -1 & -4 \end{pmatrix}$$

$$\underset{㋓}{\rightarrow} \begin{pmatrix} 1 & 0 & 0 & 3 \\ 0 & 1 & 0 & -2 \\ 0 & 0 & 1 & 4 \end{pmatrix}$$

よって，$\mathrm{rank}({}^t\boldsymbol{a}\ \ {}^t\boldsymbol{b}\ \ {}^t\boldsymbol{c})=3$ だから

$\boldsymbol{a}$, $\boldsymbol{b}$, $\boldsymbol{c}$ は 線形独立㋔ である。

また　$\boldsymbol{d}=3\boldsymbol{a}-2\boldsymbol{b}+4\boldsymbol{c}$　…(答)

ポイント

㋐　②－①×3，③＋①×2

㋑　②÷5，③×(－1)

㋒　①＋②×2，③－②×3

㋓　①＋③×4，②＋③×3，③×(－1)

㋔　〔別解〕

$$\begin{vmatrix} 1 & -2 & -2 \\ 3 & -1 & 9 \\ -2 & 1 & -4 \end{vmatrix}=5\fallingdotseq 0$$

練習問題　9-3

解答 p.254

$\boldsymbol{a}=(1,\ 1,\ 0,\ 1)$，$\boldsymbol{b}=(3,\ 1,\ 1,\ -4)$ について

(1) $\boldsymbol{c}=(5,\ 3,\ 1,\ 1)$ は $\boldsymbol{a}$, $\boldsymbol{b}$ の線形結合で表すことができるか。

(2) $\boldsymbol{d}=(a,\ b,\ c,\ d)$ が $\boldsymbol{a}$, $\boldsymbol{b}$ の線形結合で表されるための必要十分条件を求めよ。

問題9-4 ▼ R^3での交空間

$\boldsymbol{a}_1 = {}^t(1,\ 1,\ 5)$, $\boldsymbol{a}_2 = {}^t(3,\ 0,\ -6)$, $\boldsymbol{a}_3 = {}^t(2,\ 1,\ 3)$ が生成する部分空間を W_a, $\boldsymbol{b}_1 = {}^t(1,\ -3,\ 1)$, $\boldsymbol{b}_2 = {}^t(3,\ 0,\ 1)$ が生成する部分空間を W_b とする。このとき，$W_a \cap W_b$ を生成するベクトルを求めよ。

■ **解 説** ■　$\boldsymbol{R}$ 上のベクトル空間 V, $\boldsymbol{a}_1, \boldsymbol{a}_2, \ldots, \boldsymbol{a}_m \in V$ に対して

$$W = \{c_1\boldsymbol{a}_1 + c_2\boldsymbol{a}_2 + \cdots + c_m\boldsymbol{a}_m \mid c_1, c_2, \ldots, c_m \in \boldsymbol{R}\}$$

とおくとき，W は V の部分空間となり，これを $\boldsymbol{a}_1, \boldsymbol{a}_2, \ldots, \boldsymbol{a}_m$ で**生成される（張られる）部分空間**という。$\boldsymbol{a}_1, \boldsymbol{a}_2, \ldots, \boldsymbol{a}_m$ をこの**部分空間の生成系**という。

また，W_1, W_2 がベクトル空間 V の部分空間であるとき，これらの共通部分 $W_1 \cap W_2$ は V の部分空間になる。これを W_1, W_2 の**交空間**と呼ぶ。

解答

$\boldsymbol{x} = \begin{pmatrix} x_1 \\ x_2 \\ x_3 \end{pmatrix} \in W_a$, $\boldsymbol{y} = \begin{pmatrix} y_1 \\ y_2 \\ y_3 \end{pmatrix} \in W_b$ とおく。

㋐ $\boldsymbol{x} = p\boldsymbol{a}_1 + q\boldsymbol{a}_2 + r\boldsymbol{a}_3$,　㋑ $\boldsymbol{y} = s\boldsymbol{b}_1 + t\boldsymbol{b}_2$ と表せて

$$\begin{cases} x_1 = p + 3q + 2r \\ x_2 = p + r \\ x_3 = 5p - 6q + 3r \end{cases} \quad かつ \quad \begin{cases} y_1 = s + 3t \\ y_2 = -3s \\ y_3 = s + t \end{cases}$$

これらより，㋒ p, q, r および s, t を消去して

$$\begin{cases} 2x_1 - 7x_2 + x_3 = 0 \\ 3y_1 - 2y_2 - 9y_3 = 0 \end{cases}$$

㋓ $\boldsymbol{x} \in W_a \cap W_b$ のとき

$$2x_1 - 7x_2 + x_3 = 0, \qquad 3x_1 - 2x_2 - 9x_3 = 0$$

この連立方程式を解くと $\begin{pmatrix} x_1 \\ x_2 \\ x_3 \end{pmatrix} = t\begin{pmatrix} 65 \\ 21 \\ 17 \end{pmatrix}$ （t は任意の実数）と表される。

よって，$W_a \cap W_b$ を生成するベクトルは ${}^t(65,\ 21,\ 17)$

…(答)

ポイント

㋐　W_a は $\boldsymbol{a}_1, \boldsymbol{a}_2, \boldsymbol{a}_3$ の生成する部分空間だから，$\boldsymbol{x} \in W_a$ のとき $\boldsymbol{x}$ は $\boldsymbol{a}_1, \boldsymbol{a}_2, \boldsymbol{a}_3$ の線形結合で表せる。

㋑　㋐と同様である。

㋒　$\alpha x_1 + \beta x_2 + \gamma x_3 = 0$ すなわち

$$(\alpha + \beta + 5\gamma)p + (3\alpha - 6\gamma)q + (2\alpha + \beta + 3\gamma)r = 0$$

が p, q, r の恒等式となるように，α, β, γ を定める。

㋓　$\boldsymbol{x} = \boldsymbol{y}$ のとき。

練習問題　9-4

解答 p.255

$\boldsymbol{a}_1 = {}^t(1,\ 1,\ 1)$,　$\boldsymbol{a}_2 = {}^t(2,\ 3,\ 1)$,　$\boldsymbol{a}_3 = {}^t(3,\ 1,\ 5)$ の生成する部分空間を W_a,　$\boldsymbol{b}_1 = {}^t(1,\ 4,\ -7)$,　$\boldsymbol{b}_2 = {}^t(3,\ 8,\ 1)$ の生成する部分空間を W_b とする。このとき，$W_a \cap W_b$ を生成するベクトルを求めよ。

問題9-5 ▼ R^4 での部分空間の基底と次元

ベクトル $\boldsymbol{a}_1 = {}^t(1,\ 2,\ 1,\ -1)$, $\boldsymbol{a}_2 = {}^t(3,\ 4,\ 1,\ 1)$, $\boldsymbol{a}_3 = {}^t(0,\ 1,\ 1,\ -2)$, $\boldsymbol{a}_4 = {}^t(5,\ 3,\ -2,\ 9)$ によって生成される部分空間を W とする。このとき，W の次元とその1組の基底を求めよ。

解 説　ベクトル空間 V の部分空間 $W \neq \{0\}$ に対して，$\boldsymbol{a}_1,\ \boldsymbol{a}_2,\ \ldots,\ \boldsymbol{a}_r \in W$ で次の性質をもつとき，ベクトルの組 $(\boldsymbol{a}_1,\ \boldsymbol{a}_2,\ \ldots,\ \boldsymbol{a}_r)$ を W の基底（基）という。基底は $\langle \boldsymbol{a}_1,\ \boldsymbol{a}_2,\ \ldots,\ \boldsymbol{a}_r \rangle$ のように記号 $\langle\quad\rangle$ で表す。

(1) $\boldsymbol{a}_1,\ \boldsymbol{a}_2,\ \ldots,\ \boldsymbol{a}_r$ は W の生成系である。

(2) $\boldsymbol{a}_1,\ \boldsymbol{a}_2,\ \ldots,\ \boldsymbol{a}_r$ は線形独立である。

このとき，r，すなわち，基底を形成するベクトルの個数を W の次元といい，$\dim W = r$ と表す。$\dim W = \mathrm{rank}(\boldsymbol{a}_1,\ \boldsymbol{a}_2,\ \ldots,\ \boldsymbol{a}_r)$ が成り立つ。

本問では，$W = \langle \boldsymbol{a}_1,\ \boldsymbol{a}_2,\ \boldsymbol{a}_3,\ \boldsymbol{a}_4 \rangle$ だから

$$c_1\boldsymbol{a}_1 + c_2\boldsymbol{a}_2 + c_3\boldsymbol{a}_3 + c_4\boldsymbol{a}_4 = \boldsymbol{0}$$

とおいて，$\boldsymbol{a}_1$，$\boldsymbol{a}_2$，$\boldsymbol{a}_3$，$\boldsymbol{a}_4$ の中から線形独立となるものを探す。

解答

$W = \langle \boldsymbol{a}_1,\ \boldsymbol{a}_2,\ \boldsymbol{a}_3,\ \boldsymbol{a}_4 \rangle$

㋐ $c_1\boldsymbol{a}_1 + c_2\boldsymbol{a}_2 + c_3\boldsymbol{a}_3 + c_4\boldsymbol{a}_4 = \boldsymbol{0}$ を解くと

$$\begin{pmatrix} 1 & 3 & 0 & 5 \\ 2 & 4 & 1 & 3 \\ 1 & 1 & 1 & -2 \\ -1 & 1 & -2 & 9 \end{pmatrix} \underset{㋑}{\to} \begin{pmatrix} 1 & 3 & 0 & 5 \\ 0 & -2 & 1 & -7 \\ 0 & -2 & 1 & -7 \\ 0 & 4 & -2 & 14 \end{pmatrix}$$

$$\underset{㋒}{\to} \begin{pmatrix} 1 & 3 & 0 & 5 \\ 0 & -2 & 1 & -7 \\ 0 & 0 & 0 & 0 \\ 0 & 0 & 0 & 0 \end{pmatrix}$$

よって，$\mathrm{rank}\,A = 2$ より ㋓ $\dim W = 2$　…(答)

この基本変形から $\boldsymbol{a}_2 = 3\boldsymbol{a}_1 - 2\boldsymbol{a}_3$, $\boldsymbol{a}_4 = 5\boldsymbol{a}_1 - 7\boldsymbol{a}_3$ となるので，㋔ 1組の基底は $\langle \boldsymbol{a}_1,\ \boldsymbol{a}_3 \rangle$　…(答)

ポイント

㋐ $(\boldsymbol{a}_1\ \boldsymbol{a}_2\ \boldsymbol{a}_3\ \boldsymbol{a}_4)\begin{pmatrix} c_1 \\ c_3 \\ c_2 \\ c_4 \end{pmatrix} = \boldsymbol{0}$

㋑ ②－①×2，③－①，④＋①

㋒ ③－②，④＋②×2

㋓ $\dim W = \mathrm{rank}\,A$

㋔ $\boldsymbol{a}_1 \sim \boldsymbol{a}_4$ の中のどの2つのベクトルをとってもよい。

練習問題　9-5　解答 p.255

部分空間 $W = \{{}^t(x_1,\ x_2,\ x_3,\ x_4) \mid x_1 + x_2 - 3x_4 = 0,\ 2x_1 + 3x_2 + x_3 = 0\}$ の基底と次元を求めよ。

問題9-6 ▼ R^4 での和空間・交空間の基底と次元

$\boldsymbol{a}_1 = {}^t(1, -2, 3, 0)$, $\boldsymbol{a}_2 = {}^t(2, -3, 5, 1)$, $\boldsymbol{a}_3 = {}^t(1, 3, -2, 5)$ が生成する部分空間を W_a とし, $\boldsymbol{b}_1 = {}^t(1, 1, 0, 3)$, $\boldsymbol{b}_2 = {}^t(0, 1, 1, 1)$ が生成する部分空間を W_b とする。このとき, 次を求めよ。

(1) $W_a + W_b$ の基底と次元　　(2) $W_a \cap W_b$ の基底と次元

解 説 和空間 $W_a + W_b$ は, $\boldsymbol{a}_1, \boldsymbol{a}_2, \boldsymbol{a}_3, \boldsymbol{b}_1, \boldsymbol{b}_2$ によって生成される。

$A = (\boldsymbol{a}_1\ \ \boldsymbol{a}_2\ \ \boldsymbol{a}_3)$, $B = (\boldsymbol{b}_1\ \ \boldsymbol{b}_2)$ のとき, $\dim(W_a + W_b) = \mathrm{rank}(A \mid B)$, および $\dim(W_a \cap W_b) = \dim W_a + \dim W_b - \dim(W_a + W_b)$ が成り立つ。

解答

(1) $(A \mid B) = (\boldsymbol{a}_1\ \boldsymbol{a}_2\ \boldsymbol{a}_3 \mid \boldsymbol{b}_1\ \boldsymbol{b}_2)$ を基本変形して㋐

$$\begin{pmatrix} 1 & 2 & 1 & 1 & 0 \\ -2 & -3 & 3 & 1 & 1 \\ 3 & 5 & -2 & 0 & 1 \\ 0 & 1 & 5 & 3 & 1 \end{pmatrix} \to \begin{pmatrix} 1 & 0 & -9 & -5 & 0 \\ 0 & 1 & 5 & 3 & 0 \\ 0 & 0 & 0 & 0 & 1 \\ 0 & 0 & 0 & 0 & 0 \end{pmatrix}$$

$\therefore\ \dim(W_a + W_b) = \mathrm{rank}(A \mid B) = 3$ …(答)

基底の1つは $\langle \boldsymbol{a}_1, \boldsymbol{a}_2, \boldsymbol{b}_2 \rangle$㋑ …(答)

(2) $$A \to \begin{pmatrix} 1 & 0 & -9 \\ 0 & 1 & 5 \\ 0 & 0 & 0 \\ 0 & 0 & 0 \end{pmatrix},\ B \to \begin{pmatrix} -5 & 0 \\ 3 & 0 \\ 0 & 1 \\ 0 & 0 \end{pmatrix} \to \begin{pmatrix} 1 & 0 \\ 0 & 1 \\ 0 & 0 \\ 0 & 0 \end{pmatrix}$$

だから $\dim W_a = 2$, $\dim W_b = 2$

$\therefore\ \dim(W_a \cap W_b)$㋒

$= \dim W_a + \dim W_b - \dim(W_a + W_b) = 1$ …(答)

基本変形から

$\boldsymbol{a}_3 = -9\boldsymbol{a}_1 + 5\boldsymbol{a}_2$, $\boldsymbol{b}_1 = -5\boldsymbol{a}_1 + 3\boldsymbol{a}_2$

$\therefore\ \boldsymbol{b}_1 \in W_a$㋓ かつ $\boldsymbol{b}_1 \in W_b$ だから $\boldsymbol{b}_1 \in W_a \cap W_b$㋔

よって, $W_a \cap W_b$ の基底は $\langle \boldsymbol{b}_1 \rangle$ …(答)

ポイント

㋐ ②＋①×2＝②′, ③－①×3＝③′, (③′＋②′)÷2＝③″, ④－②′, ②′－③″＝②″, ①－②″×2

㋑ 単位行列となるベクトルをとった。$\langle \boldsymbol{a}_1, \boldsymbol{a}_3, \boldsymbol{b}_2 \rangle$, $\langle \boldsymbol{a}_1, \boldsymbol{b}_1, \boldsymbol{b}_2 \rangle$ なども可。

㋒ 公式より。

㋓ $\boldsymbol{b}_1$ は W_a の基底である $\boldsymbol{a}_1$ と $\boldsymbol{a}_2$ の線形結合で表された。

㋔

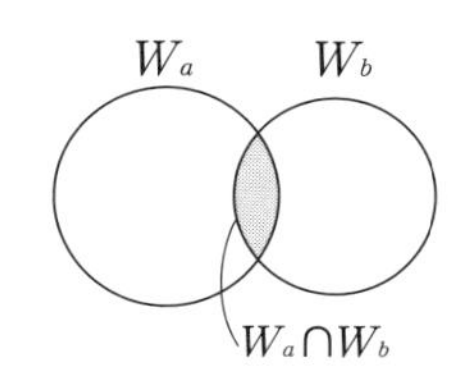

練習問題 9-6

解答 p.255

$\boldsymbol{a}_1 = {}^t(1, 1, 2, 1)$, $\boldsymbol{a}_2 = {}^t(2, -1, 1, 1)$, $\boldsymbol{a}_3 = {}^t(4, -5, -1, 1)$ が生成する部分空間を W_a とし, $\boldsymbol{b}_1 = {}^t(0, 3, 3, 1)$, $\boldsymbol{b}_2 = {}^t(3, 3, 12, 5)$, $\boldsymbol{b}_3 = {}^t(0, 0, 3, 1)$ が生成する部分空間を W_b とするとき, $W_a + W_b$ および $W_a \cap W_b$ の基底と次元をそれぞれ求めよ。

問題9-7 ▼ 標準基底に関する表現行列

線形変換 $F: \boldsymbol{R}^3 \to \boldsymbol{R}^3$ が次を満たすとき，F の表現行列 A を求めよ。

$$F\begin{pmatrix} 3 \\ -7 \\ 9 \end{pmatrix} = \begin{pmatrix} 2 \\ 1 \\ 2 \end{pmatrix},\quad F\begin{pmatrix} 2 \\ -6 \\ 7 \end{pmatrix} = \begin{pmatrix} 1 \\ 0 \\ 0 \end{pmatrix},\quad F\begin{pmatrix} 0 \\ 1 \\ -1 \end{pmatrix} = \begin{pmatrix} 0 \\ 0 \\ 1 \end{pmatrix}$$

解 説 平面上の点を平面上の点に対応させる写像 $F: \boldsymbol{R}^2 \to \boldsymbol{R}^2$ が $\begin{pmatrix} x_1 \\ x_2 \end{pmatrix} \mapsto \begin{pmatrix} 2x_1 + x_2 \\ x_1 - x_2 \end{pmatrix}$ のとき，線形写像であることは次のように示される。

$\boldsymbol{x} = \begin{pmatrix} x_1 \\ x_2 \end{pmatrix}$, $\boldsymbol{y} = \begin{pmatrix} y_1 \\ y_2 \end{pmatrix}$ とおくと，$\boldsymbol{x}+\boldsymbol{y} = \begin{pmatrix} x_1 + y_1 \\ x_2 + y_2 \end{pmatrix}$，$k\boldsymbol{x} = \begin{pmatrix} kx_1 \\ kx_2 \end{pmatrix}$ より

$$F(\boldsymbol{x}+\boldsymbol{y}) = \begin{pmatrix} 2(x_1+y_1)+(x_2+y_2) \\ (x_1+y_1)-(x_2+y_2) \end{pmatrix} = \begin{pmatrix} 2x_1+x_2 \\ x_1-x_2 \end{pmatrix} + \begin{pmatrix} 2y_1+y_2 \\ y_1-y_2 \end{pmatrix}$$

$$F(k\boldsymbol{x}) = \begin{pmatrix} 2(kx_1)+(kx_2) \\ (kx_1)-(kx_2) \end{pmatrix} = k\begin{pmatrix} 2x_1+x_2 \\ x_1-x_2 \end{pmatrix}$$

よって，$F(\boldsymbol{x}+\boldsymbol{y}) = F(\boldsymbol{x})+F(\boldsymbol{y})$ かつ $F(k\boldsymbol{x}) = kF(\boldsymbol{x})$ が成り立つ。
上の例のように，V を V 自身にうつす線形写像を**線形変換**（**1次変換**）と呼ぶ。
本問は，$A(\boldsymbol{a}\ \ \boldsymbol{b}\ \ \boldsymbol{c}) = (A\boldsymbol{a}\ \ A\boldsymbol{b}\ \ A\boldsymbol{c}) = (F(\boldsymbol{a})\ \ F(\boldsymbol{b})\ \ F(\boldsymbol{c}))$
$= (\boldsymbol{a}'\ \ \boldsymbol{b}'\ \ \boldsymbol{c}')$ から求める。

解答

$$A\begin{pmatrix} 3 & 2 & 0 \\ -7 & -6 & 1 \\ 9 & 7 & -1 \end{pmatrix} = \begin{pmatrix} 2 & 1 & 0 \\ 1 & 0 & 0 \\ 2 & 0 & 1 \end{pmatrix}$$ より ㋐

$$A = \begin{pmatrix} 2 & 1 & 0 \\ 1 & 0 & 0 \\ 2 & 0 & 1 \end{pmatrix}\begin{pmatrix} 3 & 2 & 0 \\ -7 & -6 & 1 \\ 9 & 7 & -1 \end{pmatrix}^{-1}$$ ㋑

$$= \begin{pmatrix} 0 & 1 & 1 \\ -1 & 2 & 2 \\ 3 & 1 & 0 \end{pmatrix}$$ …（答）

ポイント

㋐ $F(\boldsymbol{a}) = \boldsymbol{a}'$, $F(\boldsymbol{b}) = \boldsymbol{b}'$, $F(\boldsymbol{c}) = \boldsymbol{c}'$ とおくと

$A(\boldsymbol{a}\ \ \boldsymbol{b}\ \ \boldsymbol{c})$
$= (A\boldsymbol{a}\ \ A\boldsymbol{b}\ \ A\boldsymbol{c})$
$= (F(\boldsymbol{a})\ \ F(\boldsymbol{b})\ \ F(\boldsymbol{c}))$
$= (\boldsymbol{a}'\ \ \boldsymbol{b}'\ \ \boldsymbol{c}')$

㋑ 問題8-14を参照。

練習問題 9-7

解答 p.256

線形変換 $F: \boldsymbol{R}^2 \to \boldsymbol{R}^2$ により，$\begin{pmatrix} 3 \\ 1 \end{pmatrix} \mapsto \begin{pmatrix} 3 \\ 5 \end{pmatrix}$，$\begin{pmatrix} 1 \\ 1 \end{pmatrix} \mapsto \begin{pmatrix} -1 \\ 3 \end{pmatrix}$ のとき，F の表現行列 A を求めよ。

問題9-8 ▼任意の基底に関する表現行列

線形写像 $F: \boldsymbol{R}^2 \to \boldsymbol{R}^3$, $\begin{pmatrix} x_1 \\ x_2 \end{pmatrix} \mapsto \begin{pmatrix} x_1 \\ x_1 + x_2 \\ 2x_1 - x_2 \end{pmatrix}$ の，基底

$$\left\langle \begin{pmatrix} 3 \\ 1 \end{pmatrix}, \begin{pmatrix} 1 \\ 2 \end{pmatrix} \right\rangle, \left\langle \begin{pmatrix} 3 \\ -7 \\ 9 \end{pmatrix}, \begin{pmatrix} 2 \\ -6 \\ 7 \end{pmatrix}, \begin{pmatrix} 0 \\ 1 \\ -1 \end{pmatrix} \right\rangle$$

に関する表現行列 P を求めよ。

■ 解 説 ■ V, W がそれぞれ $\boldsymbol{R}$ 上の n 次元，m 次元ベクトル空間とし，それらの基底を $\mathcal{A} = \langle \boldsymbol{a}_1, \boldsymbol{a}_2, \ldots, \boldsymbol{a}_n \rangle$, $\mathcal{B} = \langle \boldsymbol{b}_1, \boldsymbol{b}_2, \ldots, \boldsymbol{b}_m \rangle$ とする。

写像 $F: V \to W$ が $\begin{cases} F(\boldsymbol{a}_1) = p_{11}\boldsymbol{b}_1 + p_{21}\boldsymbol{b}_2 + \cdots + p_{m1}\boldsymbol{b}_m \\ F(\boldsymbol{a}_2) = p_{12}\boldsymbol{b}_1 + p_{22}\boldsymbol{b}_2 + \cdots + p_{m2}\boldsymbol{b}_m \\ \cdots\cdots \\ F(\boldsymbol{a}_n) = p_{1n}\boldsymbol{b}_1 + p_{2n}\boldsymbol{b}_2 + \cdots + p_{mn}\boldsymbol{b}_m \end{cases}$ すなわち

$(F(\boldsymbol{a}_1)\ F(\boldsymbol{a}_2)\ \cdots\ F(\boldsymbol{a}_n)) = (\boldsymbol{b}_1\ \boldsymbol{b}_2\ \cdots\ \boldsymbol{b}_m)\begin{pmatrix} p_{11} & p_{12} \cdots & p_{1n} \\ & \cdots\cdots & \\ p_{m1} & p_{m2} \cdots & p_{mn} \end{pmatrix}$ を満たすならば，(m, n) 行列 $P = (p_{ij})$ を**基底 A, B に関する線形写像 F の表現行列**という。

F の行列を A とおくと

$$A(\boldsymbol{a}_1\ \boldsymbol{a}_2\ \cdots\ \boldsymbol{a}_n) = (\boldsymbol{b}_1\ \boldsymbol{b}_2\ \cdots\ \boldsymbol{b}_m)P$$

よって，$P = (\boldsymbol{b}_1\ \boldsymbol{b}_2\ \cdots\ \boldsymbol{b}_m)^{-1}A(\boldsymbol{a}_1\ \boldsymbol{a}_2\ \cdots\ \boldsymbol{a}_n)$ となる。

解答

F の標準基底に関する表現行列 A は $A = \begin{pmatrix} 1 & 0 \\ 1 & 1 \\ 2 & -1 \end{pmatrix}$

基底を順に $\langle \boldsymbol{a}_1, \boldsymbol{a}_2 \rangle$, $\langle \boldsymbol{b}_1, \boldsymbol{b}_2, \boldsymbol{b}_3 \rangle$ とおくと

$$P = \underbrace{(\boldsymbol{b}_1\ \ \boldsymbol{b}_2\ \ \boldsymbol{b}_3)^{-1}}_{㋐}A(\boldsymbol{a}_1\ \ \boldsymbol{a}_2)$$

$$= \begin{pmatrix} -1 & 2 & 2 \\ 2 & -3 & -3 \\ 5 & -3 & -4 \end{pmatrix}\begin{pmatrix} 1 & 0 \\ 1 & 1 \\ 2 & -1 \end{pmatrix}\begin{pmatrix} 3 & 1 \\ 1 & 2 \end{pmatrix}$$

$$= \begin{pmatrix} 15 & 5 \\ -21 & -7 \\ -17 & -4 \end{pmatrix} \qquad \cdots(答)$$

㋐ 問題8-14を参照。

練習問題 9-8

解答 p.256

$\boldsymbol{R}^2$ の線形変換 $F: \begin{pmatrix} x_1 \\ x_2 \end{pmatrix} \mapsto \begin{pmatrix} 2x_1 + 3x_2 \\ x_1 - 2x_2 \end{pmatrix}$ の，基底 $\left\langle \begin{pmatrix} 3 \\ 1 \end{pmatrix}, \begin{pmatrix} 1 \\ 1 \end{pmatrix} \right\rangle$ に関する表現行列 P を求めよ。

問題9-9 ▼像と核

線形写像 $F: \boldsymbol{R}^3 \to \boldsymbol{R}^2$, $\begin{pmatrix} x_1 \\ x_2 \\ x_3 \end{pmatrix} \mapsto \begin{pmatrix} x_1+2x_2-x_3 \\ x_1-4x_2+5x_3 \end{pmatrix}$ について，ImF および Ker$F$ の基底および次元を求めよ。

■ **解 説** ■ V, W をベクトル空間とし，$F: V \to W$ を線形写像とする。このとき，V の像の集合 $\{F(\boldsymbol{x}) \mid \boldsymbol{x} \in V\}$ を V の F による像(Image)といい，ImF と表す。

また，$F^{-1}(\mathbf{0})$ すなわち，W の零ベクトル $\mathbf{0}$ にうつる V のベクトル全体の集合を F の核(Kernel)といい，Ker$F$ と表す。

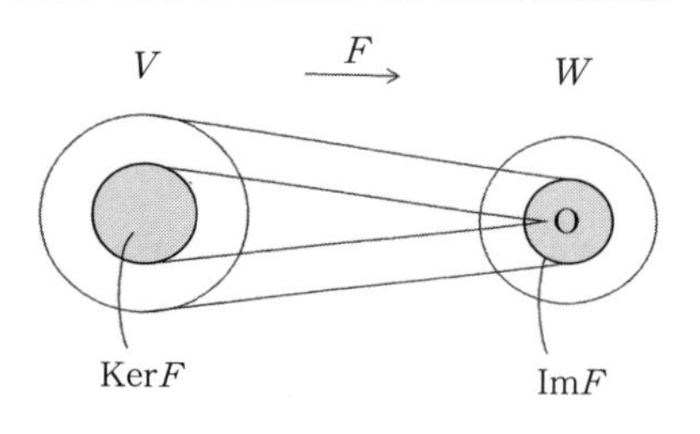

標準基底に関する線形写像 $F: \boldsymbol{R}^n \to \boldsymbol{R}^m$ の表現行列を A とおくと

$$\mathrm{Im}F = F(V) = \{F(\boldsymbol{x}) \mid \boldsymbol{x} \in V\} = \text{〔}A\text{ の列ベクトルで生成する空間〕}$$

$$\mathrm{Ker}F = F^{-1}(\mathbf{0}) = \{\boldsymbol{x} \mid F(\boldsymbol{x}) = \mathbf{0}\} = \text{〔}A\boldsymbol{x} = \mathbf{0}\text{ の解空間〕}$$

であり，ImF, Ker$F$ は部分空間となる。

また，線形写像 $F: V \to W$ については次式は重要である。

$$\dim(\mathrm{Im}F) = \mathrm{rank}\ A,\quad \dim V = \dim(\mathrm{Im}\ F) + \dim(\mathrm{Ker}\ F)$$

解答

線形写像 F の標準基底に関する表現行列を A とおくと

$$A = \begin{pmatrix} 1 & 2 & -1 \\ 1 & -4 & 5 \end{pmatrix} \underset{㋐}{\to} \begin{pmatrix} 1 & 0 & 1 \\ 0 & 1 & -1 \end{pmatrix}$$

rank $A = 2$ より　$\dim(\mathrm{Im}F) = 2$　…(答)

よって ㋑ImF の基底は $\left\langle \begin{pmatrix} 1 \\ 1 \end{pmatrix}, \begin{pmatrix} 2 \\ -4 \end{pmatrix} \right\rangle$　…(答)

また，$\dim(\mathrm{Ker}F) = 3 - \dim(\mathrm{Im}F)$

$= 3 - 2 = 1$　…(答)

Ker$F$ は ㋒$A\boldsymbol{x} = \mathbf{0}$ の解だから，Ker$F$ の基底は

$\langle {}^t(1,\ -1,\ -1) \rangle$　…(答)

ポイント

㋐ $(②-①) \div (-6) = ②'$
$① - ②' \times 2$

㋑ $\left\langle \begin{pmatrix} 1 \\ 1 \end{pmatrix}, \begin{pmatrix} -1 \\ 5 \end{pmatrix} \right\rangle$ でも，$\left\langle \begin{pmatrix} 2 \\ -4 \end{pmatrix}, \begin{pmatrix} -1 \\ 5 \end{pmatrix} \right\rangle$ でも可。

㋒ $\boldsymbol{x} = {}^t(x_1, x_2, x_3)$ とおくと

$\begin{cases} x_1 + x_3 = 0 \\ x_2 - x_3 = 0 \end{cases}$ より。

練習問題　9-9　解答 p.256

線形写像 $F: \boldsymbol{R}^n \to \boldsymbol{R}$, ${}^t(x_1,\ x_2,\ \ldots,\ x_n) \mapsto (x_1 + x_2 + \cdots + x_n)$ について，ImF および Ker$F$ の基底および次元を求めよ。

問題9-10 ▼固有値，固有ベクトル

行列 $A=\begin{pmatrix} 2 & 2 & -1 \\ 2 & 5 & -2 \\ -1 & -2 & 2 \end{pmatrix}$ について，固有値，および固有ベクトルを求めよ。

解 説　A を n 次正方行列とするとき，$A\boldsymbol{x}=\lambda\boldsymbol{x}$，$\boldsymbol{x}\fallingdotseq\boldsymbol{0}$ なる複素列ベクトル $\boldsymbol{x}\in\boldsymbol{C}^n$ が存在するとき，λ を**固有値**，$\boldsymbol{x}$ を固有値 λ に対する行列 A の**固有ベクトル**，さらに，$W(\lambda)=\{\boldsymbol{x}\mid A\boldsymbol{x}=\lambda\boldsymbol{x}\}$ を固有値 λ に対する A の**固有空間**という。

また，n 次正方行列 $A=(a_{ij})$ に対して，λ の n 次式 $\rho_A(\lambda)=|\lambda E-A|$ を A の**固有多項式**，n 次方程式 $\rho_A(\lambda)=|\lambda E-A|=0$ を A の**固有方程式**という。

解答

固有方程式 $|\lambda E-A|=\begin{vmatrix} \lambda-2 & -2 & 1 \\ -2 & \lambda-5 & 2 \\ 1 & 2 & \lambda-2 \end{vmatrix}=0$

サラスの公式で展開して，整理すると

$$\lambda^3-9\lambda^2+15\lambda-7=0$$

$(\lambda-1)^2(\lambda-7)=0$　　$\therefore$ ㋐ $\lambda=1$（重解），7

$\lambda=1$ のとき　㋑ $(A-E)\boldsymbol{x}_1=\boldsymbol{0}$

$\begin{pmatrix} 1 & 2 & -1 \\ 2 & 4 & -2 \\ -1 & -2 & 1 \end{pmatrix}\to\begin{pmatrix} 1 & 2 & -1 \\ 0 & 0 & 0 \\ 0 & 0 & 0 \end{pmatrix}$ より

$\lambda=1$ のとき　㋒ $\boldsymbol{x}_1=c_1\begin{pmatrix} 1 \\ 0 \\ 1 \end{pmatrix}+c_2\begin{pmatrix} 0 \\ 1 \\ 2 \end{pmatrix}$　…（答）

同様に，$\lambda=7$ のとき　$\boldsymbol{x}_2=c_3\begin{pmatrix} -1 \\ -2 \\ 1 \end{pmatrix}$　…（答）

$(c_1,\ c_2,\ c_3\fallingdotseq 0)$

ポイント

㋐　固有値

㋑　固有ベクトルは，連立方程式の解 $\boldsymbol{x}_1$ にほかならない。

㋒　$\boldsymbol{x}_1=\begin{pmatrix} x \\ y \\ z \end{pmatrix}$ とおくと

$x+2y-z=0$ より

$z=x+2y$

よって，$x=c_1$，$y=c_2$ とおいて

$$\boldsymbol{x}_1=\begin{pmatrix} c_1 \\ c_2 \\ c_1+2c_2 \end{pmatrix}$$

$(c_1\fallingdotseq 0,\ c_2\fallingdotseq 0)$

練習問題　9-10

解答 p.257

行列 $A=\begin{pmatrix} 0 & 1 & 1 \\ -4 & 4 & 2 \\ 4 & -3 & -1 \end{pmatrix}$ の固有値，および固有ベクトルを求めよ。

問題9-11 ▼正則行列による対角化

次の行列 A について，$P^{-1}AP$ が対角行列になるような正則行列 P は存在するか。存在するなら P を求め，$P^{-1}AP$ を対角化せよ。

(1) $A=\begin{pmatrix} 3 & 1 \\ -1 & 1 \end{pmatrix}$　　(2) $A=\begin{pmatrix} 2 & 2 & -1 \\ 2 & 5 & -2 \\ -1 & -2 & 2 \end{pmatrix}$

解 説　n 次の正方行列 A が正則行列 P により対角化可能とは

$P^{-1}AP=\begin{pmatrix} \lambda_1 & & O \\ & \ddots & \\ O & & \lambda_n \end{pmatrix}$ となることである。ここに，λ_i は行列 A の固有値であり，それぞれに対する固有ベクトルを $\boldsymbol{x}_i$ として $P=(\boldsymbol{x}_1\ \boldsymbol{x}_2\ \cdots\ \boldsymbol{x}_n)$ を作る。λ_i がすべて異なるときは必ず対角化できる。また，λ_i の中に重解があっても，$A\boldsymbol{p}_1=\lambda_1\boldsymbol{p}_1,\ ...,\ A\boldsymbol{p}_n=\lambda_n\boldsymbol{p}_n$ となる線形独立なベクトル $\boldsymbol{p}_1,\ ...,\ \boldsymbol{p}_n$ が存在すれば，対角化可能である。一般には

$$\dim W(\lambda)=n-\mathrm{rank}(A-\lambda E)=\text{固有値}\,\lambda\,\text{の重複度}$$

が成り立てば，対角化可能である。

解答

(1) 固有方程式 $|\lambda E-A|=\begin{vmatrix} \lambda-3 & -1 \\ 1 & \lambda-1 \end{vmatrix}=0$

$(\lambda-3)(\lambda-1)-(-1)\cdot 1=0$　　$\lambda^2-4\lambda+4=0$

$(\lambda-2)^2=0$　　$\therefore\ \lambda=2$ (2重解)

$A-2E=\begin{pmatrix} 1 & 1 \\ -1 & -1 \end{pmatrix}\to\begin{pmatrix} 1 & 1 \\ 0 & 0 \end{pmatrix}$ より（ア）

$\dim W(2)=2-\mathrm{rank}(A-2E)=2-1=1\neq$ 重複度2

よって，P は存在しない。　…(答)

(2) 問題9-10の結果によって，対角化可能である。

$P=\begin{pmatrix} 1 & 0 & -1 \\ 0 & 1 & -2 \\ 1 & 2 & 1 \end{pmatrix}$ とおくと，$P^{-1}AP$（イ）$=\begin{pmatrix} 1 & 0 & 0 \\ 0 & 1 & 0 \\ 0 & 0 & 7 \end{pmatrix}$

…(答)

ポイント

㋐ $\lambda=2$ に対する固有ベクトルを $\boldsymbol{x}=\begin{pmatrix} x_1 \\ x_2 \end{pmatrix}$ とおくと

$x_1+x_2=0$ より $x_2=-x_1$

$\therefore\ \boldsymbol{x}=c\begin{pmatrix} 1 \\ -1 \end{pmatrix}$

よって，固有ベクトルが1個しかないので，対角化不可能である。

㋑ 対角線の並び方に注意。なお，P^{-1} は

$\dfrac{1}{6}\begin{pmatrix} 5 & -2 & 1 \\ -2 & 2 & 2 \\ -1 & -2 & 1 \end{pmatrix}$

練習問題　9-11　解答 p.257

行列 $A=\begin{pmatrix} 4 & -3 & -3 \\ 3 & -2 & -3 \\ -1 & 1 & 2 \end{pmatrix}$ について，対角化可能ならば対角化せよ。

問題9-12 ▼行列の三角化

行列 $A=\begin{pmatrix} 3 & 1 \\ -1 & 1 \end{pmatrix}$ に対し，$P^{-1}AP$ が上三角行列になるような正則行列 P を1つ求めよ。

■ **解 説** ■　前問(1)で取りあげた行列である。これは対角化不可能であった。

一般に，2次の正方行列 A が重解の固有値 λ をもつときは対角化不可能であるが，次のようにすると上三角行列にすることはできる。

まず，λ に対する固有ベクトル $\boldsymbol{x}_1$ を求め，$\boldsymbol{x}_1$ と線形独立なベクトル $\boldsymbol{x}_2$ を適当に選んで正則行列 $P=(\boldsymbol{x}_1 \quad \boldsymbol{x}_2)$ を作る。このとき

$$AP=A(\boldsymbol{x}_1 \quad \boldsymbol{x}_2)=(A\boldsymbol{x}_1 \quad A\boldsymbol{x}_2)=(\lambda\boldsymbol{x}_1 \quad A\boldsymbol{x}_2)$$

ここで，$(A-\lambda E)\boldsymbol{x}_2=\alpha\boldsymbol{x}_1$ $(\alpha \neq 0)$ と表せるので

$$A\boldsymbol{x}_2=\alpha\boldsymbol{x}_1+\lambda E\boldsymbol{x}_2=\alpha\boldsymbol{x}_1+\lambda\boldsymbol{x}_2$$

すなわち $AP=(\lambda\boldsymbol{x}_1 \quad \alpha\boldsymbol{x}_1+\lambda\boldsymbol{x}_2)$

$$=(\boldsymbol{x}_1 \quad \boldsymbol{x}_2)\begin{pmatrix} \lambda & \alpha \\ 0 & \lambda \end{pmatrix}=P\begin{pmatrix} \lambda & \alpha \\ 0 & \lambda \end{pmatrix}$$

となり，左から P^{-1} を掛けて，$P^{-1}AP=\begin{pmatrix} \lambda & \alpha \\ 0 & \lambda \end{pmatrix}$ とすることができる。

解答

行列 A の 固有値は2で,固有ベクトルは $\boldsymbol{x}_1=\begin{pmatrix} 1 \\ -1 \end{pmatrix}$ ㋐

$\boldsymbol{x}_1$ と線形独立なベクトル $\boldsymbol{x}_2$ を $\boldsymbol{x}_2=\begin{pmatrix} 1 \\ 0 \end{pmatrix}$ ㋑ とし，

㋒ $P=(\boldsymbol{x}_1 \quad \boldsymbol{x}_2)=\begin{pmatrix} 1 & 1 \\ -1 & 0 \end{pmatrix}$ とおくと

$$P^{-1}AP=\begin{pmatrix} 0 & -1 \\ 1 & 1 \end{pmatrix}\begin{pmatrix} 3 & 1 \\ -1 & 1 \end{pmatrix}\begin{pmatrix} 1 & 1 \\ -1 & 0 \end{pmatrix}=\begin{pmatrix} 2 & 1 \\ 0 & 2 \end{pmatrix}$$

よって，㋓ 求める行列 は $P=\begin{pmatrix} 1 & 1 \\ -1 & 0 \end{pmatrix}$ …(答)

ポイント

㋐ 前問(1)を参照。

㋑ $\boldsymbol{x}_1$ と線形独立なベクトルなら何でもよい。

㋒ $AP=A(\boldsymbol{x}_1 \quad \boldsymbol{x}_2)$
$=(A\boldsymbol{x}_1 \quad A\boldsymbol{x}_2)$
$=(2\boldsymbol{x}_1 \quad A\boldsymbol{x}_2)$
$A\boldsymbol{x}_2=\begin{pmatrix} 3 \\ -1 \end{pmatrix}$
$=\begin{pmatrix} 2 \\ 0 \end{pmatrix}+\begin{pmatrix} 1 \\ -1 \end{pmatrix}$
$=2\boldsymbol{x}_2+\boldsymbol{x}_1$

㋓ 求める行列の1例。

練習問題　9-12　解答 p.258

行列 $A=\begin{pmatrix} 1 & 0 & -1 \\ 2 & 2 & 2 \\ 2 & 1 & 2 \end{pmatrix}$ に対し，$P^{-1}AP$ が上三角行列になるような正則行列 P を1つ求めよ。

問題9-13 ▼ エルミート行列の対角化

エルミート行列 $A=\begin{pmatrix}1 & i\\ -i & 1\end{pmatrix}$ を適当なユニタリー行列 U によって対角化せよ。

■ **解 説** ■　$(m,\ n)$ 行列 A に対して，A の**転置共役行列** $\overline{{}^tA}$（A の転置行列 ${}^tA$ の各成分を共役複素数で置き換えた行列）を A^* で表す。

n 次の実正方行列 A が ${}^tA=A$ を満たすとき，A を対称行列と呼ぶのと同様に，複素正方行列 A が $A^*=A$ を満たすとき，A を**エルミート行列**という。

ここで，$AA^*=A^*A$ を満たす行列を**正規行列**といい，

$$\begin{cases}\text{ユニタリー行列}\cdots\cdots AA^*=A^*A=E\ \text{を満たす正方行列}\ A\\ \text{直交行列}\cdots\cdots\cdots\cdots\cdots A\,{}^tA={}^tAA=E\ \text{を満たす実正方行列}\ A\end{cases}$$

が定義される。一般に，エルミート行列 A の固有値はすべて実数であるが，適当なユニタリー行列 U により，U^*AU を対角行列にすることができる。

解答

㋐ $|A-\lambda E|=\begin{vmatrix}1-\lambda & i\\ -i & 1-\lambda\end{vmatrix}=(1-\lambda)^2-i(-i)=0$

$\lambda^2-2\lambda=0 \qquad \therefore\quad \lambda=0,\ 2$

$\lambda=0$ のとき $A-0E=\begin{pmatrix}1 & i\\ -i & 1\end{pmatrix}\to\begin{pmatrix}1 & i\\ 0 & 1\end{pmatrix}$

固有ベクトルは $\boldsymbol{x}_1={}^t(1,\ i)$ ㋑

$\lambda=2$ のとき $A-2E=\begin{pmatrix}-1 & i\\ -i & -1\end{pmatrix}\to\begin{pmatrix}-1 & i\\ 0 & 0\end{pmatrix}$

固有ベクトルは $\boldsymbol{x}_2={}^t(1,\ -i)$

よって，㋒ $\boldsymbol{u}_1=\dfrac{\boldsymbol{x}_1}{|\boldsymbol{x}_1|}=\dfrac{1}{\sqrt{2}}\begin{pmatrix}1\\ i\end{pmatrix}$，$\boldsymbol{u}_2=\dfrac{\boldsymbol{x}_2}{|\boldsymbol{x}_2|}=\dfrac{1}{\sqrt{2}}\begin{pmatrix}1\\ -i\end{pmatrix}$

とし，$U=(\boldsymbol{u}_1\quad \boldsymbol{u}_2)$ とおくと　$U^*AU=\begin{pmatrix}0 & 0\\ 0 & 2\end{pmatrix}$ …（答）

ポイント

㋐ $A^*=\begin{pmatrix}\overline{1} & \overline{-i}\\ \overline{i} & \overline{1}\end{pmatrix}=\begin{pmatrix}1 & i\\ -i & 1\end{pmatrix}=A$

㋑ $\boldsymbol{x}_1={}^t(x,\ y)$ とおくと $x+iy=0$ より $x:y=1:i$

㋒ 単位固有ベクトル。$\boldsymbol{x}_1^*=(1,\ -i)$ より，$\boldsymbol{x}_1$ のノルム（長さ）は

$$|\boldsymbol{x}_1|^2=\boldsymbol{x}_1^*\cdot\boldsymbol{x}_1=1\cdot1+(-i)\cdot i=2$$

$\therefore\ |\boldsymbol{x}_1|=\sqrt{2}$

練習問題　9-13

解答 p.259

エルミート行列 $A=\begin{pmatrix}1 & i & 0\\ -i & 0 & 1\\ 0 & 1 & 1\end{pmatrix}$ を適当なユニタリー行列 U によって対角化せよ。

練習問題解答

CHAPTER 1　微分 I

練習問題 1-1

(1) $x \to 1$ のとき，分子 $\to 3$，分母 $\to +0$ より

$$\lim_{x \to 1} \frac{x+2}{(x-1)^2} = +\infty \quad \cdots(\text{答})$$

(2) $|x-a| = \begin{cases} x-a & (x > a \text{ のとき}) \\ -(x-a) & (x < a \text{ のとき}) \end{cases}$

$$\therefore \lim_{x \to a+0} \frac{x^2-a^2}{|x-a|} = \lim_{x \to a+0} \frac{x^2-a^2}{x-a} = \lim_{x \to a+0}(x+a) = 2a$$

一方，$\displaystyle \lim_{x \to a-0} \frac{x^2-a^2}{|x-a|} = \lim_{x \to a-0} \frac{x^2-a^2}{-(x-a)} = \lim_{x \to a-0}\{-(x+a)\} = -2a$

よって，$a = 0$ のとき，右方極限，左方極限ともに0なので　　与式＝0　　…(答)

$a \neq 0$ のとき，右方極限と左方極限が異なるので，極限は存在しない。　　…(答)

練習問題 1-2

(1) $x = -t$ とおくと

$$\lim_{x \to -\infty}(\sqrt{x^2-6x+1}+x-1)$$
$$= \lim_{t \to \infty}(\sqrt{t^2+6t+1}-t-1)$$
$$= \lim_{t \to \infty} \frac{(t^2+6t+1)-(t+1)^2}{\sqrt{t^2+6t+1}+t+1}$$
$$= \lim_{t \to \infty} \frac{4}{\sqrt{1+\frac{6}{t}+\frac{1}{t^2}}+1+\frac{1}{t}} = 2 \quad \cdots(\text{答})$$

(2) $\dfrac{0}{0}$ の不定形であるから，分子・分母を有理化して

$$\text{与式} = \lim_{x \to 3} \frac{(-2x+6)(\sqrt{5x+1}+\sqrt{3x+7})}{(2x-6)(\sqrt{x+1}+\sqrt{3x-5})}$$
$$= -\frac{4+4}{2+2} = -2 \quad \cdots(\text{答})$$

練習問題 1-3

(1) $\frac{a}{x}=t$ とおくと

$$\lim_{x\to\infty} x\sin\frac{a}{x}=\lim_{t\to 0}\left(\frac{a}{t}\cdot\sin t\right)$$
$$=\lim_{t\to 0}\left(a\cdot\frac{\sin t}{t}\right)$$
$$=a \quad \cdots(\text{答})$$

(2) $x-\frac{\pi}{2}=t$ とおくと

$$\lim_{x\to\frac{\pi}{2}}(\pi-2x)\tan x$$
$$=\lim_{t\to 0}\left\{-2t\ \tan\left(\frac{\pi}{2}+t\right)\right\}$$
$$=\lim_{t\to 0}\left(2\cdot\frac{t}{\tan t}\right)=2 \quad \cdots(\text{答})$$

練習問題 1-4

(1) $a=0$ のとき

$$\lim_{x\to 0}(1+ax)^{\frac{1}{x}}=\lim_{x\to 0}1^{\frac{1}{x}}=1$$

$a\neq 0$ のとき

$$\lim_{x\to 0}(1+ax)^{\frac{1}{x}}=\lim_{x\to 0}\left\{(1+ax)^{\frac{1}{ax}}\right\}^{a}=e^{a}$$

よって，まとめて　与式 $=e^{a}$ …(答)

(2) $x-1=t$ とおくと

$$\lim_{x\to 1}\frac{\log x}{x^3-1}=\lim_{t\to 0}\frac{\log(t+1)}{(t+1)^3-1}$$
$$=\lim_{t\to 0}\frac{1}{t^2+3t+3}\cdot\log(1+t)^{\frac{1}{t}}$$
$$=\frac{1}{3}\log e=\frac{1}{3} \quad \cdots(\text{答})$$

練習問題 1-5

$P=\lim_{x\to\infty}(a^x+b^x)^{\frac{1}{x}}$ とおく。

(i) $a\geq b>0$ のとき

$x>0$ では $0<b^x\leq a^x$ より

$$a^x<a^x+b^x\leq 2a^x$$
$$(a^x)^{\frac{1}{x}}<(a^x+b^x)^{\frac{1}{x}}<(2a^x)^{\frac{1}{x}}$$
$$\therefore\ a<(a^x+b^x)^{\frac{1}{x}}<2^{\frac{1}{x}}a$$

$x\to\infty$ とすると $a\leq P\leq\lim_{x\to\infty}(2^{\frac{1}{x}}a)=a$

よって，はさみうちの原理から

$P=a$

(ii) $b>a>0$ のとき

同様にして　$P=b$

よって　与式 $=\max(a,\ b)$ …(答)

練習問題 1-6

(1) $\lim_{x\to 0}f(x)=\lim_{x\to 0}x\sin\frac{1}{x}$ について考える。

$0\leq\left|x\sin\frac{1}{x}\right|=|x|\left|\sin\frac{1}{x}\right|\leq|x|$ だから，$x\to 0$ のとき，はさみうちの原理から

$$x\sin\frac{1}{x}\to 0 \quad \therefore\ \lim_{x\to 0}f(x)=0$$

よって，$\lim_{x\to 0}f(x)=f(0)=0$ となり，$f(x)$ は $x=0$ で連続である。 …(答)

(2) $f(x)=\sum_{n=1}^{\infty}\frac{x^2}{(1+x^2)^{n-1}}$

$$=x^2+\frac{x^2}{1+x^2}+\frac{x^2}{(1+x^2)^2}+\cdots$$

(i) $x=0$ のとき $f(0)=0$

(ii) $x\neq 0$ のとき

$f(x)$ は初項 x^2，公比 $\frac{1}{1+x^2}$ の無限等比級数で，|公比|<1 だから収束して

$$f(x)=\frac{\text{初項}}{1-\text{公比}}=\frac{x^2}{1-\frac{1}{1+x^2}}=1+x^2$$

$$\therefore\ \lim_{x\to 0}f(x)=\lim_{x\to 0}(1+x^2)=1$$

よって，$\lim_{x\to 0}f(x)\neq f(0)$ となるので，$f(x)$ は $x=0$ で不連続である。 …(答)

練習問題 1-7

$y=\frac{a^x-a^{-x}}{2}$ より

$$(a^x)^2-2ya^x-1=0$$

$a^x>0$ だから　$a^x=y+\sqrt{y^2+1}$

$$\therefore\ x=\log_a(y+\sqrt{y^2+1})$$

ここで，x と y を取り換えて，逆関数は

$$y=\log_a(x+\sqrt{x^2+1}) \quad \cdots(\text{答})$$

さて，$y=\frac{a^x-a^{-x}}{2}$ …… ①はすべての x で定義された連続関数である。

$a>1$ のとき

$$\lim_{x\to\infty}\frac{a^x-a^{-x}}{2}=\infty,\ \lim_{x\to-\infty}\frac{a^x-a^{-x}}{2}=-\infty$$

となり，①の y の変域は $(-\infty,\ \infty)$

$0<a<1$ のときも，同様にして①の y の変域

は $(-\infty, \infty)$

よって，逆関数の定義域は $(-\infty, \infty)$　…(答)

練習問題 1-8

(1) $\sin^{-1}\dfrac{1}{3}=\alpha$, $\sin^{-1}\dfrac{4\sqrt{2}}{9}=\beta$ とおくと $\sin\alpha=\dfrac{1}{3}$, $\sin\beta=\dfrac{4\sqrt{2}}{9}$ で，$0<\dfrac{1}{3}<\dfrac{1}{\sqrt{2}}$ かつ $0<\dfrac{4\sqrt{2}}{9}<\dfrac{1}{\sqrt{2}}$ だから $0<\alpha, \beta<\dfrac{\pi}{4}$

$\cos\alpha=\sqrt{1-\sin^2\alpha}=\dfrac{2\sqrt{2}}{3}$ だから

$$\sin 2\alpha=2\sin\alpha\cos\alpha=2\cdot\frac{1}{3}\cdot\frac{2\sqrt{2}}{3}$$

$$=\frac{4\sqrt{2}}{9}\left(0<2\alpha<\frac{\pi}{4}\right)$$

$$\therefore\ 2\alpha=\sin^{-1}\frac{4\sqrt{2}}{9}$$

すなわち　$2\sin^{-1}\dfrac{1}{3}=\sin^{-1}\dfrac{4\sqrt{2}}{9}$

(2) $f^{-1}\circ f(x)=f^{-1}(f(x))$ を用いる。

$$\sin^{-1}\left(\sin\frac{2}{5}\pi\right)=\frac{2}{5}\pi,$$

$$\cos^{-1}\left(\cos\frac{3}{7}\pi\right)=\frac{3}{7}\pi \text{ より}$$

$$\sin^{-1}\left(\sin\frac{2}{5}\pi\right)+\cos^{-1}\left(\cos\frac{3}{7}\pi\right)$$

$$=\frac{2}{5}\pi+\frac{3}{7}\pi=\frac{29}{35}\pi$$

練習問題 1-9

$\tan^{-1}x=\alpha$, $\tan^{-1}y=\beta$ とおくと

$x=\tan\alpha$, $y=\tan\beta$, $-\dfrac{\pi}{2}<\alpha, \beta<\dfrac{\pi}{2}$

　ここに $\tan(\alpha+\beta\mp\pi)=\tan(\alpha+\beta)$

$$=\frac{\tan\alpha+\tan\beta}{1-\tan\alpha\tan\beta}=\frac{x+y}{1-xy}$$

したがって，与えられた等式，すなわち

　$\alpha+\beta\mp\pi=\tan^{-1}\dfrac{x+y}{1-xy}$ が成り立つための必要十分条件は

$$-\frac{\pi}{2}<\alpha+\beta\mp\pi<\frac{\pi}{2}$$

$\therefore\ \dfrac{\pi}{2}<\alpha+\beta<\dfrac{3}{2}\pi$, $-\dfrac{3}{2}\pi<\alpha+\beta<-\dfrac{\pi}{2}$

が成り立つことである。$-\pi<\alpha+\beta<\pi$ だから　$-1<\cos(\alpha+\beta)<0$ と同値である。

さて　$\cos(\alpha+\beta)=\cos\alpha\cos\beta-\sin\alpha\sin\beta$

$$=\cos\alpha\cos\beta(1-xy)$$

$\cos\alpha>0$, $\cos\beta>0$ だから $1-xy<0$

よって，求める必要十分条件は $xy>1$　…(答)

練習問題 1-10

$f'(a)=\displaystyle\lim_{h\to0}\frac{f(a+h)-f(a)}{h}$ を用いる。

(1) $$f'(a)=\lim_{h\to0}\frac{\sqrt{a+h}-\sqrt{a}}{h}$$

$$=\lim_{h\to0}\frac{1}{\sqrt{a+h}+\sqrt{a}}=\frac{1}{2\sqrt{a}}\quad\cdots(\text{答})$$

(2) $$f'(a)=\lim_{h\to0}\frac{\cos(a+h)-\cos a}{h}$$

$$=\lim_{h\to0}\frac{-2\sin\left(a+\frac{h}{2}\right)\sin\frac{h}{2}}{h}$$

$$=\lim_{h\to0}\left\{-\frac{\sin\frac{h}{2}}{\frac{h}{2}}\cdot\sin\left(a+\frac{h}{2}\right)\right\}$$

$$=-1\cdot\sin a=-\sin a\quad\cdots(\text{答})$$

練習問題 1-11

$\displaystyle\lim_{x\to0}f(x)=\lim_{x\to0}x^a\sin\frac{1}{x}$ において

$0\leq\left|\sin\dfrac{1}{x}\right|\leq1$ より　$0\leq\left|x^a\sin\dfrac{1}{x}\right|\leq|x^a|$

$a>0$ のとき，$\displaystyle\lim_{x\to0}x^a=0$ だから

$$\lim_{x\to0}x^a\sin\frac{1}{x}=0$$

$$\therefore\quad\lim_{x\to0}f(x)=0=f(0)$$

よって，$x=0$ で連続である。　…(答)

次に　$\displaystyle\lim_{h\to0}\frac{f(0+h)-f(0)}{h}$

$$=\lim_{h\to0}\frac{h^a\sin\frac{1}{h}}{h}=\lim_{h\to0}h^{a-1}\sin\frac{1}{h}$$

$a>1$ のときは

$0\leq\left|h^{a-1}\sin\dfrac{1}{h}\right|\leq h^{a-1}\ (\to0)$ より

$$\lim_{h\to0}\frac{f(0+h)-f(0)}{h}=0\quad\therefore\quad f'(0)=0$$

$0<a\leq1$ のときは，h の値のとり方により $\displaystyle\lim_{h\to0}h^{a-1}\sin\frac{1}{h}$ はいろいろな値をとるので，$f'(0)$ は存在しない。

よって，$a>1$ のときのみ微分可能である。
このとき $f'(0)=0$ …(答)

練習問題 1-12

(1) $y'=3\left(x+\dfrac{1}{x}\right)^2\cdot\left(x+\dfrac{1}{x}\right)'$

$=3\left(x+\dfrac{1}{x}\right)^2\cdot\left(1-\dfrac{1}{x^2}\right)$ …(答)

(2) $y'=\dfrac{3x^2(1+x^2)-x^3\cdot 2x}{(1+x^2)^2}$

$=\dfrac{x^2(x^2+3)}{(1+x^2)^2}$ …(答)

(3) $y'=\dfrac{1}{(x+2)^{2n}}\{m(x-3)^{m-1}\cdot(x+2)^n$

$-(x-3)^m\cdot n(x+2)^{n-1}\}$

$=\dfrac{\{m(x+2)-n(x-3)\}(x-3)^{m-1}}{(x+2)^{n+1}}$

$=\dfrac{\{(m-n)x+2m+3n\}(x-3)^{m-1}}{(x+2)^{n+1}}$
…(答)

練習問題 1-13

(1) $y'=n\left(x+\sqrt{x^2+a}\right)^{n-1}\left(x+\sqrt{x^2+a}\right)'$

$=n\left(x+\sqrt{x^2+a}\right)^{n-1}\left(1+\dfrac{2x}{2\sqrt{x^2+a}}\right)$

$=\dfrac{n\left(x+\sqrt{x^2+a}\right)^n}{\sqrt{x^2+a}}$ …(答)

(2) $y=\sqrt{\left(\dfrac{x-2}{x+2}\right)^3}=\left(\dfrac{x-2}{x+2}\right)^{\frac{3}{2}}$

$y'=\dfrac{3}{2}\left(\dfrac{x-2}{x+2}\right)^{\frac{1}{2}}\left(\dfrac{x-2}{x+2}\right)'$

$=\dfrac{3}{2}\left(\dfrac{x-2}{x+2}\right)^{\frac{1}{2}}\cdot\dfrac{1\cdot(x+2)-(x-2)\cdot 1}{(x+2)^2}$

$=\dfrac{6}{(x+2)^2}\sqrt{\dfrac{x-2}{x+2}}$ …(答)

練習問題 1-14

(1) $y'=3(\tan x+\sec x)^2(\tan x+\sec x)'$

$=3(\tan x+\sec x)^2$

$\times(\sec^2 x+\sec x\tan x)$

$=3\sec x(\tan x+\sec x)^3$ …(答)

(2) $y'=\dfrac{g(x)}{a^2\cos^2 x+b^2\sin^2 x}$ と表すと

$g(x)=-\sin x\sqrt{a^2\cos^2 x+b^2\sin^2 x}$

$-\dfrac{\cos x}{2\sqrt{a^2\cos^2 x+b^2\sin^2 x}}$

$\times\left(a^2\cdot(-2\cos x\sin x)+b^2(2\sin x\cos x)\right)$

$=\dfrac{-b^2\sin x}{\sqrt{a^2\cos^2 x+b^2\sin^2 x}}$

$\therefore\ y'=-\dfrac{b^2\sin x}{\sqrt{(a^2\cos^2 x+b^2\sin^2 x)^3}}$ …(答)

練習問題 1-15

(1) $y'=\dfrac{2}{1+(2x-1)^2}=\dfrac{1}{2x^2-2x+1}$ …(答)

(2) $y'=\dfrac{1}{\sqrt{1-(\sqrt{1-2x^2})^2}}\cdot\dfrac{-2x}{\sqrt{1-2x^2}}$

$=\dfrac{1}{\sqrt{2}|x|}\cdot\dfrac{-2x}{\sqrt{1-2x^2}}$

$\therefore\ y'=\begin{cases}-\dfrac{\sqrt{2}}{\sqrt{1-2x^2}} & \left(0<x<\dfrac{1}{\sqrt{2}}\right)\\ \dfrac{\sqrt{2}}{\sqrt{1-2x^2}} & \left(-\dfrac{1}{\sqrt{2}}<x<0\right)\end{cases}$ …(答)

(3) $y'=-\dfrac{1}{\sqrt{1-\left(\dfrac{1}{x}\right)^2}}\cdot\left(-\dfrac{1}{x^2}\right)$

$=\dfrac{|x|}{x^2\sqrt{x^2-1}}=\dfrac{|x|}{|x|^2\sqrt{x^2-1}}$

$=\dfrac{1}{|x|\sqrt{x^2-1}}$ …(答)

練習問題 1-16

(1) $y'=-\dfrac{e^x-e^{-x}}{(e^x+e^{-x})^2}$ …(答)

(2) $y=\log\left|\dfrac{x-a}{x+a}\right|=\log|x-a|-\log|x+a|$

$\therefore\ y'=\dfrac{1}{x-a}-\dfrac{1}{x+a}=\dfrac{2a}{x^2-a^2}$ …(答)

(3) $y=\log\left|\tan\left(\dfrac{x}{2}+\dfrac{\pi}{4}\right)\right|$

$$= \frac{1}{2}\log\tan^2\left(\frac{x}{2}+\frac{\pi}{4}\right)$$

$$= \frac{1}{2}\log\frac{1-\cos\left(x+\frac{\pi}{2}\right)}{1+\cos\left(x+\frac{\pi}{2}\right)}$$

$$= \frac{1}{2}\log\frac{1+\sin x}{1-\sin x}$$

$$= \frac{1}{2}\{\log(1+\sin x)-\log(1-\sin x)\}$$

$$\therefore\ y' = \frac{1}{2}\left(\frac{\cos x}{1+\sin x}-\frac{-\cos x}{1-\sin x}\right)$$

$$= \frac{\cos x}{1-\sin^2 x} = \frac{1}{\cos x} = \sec x \quad \cdots(答)$$

練習問題 1-17

(1) $y = x^{\frac{1}{x}}$ の両辺の絶対値の自然対数をとると

$$\log|y| = \log|x^{\frac{1}{x}}| = \frac{1}{x}\log|x|$$

両辺を x で微分して

$$\frac{y'}{y} = \frac{1}{x^2}\left(\frac{1}{x}\cdot x - \log|x|\cdot 1\right)$$

$$= \frac{1-\log|x|}{x^2}$$

$$\therefore\ y' = x^{\frac{1}{x}-2}(1-\log|x|) \quad \cdots(答)$$

(2) $y = (\tan x)^{\sin x}$ の両辺の絶対値の自然対数をとると

$$\log|y| = \log|(\tan x)^{\sin x}|$$

$$= \sin x\log|\tan x|$$

両辺を x で微分して

$$\frac{y'}{y} = \cos x\log|\tan x| + \sin x\cdot\frac{\sec^2 x}{\tan x}$$

$$= \cos x\log|\tan x| + \sec x$$

$$\therefore\ y' = (\tan x)^{\sin x}$$

$$\times(\cos x\log|\tan x| + \sec x) \quad \cdots(答)$$

練習問題 1-18

(1) $\dfrac{dx}{dt} = \dfrac{d}{dt}\dfrac{e^t+e^{-t}}{2} = \dfrac{e^t-e^{-t}}{2}$,

$\dfrac{dy}{dt} = \dfrac{d}{dt}(e^t) = e^t$ より

$$\frac{dy}{dx} = \frac{\frac{dy}{dt}}{\frac{dx}{dt}} = \frac{2e^t}{e^t-e^{-t}} = \frac{2e^{2t}}{e^{2t}-1} \quad \cdots(答)$$

(2) $(x^2+y^2)^2 = x^2-y^2$ の両辺を x で微分すると

$$2(x^2+y^2)\left(2x+2y\frac{dy}{dx}\right) = 2x-2y\frac{dy}{dx}$$

$$y(1+2x^2+2y^2)\frac{dy}{dx} = x(1-2x^2-2y^2)$$

$$\therefore\ \frac{dy}{dx} = \frac{x}{y}\cdot\frac{1-2(x^2+y^2)}{1+2(x^2+y^2)} \quad \cdots(答)$$

練習問題 1-19

(1) $$y' = \frac{2x+1}{2\sqrt{x^2+x+1}}$$

$$y'' = \frac{1}{2(x^2+x+1)}\left(2\sqrt{x^2+x+1} - (2x+1)\cdot\frac{2x+1}{2\sqrt{x^2+x+1}}\right)$$

$$= \frac{3}{4(x^2+x+1)^{\frac{3}{2}}} \quad \cdots(答)$$

(2) $\dfrac{dx}{dt} = -3a\cos^2 t\sin t$,

$\dfrac{dy}{dt} = 3b\sin^2 t\cos t$ より

$$\frac{dy}{dx} = \frac{\frac{dy}{dt}}{\frac{dx}{dt}} = -\frac{b}{a}\tan t$$

$$\frac{d^2y}{dx^2} = \frac{d}{dx}\left(\frac{dy}{dx}\right) = \frac{d}{dt}\left(-\frac{b}{a}\tan t\right)\cdot\frac{dt}{dx}$$

$$= -\frac{b}{a}\sec^2 t\cdot\frac{1}{-3a\cos^2 t\sin t}$$

$$= \frac{b}{3a^2\cos^4 t\sin t} \quad \cdots(答)$$

(3) $x^2+xy+y^2 = 1$ から

$$2x+y+xy'+2yy' = 0$$

$$\therefore\ y' = -\frac{2x+y}{x+2y}$$

$$y'' = -\frac{(2+y')(x+2y)-(2x+y)(1+2y')}{(x+2y)^2}$$

$$= -\frac{3y-3xy'}{(x+2y)^2}$$

$$= -\frac{3y(x+2y)+3x(2x+y)}{(x+2y)^3}$$

$$= -\frac{6}{(x+2y)^3} \quad \cdots(答)$$

練習問題 1-20

(1) $y = \dfrac{3x}{2x^2+5x+2} = \dfrac{3x}{(2x+1)(x+2)}$

$= \dfrac{2}{x+2} - \dfrac{1}{2x+1}$

$= 2(x+2)^{-1} - \dfrac{1}{2}\left(x+\dfrac{1}{2}\right)^{-1}$ より

$y^{(n)} = 2\cdot(-1)^n n!(x+2)^{-n-1}$

$- \dfrac{1}{2}\cdot(-1)^n n!\left(x+\dfrac{1}{2}\right)^{-n-1}$

$= (-1)^n n!\left\{\dfrac{2}{(x+2)^{n+1}} - \dfrac{2^n}{(2x+1)^{n+1}}\right\}$ …(答)

(2) $\sin 3x = 3\sin x - 4\sin^3 x$ より

$\sin^3 x = \dfrac{1}{4}(3\sin x - \sin 3x)$

$\therefore\ y^{(n)} = (\sin^3 x)^{(n)}$

$= \dfrac{3}{4}(\sin x)^{(n)} - \dfrac{1}{4}(\sin 3x)^{(n)}$

$= \dfrac{1}{4}\left\{3\sin\left(x+\dfrac{n\pi}{2}\right)\right.$

$\left. - 3^n \sin\left(3x+\dfrac{n\pi}{2}\right)\right\}$ …(答)

練習問題 1-21

$f(x) = \dfrac{1}{x}$ より　$f'(x) = -\dfrac{1}{x^2}$

$f(a+h) = f(a) + hf'(c)$ にあてはめて

$\dfrac{1}{a+h} = \dfrac{1}{a} + h\cdot\left(-\dfrac{1}{c^2}\right)$

$\dfrac{h}{c^2} = \dfrac{h}{a(a+h)}$　　$\therefore\ c^2 = a(a+h)$

$0 < a < c < a+h$ より，$c > 0$ だから

$c = \sqrt{a(a+h)}$ …(答)

$c = a + \theta h$ とおくとき

$a + \theta h = \sqrt{a(a+h)}$

$\therefore\ \theta = \dfrac{\sqrt{a(a+h)} - a}{h}$

よって　$\lim_{h\to 0}\theta = \lim_{h\to 0}\dfrac{a}{\sqrt{a(a+h)}+a}$

$= \dfrac{a}{2a} = \dfrac{1}{2}$ …(答)

練習問題 1-22

(1) 定義域は，$4 - x^2 \geq 0$ より　$-2 \leq x \leq 2$

$f'(x) = 1 + \dfrac{-2x}{2\sqrt{4-x^2}} = \dfrac{\sqrt{4-x^2}-x}{\sqrt{4-x^2}}$

$f'(x) = 0$ を解くと，$\sqrt{4-x^2} = x$ より $x \geq 0$ のもとで平方して　　$x^2 = 2$

$\therefore\ x = \sqrt{2}$

x	-2	…	$\sqrt{2}$	…	2
$f'(x)$		$+$	0	$-$	
$f(x)$	-2	↗	極大	↘	2

よって，$f(x)$ は $x = \sqrt{2}$ のとき極大となり，極大値

$f(\sqrt{2}) = 2\sqrt{2}$ …(答)

(2) $\log f(x) = \log x^x = x\log x$

両辺を x で微分して

$\dfrac{f'(x)}{f(x)} = \log x + x\cdot\dfrac{1}{x} = \log x + 1$

$\therefore\ f'(x) = (\log x + 1)x^x$

$f'(x) = 0$ を解くと $\log x = -1$　$\therefore\ x = e^{-1}$

x	0	…	e^{-1}	…
$f'(x)$		$-$	0	$+$
$f(x)$		↘	極小	↗

よって，$f(x)$ は $x = e^{-1}$ のとき極小となり，極小値

$f(e^{-1}) = \left(\dfrac{1}{e}\right)^{\frac{1}{e}} = \dfrac{1}{\sqrt[e]{e}}$ …(答)

練習問題 1-23

$y = f(x) = (x+2)^2(x-2)^{\frac{2}{3}}$ とおく。

定義域は $(-\infty, \infty)$

$f'(x) = 2(x+2)(x-2)^{\frac{2}{3}}$

$+ (x+2)^2\cdot\dfrac{2}{3}(x-2)^{-\frac{1}{3}}$

$= \dfrac{8}{3}(x+2)(x-2)^{-\frac{1}{3}}(x-1)$

$= \dfrac{8(x+2)(x-1)}{3(x-2)^{\frac{1}{3}}}$

$f''(x) = \dfrac{8}{3(x-2)^{\frac{2}{3}}}\left\{(2x+1)(x-2)^{\frac{1}{3}}\right.$

$\left. - (x^2+x-2)\cdot\dfrac{1}{3}(x-2)^{-\frac{2}{3}}\right\}$

$= \dfrac{8(5x^2-10x-4)}{9(x-2)^{\frac{4}{3}}}$

これより，$f(x)$ の増減・凸凹は次のようになる。

x	$\cdots$	-2	$\cdots$	α	$\cdots$	1	$\cdots$	2	$\cdots$	β	$\cdots$
f'	$-$	0	$+$	$+$	$+$	0	$-$	$-\infty$ ⋮ ∞	$+$	$+$	$+$
f''	$+$	$+$	$+$	0	$-$	$-$	$-$	／	$-$	0	$+$
f	↘	0	↗		↗	9	↘	0	↗		↗

$\left(\begin{array}{l}\alpha = \dfrac{5-3\sqrt{5}}{5} \\ \beta = \dfrac{5+3\sqrt{5}}{5}\end{array}\right)$

また，$\displaystyle\lim_{x\to\pm\infty} f(x) = \infty$

よって，グラフは右図。

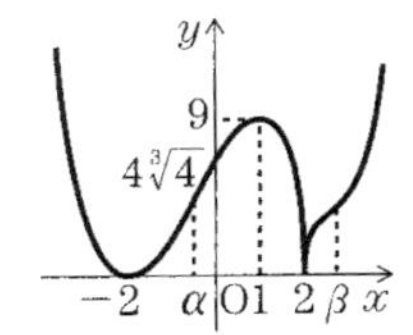

練習問題 1-24

$f(x) = x - \dfrac{x^2}{2} + \dfrac{x^3}{3} - \log(1+x)$ とおくと

$f'(x) = 1 - x + x^2 - \dfrac{1}{1+x} = \dfrac{x^3}{1+x} > 0$

したがって，$x > 0$ で $f(x)$ は単調増加。

$f(0) = 0$ だから，$x > 0$ のとき　$f(x) > 0$

$\therefore\ \log(1+x) < x - \dfrac{x^2}{2} + \dfrac{x^3}{3}$　…①

また，$g(x) = \log(1+x) - \left(x - \dfrac{x^2}{2}\right)$ とおくと

$$g'(x) = \frac{1}{1+x} - (1-x) = \frac{x^2}{1+x} > 0$$

したがって，$x > 0$ で $g(x)$ は単調増加。

$g(0) = 0$ だから，$x > 0$ のとき　$g(x) > 0$

$\therefore\ x - \dfrac{x^2}{2} < \log(1+x)$　…②

よって，①かつ②より題意は成り立つ。

練習問題 1-25

$f(x) = \sqrt[x]{x}\ (x > 0)$ を考える。

両辺の自然対数をとると

$$\log f(x) = \log \sqrt[x]{x} = \frac{\log x}{x}$$

$$\frac{f'(x)}{f(x)} = \frac{\frac{1}{x}\cdot x - \log x \cdot 1}{x^2} = \frac{1-\log x}{x^2}$$

$\therefore\ f'(x) = \dfrac{1-\log x}{x^2}\cdot\sqrt[x]{x} = (1-\log x)x^{\frac{1}{x}-2}$

$f'(x) = 0$ を解くと，$\log x = 1$ から $x = e$

したがって，$x > 0$ のとき $f(x)$ の増減は右のようになり，$x \geqq e$ では減少関数となる。

x	0	$\cdots$	e	$\cdots$
$f'(x)$		$+$	0	$-$
$f(x)$		↗	極大	↘

$\therefore\ f(3) > f(4) > f(5) > \cdots > f(n) > \cdots$

よって $\sqrt[3]{3} > \sqrt[4]{4} > \sqrt[5]{5} > \cdots > \sqrt[n]{n} > \cdots$

CHAPTER 2　積分 I

練習問題 2-1

(1) $\displaystyle\int \frac{dx}{\sqrt{2x+5}} = \int (2x+5)^{-\frac{1}{2}}\,dx$

$= \dfrac{1}{2}\cdot 2(2x+5)^{\frac{1}{2}} + C = \sqrt{2x+5} + C$　…(答)

(2) $\displaystyle\int \sqrt[3]{x+2}\,dx = \int (x+2)^{\frac{1}{3}}\,dx$

$= \dfrac{3}{4}(x+2)^{\frac{4}{3}} + C$　…(答)

(3) $\displaystyle\int \sec^2 3x\,dx = \int \frac{dx}{\cos^2 3x}$

$= \dfrac{1}{3}\tan 3x + C$　…(答)

練習問題 2-2

(1) $\displaystyle\int \frac{dx}{5+4x-x^2} = \int \frac{-1}{(x+1)(x-5)}\,dx$

$= \displaystyle\int \frac{1}{6}\left(\frac{1}{x+1} - \frac{1}{x-5}\right)dx$

$= \dfrac{1}{6}\log\left|\dfrac{x+1}{x-5}\right| + C$　…(答)

(2) $\dfrac{x+2}{x^2-4x+3} = \dfrac{x+2}{(x-1)(x-3)}$

$= \dfrac{A}{x-1} + \dfrac{B}{x-3}$ とおくと

分母を払って

$x + 2 = A(x-3) + B(x-1)$

$x + 2 = (A+B)x - (3A+B)$

$A + B = 1,\ 3A + B = -2$ を解いて，

$A = -\dfrac{3}{2},\ \ B = \dfrac{5}{2}$

$\therefore\ \displaystyle\int \frac{x+2}{x^2-4x+3}\,dx$

$= \displaystyle\int \left(-\frac{3}{2}\cdot\frac{1}{x-1} + \frac{5}{2}\cdot\frac{1}{x-3}\right)dx$

$= \dfrac{5}{2}\log|x-3| - \dfrac{3}{2}\log|x-1| + C$　…(答)

練習問題 2-3

(1) $\displaystyle\int \sin^2 3x\,dx = \int \frac{1-\cos 6x}{2}\,dx$

$=\dfrac{x}{2}-\dfrac{1}{12}\sin 6x+C$ …(答)

(2) $\displaystyle\int \sin 5x\sin 2x\,dx$

$=\displaystyle\int\left\{-\frac{1}{2}(\cos 7x-\cos 3x)\right\}dx$

$=-\dfrac{1}{14}\sin 7x+\dfrac{1}{6}\sin 3x+C$ …(答)

(3) $\cos 3x=4\cos^3 x-3\cos x$ から

$\cos^3 x=\dfrac{1}{4}(\cos 3x+3\cos x)$

$\therefore\ \displaystyle\int\cos^3 x\,dx=\frac{1}{12}\sin 3x+\frac{3}{4}\sin x+C$

…(答)

練習問題 2-4

(1) $\displaystyle\int\frac{3}{\sqrt{1-6x^2}}dx=3\int\frac{dx}{\sqrt{1-(\sqrt{6}x)^2}}$

$=\dfrac{3}{\sqrt{6}}\sin^{-1}\sqrt{6}x+C=\dfrac{\sqrt{6}}{2}\sin^{-1}\sqrt{6}x+C$

…(答)

(2) $\displaystyle\int\frac{dx}{(x^2+1)(x^2+3)}$

$=\displaystyle\int\frac{1}{2}\left(\frac{1}{x^2+1}-\frac{1}{x^2+3}\right)dx$

$=\dfrac{1}{2}\left(\tan^{-1}x-\dfrac{1}{\sqrt{3}}\tan^{-1}\dfrac{x}{\sqrt{3}}\right)+C$

$=\dfrac{1}{2}\tan^{-1}x-\dfrac{\sqrt{3}}{6}\tan^{-1}\dfrac{x}{\sqrt{3}}+C$ …(答)

練習問題 2-5

(1) $x^4+1=t$ とおくと　$x^3dx=\dfrac{1}{4}dt$

$\therefore\ \displaystyle\int\frac{x^3}{\sqrt{x^4+1}}dx=\int\frac{1}{\sqrt{t}}\cdot\frac{1}{4}dt$

$=\dfrac{\sqrt{t}}{2}+C=\dfrac{1}{2}\sqrt{x^4+1}+C$ …(答)

(2) $e^x+2=t$ とおくと　$e^xdx=dt$

$\therefore\ \displaystyle\int e^x(e^x+2)^3dx=\int t^3dt$

$=\dfrac{t^4}{4}+C=\dfrac{1}{4}(e^x+2)^4+C$ …(答)

(3) $\sin^2 x\cos^3 x=\sin^2 x(1-\sin^2 x)\cos x$

$\sin x=t$ とおくと　$\cos x\,dx=dt$

$\therefore\ \displaystyle\int\sin^2 x\cos^3 x\,dx$

$=\displaystyle\int t^2(1-t^2)dt=\int(t^2-t^4)dt$

$=\dfrac{t^3}{3}-\dfrac{t^5}{5}+C$

$=\dfrac{1}{3}\sin^3 x-\dfrac{1}{5}\sin^5 x+C$ …(答)

練習問題 2-6

(1) $\sqrt{\dfrac{x+1}{x-1}}=t$ とおくと

$x+1=(x-1)t^2\quad(t^2-1)x=t^2+1$

よって　$x=\dfrac{t^2+1}{t^2-1}=1+\dfrac{2}{t^2-1}$ より

$dx=-\dfrac{4t}{(t^2-1)^2}dt$

$\therefore\ \displaystyle\int\frac{1}{x}\sqrt{\frac{x+1}{x-1}}dx$

$=\displaystyle\int\frac{t^2-1}{t^2+1}\cdot t\cdot\frac{-4t}{(t^2-1)^2}dt$

$=\displaystyle\int\frac{-4t^2}{(t^2+1)(t^2-1)}dt$

$=-2\displaystyle\int\left(\frac{1}{t^2+1}+\frac{1}{t^2-1}\right)dt$

$=-2\tan^{-1}t+\displaystyle\int\left(\frac{1}{t+1}-\frac{1}{t-1}\right)dt$

$=-2\tan^{-1}t+\log\left|\dfrac{t+1}{t-1}\right|+C$

$=-2\tan^{-1}\sqrt{\dfrac{x+1}{x-1}}$

$+\log\left|\dfrac{\sqrt{x+1}+\sqrt{x-1}}{\sqrt{x+1}-\sqrt{x-1}}\right|+C$ …(答)

(2) $\sqrt{e^x-1}=t$ とおくと　$e^x-1=t^2$ より

$e^xdx=2t\,dt$　　$\therefore\ dx=\dfrac{2t}{t^2+1}dt$

$\therefore\ \displaystyle\int\sqrt{e^x-1}\,dx=\int t\cdot\frac{2t}{t^2+1}dt$

$=2\displaystyle\int\left(1-\frac{1}{t^2+1}\right)dt=2(t-\tan^{-1}t)+C$

$=2(\sqrt{e^x-1}-\tan^{-1}\sqrt{e^x-1})+C$ …(答)

練習問題 2-7

$\sqrt{x^2-x+2}=t-x$ とおくと

$x^2-x+2=t^2-2tx+x^2$ から

$(2t-1)x=t^2-2$　　$\therefore\ x=\dfrac{t^2-2}{2t-1}$

$dx=\dfrac{2t(2t-1)-(t^2-2)\cdot 2}{(2t-1)^2}dt$

$$=\frac{2(t^2-t+2)}{(2t-1)^2}dt$$

$$\sqrt{x^2-x+2}=t-\frac{t^2-2}{2t-1}=\frac{t^2-t+2}{2t-1}$$

$$\therefore\ \int\frac{dx}{x\sqrt{x^2-x+2}}$$

$$=\int\frac{2t-1}{t^2-2}\cdot\frac{2t-1}{t^2-t+2}\cdot\frac{2(t^2-t+2)}{(2t-1)^2}dt$$

$$=\int\frac{2}{t^2-2}dt=\int\frac{1}{\sqrt{2}}\left(\frac{1}{t-\sqrt{2}}-\frac{1}{t+\sqrt{2}}\right)dt$$

$$=\frac{1}{\sqrt{2}}\log\left|\frac{t-\sqrt{2}}{t+\sqrt{2}}\right|+C$$

$$=\frac{1}{\sqrt{2}}\log\left|\frac{x+\sqrt{x^2-x+2}-\sqrt{2}}{x+\sqrt{x^2-x+2}+\sqrt{2}}\right|+C$$

…(答)

練習問題 2-8

(1) $\tan\frac{x}{2}=t$ とおくと　$\cos x=\frac{1-t^2}{1+t^2}$

$\frac{1}{2}\cdot\frac{dx}{\cos^2\frac{x}{2}}=dt$ から　$dx=\frac{2}{1+t^2}dt$

$$\therefore\ \int\frac{dx}{\cos x}=\int\frac{1+t^2}{1-t^2}\cdot\frac{2}{1+t^2}dt$$

$$=\int\frac{2}{1-t^2}dt=\int\left(\frac{1}{t+1}-\frac{1}{t-1}\right)dt$$

$$=\log\left|\frac{t+1}{t-1}\right|+C=\log\left|\frac{\tan\frac{x}{2}+1}{\tan\frac{x}{2}-1}\right|+C$$

…(答)

(2) $\int\frac{\sin x}{1+\sin x}dx=\int\left(1-\frac{1}{1+\sin x}\right)dx$

$$=x-\int\frac{dx}{1+\sin x}$$

$\tan\frac{x}{2}=t$ とおくと，$\sin x=\frac{2t}{1+t^2}$ より

$$\int\frac{dx}{1+\sin x}=\int\frac{1}{1+\frac{2t}{1+t^2}}\cdot\frac{2}{1+t^2}dt$$

$$=2\int\frac{dt}{(t+1)^2}=-\frac{2}{t+1}+C_1$$

$$=-\frac{2}{\tan\frac{x}{2}+1}+C_1$$

$$\therefore\ \int\frac{\sin x}{1+\sin x}dx$$

$=x+\frac{2}{\tan\frac{x}{2}+1}+C$　$(-C_1=C)$　…(答)

練習問題 2-9

(1)　$\int(1-x)e^{-2x}dx=\int(1-x)\left(-\frac{e^{-2x}}{2}\right)'dx$

$$=\frac{(x-1)e^{-2x}}{2}-\int(-1)\cdot\left(-\frac{e^{-2x}}{2}\right)dx$$

$$=\frac{(x-1)e^{-2x}}{2}+\frac{e^{-2x}}{4}+C$$

$=\frac{1}{4}(2x-1)e^{-2x}+C$　…(答)

(2)　$\int x\tan^2 x\,dx=\int x\left(\frac{1}{\cos^2 x}-1\right)dx$

$$=\int x(\tan x-x)'dx$$

$$=x(\tan x-x)-\int 1\cdot(\tan x-x)dx$$

$$=x\tan x-x^2+\log|\cos x|+\frac{x^2}{2}+C$$

$=x\tan x+\log|\cos x|-\frac{x^2}{2}+C$　…(答)

練習問題 2-10

(1)　$\int(1-x)^2e^{-x}dx=\int(x-1)^2e^{-x}dx$

$$=-\{(x-1)^2+2(x-1)+2\}e^{-x}+C$$

$=-(x^2+1)e^{-x}+C$　…(答)

(2)　$\int x^2\cos 2x\,dx=\int x^2\left(\frac{1}{2}\sin 2x\right)'dx$

$$=\frac{x^2}{2}\sin 2x-\int 2x\cdot\frac{1}{2}\sin 2x\,dx$$

$$=\frac{x^2}{2}\sin 2x-\int x\cdot\left(-\frac{1}{2}\cos 2x\right)'dx$$

$$=\frac{x^2}{2}\sin 2x+\frac{x}{2}\cos 2x+\int\left(-\frac{1}{2}\cos 2x\right)dx$$

$$=\frac{x^2}{2}\sin 2x+\frac{x}{2}\cos 2x-\frac{1}{4}\sin 2x+C$$

$=\frac{2x^2-1}{4}\sin 2x+\frac{x}{2}\cos 2x+C$　…(答)

練習問題 2-11

$$I=\int e^{-x}\cos^2 x\,dx=\int e^{-x}\cdot\frac{1+\cos 2x}{2}dx$$

$$=\frac{1}{2}\left(\int e^{-x}dx+\int e^{-x}\cos 2x\,dx\right)$$

$$\int e^{-x}dx=-e^{-x}$$

ここで，$J=\int e^{-x}\cos 2x\,dx$ とおくと

$$J=-e^{-x}\cos 2x-\int(-e^{-x})\cdot(-2\sin 2x)dx$$
$$=-e^{-x}\cos 2x-2\int e^{-x}\sin 2x\,dx$$
$$=-e^{-x}\cos 2x$$
$$-2\{-e^{-x}\sin 2x-\int(-e^{-x})\cdot 2\cos 2x\,dx\}$$
$$J=-e^{-x}\cos 2x+2e^{-x}\sin 2x-4J$$
$$\therefore\ J=\frac{1}{5}e^{-x}(2\sin 2x-\cos 2x)$$

よって

$$I=\frac{1}{10}e^{-x}(2\sin 2x-\cos 2x-5)+C\quad\cdots(答)$$

練習問題 2-12

$$I_{n+1}=\int(\log x)^{n+1}dx=\int(x)'(\log x)^{n+1}dx$$
$$=x(\log x)^{n+1}$$
$$-\int x\cdot(n+1)(\log x)^n\cdot\frac{1}{x}dx$$
$$=x(\log x)^{n+1}-(n+1)\int(\log x)^n dx$$
$$\therefore\ I_{n+1}=x(\log x)^{n+1}-(n+1)I_n\quad\cdots(答)$$

ここに $I_0=\int dx=x$ より

$$I_1=x\log x-I_0=x(\log x-1),$$
$$I_2=x(\log x)^2-2I_1$$
$$=x(\log x)^2-2x(\log x-1)$$
$$=x\{(\log x)^2-2\log x+2\}\ より$$
$$I_3=x(\log x)^3-3I_2$$
$$=x\{(\log x)^3-3(\log x)^2+6\log x-6\}+C$$

…(答)

$$I_4=x(\log x)^4-4I_3$$
$$=x\{(\log x)^4-4(\log x)^3+12(\log x)^2$$
$$-24\log x+24\}+C$$

…(答)

練習問題 2-13

(1) $\displaystyle\int_{-1}^{2}\sqrt[3]{3x+2}\,dx=\int_{-1}^{2}(3x+2)^{\frac{1}{3}}dx$

$$=\left[\frac{1}{3}\cdot\frac{3}{4}(3x+2)^{\frac{4}{3}}\right]_{-1}^{2}$$
$$=\frac{1}{4}\{8^{\frac{4}{3}}-(-1)^{\frac{4}{3}}\}=\frac{15}{4}\quad\cdots(答)$$

(2) $\displaystyle\int_0^2\frac{dx}{x^2-2x-3}=\int_0^2\frac{dx}{(x-3)(x+1)}$

$$=\frac{1}{4}\int_0^2\left(\frac{1}{x-3}-\frac{1}{x+1}\right)dx$$
$$=\frac{1}{4}\left[\log\left|\frac{x-3}{x+1}\right|\right]_0^2$$
$$=\frac{1}{4}\left(\log\frac{1}{3}-\log 3\right)=-\frac{1}{2}\log 3\quad\cdots(答)$$

(3) $\displaystyle\int_{-3}^{3}\frac{e^x}{e^x+1}dx=\int_{-3}^{3}\frac{(e^x+1)'}{e^x+1}dx$

$$=\left[\log(e^x+1)\right]_{-3}^{3}$$
$$=\log(e^3+1)-\log(e^{-3}+1)$$
$$=\log\frac{e^3+1}{e^{-3}+1}=\log e^3=3\quad\cdots(答)$$

(4) $\displaystyle\int_{-1}^{1}\frac{dx}{x^2+x+1}=\int_{-1}^{1}\frac{dx}{\left(x+\frac{1}{2}\right)^2+\frac{3}{4}}$

$$=\int_{-1}^{1}\frac{dx}{\left(x+\frac{1}{2}\right)^2+\left(\frac{\sqrt{3}}{2}\right)^2}$$
$$=\left[\frac{2}{\sqrt{3}}\tan^{-1}\frac{2}{\sqrt{3}}\left(x+\frac{1}{2}\right)\right]_{-1}^{1}$$
$$=\frac{2}{\sqrt{3}}\left\{\tan^{-1}\sqrt{3}-\tan^{-1}\left(-\frac{1}{\sqrt{3}}\right)\right\}$$
$$=\frac{2}{\sqrt{3}}\left(\frac{\pi}{3}+\frac{\pi}{6}\right)=\frac{\pi}{\sqrt{3}}=\frac{\sqrt{3}\pi}{3}\quad\cdots(答)$$

練習問題 2-14

求める定積分を I とおく。

(1) $3x-4=t$ とおくと

$$x=\frac{t+4}{3},\ dx=\frac{1}{3}dt$$

x	$1\to 2$
t	$-1\to 2$

$$\therefore\ I=\int_{-1}^{2}\frac{t+4}{3}\cdot t^3\cdot\frac{1}{3}dt$$
$$=\frac{1}{9}\int_{-1}^{2}(t^4+4t^3)dt$$
$$=\frac{1}{9}\left[\frac{t^5}{5}+t^4\right]_{-1}^{2}=\frac{1}{9}\left(\frac{33}{5}+15\right)$$
$$=\frac{1}{9}\cdot\frac{108}{5}=\frac{12}{5}\quad\cdots(答)$$

(2) $\sqrt{x+2}=t$ とおくと

$x=t^2-2,\ dx=2t\,dt$

x	$-1\to 2$
t	$1\to 2$

$$\therefore\ \ I=\int_1^2 \frac{(t^2-2)^2}{t}\cdot 2t\,dt$$

$$=2\int_1^2 (t^4-4t^2+4)dt=2\left[\frac{t^5}{5}-\frac{4}{3}t^3+4t\right]_1^2$$

$$=2\left(\frac{31}{5}-\frac{28}{3}+4\right)=\frac{26}{15}$$ …(答)

(3) $I=\int_0^{\frac{\pi}{4}} \sin^5\theta\,d\theta=\int_0^{\frac{\pi}{4}}\sin^4\theta\cdot\sin\theta\,d\theta$

$$=\int_0^{\frac{\pi}{4}}(1-\cos^2\theta)^2\sin\theta\,d\theta$$

$\cos\theta=t$ とおくと

$-\sin\theta\,d\theta=dt$

$\sin\theta\,d\theta=-dt$

θ	$0\to\frac{\pi}{4}$
t	$1\to\frac{1}{\sqrt{2}}$

$$\therefore\ \ I=\int_1^{\frac{1}{\sqrt{2}}}(1-t^2)^2\cdot(-dt)$$

$$=\int_{\frac{1}{\sqrt{2}}}^1 (1-2t^2+t^4)dt$$

$$=\left[t-\frac{2}{3}t^3+\frac{t^5}{5}\right]_{\frac{1}{\sqrt{2}}}^1$$

$$=1-\frac{2}{3}+\frac{1}{5}$$

$$-\frac{1}{\sqrt{2}}\left\{1-\frac{2}{3}\left(\frac{1}{\sqrt{2}}\right)^2+\frac{1}{5}\left(\frac{1}{\sqrt{2}}\right)^4\right\}$$

$$=\frac{8}{15}-\frac{1}{\sqrt{2}}\cdot\frac{43}{60}$$

$$=\frac{1}{120}(64-43\sqrt{2})$$ …(答)

練習問題 2-15

求める定積分を I とおく。

(1) $I=\int_{-1}^1\sqrt{4-x^2}\,dx=2\int_0^1\sqrt{4-x^2}dx$

$x=2\sin\theta\left(|\theta|\leq\frac{\pi}{2}\right)$ とおくと

$dx=2\cos\theta\,d\theta$

x	$0\to 1$
θ	$0\to\frac{\pi}{6}$

$$\therefore\ \ I=2\int_0^{\frac{\pi}{6}}\sqrt{4-4\sin^2\theta}\cdot 2\cos\theta\,d\theta$$

$$=8\int_0^{\frac{\pi}{6}}\cos^2\theta\,d\theta=4\int_0^{\frac{\pi}{6}}(1+\cos 2\theta)d\theta$$

$$=4\left[\theta+\frac{1}{2}\sin 2\theta\right]_0^{\frac{\pi}{6}}=4\left(\frac{\pi}{6}+\frac{\sqrt{3}}{4}\right)$$

$$=\frac{2}{3}\pi+\sqrt{3}$$ …(答)

(2) $I=\int_1^{\sqrt{3}}\frac{x}{(x^2+1)^2}dx$

$x=\tan\theta\left(|\theta|<\frac{\pi}{2}\right)$ とおくと

$dx=\sec^2\theta\,d\theta$

x	$1\to\sqrt{3}$
θ	$\frac{\pi}{4}\to\frac{\pi}{3}$

$$\therefore\ \ I=\int_{\frac{\pi}{4}}^{\frac{\pi}{3}}\frac{\tan\theta}{(\tan^2\theta+1)^2}\cdot\sec^2\theta\,d\theta$$

$$=\int_{\frac{\pi}{4}}^{\frac{\pi}{3}}\sin\theta\cos\theta\,d\theta=\left[\frac{1}{2}\sin^2\theta\right]_{\frac{\pi}{4}}^{\frac{\pi}{3}}$$

$$=\frac{1}{2}\left(\frac{3}{4}-\frac{1}{2}\right)=\frac{1}{8}$$ …(答)

練習問題 2-16

(1) $\int_0^{\frac{\pi}{2}}x\sin x\,dx=\int_0^{\frac{\pi}{2}}x(-\cos x)'dx$

$$=\left[-x\cos x\right]_0^{\frac{\pi}{2}}-\int_0^{\frac{\pi}{2}}(-\cos x)dx$$

$$=\left[\sin x\right]_0^{\frac{\pi}{2}}=1$$ …(答)

(2) $\int_{\frac{1}{2}}^{\frac{3}{2}}\log(2x+1)dx$

$$=\int_{\frac{1}{2}}^{\frac{3}{2}}\left(x+\frac{1}{2}\right)'\log(2x+1)dx$$

$$=\left[\left(x+\frac{1}{2}\right)\log(2x+1)\right]_{\frac{1}{2}}^{\frac{3}{2}}$$

$$-\int_{\frac{1}{2}}^{\frac{3}{2}}\left(x+\frac{1}{2}\right)\cdot\frac{2}{2x+1}dx$$

$$=2\log 4-\log 2-\left[x\right]_{\frac{1}{2}}^{\frac{3}{2}}=3\log 2-1$$

…(答)

(3) $\int_0^{\sqrt{3}}x^2\tan^{-1}x\,dx=\int_0^{\sqrt{3}}\left(\frac{x^3}{3}\right)'\tan^{-1}x\,dx$

$$=\left[\frac{x^3}{3}\tan^{-1}x\right]_0^{\sqrt{3}}-\int_0^{\sqrt{3}}\frac{x^3}{3}\cdot\frac{1}{x^2+1}dx$$

$$=\sqrt{3}\tan^{-1}\sqrt{3}-\frac{1}{3}\int_0^{\sqrt{3}}\left(x-\frac{x}{x^2+1}\right)dx$$

$$=\frac{\sqrt{3}}{3}\pi-\frac{1}{3}\left[\frac{x^2}{2}-\frac{1}{2}\log(x^2+1)\right]_0^{\sqrt{3}}$$

$$=\frac{\sqrt{3}}{3}\pi-\frac{1}{3}\left(\frac{3}{2}-\frac{1}{2}\log 4\right)$$

$$=\frac{\sqrt{3}}{3}\pi-\frac{1}{2}+\frac{1}{3}\log 2$$ …(答)

練習問題 2-17

(1) $\int_0^{\frac{\pi}{2}} \sin^2 x \cos^6 x\,dx$

$$= \int_0^{\frac{\pi}{2}} (1-\cos^2 x)\cos^6 x\,dx$$
$$= \int_0^{\frac{\pi}{2}} \cos^6 x\,dx - \int_0^{\frac{\pi}{2}} \cos^8 x\,dx$$
$$= \frac{5}{6}\cdot\frac{3}{4}\cdot\frac{1}{2}\cdot\frac{\pi}{2} - \frac{7}{8}\cdot\frac{5}{6}\cdot\frac{3}{4}\cdot\frac{1}{2}\cdot\frac{\pi}{2}$$
$$= \frac{1}{8}\cdot\frac{5}{6}\cdot\frac{3}{4}\cdot\frac{1}{2}\cdot\frac{\pi}{2} = \frac{5}{256}\pi \qquad \cdots(答)$$

(2) $\int_0^{\pi} \sin^5 x\,dx = 2\int_0^{\frac{\pi}{2}} \sin^5 x\,dx$

$$= 2\cdot\frac{4}{5}\cdot\frac{2}{3} = \frac{16}{15} \qquad \cdots(答)$$

練習問題 2-18

(1) $\lim_{n\to\infty} \frac{1}{n}\sum_{k=1}^{n} \sin\frac{k\pi}{n} = \int_0^1 \sin \pi x\,dx$

$$= \left[-\frac{1}{\pi}\cos \pi x\right]_0^1 = \frac{2}{\pi} \qquad \cdots(答)$$

(2) $a_n = \frac{1}{n}\{(n+1)(n+2)\cdots(2n)\}^{\frac{1}{n}}$ とおいて，両辺の自然対数をとると

$$\log a_n = \log \frac{1}{n}\{(n+1)(n+2)\cdots(2n)\}^{\frac{1}{n}}$$
$$= \frac{1}{n}\log\{(n+1)(n+2)\cdots(2n)\} - \log n$$
$$= \frac{1}{n}\sum_{k=1}^{n}\{\log(n+k) - \log n\}$$
$$= \frac{1}{n}\sum_{k=1}^{n}\log\left(1+\frac{k}{n}\right)$$

$$\therefore\ \lim_{n\to\infty}\log a_n = \lim_{n\to\infty}\frac{1}{n}\sum_{k=1}^{n}\log\left(1+\frac{k}{n}\right)$$
$$= \int_0^1 \log(1+x)dx$$
$$= \Big[(1+x)\log(1+x) - x\Big]_0^1$$
$$= 2\log 2 - 1 = \log\frac{4}{e}$$

$\log x$ は $x>0$ では連続だから

$$与式 = \lim_{n\to\infty} a_n = \frac{4}{e} \qquad \cdots(答)$$

練習問題 2-19

$n \geq 3$ のとき，$0<x<1$ において

$x^2 > x^n > 0$ すなわち $1+x^2 > 1+x^n > 1$ だから

$$\frac{1}{\sqrt{1+x^2}} < \frac{1}{\sqrt{1+x^n}} < 1$$
$$\therefore\ \int_0^1 \frac{dx}{\sqrt{1+x^2}} < \int_0^1 \frac{dx}{\sqrt{1+x^n}} < \int_0^1 1\,dx$$

ここに　$\int_0^1 1dx = \Big[x\Big]_0^1 = 1$

$$\int_0^1 \frac{dx}{\sqrt{1+x^2}} = \Big[\log\left|x+\sqrt{1+x^2}\right|\Big]_0^1$$
$$= \log(1+\sqrt{2})$$

よって $\log(1+\sqrt{2}) < \int_0^1 \frac{dx}{\sqrt{1+x^n}} < 1$

〈注〉　問題2-7(1)の結果

$\int \frac{dx}{\sqrt{x^2+A}} = \log\left|x+\sqrt{x^2+A}\right|$ で，$A=1$ として用いた。

CHAPTER 3　行列

練習問題 3-1

$$AB = \begin{pmatrix} a & b \\ 0 & c \end{pmatrix}\begin{pmatrix} p & 0 \\ q & r \end{pmatrix} = \begin{pmatrix} ap+bq & br \\ cq & cr \end{pmatrix}$$
$$BA = \begin{pmatrix} p & 0 \\ q & r \end{pmatrix}\begin{pmatrix} a & b \\ 0 & c \end{pmatrix} = \begin{pmatrix} ap & bp \\ aq & bq+cr \end{pmatrix}$$
$$AB - BA = \begin{pmatrix} bq & b(r-p) \\ (c-a)q & -bq \end{pmatrix}$$
$$= \begin{pmatrix} 3 & 4 \\ 3 & -3 \end{pmatrix}$$

両辺の対応する成分を比較して

$bq=3$　…①　　　$b(r-p)=4$　…②

$(c-a)q=3$　…③

文字は1から6までの相異なる整数。

①から　$b=1,\ q=3$

または　$b=3,\ q=1$

②から b は4の約数だから　$b=1,\ q=3$

これより②，③から

$$r-p=4, \quad c-a=1$$

よって　$r=6,\ p=2,\ c=5,\ a=4$

以上から　$a=4,\ b=1,\ c=5,$

$$p=2,\ q=3,\ r=6 \qquad \cdots(答)$$

練習問題 3-2

$$A^2+AB-BA-B^2 = A(A+B)-B(A+B) = (A-B)(A+B)$$

$$A-B = \begin{pmatrix} 0 & 4 \\ 3 & -2 \end{pmatrix} - \begin{pmatrix} 4 & -3 \\ -2 & 4 \end{pmatrix} = \begin{pmatrix} -4 & 7 \\ 5 & -6 \end{pmatrix}$$

$$A+B = \begin{pmatrix} 0 & 4 \\ 3 & -2 \end{pmatrix} + \begin{pmatrix} 4 & -3 \\ -2 & 4 \end{pmatrix} = \begin{pmatrix} 4 & 1 \\ 1 & 2 \end{pmatrix}$$

$$与式 = \begin{pmatrix} -4 & 7 \\ 5 & -6 \end{pmatrix}\begin{pmatrix} 4 & 1 \\ 1 & 2 \end{pmatrix} = \begin{pmatrix} -9 & 10 \\ 14 & -7 \end{pmatrix} \quad \cdots(答)$$

練習問題 3-3

$A = \begin{pmatrix} a & b \\ c & d \end{pmatrix}$ は

$$A^2-(a+d)A+(ad-bc)E = O$$

を満たす。$A^2 = A$ のとき

$$A-(a+d)A+(ad-bc)E = O$$

$$(a+d-1)A = (ad-bc)E \quad \cdots①$$

(i) $a+d-1 \neq 0$ のとき，①は $A = kE$ となるので，与式に代入して

$(kE)^2 = kE \quad (k^2-k)E = O$

$k^2-k = 0 \quad \therefore\ k = 0, 1$

したがって　$A = O, E$

(ii) $a+d-1 = 0$ のとき，①から

$$ad-bc = 0$$

$\therefore\ d = 1-a,\ bc = ad = a(1-a)$

$b \neq 0$ ならば $a = p, b = q$ とおいて

$$c = \frac{p(1-p)}{q},\ d = 1-p$$

$b = 0$ ならば $(a, d) = (0, 1), (1, 0)$

$$c = r$$

よって，求める A は

$$\begin{pmatrix} 0 & 0 \\ 0 & 0 \end{pmatrix}, \begin{pmatrix} 1 & 0 \\ 0 & 1 \end{pmatrix}, \begin{pmatrix} 0 & 0 \\ r & 1 \end{pmatrix}, \begin{pmatrix} 1 & 0 \\ r & 0 \end{pmatrix},$$

$$\begin{pmatrix} p & q \\ \frac{p(1-p)}{q} & 1-p \end{pmatrix} \quad \cdots(答)$$

(ただし，p, q, r は $q \neq 0$ で任意の数)

練習問題 3-4

$$A\begin{pmatrix} 1 \\ 2 \end{pmatrix} = \begin{pmatrix} 2 \\ -1 \end{pmatrix} \quad \cdots①$$

$A^{-1} = A$ から　$A^2 = E$

①の両辺に左から A を掛けて

$$A^2\begin{pmatrix} 1 \\ 2 \end{pmatrix} = A\begin{pmatrix} 2 \\ -1 \end{pmatrix}$$

$$\therefore\ A\begin{pmatrix} 2 \\ -1 \end{pmatrix} = \begin{pmatrix} 1 \\ 2 \end{pmatrix} \quad \cdots②$$

①，②から　$A\begin{pmatrix} 1 & 2 \\ 2 & -1 \end{pmatrix} = \begin{pmatrix} 2 & 1 \\ -1 & 2 \end{pmatrix}$

よって，行列 A は

$$A = \begin{pmatrix} 2 & 1 \\ -1 & 2 \end{pmatrix}\begin{pmatrix} 1 & 2 \\ 2 & -1 \end{pmatrix}^{-1}$$

$$= \begin{pmatrix} 2 & 1 \\ -1 & 2 \end{pmatrix} \frac{1}{-5}\begin{pmatrix} -1 & -2 \\ -2 & 1 \end{pmatrix} = \frac{1}{5}\begin{pmatrix} 4 & 3 \\ 3 & -4 \end{pmatrix} \quad \cdots(答)$$

練習問題 3-5

(1) $A+sE = \begin{pmatrix} 1 & 1 \\ -1 & 1 \end{pmatrix} + s\begin{pmatrix} 1 & 0 \\ 0 & 1 \end{pmatrix} = \begin{pmatrix} s+1 & 1 \\ -1 & s+1 \end{pmatrix}$

したがって　$\Delta = (s+1)^2+1 \neq 0$

よって，すべての実数 s について $A+sE$ は逆行列をもつ。

(2) $A^2+3tA+2t^2E = (A+tE)(A+2tE)$

(1) から，$A+tE$，$A+2tE$ は逆行列をもつ。

一般に，2次の正方行列 X, Y が逆行列 X^{-1}, Y^{-1} をもつとき

$$(XY)(Y^{-1}X^{-1}) = X(YY^{-1})X^{-1} = XEX^{-1} = XX^{-1} = E$$

$$(Y^{-1}X^{-1})(XY) = Y^{-1}(X^{-1}X)Y$$

$$= Y^{-1}EY = Y^{-1}Y = E$$

となり，行列 XY は $Y^{-1}X^{-1}$ を逆行列にもつ。よって，この結果から $(A+tE)(A+2tE)$ は逆行列をもち

$$((A+tE)(A+2tE))^{-1}$$
$$=(A+2tE)^{-1}(A+tE)^{-1}$$

となる。
ゆえに，すべての実数 t について，$A^2+3tA+2t^2E$ は逆行列をもつ。

練習問題 3-6

$$\begin{cases} 2ax + y = 3(2a+1) \\ ax - (a+1)y = 4a \end{cases}$$

行列を用いて表すと

$$\begin{pmatrix} 2a & 1 \\ a & -(a+1) \end{pmatrix}\begin{pmatrix} x \\ y \end{pmatrix} = \begin{pmatrix} 3(2a+1) \\ 4a \end{pmatrix}$$

$$\Delta = -2a(a+1) - a = -a(2a+3)$$

$\Delta = 0$ とすると　$a = 0,\ -\dfrac{3}{2}$

(i) $a \neq 0,\ a \neq -\dfrac{3}{2}$ のとき

$$\begin{pmatrix} x \\ y \end{pmatrix} = -\frac{1}{a(2a+3)}$$
$$\cdot\begin{pmatrix} -(a+1) & -1 \\ -a & 2a \end{pmatrix}\begin{pmatrix} 3(2a+1) \\ 4a \end{pmatrix}$$
$$= -\frac{1}{a(2a+3)}\begin{pmatrix} -(6a^2+13a+3) \\ 2a^2-3a \end{pmatrix}$$
$$= \frac{1}{a(2a+3)}\begin{pmatrix} 6a^2+13a+3 \\ -2a^2+3a \end{pmatrix}$$

(ii) $a = 0$ のとき

2式は $\begin{cases} y = 3 \\ -y = 0 \end{cases}$ となり，解をもたない。

(iii) $a = -\dfrac{3}{2}$ のとき

2式は $\begin{cases} -3x + y = -6 \\ -\dfrac{3}{2}x + \dfrac{1}{2}y = -6 \end{cases}$ となる。

$\begin{cases} 3x - y = 6 \\ 3x - y = 12 \end{cases}$ であるから，解をもたない。

以上から，

$$\begin{cases} a \neq 0,\ a \neq -\dfrac{3}{2} \quad \text{のとき} \\ \quad x = \dfrac{6a^2+13a+3}{a(2a+3)},\ y = -\dfrac{2a-3}{2a+3} \\ a = 0 \quad \text{または} \quad a = -\dfrac{3}{2} \text{のとき} \\ \quad \text{解は存在しない。} \end{cases}$$

…(答)

練習問題 3-7

A は，$A^2 - 6A + 9E = O$ を満たす。

$$A^n = (A^2 - 6A + 9E)Q(A) + pA + qE$$
$$= (A - 3E)^2Q(A) + pA + qE$$

とおく。ここで

$$x^n = (x-3)^2Q(x) + px + q \quad \cdots①$$

とおくと，両辺を x で微分して

$$nx^{n-1} = 2(x-3)Q(x)$$
$$+ (x-3)^2Q'(x) + p \quad \cdots②$$

①，②で $x = 3$ とおくと

$$3p + q = 3^n,\ \ p = n\cdot 3^{n-1}$$
$$\therefore\ p = n\cdot 3^{n-1},\ \ q = (1-n)3^n$$

よって　$A^n = pA + qE$ により

$$A^n = n\cdot 3^{n-1}\begin{pmatrix} 4 & 1 \\ -1 & 2 \end{pmatrix} + (1-n)3^n\begin{pmatrix} 1 & 0 \\ 0 & 1 \end{pmatrix}$$
$$= \begin{pmatrix} (3+n)3^{n-1} & n\cdot 3^{n-1} \\ -n\cdot 3^{n-1} & (3-n)3^{n-1} \end{pmatrix} \quad \cdots(\text{答})$$

練習問題 3-8

$$A = \begin{pmatrix} 2 & 3 \\ 0 & 2 \end{pmatrix} = 2\begin{pmatrix} 1 & \frac{3}{2} \\ 0 & 1 \end{pmatrix}$$

$$A^2 = 2^2\begin{pmatrix} 1 & \frac{3}{2} \\ 0 & 1 \end{pmatrix}\begin{pmatrix} 1 & \frac{3}{2} \\ 0 & 1 \end{pmatrix} = 2^2\begin{pmatrix} 1 & 2\cdot\frac{3}{2} \\ 0 & 1 \end{pmatrix}$$

$$A^3 = A^2A = 2^3\begin{pmatrix} 1 & 2\cdot\frac{3}{2} \\ 0 & 1 \end{pmatrix}\begin{pmatrix} 1 & \frac{3}{2} \\ 0 & 1 \end{pmatrix}$$
$$= 2^3\begin{pmatrix} 1 & 3\cdot\frac{3}{2} \\ 0 & 1 \end{pmatrix}$$

これより　$A^n = 2^n\begin{pmatrix} 1 & n\cdot\frac{3}{2} \\ 0 & 1 \end{pmatrix}$

$$= \begin{pmatrix} 2^n & 3n\cdot 2^{n-1} \\ 0 & 2^n \end{pmatrix} \quad \cdots①$$

と推定される。これを数学的帰納法で示す。
[I] $n=1$のとき，自明。
[II] $n=k$のとき，①が成り立つとすると

$$A^{k+1} = A^k A$$
$$= \begin{pmatrix} 2^k & 3k\cdot 2^{k-1} \\ 0 & 2^k \end{pmatrix}\begin{pmatrix} 2 & 3 \\ 0 & 2 \end{pmatrix}$$
$$= \begin{pmatrix} 2^{k+1} & 3(k+1)\cdot 2^k \\ 0 & 2^{k+1} \end{pmatrix}$$

よって，①は$n=k+1$のときも成り立つ。
[I]，[II]から，①はすべての自然数nについて成り立つ。

以上から　$A^n = \begin{pmatrix} 2^n & 3n\cdot 2^{n-1} \\ 0 & 2^n \end{pmatrix}$　…(答)

練習問題 3-9

$$A = \begin{pmatrix} p+1 & 1 \\ -1 & p-1 \end{pmatrix} = \begin{pmatrix} p & 0 \\ 0 & p \end{pmatrix} + \begin{pmatrix} 1 & 1 \\ -1 & -1 \end{pmatrix}$$

$B = \begin{pmatrix} p & 0 \\ 0 & p \end{pmatrix} = pE$, $F = \begin{pmatrix} 1 & 1 \\ -1 & -1 \end{pmatrix}$とおくと

$BF = FB = pF$, $F^2 = O$が成り立つ。
$n \geq 2$のとき，二項定理から

$$A^n = (B+F)^n$$
$$= {}_nC_0B^n + {}_nC_1B^{n-1}F + {}_nC_2B^{n-2}F^2$$
$$+ \cdots + {}_nC_{n-1}BF^{n-1} + {}_nC_nF^n$$

$F^2 = O$のとき，$F^3 = F^4 = \cdots = F^n = O$より

$$A^n = B^n + nB^{n-1}F$$
$$= (pE)^n + n(pE)^{n-1}F$$
$$= p^nE + np^{n-1}F$$
$$= p^n\begin{pmatrix} 1 & 0 \\ 0 & 1 \end{pmatrix} + np^{n-1}\begin{pmatrix} 1 & 1 \\ -1 & -1 \end{pmatrix}$$
$$= \begin{pmatrix} (p+n)p^{n-1} & np^{n-1} \\ -np^{n-1} & (p-n)p^{n-1} \end{pmatrix} \quad \cdots(答)$$

（これは$n=1$のときも成り立つ。）

練習問題 3-10

(1) $P^{-1}AP = \begin{pmatrix} b & 0 \\ 0 & c \end{pmatrix}$から

$$AP = P\begin{pmatrix} b & 0 \\ 0 & c \end{pmatrix}$$

$$\begin{pmatrix} -1 & 8 \\ -1 & 5 \end{pmatrix}\begin{pmatrix} a & 2 \\ 1 & 1 \end{pmatrix} = \begin{pmatrix} a & 2 \\ 1 & 1 \end{pmatrix}\begin{pmatrix} b & 0 \\ 0 & c \end{pmatrix}$$

$$\begin{pmatrix} -a+8 & 6 \\ -a+5 & 3 \end{pmatrix} = \begin{pmatrix} ab & 2c \\ b & c \end{pmatrix}$$

両辺の成分を比較して

$$\begin{cases} -a+8 = ab \cdots① & 6 = 2c \cdots② \\ -a+5 = b \cdots③ & 3 = c \cdots④ \end{cases}$$

②，④から　$c = 3$
①，③から　$-a+8 = a(-a+5)$

$$a^2 - 6a + 8 = (a-2)(a-4) = 0$$
$$\therefore\ a = 2,\ 4$$

ところが，$a=2$のとき$\Delta(P) = 0$となりP^{-1}は存在しないので　$a = 4$
③から　$b = 1$
以上から　$a=4$，$b=1$，$c=3$　…(答)
(2) (1)の結果から

$$P = \begin{pmatrix} 4 & 2 \\ 1 & 1 \end{pmatrix},\ P^{-1}AP = \begin{pmatrix} 1 & 0 \\ 0 & 3 \end{pmatrix}$$

これより　$A = P\begin{pmatrix} 1 & 0 \\ 0 & 3 \end{pmatrix}P^{-1}$

よって

$$A^n = P\begin{pmatrix} 1 & 0 \\ 0 & 3 \end{pmatrix}^n P^{-1}$$
$$= \begin{pmatrix} 4 & 2 \\ 1 & 1 \end{pmatrix}\begin{pmatrix} 1^n & 0 \\ 0 & 3^n \end{pmatrix}\frac{1}{2}\begin{pmatrix} 1 & -2 \\ -1 & 4 \end{pmatrix}$$
$$= \frac{1}{2}\begin{pmatrix} 4 & 2\cdot 3^n \\ 1 & 3^n \end{pmatrix}\begin{pmatrix} 1 & -2 \\ -1 & 4 \end{pmatrix}$$

$$= \frac{1}{2}\begin{pmatrix} 4-2\cdot 3^n & 8\cdot 3^n - 8 \\ 1-3^n & 4\cdot 3^n - 2 \end{pmatrix}$$

$$= \begin{pmatrix} 2-3^n & 4(3^n-1) \\ \frac{1-3^n}{2} & 2\cdot 3^n - 1 \end{pmatrix} \quad \cdots(答)$$

練習問題 3-11

$B^{-1}AB = \begin{pmatrix} a & b \\ 0 & a \end{pmatrix}$ のとき，両辺を n 乗して

$$(B^{-1}AB)^n = \begin{pmatrix} a & b \\ 0 & a \end{pmatrix}^n = \begin{pmatrix} a^n & na^{n-1}b \\ 0 & a^n \end{pmatrix}$$

（問題 3-9(2) 参照）

一方，$(B^{-1}AB)^n = B^{-1}A^nB$

したがって

$$B^{-1}A^nB = \begin{pmatrix} a^n & na^{n-1}b \\ 0 & a^n \end{pmatrix}$$

ここで，ある自然数 n について $A^n = \begin{pmatrix} 1 & 0 \\ 0 & 1 \end{pmatrix}$

となるとすれば，$A^n = E$ だから

$$B^{-1}EB = \begin{pmatrix} a^n & na^{n-1}b \\ 0 & a^n \end{pmatrix}$$

左辺 $= E$ だから

$$\begin{pmatrix} 1 & 0 \\ 0 & 1 \end{pmatrix} = \begin{pmatrix} a^n & na^{n-1}b \\ 0 & a^n \end{pmatrix}$$

両辺の (1, 2) 成分から　$0 = na^{n-1}b$

$a \neq 0$ かつ $b \neq 0$ だからこれは不合理。よって，$A^n = E$ を満たす自然数 n は存在しない。

練習問題 3-12

線形変換 f を表す行列を F とおくと，題意より

$$F\begin{pmatrix} 2 \\ 0 \end{pmatrix} = \begin{pmatrix} p \\ q \end{pmatrix} \cdots①,\quad F\begin{pmatrix} 0 \\ 1 \end{pmatrix} = \begin{pmatrix} 2 \\ 0 \end{pmatrix} \cdots②$$

①より $F\begin{pmatrix} 1 \\ 0 \end{pmatrix} = \begin{pmatrix} \frac{p}{2} \\ \frac{q}{2} \end{pmatrix}$ であるから

$$F = \begin{pmatrix} \frac{p}{2} & 2 \\ \frac{q}{2} & 0 \end{pmatrix}$$

さらに，$F\begin{pmatrix} p \\ q \end{pmatrix} = \begin{pmatrix} 0 \\ 1 \end{pmatrix}$ から

$$\begin{pmatrix} \frac{p}{2} & 2 \\ \frac{q}{2} & 0 \end{pmatrix}\begin{pmatrix} p \\ q \end{pmatrix} = \begin{pmatrix} 0 \\ 1 \end{pmatrix}$$

$$\frac{p^2}{2} + 2q = 0, \qquad \frac{pq}{2} = 1$$

q を消去して　$-\frac{p^3}{8} = 1 \quad \therefore\ p = -2$

$q = -1$

よって　$(p,\ q) = (-2,\ -1)$　…(答)

練習問題 3-13

線形変換 f により点 $(x,\ y)$ が点 $(x',\ y')$ に移るとすると

$$f:\ \begin{pmatrix} x' \\ y' \end{pmatrix} = \begin{pmatrix} -1 & 2 \\ 2 & -4 \end{pmatrix}\begin{pmatrix} x \\ y \end{pmatrix}$$

放物線 $y = x^2$ 上の点は $(x,\ y) = (t,\ t^2)$ とおけるので

$$\begin{pmatrix} x' \\ y' \end{pmatrix} = \begin{pmatrix} -1 & 2 \\ 2 & -4 \end{pmatrix}\begin{pmatrix} t \\ t^2 \end{pmatrix} = \begin{pmatrix} -t+2t^2 \\ 2t-4t^2 \end{pmatrix}$$

$$\therefore\ y' = -2x'$$

ただし，x' の変域は

$$x' = 2t^2 - t = 2\left(t - \frac{1}{4}\right)^2 - \frac{1}{8} \geq -\frac{1}{8}$$

よって，半直線 $y = -2x\ \left(x \geq -\frac{1}{8}\right)$ にうつる。

…(答)

練習問題 3-14

$$A\begin{pmatrix} 0 \\ 1 \end{pmatrix} = \begin{pmatrix} 1 & 0 \\ 6 & 4 \end{pmatrix}\begin{pmatrix} 0 \\ 1 \end{pmatrix} = \begin{pmatrix} 0 \\ 4 \end{pmatrix} /\!/ \begin{pmatrix} 0 \\ 1 \end{pmatrix}$$

だから，y 軸に平行な不動直線は存在する可能性がある。$x = a$ とおくと，点 $(a,\ 0)$ の像は

$$A\begin{pmatrix} a \\ 0 \end{pmatrix} = \begin{pmatrix} 1 & 0 \\ 6 & 4 \end{pmatrix}\begin{pmatrix} a \\ 0 \end{pmatrix} = \begin{pmatrix} a \\ 6a \end{pmatrix}$$

これは直線 $x = a$ 上の点である。

また，ℓ の方向ベクトルを $\begin{pmatrix} 1 \\ m \end{pmatrix}$ とおくと

$$\begin{pmatrix} 1 & 0 \\ 6 & 4 \end{pmatrix}\begin{pmatrix} 1 \\ m \end{pmatrix} = \begin{pmatrix} 1 \\ 6+4m \end{pmatrix} /\!/ \begin{pmatrix} 1 \\ m \end{pmatrix}$$

$m-(6+4m)=0$ から　$m=-2$

$$\therefore\ \ell:\ y=-2x+b \qquad \cdots①$$

ℓ 上の点 $\begin{pmatrix}0\\b\end{pmatrix}$ の像は　$A\begin{pmatrix}0\\b\end{pmatrix}=\begin{pmatrix}0\\4b\end{pmatrix}$

この点が①上にあるためには

$$4b=-2\cdot 0+b \quad \therefore\ b=0$$

よって，直線 ℓ の方程式は

$$x=a\ (a\text{は任意}),\quad y=-2x \qquad \cdots(\text{答})$$

練習問題 3-15

$$5x^2-2xy+5y^2=12 \qquad \cdots①$$

①の左辺は x と y の対称式であるから $\frac{\pi}{4}$ の回転変換より点 $(x,\ y)$ が点 $(X,\ Y)$ に移るとすると

$$\begin{pmatrix}x\\y\end{pmatrix}=\begin{pmatrix}\cos\frac{\pi}{4} & \sin\frac{\pi}{4}\\ -\sin\frac{\pi}{4} & \cos\frac{\pi}{4}\end{pmatrix}\begin{pmatrix}X\\Y\end{pmatrix}$$

$$=\frac{1}{\sqrt{2}}\begin{pmatrix}1 & 1\\ -1 & 1\end{pmatrix}\begin{pmatrix}X\\Y\end{pmatrix}$$

これから　$x=\dfrac{X+Y}{\sqrt{2}},\ y=\dfrac{-X+Y}{\sqrt{2}}$

これを①，すなわち

$$5(x^2+y^2)-2xy=12$$

に代入すると

$$5(X^2+Y^2)-(-X^2+Y^2)=12$$

$$6X^2+4Y^2=12$$

よって　楕円 $\dfrac{X^2}{(\sqrt{2})^2}+\dfrac{Y^2}{(\sqrt{3})^2}=1 \qquad \cdots②$

長軸の長さ　$2\sqrt{3}$，短軸の長さ　$2\sqrt{2}$　$\cdots$(答)

②の焦点は $(0,\ \pm 1)$ だから，①の焦点は

$$\begin{pmatrix}x\\y\end{pmatrix}=\frac{1}{\sqrt{2}}\begin{pmatrix}1 & 1\\ -1 & 1\end{pmatrix}\begin{pmatrix}0\\ \pm 1\end{pmatrix}=\pm\frac{1}{\sqrt{2}}\begin{pmatrix}1\\1\end{pmatrix}$$

すなわち　$\left(\pm\dfrac{1}{\sqrt{2}},\ \pm\dfrac{1}{\sqrt{2}}\right)$（複号同順）$\cdots$(答)

CHAPTER 4　微分 II

練習問題 4-1

$y=\cosh^{-1}x$ のとき　$x=\cosh y$

$$\therefore\ \frac{dy}{dx}=\frac{1}{\frac{dx}{dy}}=\frac{1}{\frac{d}{dy}\cosh y}=\frac{1}{\sinh y}$$

$(\cosh y)^2-(\sinh y)^2=1$ より

$$\sinh y=\pm\sqrt{(\cosh y)^2-1}=\pm\sqrt{x^2-1}$$

よって $(\cosh^{-1}x)'=\pm\dfrac{1}{\sqrt{x^2-1}}$

次に，$y=\tanh^{-1}x$ のとき $x=\tanh y$

$$\therefore\ \frac{dy}{dx}=\frac{1}{\frac{dx}{dy}}=\frac{1}{\frac{d}{dy}\tanh y}=\frac{1}{\frac{1}{(\cosh y)^2}}$$

$$=\frac{1}{\frac{(\cosh y)^2-(\sinh y)^2}{(\cosh y)^2}}$$

$$=\frac{1}{1-(\tanh y)^2}=\frac{1}{1-x^2}$$

よって $(\tanh^{-1}x)'=\dfrac{1}{1-x^2}$

練習問題 4-2

$(x^3)'=3x^2,\ (x^3)''=6x,\ (x^3)^{(3)}=6,$

$(x^3)^{(r)}=0\ (r\geq 4)$　および

$(\log x)'=x^{-1},\ (\log x)''=-x^{-2},\ \ldots,$

$(\log x)^{(r)}=(-1)^{r-1}(r-1)!x^{-r}\quad (r\geq 1)$

ライプニッツの公式により，$n\geq 4$ のとき

$$\begin{aligned}
y^{(n)}&=(x^3\log x)^{(n)}\\
&=(\log x)^{(n)}x^3+{}_nC_1(\log x)^{(n-1)}\cdot 3x^2\\
&\quad+{}_nC_2(\log x)^{(n-2)}\cdot 6x+{}_nC_3(\log x)^{(n-3)}\cdot 6\\
&=(-1)^{n-1}(n-1)!x^{-n}\cdot x^3\\
&\quad+n\cdot(-1)^{n-2}(n-2)!x^{-n+1}\cdot 3x^2\\
&\quad+\frac{n(n-1)}{2}\cdot(-1)^{n-3}(n-3)!x^{-n+2}\cdot 6x\\
&\quad+\frac{n(n-1)(n-2)}{6}\cdot(-1)^{n-4}(n-4)!\\
&\qquad\qquad\times x^{-n+3}\cdot 6\\
&=(-1)^{n-1}\cdot\frac{n!}{x^{n-3}}\\
&\quad\times\left(\frac{1}{n}-\frac{3}{n-1}+\frac{3}{n-2}-\frac{1}{n-3}\right)\\
&=\frac{(-1)^n\cdot 6\cdot(n-4)!}{x^{n-3}}
\end{aligned} \qquad \cdots(\text{答})$$

また $\begin{cases} y' = x^2(3\log x + 1) \\ y'' = x(6\log x + 5) \\ y^{(3)} = 6\log x + 11 \end{cases}$ …(答)

練習問題 4-3

平均値の定理により

$$\frac{f(x+1)-f(x)}{(x+1)-x} = f'(x+\theta)$$

すなわち　$f(x+1)-f(x) = f'(x+\theta)$ となる $\theta\ (0<\theta<1)$ が存在する。

$$\therefore\ \lim_{x\to\infty}\{f(x+1)-f(x)\} = \lim_{x\to\infty} f'(x+\theta) = l$$

（$\because$　$0<\theta<1$ より，
$x\to\infty$ のときは $x+\theta\to\infty$）

練習問題 4-4

いずれも $\dfrac{0}{0}$ の不定形である。

(1) $\displaystyle\lim_{x\to1}\frac{\log x}{x-1} = \lim_{x\to1}\frac{(\log x)'}{(x-1)'} = \lim_{x\to1}\frac{\frac{1}{x}}{1}$
$= 1$ …(答)

(2) $\displaystyle\lim_{x\to0}\frac{\sqrt[3]{2x+8}-2}{\sqrt{x+4}-2} = \lim_{x\to0}\frac{(\sqrt[3]{2x+8}-2)'}{(\sqrt{x+4}-2)'}$

$\displaystyle= \lim_{x\to0}\frac{\frac{1}{3}(2x+8)^{-\frac{2}{3}}\cdot2}{\frac{1}{2\sqrt{x+4}}} = \frac{\frac{2}{3}\cdot8^{-\frac{2}{3}}}{\frac{1}{4}}$

$\displaystyle= \frac{2}{3}$ …(答)

(3) $\displaystyle\lim_{x\to0}\frac{x-\sin^{-1}x}{x^3} = \lim_{x\to0}\frac{(x-\sin^{-1}x)'}{(x^3)'}$

$\displaystyle= \lim_{x\to0}\frac{1-\frac{1}{\sqrt{1-x^2}}}{3x^2} = \lim_{x\to0}\frac{1-(1-x^2)^{-\frac{1}{2}}}{3x^2}$

$\displaystyle= \lim_{x\to0}\frac{\frac{1}{2}(1-x^2)^{-\frac{3}{2}}\cdot(-2x)}{6x}$

$\displaystyle= \lim_{x\to0}\left\{-\frac{1}{6}(1-x^2)^{-\frac{3}{2}}\right\} = -\frac{1}{6}$ …(答)

練習問題 4-5

(1) $\dfrac{\infty}{\infty}$ の不定形である。

$$\lim_{x\to\infty}\frac{\log(px+a)}{\log(qx+b)} = \lim_{x\to\infty}\frac{\frac{p}{px+a}}{\frac{q}{qx+b}}$$

$\displaystyle= \lim_{x\to\infty}\frac{p(qx+b)}{q(px+a)} = \frac{p\cdot q}{q\cdot p} = 1$ …(答)

(2) 0^0 の不定形である。

$\displaystyle\lim_{x\to+0}\log(\sin x)^{\sin x}$

$\displaystyle= \lim_{x\to+0}\sin x\log(\sin x) = \lim_{x\to+0}\frac{\log(\sin x)}{\frac{1}{\sin x}}$

$\displaystyle= \lim_{x\to+0}\frac{\frac{\cos x}{\sin x}}{\frac{-\cos x}{\sin^2 x}} = \lim_{x\to+0}(-\sin x) = 0$

よって　$\displaystyle\lim_{x\to+0}(\sin x)^{\sin x} = 1$ …(答)

練習問題 4-6

(1) $f(x) = \log x$ とおくとき

$f'(x) = \dfrac{1}{x}$，$f''(x) = -\dfrac{1}{x^2}$

$[1,\ 1+h]$ にテイラーの定理を適用して

$$f(1+h) = f(1) + \frac{f'(1)}{1!}h + \frac{f''(1+\theta h)}{2!}h^2$$

$$\therefore\ \log(1+h) = h - \frac{h^2}{2(1+\theta h)^2}$$

$(0<\theta<1)$ …(答)

(2) $f(x) = \tan^{-1}x$ とおくとき

$f'(x) = \dfrac{1}{1+x^2}$，$f''(x) = -\dfrac{2x}{(1+x^2)^2}$

$[a,\ a+h]$ にテイラーの定理を適用して

$\tan^{-1}(a+h)$

$\displaystyle= \tan^{-1}a + \frac{h}{1+a^2} - \frac{a+\theta h}{\{1+(a+\theta h)^2\}^2}h^2$

$(0<\theta<1)$ …(答)

練習問題 4-7

(1) $f(x) = \sinh x = \dfrac{e^x-e^{-x}}{2}$

$$e^x = 1 + x + \frac{x^2}{2!} + \frac{x^3}{3!} + \cdots + \frac{x^n}{n!} + \cdots$$

$$e^{-x} = 1 - x + \frac{x^2}{2!} - \frac{x^3}{3!} + \cdots + \frac{(-x)^n}{n!} + \cdots$$

よって，x の奇数次の項が残って

$\displaystyle\sinh x = x + \frac{x^3}{3!} + \frac{x^5}{5!} + \cdots$
$\displaystyle+ \frac{x^{2n-1}}{(2n-1)!} + \cdots$ …(答)

(2) $f(x) = \sin x\cos 2x = \dfrac{1}{2}(\sin 3x - \sin x)$

$$\sin x = x - \frac{x^3}{3!} + \frac{x^5}{5!} - \cdots$$

$$+(-1)^{n-1}\frac{x^{2n-1}}{(2n-1)!}+\cdots \quad \text{より}$$

$\sin x\cos 2x$

$$=\frac{1}{2}\left\{3x-\frac{3^3}{3!}x^3+\frac{3^5}{5!}x^5-\cdots+(-1)^{n-1}\frac{3^{2n-1}}{(2n-1)!}x^{2n-1}+\cdots\right\}$$

$$-\frac{1}{2}\left\{x-\frac{x^3}{3!}+\frac{x^5}{5!}-\cdots+(-1)^{n-1}\frac{x^{2n-1}}{(2n-1)!}+\cdots\right\}$$

$$=x-\frac{3^3-1}{2\cdot 3!}x^3+\frac{3^5-1}{2\cdot 5!}x^5-\cdots+(-1)^{n-1}\frac{3^{2n-1}-1}{2\cdot(2n-1)!}x^{2n-1}+\cdots \quad \cdots(\text{答})$$

練習問題 4-8

マクローリン展開を考える。

(1) $f(x)=(1+x)^{\frac{2}{3}}$ のとき

$$f'(x)=\frac{2}{3}(1+x)^{-\frac{1}{3}},\ f''(x)=-\frac{2}{9}(1+x)^{-\frac{4}{3}}$$

$$f^{(3)}(x)=\frac{8}{27}(1+x)^{-\frac{7}{3}}$$

$$f(x)=f(0)+\frac{f'(0)}{1!}x+\frac{f''(0)}{2!}x^2+\frac{f^{(3)}(0)}{3!}x^3+O(x^4)$$

$$=1+\frac{2}{3}x-\frac{1}{9}x^2+\frac{4}{81}x^3+O(x^4)$$

$$\therefore\ (1+x)^{\frac{2}{3}}\fallingdotseq 1+\frac{2}{3}x-\frac{1}{9}x^2+\frac{4}{81}x^3 \quad \cdots(\text{答})$$

(2) $e^x=1+x+\dfrac{x^2}{2}+\dfrac{x^3}{6}+O(x^4)$

$\cos x=1-\dfrac{x^2}{2}+O(x^4)$

であるから

$$e^x\cos x=\left\{1+x+\frac{x^2}{2}+\frac{x^3}{6}+O(x^4)\right\}\times\left\{1-\frac{x^2}{2}+O(x^4)\right\}$$

$$=1+x-\frac{x^3}{3}+O(x^4)$$

$$\therefore\ e^x\cos x\fallingdotseq 1+x-\frac{x^3}{3} \quad \cdots(\text{答})$$

練習問題 4-9

(1) $x\neq 0$ のとき $\displaystyle\lim_{y\to 0}\frac{x-y}{x+y}=\frac{x}{x}=1$

$$\therefore\ \lim_{x\to 0}\left(\lim_{y\to 0}\frac{x-y}{x+y}\right)=1 \quad \cdots(\text{答})$$

(2) $y\neq 0$ のとき $\displaystyle\lim_{x\to 0}\frac{x-y}{x+y}=\frac{-y}{y}=-1$

$$\therefore\ \lim_{y\to 0}\left(\lim_{x\to 0}\frac{x-y}{x+y}\right)=-1 \quad \cdots(\text{答})$$

(3) 原点以外の点 $(x,\ y)$ に対して

$x=r\cos\theta,\ y=r\sin\theta$ とおくと

$$\frac{x-y}{x+y}=\frac{r(\cos\theta-\sin\theta)}{r(\cos\theta+\sin\theta)}=\frac{\cos\theta-\sin\theta}{\cos\theta+\sin\theta}$$

θ の値によりいろいろな値をとるので，与えられた極限は存在しない。 …(答)

練習問題 4-10

原点以外の点 $(x,\ y)$ に対して

$x=r\cos\theta,\ y=r\sin\theta$ とおくと

$$f(x,\ y)=\frac{r\cos\theta\cdot(r\sin\theta)^2}{(r\cos\theta)^2+(r\sin\theta)^4}=\frac{r\cos\theta\sin^2\theta}{\cos^2\theta+r^2\sin^4\theta}$$

$r\sin^2\theta=a\cos\theta$（$a$ は定数）とおくと

$$f(x,\ y)=\frac{\cos\theta\cdot a\cos\theta}{\cos^2\theta+(a\cos\theta)^2}=\frac{a\cos^2\theta}{(1+a^2)\cos^2\theta}=\frac{a}{1+a^2}$$

となり，$\displaystyle\lim_{(x,y)\to(0.0)}f(x,\ y)=\lim_{r\to 0}f(x,\ y)=\frac{a}{1+a^2}$

ここに，a は任意だから $\displaystyle\lim_{(x,y)\to(0,0)}f(x,\ y)$ は存在しない。よって，$f(x,\ y)$ は $(0,\ 0)$ では不連続である。 …(答)

〈注〉 $r\sin^2\theta=a\cos\theta$ のとき，$(r\sin\theta)^2=a\cdot r\cos\theta$，すなわち $y^2=ax$ となるので，放物線 $y^2=ax$ に沿って原点に近づくときを考えている。a の値により極限値が異なるので，$f(x,\ y)$ は $(0,\ 0)$ では不連続となる。

練習問題 4-11

(1) $f_x=\dfrac{2x}{2\sqrt{x^2-3y^2}}=\dfrac{x}{\sqrt{x^2-3y^2}}$ …(答)

$f_y=\dfrac{-6y}{2\sqrt{x^2-3y^2}}=-\dfrac{3y}{\sqrt{x^2-3y^2}}$ …(答)

(2) $f_x=\sin\dfrac{1}{y}+y\cdot\left(-\dfrac{1}{x^2}\right)\cdot\left(-\sin\dfrac{1}{x}\right)$

$$= \sin\frac{1}{y} + \frac{y}{x^2}\sin\frac{1}{x} \qquad \cdots(答)$$

$$f_y = x\cdot\left(-\frac{1}{y^2}\cos\frac{1}{y}\right) + \cos\frac{1}{x}$$

$$= -\frac{x}{y^2}\cos\frac{1}{y} + \cos\frac{1}{x} \qquad \cdots(答)$$

(3) $f(x,\ y) = \log_x y = \dfrac{\log y}{\log x}$ （底は e）より

$$f_x = -\frac{\log y}{x(\log x)^2} \qquad \cdots(答)$$

$$f_y = \frac{1}{y\log x} \qquad \cdots(答)$$

練習問題 4-12

(1) $f_x = 2xe^{x^2+y^2}$, $f_y = 2ye^{x^2+y^2}$ より

$$f_{xx} = 2e^{x^2+y^2} + 2x\cdot 2xe^{x^2+y^2}$$

$$= 2(1+2x^2)e^{x^2+y^2} \qquad \cdots(答)$$

$$f_{xy} = f_{yx} = 2x\cdot 2ye^{x^2+y^2}$$

$$= 4xye^{x^2+y^2} \qquad \cdots(答)$$

$$f_{yy} = 2(1+2y^2)e^{x^2+y^2} \qquad \cdots(答)$$

(2) $f_x = \cos(x+y)$, $f_y = \cos(x+y)$ より

$$f_{xx} = f_{xy} = f_{yx} = f_{yy} = -\sin(x+y) \qquad \cdots(答)$$

(3) $f_x = \dfrac{y}{1+x^2y^2}$, $f_y = \dfrac{x}{1+x^2y^2}$ より

$$f_{xx} = -\frac{y\cdot 2xy^2}{(1+x^2y^2)^2} = -\frac{2xy^3}{(1+x^2y^2)^2} \qquad \cdots(答)$$

$$f_{xy} = f_{yx} = \frac{1+x^2y^2 - y\cdot 2x^2y}{(1+x^2y^2)^2}$$

$$= \frac{1-x^2y^2}{(1+x^2y^2)^2} \qquad \cdots(答)$$

$$f_{yy} = -\frac{2x^3y}{(1+x^2y^2)^2} \qquad \cdots(答)$$

練習問題 4-13

$r^2 = x^2+y^2+z^2$ から，両辺を x で偏微分して

$2r\dfrac{\partial r}{\partial x} = 2x$ より　$\dfrac{\partial r}{\partial x} = \dfrac{x}{r}$

$$\therefore\ \frac{\partial u}{\partial x} = \frac{\partial u}{\partial r}\frac{\partial r}{\partial x} = f'(r)\cdot\frac{x}{r} = \frac{f'(r)}{r}x$$

したがって

$$\frac{\partial^2 u}{\partial x^2} = \frac{\partial}{\partial x}\left(\frac{\partial u}{\partial x}\right) = \frac{\partial}{\partial x}\left(\frac{f'(r)}{r}x\right)$$

$$= \frac{f''(r)r - f'(r)}{r^2}\cdot\frac{\partial r}{\partial x}\cdot x + \frac{f'(r)}{r}$$

$$= \frac{f''(r)r - f'(r)}{r^3}x^2 + \frac{f'(r)}{r}$$

同様にして

$$\frac{\partial^2 u}{\partial y^2} = \frac{f''(r)r - f'(r)}{r^3}y^2 + \frac{f'(r)}{r}$$

$$\frac{\partial^2 u}{\partial z^2} = \frac{f''(r)r - f'(r)}{r^3}z^2 + \frac{f'(r)}{r}$$

これらを $\dfrac{\partial^2 u}{\partial x^2} + \dfrac{\partial^2 u}{\partial y^2} + \dfrac{\partial^2 u}{\partial z^2} = 0$ に代入して

$x^2+y^2+z^2 = r^2$ を用いて

$$\frac{f''(r)r - f'(r)}{r^3}\cdot r^2 + 3\frac{f'(r)}{r} = 0$$

$$\therefore\ f''(r)r + 2f'(r) = 0$$

$\dfrac{f''(r)}{f'(r)} = -\dfrac{2}{r}$ から

$$\int\frac{f''(r)}{f'(r)}dr = \int\left(-\frac{2}{r}\right)dr$$

$$\log|f'(r)| = -2\log r + c_1 = \log\frac{e^{c_1}}{r^2}$$

$$\therefore\ f'(r) = \pm\frac{e^{c_1}}{r^2} = \frac{a}{r^2}$$

よって　$f(r) = \displaystyle\int\frac{a}{r^2}dr$

$$= -\frac{a}{r} + b \quad (a,\ b\text{は定数}) \qquad \cdots(答)$$

練習問題 4-14

$$f_x(0,\ 0) = \lim_{h\to 0}\frac{f(h,\ 0) - f(0,\ 0)}{h} = 0$$

$$f_y(0,\ 0) = \lim_{k\to 0}\frac{f(0,\ k) - f(0,\ 0)}{k} = 0$$

また，$(x,\ y) \neq (0,\ 0)$ のとき

$$f_x = \frac{(3x^2y+y^3)(x^2-y^2) - xy(x^2+y^2)2x}{(x^2-y^2)^2}$$

$$= \frac{y(x^4-4x^2y^2-y^4)}{(x^2-y^2)^2}$$

$$f_y = \frac{(x^3+3xy^2)(x^2-y^2) - xy(x^2+y^2)(-2y)}{(x^2-y^2)^2}$$

$$= \frac{x(x^4+4x^2y^2-y^4)}{(x^2-y^2)^2}$$

$$f_{xy}(0,\ 0) = \lim_{k\to 0}\frac{f_x(0,\ k) - f_x(0,\ 0)}{k}$$

$$= \lim_{k\to 0}\frac{1}{k}\left(\frac{-k^5}{k^4} - 0\right) = -1$$

$$f_{yx}(0,\ 0)=\lim_{h\to 0}\frac{f_y(h,\ 0)-f_y(0,\ 0)}{h}$$

$$=\lim_{h\to 0}\frac{1}{h}\left(\frac{h^5}{h^4}-0\right)=1$$

よって　$f_{xy}(0,\ 0)\neq f_{yx}(0,\ 0)$

練習問題 4-15

(1) $$\frac{du}{dt}=\frac{\partial u}{\partial x}\frac{dx}{dt}+\frac{\partial u}{\partial y}\frac{dy}{dt}$$

$$=\frac{2x}{2\sqrt{x^2+y^2}}\cos\sqrt{x^2+y^2}\cdot 2t$$

$$+\frac{2y}{2\sqrt{x^2+y^2}}\cos\sqrt{x^2+y^2}\cdot(-2t)$$

$$=\frac{2(x-y)t}{\sqrt{x^2+y^2}}\cos\sqrt{x^2+y^2}$$

$$=\frac{2\cdot 2t^2\cdot t}{\sqrt{2(4+t^4)}}\cos\sqrt{2(4+t^4)}$$

$$=\frac{2\sqrt{2}t^3}{\sqrt{t^4+4}}\cos\sqrt{2(t^4+4)}\quad\cdots(\text{答})$$

(2) $$\frac{du}{dt}=\frac{\partial u}{\partial x}\frac{dx}{dt}+\frac{\partial u}{\partial y}\frac{dy}{dt}+\frac{\partial u}{\partial z}\frac{dz}{dt}$$

$$=e^x(y-z)\cdot 1+e^x\cdot(-\sin t)$$

$$+e^x\cdot(-1)\cdot\cos t$$

$$=e^t(\cos t-\sin t)-e^t\sin t-e^t\cos t$$

$$=-2e^t\sin t\quad\cdots(\text{答})$$

練習問題 4-16

$$\frac{dz}{dt}=\frac{\partial z}{\partial x}\frac{dx}{dt}+\frac{\partial z}{\partial y}\frac{dy}{dt}$$

$$=h\frac{\partial z}{\partial x}+k\frac{\partial z}{\partial y}\quad\cdots①$$

$$\frac{d^2z}{dt^2}=\frac{d}{dt}\left(\frac{dz}{dt}\right)=\frac{d}{dt}\left(h\frac{\partial z}{\partial x}+k\frac{\partial z}{\partial y}\right)$$

$$=h\frac{d}{dt}\left(\frac{\partial z}{\partial x}\right)+k\frac{d}{dt}\left(\frac{\partial z}{\partial y}\right)\quad\cdots②$$

ところで，①から

$$\frac{d}{dt}\left(\frac{\partial z}{\partial x}\right)=h\frac{\partial}{\partial x}\left(\frac{\partial z}{\partial x}\right)+k\frac{\partial}{\partial y}\left(\frac{\partial z}{\partial x}\right)$$

$$=h\frac{\partial^2 z}{\partial x^2}+k\frac{\partial^2 z}{\partial y\partial x}\quad\cdots③$$

同様にして

$$\frac{d}{dt}\left(\frac{\partial z}{\partial y}\right)=h\frac{\partial}{\partial x}\left(\frac{\partial z}{\partial y}\right)+k\frac{\partial}{\partial y}\left(\frac{\partial z}{\partial y}\right)$$

$$=h\frac{\partial^2 z}{\partial x\partial y}+k\frac{\partial^2 z}{\partial y^2}\quad\cdots④$$

③，④を②に代入して

$$\frac{d^2z}{dt^2}=h\left(h\frac{\partial^2 z}{\partial x^2}+k\frac{\partial^2 z}{\partial x\partial y}\right)$$

$$+k\left(h\frac{\partial^2 z}{\partial x\partial y}+k\frac{\partial^2 z}{\partial y^2}\right)$$

$$=h^2\frac{\partial^2 z}{\partial x^2}+2hk\frac{\partial^2 z}{\partial x\partial y}+k^2\frac{\partial^2 z}{\partial y^2}$$

…(答)

練習問題 4-17

$$\frac{\partial z}{\partial r}=\frac{\partial z}{\partial x}\frac{\partial x}{\partial r}+\frac{\partial z}{\partial y}\frac{\partial y}{\partial r}$$

$$=\cos\theta\frac{\partial z}{\partial x}+\sin\theta\frac{\partial z}{\partial y}\quad\cdots①$$

$$\frac{\partial z}{\partial\theta}=\frac{\partial z}{\partial x}\frac{\partial x}{\partial\theta}+\frac{\partial z}{\partial y}\frac{\partial y}{\partial\theta}$$

$$=-r\sin\theta\frac{\partial z}{\partial x}+r\cos\theta\frac{\partial z}{\partial y}\quad\cdots②$$

したがって

① $\times r\cos\theta-$ ② $\times\sin\theta$ から

$$r\cos\theta\frac{\partial z}{\partial r}-\sin\theta\frac{\partial z}{\partial\theta}$$

$$=(r\cos^2\theta+r\sin^2\theta)\frac{\partial z}{\partial x}$$

$$\therefore\ \frac{\partial z}{\partial x}=\cos\theta\frac{\partial z}{\partial r}-\frac{\sin\theta}{r}\frac{\partial z}{\partial\theta}\quad\cdots(\text{答})$$

また，① $\times r\sin\theta+$ ② $\times\cos\theta$ から

$$r\sin\theta\frac{\partial z}{\partial r}+\cos\theta\frac{\partial z}{\partial\theta}$$

$$=(r\sin^2\theta+r\cos^2\theta)\frac{\partial z}{\partial y}$$

$$\therefore\ \frac{\partial z}{\partial y}=\sin\theta\frac{\partial z}{\partial r}+\frac{\cos\theta}{r}\frac{\partial z}{\partial\theta}\quad\cdots(\text{答})$$

練習問題 4-18

$$\frac{\partial z}{\partial u}=\frac{\partial z}{\partial x}\frac{\partial x}{\partial u}+\frac{\partial z}{\partial y}\frac{\partial y}{\partial u}$$

$$=\frac{\partial z}{\partial x}+\frac{\partial z}{\partial y}v\quad\cdots①$$

$$\frac{\partial z}{\partial v}=\frac{\partial z}{\partial x}\frac{\partial x}{\partial v}+\frac{\partial z}{\partial y}\frac{\partial y}{\partial v}$$

$$=\frac{\partial z}{\partial x}+\frac{\partial z}{\partial y}u\quad\cdots②$$

①の両辺を v で偏微分して

$$\frac{\partial^2 z}{\partial u\partial v}=\frac{\partial}{\partial v}\left(\frac{\partial z}{\partial x}\right)+\frac{\partial}{\partial v}\left(\frac{\partial z}{\partial y}\right)v+\frac{\partial z}{\partial y}\cdot 1$$

②において z を $\frac{\partial z}{\partial x}$, $\frac{\partial z}{\partial y}$ と置き換えて

$$\frac{\partial^2 z}{\partial u \partial v} = \frac{\partial}{\partial x}\left(\frac{\partial z}{\partial x}\right) + \frac{\partial}{\partial y}\left(\frac{\partial z}{\partial x}\right)u + \left\{\frac{\partial}{\partial x}\left(\frac{\partial z}{\partial y}\right) + \frac{\partial}{\partial y}\left(\frac{\partial z}{\partial y}\right)u\right\}v + \frac{\partial z}{\partial y}$$

$$= \frac{\partial^2 z}{\partial x^2} + \frac{\partial^2 z}{\partial x \partial y}u + \frac{\partial^2 z}{\partial x \partial y}v + \frac{\partial^2 z}{\partial y^2}uv + \frac{\partial z}{\partial y}$$

$$= \frac{\partial^2 z}{\partial x^2} + x\frac{\partial^2 z}{\partial x \partial y} + y\frac{\partial^2 z}{\partial y^2} + \frac{\partial z}{\partial y}$$

練習問題 4-19

$xy = u$, $y = v$ とおくと

$z = f(x, y) = F(u, v)$ と表せる。

$$\frac{\partial z}{\partial x} = \frac{\partial F}{\partial u}\frac{\partial u}{\partial x} + \frac{\partial F}{\partial v}\frac{\partial v}{\partial x} = \frac{\partial F}{\partial u}y$$

$$\frac{\partial z}{\partial y} = \frac{\partial F}{\partial u}\frac{\partial u}{\partial y} + \frac{\partial F}{\partial v}\frac{\partial v}{\partial y} = \frac{\partial F}{\partial u}x + \frac{\partial F}{\partial v}\cdot 1$$

これらを $x\frac{\partial z}{\partial x} = y\frac{\partial z}{\partial y}$ に代入すると

$$x\left(\frac{\partial F}{\partial u}y\right) = y\left(\frac{\partial F}{\partial u}x + \frac{\partial F}{\partial v}\right) \quad \therefore \quad y\frac{\partial F}{\partial v} = 0$$

y は恒等的には 0 でないから, $\frac{\partial F}{\partial v} = 0$

よって, $F(u, v)$ は v を含まず, すなわち $f(x, y)$ は $u = xy$ だけの関数である。

練習問題 4-20

(1) $z = \log\sqrt{1 + x^2 + y^2}$

$$= \frac{1}{2}\log(1 + x^2 + y^2)$$

$$\frac{\partial z}{\partial x} = \frac{2x}{2(1 + x^2 + y^2)} = \frac{x}{1 + x^2 + y^2}$$

$\frac{\partial z}{\partial y} = \frac{y}{1 + x^2 + y^2}$ だから

$dz = \frac{x}{1 + x^2 + y^2}dx + \frac{y}{1 + x^2 + y^2}dy$ …(答)

(2) $\frac{\partial u}{\partial x} = yza^{xyz}\log a$, $\frac{\partial u}{\partial y} = xza^{xyz}\log a$,

$\frac{\partial u}{\partial z} = xya^{xyz}\log a$ だから

$$du = yza^{xyz}\log a\,dx + xza^{xyz}\log a\,dy + xya^{xyz}\log a\,dz$$

$= xyza^{xyz}\log a\left(\frac{dx}{x} + \frac{dy}{y} + \frac{dz}{z}\right)$ …(答)

練習問題 4-21

$T = 2\pi\sqrt{\frac{l}{g}}$ のとき, 自然対数をとって

$$\log T = \log 2\pi + \frac{1}{2}(\log l - \log g)$$

両辺の全微分をとり

$$\frac{dT}{T} = \frac{1}{2}\left(\frac{dl}{l} - \frac{dg}{g}\right)$$

よって, l, g が Δl, Δg だけ変わるとき

$$\frac{\Delta T}{T} \fallingdotseq \frac{1}{2}\left(\frac{\Delta l}{l} - \frac{\Delta g}{g}\right)$$

$$\therefore \quad \Delta T \fallingdotseq \frac{1}{2}\left(\frac{\Delta l}{l} - \frac{\Delta g}{g}\right)T$$

$= \pi\left(\frac{\Delta l}{l} - \frac{\Delta g}{g}\right)\sqrt{\frac{l}{g}}$ …(答)

練習問題 4-22

(1) $P = y$, $Q = -x$ とおくと

$$\frac{\partial Q}{\partial x} = -1, \quad \frac{\partial P}{\partial y} = 1$$

したがって, $\frac{\partial Q}{\partial x} \neq \frac{\partial P}{\partial y}$ だから ω は全微分ではない。 …(答)

(2) $P = 3x + y$, $Q = x + 3y$ とおくと

$$\frac{\partial Q}{\partial x} = 1, \quad \frac{\partial P}{\partial y} = 1$$

したがって, $\frac{\partial Q}{\partial x} = \frac{\partial P}{\partial y}$ だから ω は全微分である。

もとの関数 $z = f(x, y)$ は

$$z = \int P(x, y)dx + g(y)$$

$$= \int (3x + y)dx + g(y)$$

$$= \frac{3}{2}x^2 + xy + g(y)$$

このとき $\frac{\partial z}{\partial y} = x + g'(y)$

これが $Q = x + 3y$ に等しいので, $g'(y) = 3y$

$$\therefore \ g(y) = \int 3y\,dy = \frac{3}{2}y^2 + C$$

よって $z = \frac{3}{2}x^2 + xy + \frac{3}{2}y^2 + C$

(C は定数) …(答)

練習問題 4-23

$f(x, y) = \log(x + y)$ のとき

$$f_x = f_y = \frac{1}{x + y},$$

$$f_{xx}=f_{xy}=f_{yy}=-\frac{1}{(x+y)^2}$$

したがって，2次の項まで求めると

$$f(x+h,\ y+k)$$

$$=f(x,\ y)+\left(h\frac{\partial}{\partial x}+k\frac{\partial}{\partial y}\right)f(x,\ y)$$

$$+\frac{1}{2!}\left(h\frac{\partial}{\partial x}+k\frac{\partial}{\partial y}\right)^2 f(x,\ y)$$

$$=f(x,\ y)+\{hf_x(x,\ y)+kf_y(x,\ y)\}$$

$$+\frac{1}{2}\{h^2f_{xx}(x,\ y)+2hkf_{xy}(x,\ y)$$

$$+k^2f_{yy}(x,\ y)\}$$

$$=\log(x+y)+\frac{h+k}{x+y}-\frac{(h+k)^2}{2(x+y)^2} \quad \cdots(答)$$

練習問題 4-24

(1) $f(x,\ y)=\log(1+xy)$ のとき

$$f_x=\frac{y}{1+xy},\ f_y=\frac{x}{1+xy}$$

$$f_{xx}=-\frac{y^2}{(1+xy)^2},\ f_{yy}=-\frac{x^2}{(1+xy)^2}$$

$$f_{xy}=\frac{1+xy-y\cdot x}{(1+xy)^2}=\frac{1}{(1+xy)^2}$$

$f(0,\ 0)=0,\ f_x(0,\ 0)=0,\ f_y(0,\ 0)=0,$

$f_{xx}(0,\ 0)=0,\ f_{yy}(0,\ 0)=0,\ f_{xy}(0,\ 0)=1$

$$\therefore\ \log(1+xy)=\frac{1}{2}\cdot 2xy=xy \quad \cdots(答)$$

(2) $f(x,\ y)=\dfrac{1}{1-2x+y}$ のとき

$$f_x=\frac{2}{(1-2x+y)^2},\ f_y=-\frac{1}{(1-2x+y)^2}$$

$$f_{xx}=\frac{8}{(1-2x+y)^3},\ f_{xy}=-\frac{4}{(1-2x+y)^3}$$

$$f_{yy}=\frac{2}{(1-2x+y)^3}$$

$f(0,\ 0)=1,\ f_x(0,\ 0)=2,\ f_y(0,\ 0)=-1,$

$f_{xx}(0,\ 0)=8,\ f_{xy}(0,\ 0)=-4,\ f_{yy}(0,\ 0)=2$

$$\therefore\ \frac{1}{1-2x+y}$$

$$=1+(2x-y)+\frac{1}{2}\{8x^2+2(-4)xy+2y^2\}$$

$$=1+(2x-y)+(2x-y)^2 \quad \cdots(答)$$

練習問題 4-25

$$f(x,\ y)=\sin x+\sin y+\sin(x+y)$$

$$f_x=\cos x+\cos(x+y)$$

$$f_y=\cos y+\cos(x+y)$$

$$f_{xx}=-\sin x-\sin(x+y)$$

$$f_{xy}=-\sin(x+y)$$

$$f_{yy}=-\sin y-\sin(x+y)$$

$f_x=0$ かつ $f_y=0$ から

$$\begin{cases}\cos x+\cos(x+y)=0 & \cdots①\\ \cos y+\cos(x+y)=0 & \cdots②\end{cases}$$

①，②から $\cos x=\cos y$

条件から $0<x<\pi,\ 0<y<\pi$ だから $y=x$

これを①に代入して $\cos x+\cos 2x=0$

$$2\cos^2 x+\cos x-1=0$$

$$(2\cos x-1)(\cos x+1)=0$$

$0<x<\pi$ のとき $\cos x+1\fallingdotseq 0$ だから

$$2\cos x-1=0 \qquad \cos x=\frac{1}{2}$$

$$\therefore\ x=y=\frac{\pi}{3}$$

このとき $A=f_{xx}\left(\dfrac{\pi}{3},\ \dfrac{\pi}{3}\right)=-\sqrt{3}$

$B=f_{xy}\left(\dfrac{\pi}{3},\ \dfrac{\pi}{3}\right)=-\dfrac{\sqrt{3}}{2}$

$C=f_{yy}\left(\dfrac{\pi}{3},\ \dfrac{\pi}{3}\right)=-\sqrt{3}$ より

$$\Delta=B^2-AC=\left(-\frac{\sqrt{3}}{2}\right)^2-(-\sqrt{3})\cdot(-\sqrt{3})$$

$$=-\frac{9}{4}<0$$

かつ $A=-\sqrt{3}<0$

よって，$(x,\ y)=\left(\dfrac{\pi}{3},\ \dfrac{\pi}{3}\right)$ で極大となり，極大値は $\dfrac{3\sqrt{3}}{2}$ …(答)

練習問題 4-26

$z=(x^2+y^2-2)^2$ より

$$z_x=4x(x^2+y^2-2)$$

$$z_y=4y(x^2+y^2-2)$$

$$z_{xx} = 12x^2 + 4y^2 - 8 = 4(3x^2 + y^2 - 2)$$

$$z_{xy} = 8xy$$

$$z_{yy} = 4x^2 + 12y^2 - 8 = 4(x^2 + 3y^2 - 2)$$

$z_x = 0$ かつ $z_y = 0$ から

$$x(x^2 + y^2 - 2) = 0,\ y(x^2 + y^2 - 2) = 0$$

$\therefore\ x = y = 0$ または $x^2 + y^2 = 2$

(i) $x = y = 0$ のとき

$A = z_{xx} = -8,\ B = z_{xy} = 0,\ C = z_{yy} = -8$

$\Delta = B^2 - AC = 0^2 - (-8)\cdot(-8) = -64 < 0$

かつ $A < 0$ より，極大値 $(-2)^2 = 4$

(ii) $x^2 + y^2 = 2$ のとき

2は最小値0をとるが，そのような (x, y) は連続しているから，極値ではない。

以上から，極大値4　$(x = y = 0)$　…(答)

練習問題 4-27

$F(x,\ y) = x^3 - 3axy + y^3 = 0$ とおくと

$F_x = 3x^2 - 3ay,\ F_y = 3y^2 - 3ax$

よって

$$\frac{dy}{dx} = -\frac{F_x}{F_y} = -\frac{x^2 - ay}{y^2 - ax} \quad \cdots(答)$$

$$\frac{d^2y}{dx^2} = -\frac{1}{(y^2 - ax)^2}\left\{\left(2x - a\frac{dy}{dx}\right)(y^2 - ax) - (x^2 - ay)\left(2y\frac{dy}{dx} - a\right)\right\}$$

$$分子 = \left(2x + a\cdot\frac{x^2 - ay}{y^2 - ax}\right)(y^2 - ax) - (x^2 - ay)\left(-2y\frac{x^2 - ay}{y^2 - ax} - a\right)$$

$$= \frac{1}{y^2 - ax}\{(2xy^2 - ax^2 - a^2y)(y^2 - ax) - (x^2 - ay)(-2x^2y + ay^2 + a^2x)\}$$

$$= \frac{2x^4y - 6ax^2y^2 + 2xy^4 + 2a^3xy}{y^2 - ax}$$

よって

$$\frac{d^2y}{dx^2} = -\frac{2x^4y - 6ax^2y^2 + 2xy^4 + 2a^3xy}{(y^2 - ax)^3}$$

…(答)

練習問題 4-28

$f(x,\ y) = 2x^2 - 2xy + y^2 - 1$ とおくと

$f_x = 4x - 2y,\ f_y = -2x + 2y,\ f_{xx} = 4$

$f = 0$ かつ $f_x = 0$ から

$$\begin{cases} 2x^2 - 2xy + y^2 = 1 & \cdots① \\ 2x - y = 0 & \cdots② \end{cases}$$

②から $y = 2x$ を①に代入して

$$2x^2 - 2x\cdot 2x + (2x)^2 = 1$$

$$x^2 = \frac{1}{2} \qquad \therefore\ x = \pm\frac{1}{\sqrt{2}}$$

したがって $(x,\ y) = \left(\frac{1}{\sqrt{2}},\ \sqrt{2}\right),\ \left(-\frac{1}{\sqrt{2}},\ -\sqrt{2}\right)$

(i) $(x,\ y) = \left(\frac{1}{\sqrt{2}},\ \sqrt{2}\right)$ のとき

$$\frac{f_{xx}}{f_y} = \frac{4}{-2x + 2y} = \frac{2}{y - x} = 2\sqrt{2} > 0$$

より，y の極大値 $\sqrt{2}$

(ii) $(x,\ y) = \left(-\frac{1}{\sqrt{2}},\ -\sqrt{2}\right)$ のとき

$$\frac{f_{xx}}{f_y} = \frac{2}{y - x} = -2\sqrt{2} < 0$$

より，y の極小値 $-\sqrt{2}$

よって　極大値　$\sqrt{2}$　$\left(x = \frac{1}{\sqrt{2}}\right)$

　　　　極小値　$-\sqrt{2}$　$\left(x = -\frac{1}{\sqrt{2}}\right)$　…(答)

練習問題 4-29

有界閉集合で考えるために，$x_1 \geq 0,\ x_2 \geq 0,\ x_3 \geq 0,\ x_4 \geq 0$ とする。

$x_1 + x_2 + x_3 + x_4 = a$（$> 0$，一定）だから

$$x_1 + x_2 + x_3 \leq a$$

$u = x_1x_2x_3x_4$ とおくと

$$u = x_1x_2x_3(a - x_1 - x_2 - x_3)$$

いま，$x_1 \geq 0,\ x_2 \geq 0,\ x_3 \geq 0$ および $x_1 + x_2 + x_3 \leq a$ となる点 $(x_1,\ x_2,\ x_3)$ を3次元空間で考えると，これらは有界閉集合 D をなす。した

がって，この上での連続関数 u は最大値をとる。ところが，境界上においては x_1, x_2, x_3, x_4 のいずれかが0となって $u=0$ となるので，この点では u は最大とはならない。したがって，最大となる点は D の内部にある。

$$u_{x_1}=x_2x_3(a-x_1-x_2-x_3)+x_1x_2x_3\cdot(-1)$$
$$=x_2x_3(a-2x_1-x_2-x_3)=0$$
$$u_{x_2}=x_1x_3(a-x_1-2x_2-x_3)=0$$
$$u_{x_3}=x_1x_2(a-x_1-x_2-2x_3)=0$$

$x_1x_2x_3 \neq 0$ だから

$$\begin{cases} a-2x_1-x_2-x_3=0 \\ a-x_1-2x_2-x_3=0 \\ a-x_1-x_2-2x_3=0 \end{cases}$$

これを解いて　$x_1=x_2=x_3=\dfrac{a}{4}$

このとき　$x_4=a-(x_1+x_2+x_3)=\dfrac{a}{4}$

よって，$u=x_1x_2x_3x_4$ が最大となるのは，$x_1=x_2=x_3=x_4$ の場合である。

練習問題4-30

$f=xyz-a$ とおくと

$f_x=yz$, $f_y=xz$, $f_z=xy$ より，点 (x_1, y_1, z_1) における接平面の方程式は，

$$y_1z_1(x-x_1)+x_1z_1(y-y_1)+x_1y_1(z-z_1)=0$$

$$\therefore\ y_1z_1x+x_1z_1y+x_1y_1z=3x_1y_1z_1=3a$$

したがって，これと x, y, z 軸との交点は

$$\left(\frac{3a}{y_1z_1},\ 0,\ 0\right),\ \left(0,\ \frac{3a}{x_1z_1},\ 0\right),\ \left(0,\ 0,\ \frac{3a}{x_1y_1}\right)$$

よって，接平面と3つの座標面で囲む部分の体積は

$$\frac{1}{6}\left|\frac{3a}{y_1z_1}\cdot\frac{3a}{x_1z_1}\cdot\frac{3a}{x_1y_1}\right|=\frac{1}{6}\cdot\frac{27a^3}{a^2}$$
$$=\frac{9}{2}a\quad(=一定)$$

CHAPTER 5　積分 II

練習問題5-1

$I_{m,n}=\displaystyle\int_{-1}^{1}(1+x)^m(1-x)^n dx$ とおくと

$$I_{m,n}=\left[\frac{(1+x)^{m+1}}{m+1}\cdot(1-x)^n\right]_{-1}^{1}-\int_{-1}^{1}\frac{(1+x)^{m+1}}{m+1}\cdot n(1-x)^{n-1}(-1)dx$$
$$=\frac{n}{m+1}\int_{-1}^{1}(1+x)^{m+1}(1-x)^{n-1}dx$$
$$\therefore\ I_{m,n}=\frac{n}{m+1}I_{m+1,n-1}$$

これを繰り返し用いると

$$I_{m,n}=\frac{n}{m+1}\cdot\frac{n-1}{m+2}\cdots\frac{1}{m+n}I_{m+n,0}$$

ここに

$$I_{m+n,0}=\int_{-1}^{1}(1+x)^{m+n}dx$$
$$=\left[\frac{(1+x)^{m+n+1}}{m+n+1}\right]_{-1}^{1}=\frac{2^{m+n+1}}{m+n+1}$$

よって

$$I_{m,n}=\frac{n!2^{m+n+1}}{(m+1)(m+2)\cdots(m+n)(m+n+1)}$$
$$=\frac{m!n!}{(m+n+1)!}2^{m+n+1}\qquad\cdots(答)$$

練習問題5-2

(1) $$\int_1^2\frac{dx}{\sqrt{x^2-1}}=\lim_{\alpha\to1+0}\int_\alpha^2\frac{dx}{\sqrt{x^2-1}}$$
$$=\lim_{\alpha\to1+0}\left[\log\left|x+\sqrt{x^2-1}\right|\right]_\alpha^2$$
$$=\lim_{\alpha\to1+0}\left\{\log\left(2+\sqrt{3}\right)-\log\left(\alpha+\sqrt{\alpha^2-1}\right)\right\}$$
$$=\log(2+\sqrt{3})-\log 1$$
$$=\log(2+\sqrt{3})\qquad\cdots(答)$$

(2) $$\int_{-1}^1\frac{dx}{1-x^2}=\lim_{\substack{\alpha\to-1+0\\ \beta\to1-0}}\int_\alpha^\beta\frac{dx}{1-x^2}$$
$$=\lim_{\substack{\alpha\to-1+0\\ \beta\to1-0}}\int_\alpha^\beta\frac{1}{2}\left(\frac{1}{x+1}-\frac{1}{x-1}\right)dx$$
$$=\lim_{\substack{\alpha\to-1+0\\ \beta\to1-0}}\left[\frac{1}{2}\log\left|\frac{x+1}{x-1}\right|\right]_\alpha^\beta$$
$$=\lim_{\substack{\alpha\to-1+0\\ \beta\to1-0}}\frac{1}{2}\left\{\log\left|\frac{\beta+1}{\beta-1}\right|-\log\left|\frac{\alpha+1}{\alpha-1}\right|\right\}$$

ここで　$\lim_{\beta\to 1-0}\log\left|\dfrac{\beta+1}{\beta-1}\right|=+\infty$

$$\lim_{\alpha\to -1+0}\log\left|\frac{\alpha+1}{\alpha-1}\right|=-\infty$$

よって　与式 $=\dfrac{1}{2}\{+\infty-(-\infty)\}=\infty$ …(答)

練習問題 5-3

(1) $\displaystyle\int_0^\infty e^{-x}dx=\lim_{\beta\to+\infty}\int_0^\beta e^{-x}dx$

$$=\lim_{\beta\to\infty}\Big[-e^{-x}\Big]_0^\beta=\lim_{\beta\to\infty}(1-e^{-\beta})$$

$=1-0=1$ …(答)

(2) $\displaystyle\int_0^\infty \frac{x}{(x^2+a^2)^{\frac{3}{2}}}dx=\lim_{\beta\to\infty}\int_0^\beta \frac{x}{(x^2+a^2)^{\frac{3}{2}}}dx$

$$=\lim_{\beta\to\infty}\Big[-(x^2+a^2)^{-\frac{1}{2}}\Big]_0^\beta$$

$$=\lim_{\beta\to\infty}\left\{-\frac{1}{(\beta^2+a^2)^{\frac{1}{2}}}+\frac{1}{a}\right\}$$

$=\dfrac{1}{a}$ …(答)

練習問題 5-4

(1) $\displaystyle\int_0^\infty x^7e^{-2x}dx$ において，$2x=t$ とおくと，$x=\dfrac{t}{2}$ から $dx=\dfrac{1}{2}dt$

x	$0\to\infty$
t	$0\to\infty$

$$\therefore\ \int_0^\infty x^7e^{-2x}dx=\int_0^\infty\left(\frac{t}{2}\right)^7e^{-t}\cdot\frac{1}{2}dt$$

$$=\frac{1}{2^8}\int_0^\infty t^7e^{-t}dt=\frac{1}{2^8}\Gamma(8)$$

$$=\frac{1}{2^8}\cdot 7!=\frac{7\cdot6\cdot5\cdot4\cdot3\cdot2}{2^8}$$

$=\dfrac{7\cdot3\cdot5\cdot3}{2^4}=\dfrac{315}{16}$ …(答)

(2) $\displaystyle\int_0^\infty x^{2n+1}e^{-x^2}dx$ において，$x^2=t$ とおくと，$2x\,dx=dt$ から

$$x\,dx=\frac{1}{2}dt$$

x	$0\to\infty$
t	$0\to\infty$

$$\therefore\ \int_0^\infty x^{2n+1}e^{-x^2}dx=\int_0^\infty (x^2)^ne^{-x^2}\cdot x\,dx$$

$$=\int_0^\infty t^ne^{-t}\cdot\frac{1}{2}dt=\frac{1}{2}\int_0^\infty t^ne^{-t}\,dt$$

$=\dfrac{1}{2}\Gamma(n+1)=\dfrac{n!}{2}$ …(答)

練習問題 5-5

(1) e^{-x^2} は連続関数だから，$[0,1]$ では積分可能である。すなわち，$\displaystyle\int_0^1 e^{-x^2}dx$ は有限な値である。

次に，$1\leq x$ のとき $0<e^{-x^2}\leq xe^{-x^2}$ だから

$$0\leq\int_1^\infty e^{-x^2}dx\leq\int_1^\infty xe^{-x^2}dx$$

$\displaystyle\int_1^\infty xe^{-x^2}dx=\Big[-\frac{1}{2}e^{-x^2}\Big]_1^\infty=\frac{1}{2e}$ （収束）

だから，$\displaystyle\int_0^\infty e^{-x^2}dx$ は収束する。

よって

$$\int_0^1 e^{-x^2}dx+\int_1^\infty e^{-x^2}dx=\int_0^\infty e^{-x^2}dx$$

により，$\displaystyle\int_0^\infty e^{-x^2}dx$ は有限な値をもつ。

(2) e^{-x^2} は偶関数だから

$$\int_{-\infty}^\infty e^{-x^2}dx=2\int_0^\infty e^{-x^2}dx$$

右辺の積分で，$x=\sqrt{t}$ とおくと

$$dx=\frac{1}{2\sqrt{t}}dt$$

x	$0\to\infty$
t	$0\to\infty$

$$\therefore\ \int_{-\infty}^\infty e^{-x^2}dx=2\int_0^\infty e^{-t}\cdot\frac{dt}{2\sqrt{t}}$$

$$=\int_0^\infty t^{-\frac{1}{2}}e^{-t}dt=\int_0^\infty t^{\frac{1}{2}-1}e^{-t}dt=\Gamma\left(\frac{1}{2}\right)$$

練習問題 5-6

(1) $\displaystyle\int_0^1\int_0^1 x^ay^bdydx$

$$=\left(\int_0^1 x^adx\right)\left(\int_0^1 y^bdy\right)$$

$$=\left[\frac{x^{a+1}}{a+1}\right]_0^1\left[\frac{y^{b+1}}{b+1}\right]_0^1=\frac{1}{(a+1)(b+1)}$$

…(答)

(2) $\displaystyle\int_0^b\int_0^a\frac{dxdy}{1+x+y}=\int_0^b\left(\int_0^a\frac{dx}{1+x+y}\right)dy$

$$=\int_0^b\Big[\log(1+x+y)\Big]_{x=0}^{x=a}dy$$

$$=\int_0^b\{\log(1+a+y)-\log(1+y)\}dy$$

$$=\Big[(1+a+y)\log(1+a+y)-y$$

$$-(1+y)\log(1+y)+y\Big]_0^b$$

$= (1+a+b)\log(1+a+b)$

$\quad -(1+a)\log(1+a) - (1+b)\log(1+b)$

…(答)

練習問題 5-7

(1) $\displaystyle\int_0^1\int_0^x y\,dydx = \int_0^1\left(\int_0^x y\,dy\right)dx$

$\displaystyle = \int_0^1\left[\frac{y^2}{2}\right]_0^x dx = \int_0^1 \frac{x^2}{2}dx$

$\displaystyle = \left[\frac{x^3}{6}\right]_0^1 = \frac{1}{6}$ …(答)

(2) $\displaystyle\int_0^a\int_0^{\sqrt{a^2-x^2}} dydx = \int_0^a\left(\int_0^{\sqrt{a^2-x^2}} dy\right)dx$

$\displaystyle = \int_0^a \sqrt{a^2-x^2}dx = \frac{\pi}{4}a^2$ …(答)

(半径 a の円の 4 分円の面積)

練習問題 5-8

D は, $0 \leq y \leq 1-x$, $0 \leq x \leq 1$ となるので

$\displaystyle\iint_D (x^2+y^2)dxdy$

$\displaystyle = \int_0^1\left(\int_0^{1-x}(x^2+y^2)dy\right)dx$

$\displaystyle = \int_0^1\left[x^2y + \frac{y^3}{3}\right]_{y=0}^{y=1-x}dx$

$\displaystyle = \int_0^1\left\{x^2(1-x) + \frac{(1-x)^3}{3}\right\}dx$

$\displaystyle = \left[\frac{x^3}{3} - \frac{x^4}{4} - \frac{(1-x)^4}{12}\right]_0^1$

$\displaystyle = \frac{1}{3} - \frac{1}{4} - \left(-\frac{1}{12}\right) = \frac{1}{6}$ …(答)

練習問題 5-9

D は, $x \leq y \leq 2x$, $0 \leq x \leq 1$ より

$\displaystyle\iint_D \sqrt{xy-x^2}\,dxdy$

$\displaystyle = \int_0^1\left(\int_x^{2x}\sqrt{xy-x^2}\,dy\right)dy$

$\displaystyle = \int_0^1\left[\frac{2}{3x}(xy-x^2)^{\frac{3}{2}}\right]_{y=x}^{y=2x}dx$

$\displaystyle = \int_0^1 \frac{2}{3x}(x^2)^{\frac{3}{2}}dx = \int_0^1 \frac{2}{3}x^2\,dx$

$\displaystyle = \frac{2}{3}\left[\frac{x^3}{3}\right]_0^1 = \frac{2}{9}$ …(答)

練習問題 5-10

(1) 積分領域 D は右図のアミ部分である。

$D: -\sqrt{x} \leq y \leq \sqrt{x}$

かつ $0 \leq x \leq 1$

$y = \sqrt{x}$ と $y = -\sqrt{x}$ はまとめて, $x = y^2$ だから, D は次と同値である。

$y^2 \leq x \leq 1$, $-1 \leq y \leq 1$

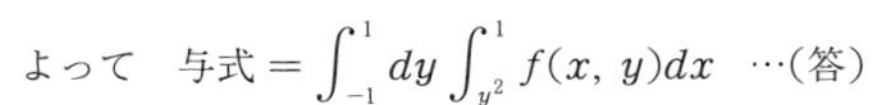

よって 与式 $\displaystyle = \int_{-1}^1 dy\int_{y^2}^1 f(x,\,y)dx$ …(答)

(2) 積分領域 D は右図のアミ部分である。

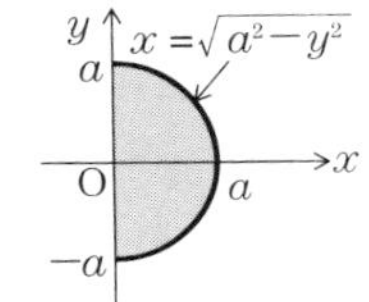

$D: 0 \leq x \leq \sqrt{a^2-y^2}$

かつ $-a \leq y \leq a$

$x = \sqrt{a^2-y^2}$ は

$x^2+y^2 = a^2$, $x \geq 0$

だから, D は次と同値である。

$-\sqrt{a^2-x^2} \leq y \leq \sqrt{a^2-x^2}$, $0 \leq x \leq a$

よって 与式 $\displaystyle = \int_0^a dx\int_{-\sqrt{a^2-x^2}}^{\sqrt{a^2-x^2}} f(x,\,y)dy$

…(答)

練習問題 5-11

積分領域 D は

$\sqrt{a^2-x^2} \leq y \leq x+3a$,

$0 \leq x \leq a$

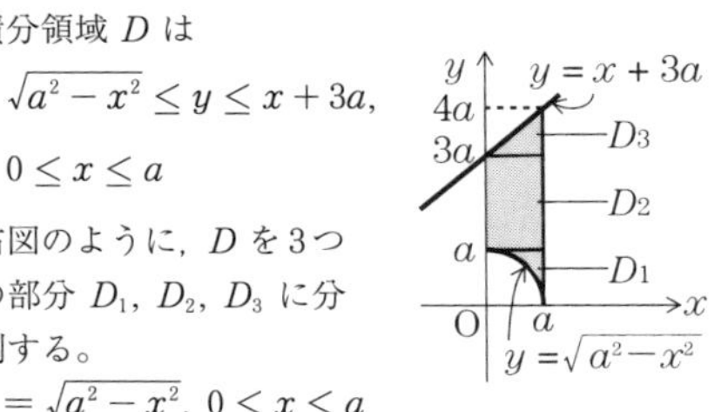

右図のように, D を 3 つの部分 D_1, D_2, D_3 に分割する。

$y = \sqrt{a^2-x^2}$, $0 \leq x \leq a$

より

$x = \sqrt{a^2-y^2}$, $0 \leq y \leq a$

また, $y = x+3a$ より $x = y-3a$

よって

与式 $\displaystyle = \int_0^a dy\int_{\sqrt{a^2-y^2}}^a f(x,\,y)dx$

$\displaystyle \quad + \int_a^{3a} dy\int_0^a f(x,\,y)dx$

$$+\int_{3a}^{4a} dy \int_{y-3a}^{a} f(x, y)dx \qquad \cdots(答)$$

練習問題 5-12

D の境界の 4 直線の方程式は

$$y = x,\ y = 2x - 1,$$

$$y = 2x - 3,$$

$$y = x + 2$$

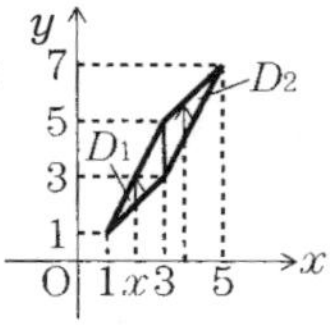

だから，直線 $x = 3$ で 2 つの部分 D_1 と D_2 に分けて

$$D_1 : x \leq y \leq 2x - 1,\ \ 1 \leq x \leq 3$$

$$D_2 : 2x - 3 \leq y \leq x + 2,\ \ 3 \leq x \leq 5$$

$$\therefore \iint_D x\,dxdy = \iint_{D_1 \cup D_2} x\,dxdy$$

$$= \iint_{D_1} x\,dxdy + \iint_{D_2} x\,dxdy$$

$$= \int_1^3 \left(\int_x^{2x-1} x\,dy \right) dx + \int_3^5 \left(\int_{2x-3}^{x+2} x\,dy \right) dx$$

$$= \int_1^3 x\Big[y \Big]_x^{2x-1} dx + \int_3^5 x\Big[y \Big]_{2x-3}^{x+2} dx$$

$$= \int_1^3 x(x-1)dx + \int_3^5 x(-x+5)dx$$

$$= \left[\frac{x^3}{3} - \frac{x^2}{2} \right]_1^3 + \left[-\frac{x^3}{3} + \frac{5}{2}x^2 \right]_3^5$$

$$= \left(9 - \frac{9}{2}\right) - \left(\frac{1}{3} - \frac{1}{2}\right) + \left(-\frac{125}{3} + \frac{125}{2}\right) - \left(-9 + \frac{45}{2}\right)$$

$$= 12 \qquad \cdots(答)$$

練習問題 5-13

$x = r\cos\theta,\ y = r\sin\theta$ とおくと　$J = r$

D は $r^2 \leq 1$ から

$M : 0 \leq r \leq 1,\ 0 \leq \theta \leq 2\pi$ にうつる。

$$\therefore \iint_D \sqrt{\frac{1 - x^2 - y^2}{1 + x^2 + y^2}}\,dxdy$$

$$= \iint_M \sqrt{\frac{1 - r^2}{1 + r^2}}\,r\,drd\theta$$

$$= \int_0^{2\pi} d\theta \int_0^1 \sqrt{\frac{1 - r^2}{1 + r^2}}\,r\,dr$$

$\displaystyle\int_0^1 \sqrt{\frac{1 - r^2}{1 + r^2}}\,r\,dr$ において $r^2 = t$ とおくと，$2rdr = dt$ より

$$\int_0^1 \sqrt{\frac{1 - r^2}{1 + r^2}}\,r\,dr = \int_0^1 \sqrt{\frac{1 - t}{1 + t}}\,\frac{1}{2}dt$$

$$= \frac{1}{2}\int_0^1 \frac{1 - t}{\sqrt{1 - t^2}}dt$$

$$= \frac{1}{2}\left[\sin^{-1} t + \sqrt{1 - t^2} \right]_0^1$$

$$= \frac{1}{2}(\sin^{-1} 1 - 1) = \frac{1}{2}\left(\frac{\pi}{2} - 1 \right)$$

$$\therefore\ 与式 = \Big[\theta \Big]_0^{2\pi} \cdot \frac{1}{2}\left(\frac{\pi}{2} - 1 \right)$$

$$= \pi\left(\frac{\pi}{2} - 1 \right) = \frac{\pi(\pi - 2)}{2} \qquad \cdots(答)$$

練習問題 5-14

$x = r\cos\theta,\ y = r\sin\theta$ とおくと $J = r$

D は $r^2 \leq r\cos\theta$ から

$M\ : 0 \leq r \leq \cos\theta,\ -\dfrac{\pi}{2} \leq \theta \leq \dfrac{\pi}{2}$ にうつる。

$$\therefore \iint_D y^2\,dxdy$$

$$= \iint_M (r\sin\theta)^2 r\,drd\theta$$

$$= \int_{-\frac{\pi}{2}}^{\frac{\pi}{2}} \sin^2\theta \left(\int_0^{\cos\theta} r^3 dr \right) d\theta$$

$$= \int_{-\frac{\pi}{2}}^{\frac{\pi}{2}} \sin^2\theta \left[\frac{r^4}{4} \right]_0^{\cos\theta} d\theta$$

$$= \int_{-\frac{\pi}{2}}^{\frac{\pi}{2}} \frac{1}{4}\sin^2\theta\cos^4\theta\,d\theta$$

$$= \frac{1}{2}\int_0^{\frac{\pi}{2}} \sin^2\theta\cos^4\theta\,d\theta$$

$$= \frac{1}{2}\int_0^{\frac{\pi}{2}} (\cos^4\theta - \cos^6\theta)d\theta$$

$$= \frac{1}{2}\left(\frac{3}{4}\cdot\frac{1}{2}\cdot\frac{\pi}{2} - \frac{5}{6}\cdot\frac{3}{4}\cdot\frac{1}{2}\cdot\frac{\pi}{2} \right)$$

$$= \frac{\pi}{64} \qquad \cdots(答)$$

練習問題 5-15

$D : \dfrac{x^2}{2^2} + \dfrac{y^2}{4^2} \leq 1,\ x \geq 0$

$x = 2r\cos\theta,\ y = 4r\sin\theta$ とおくと，D は $r^2 \leq 1$ かつ $\cos\theta \geq 0$ より

$$M : 0 \leq r \leq 1,\ -\frac{\pi}{2} \leq \theta \leq \frac{\pi}{2}$$

また　$J = 2 \cdot 4r = 8r$

$\therefore$　$\iint_D \sqrt{4x^2 + y^2}\, dxdy$

$= \iint_M \sqrt{4(2r\cos\theta)^2 + (4r\sin\theta)^2}\, 8r\, drd\theta$

$= \iint_M 32r^2\, drd\theta = \int_{-\frac{\pi}{2}}^{\frac{\pi}{2}} d\theta \int_0^1 32r^2\, dr$

$= \Big[\theta\Big]_{-\frac{\pi}{2}}^{\frac{\pi}{2}} \left[\dfrac{32}{3}r^3\right]_0^1 = \dfrac{32}{3}\pi$　…(答)

練習問題 5-16

$x - 2y = u,\ x + 3y = v$ とおくと

$$x = \frac{3u + 2v}{5},\quad y = \frac{-u + v}{5}$$

$$\therefore\quad J = \begin{vmatrix} x_u & x_v \\ y_u & y_v \end{vmatrix} = \begin{vmatrix} \frac{3}{5} & \frac{2}{5} \\ -\frac{1}{5} & \frac{1}{5} \end{vmatrix} = \frac{1}{5}$$

D は $M : |u| \leq 1,\ |v| \leq 1$ にうつるから

$\iint_D (x + y)^2\, dxdy$

$= \iint_M \left(\dfrac{2u + 3v}{5}\right)^2 \cdot \dfrac{1}{5}\, dudv$

$= \dfrac{1}{125} \int_{-1}^1 \left(\int_{-1}^1 (2u + 3v)^2 dv\right) du$

$= \dfrac{1}{125} \int_{-1}^1 \left[\dfrac{1}{9}(2u + 3v)^3\right]_{v=-1}^{v=1} du$

$= \dfrac{1}{125 \cdot 9} \int_{-1}^1 \{(2u + 3)^3 - (2u - 3)^3\}\, du$

$= \dfrac{1}{125 \cdot 9} \int_{-1}^1 (72u^2 + 54)\, du$

$= \dfrac{2 \cdot 18}{125 \cdot 9} \int_0^1 (4u^2 + 3)\, dy$

$= \dfrac{4}{125} \left[\dfrac{4}{3}u^3 + 3u\right]_0^1 = \dfrac{52}{375}$　…(答)

練習問題 5-17

$x = r\cos\theta,\ y = r\sin\theta$ とおくと　$J = r$

$I = \iint_D \tan^{-1} \dfrac{y}{x}\, dxdy$ は，$x = 0$（y 軸）上の点が定義されないので，D は $M : 0 \leq r \leq a,\ 0 \leq \theta < \dfrac{\pi}{2}$ にうつる。

よって

$I = \iint_M \tan^{-1}\left(\dfrac{r\sin\theta}{r\cos\theta}\right) \cdot r\, drd\theta$

$= \iint_M \tan^{-1}(\tan\theta) \cdot r\, drd\theta$

$= \iint_M \theta r\, drd\theta = \int_0^{\frac{\pi}{2}} \theta\, d\theta \int_0^a r\, dr$

$= \left[\dfrac{\theta^2}{2}\right]_0^{\frac{\pi}{2}} \left[\dfrac{r^2}{2}\right]_0^a = \dfrac{\pi^2}{8} \cdot \dfrac{a^2}{2} = \dfrac{\pi^2 a^2}{16}$…(答)

〈注〉　厳密に解くと

$\iint_D \tan^{-1} \dfrac{y}{x}\, dxdy = \lim_{\alpha \to \frac{\pi}{2} - 0} \int_0^\alpha \theta\, d\theta \int_0^a r\, dr$

となるが，解答のように簡便法によってよい。

練習問題 5-18

D は $x \geq 0,\ y \geq 0$ のすべてを表すから，有界ではない。

$D' : 0 \leq x \leq a,\ 0 \leq y \leq b$ とおくと

$\iint_D \dfrac{dxdy}{(x + y + 1)^3} = \lim_{\substack{a \to \infty \\ b \to \infty}} \iint_{D'} \dfrac{dxdy}{(x + y + 1)^3}$

$= \lim_{\substack{a \to \infty \\ b \to \infty}} \int_0^a \left(\int_0^b \dfrac{dy}{(x + y + 1)^3}\right) dx$

$= \lim_{\substack{a \to \infty \\ b \to \infty}} \int_0^a \left[-\dfrac{1}{2(x + y + 1)^2}\right]_{y=0}^{y=b} dx$

$= \lim_{\substack{a \to \infty \\ b \to \infty}} \int_0^a \dfrac{1}{2}\left\{\dfrac{1}{(x + 1)^2} - \dfrac{1}{(x + b + 1)^2}\right\} dx$

$= \lim_{\substack{a \to \infty \\ b \to \infty}} \dfrac{1}{2}\left[-\dfrac{1}{x + 1} + \dfrac{1}{x + b + 1}\right]_0^a$

$= \lim_{\substack{a \to \infty \\ b \to \infty}} \dfrac{1}{2}\left(-\dfrac{1}{a + 1} + \dfrac{1}{a + b + 1} + 1 - \dfrac{1}{b + 1}\right)$

$= \dfrac{1}{2}$　…(答)

練習問題 5-19

(1) $e^{-\frac{x^2}{2}}$ は偶関数だから

$$\int_{-\infty}^\infty e^{-\frac{x^2}{2}} dx = 2\int_0^\infty e^{-\frac{x^2}{2}} dx$$

$x = \sqrt{2}\, t$ とおくと　$dx = \sqrt{2}\, dt$

$\therefore$　与式 $= 2\int_0^\infty e^{-t^2} \sqrt{2}\, dt = 2\sqrt{2} \int_0^\infty e^{-t^2} dt$

$= 2\sqrt{2} \cdot \dfrac{\sqrt{\pi}}{2} = \sqrt{2\pi}$　…(答)

(2) $\int_0^\infty e^{-x} x^{-\frac{1}{2}} dx = \Gamma\left(\dfrac{1}{2}\right)$ において

$\sqrt{x} = t$ とおくと　$x = t^2$

$dx = 2t\, dt$

x	$0 \to \infty$
t	$0 \to \infty$

$\therefore$　$\int_0^\infty e^{-x} x^{-\frac{1}{2}} dx$

$$= \int_0^{\infty} e^{-t^2}(t^2)^{-\frac{1}{2}} 2t\, dt$$

$$= 2\int_0^{\infty} e^{-t^2} dt = 2 \cdot \frac{\sqrt{\pi}}{2} = \sqrt{\pi} \qquad \cdots(答)$$

練習問題 5-20

$D : x + y + z \leq 1,\ x \geq 0,\ y \geq 0,\ z \geq 0$ から

$$0 \leq z \leq 1 - x - y,\ 0 \leq y \leq 1 - x,\ 0 \leq x \leq 1$$

$$\therefore \quad \iiint_D xy\, dxdydz$$

$$= \int_0^1 \int_0^{1-x} \int_0^{1-x-y} xy\, dzdydx$$

$$= \int_0^1 \int_0^{1-x} xy\Big[z\Big]_0^{1-x-y} dydx$$

$$= \int_0^1 \int_0^{1-x} xy(1-x-y)\, dydx$$

$$= \int_0^1 x\left[(1-x)\frac{y^2}{2} - \frac{y^3}{3}\right]_{y=0}^{y=1-x} dx$$

$$= \int_0^1 x \cdot \frac{1}{6}(1-x)^3 dx = \frac{1}{6}\int_0^1 x(1-x)^3 dx$$

$1 - x = t$ とおくと

$x = 1 - t \quad dx = -dt$

x	$0 \to 1$
t	$1 \to 0$

よって

$$与式 = \frac{1}{6}\int_1^0 (1-t)t^3(-dt)$$

$$= \frac{1}{6}\int_0^1 (t^3 - t^4) dt = \frac{1}{6}\left[\frac{t^4}{4} - \frac{t^5}{5}\right]_0^1$$

$$= \frac{1}{120} \qquad \cdots(答)$$

CHAPTER 6 定積分の応用

練習問題 6-1

2 曲線の共有点の x 座標は

$x^4 - 2x^3 = 3x^2 - 4x - 4$ から

$$x^4 - 2x^3 - 3x^2 + 4x + 4 = 0$$

$$(x+1)^2(x-2)^2 = 0$$

$\therefore \quad x = -1,\ 2$（ともに 2 重解）

よって，求める面積は

$$\int_{-1}^2 \{x^4 - 2x^3 - (3x^2 - 4x - 4)\} dx$$

$$= \int_{-1}^2 (x+1)^2(x-2)^2 dx$$

$$= \frac{1}{30}\{2 - (-1)\}^5 = \frac{3^5}{30} = \frac{81}{10} \qquad \cdots(答)$$

練習問題 6-2

(1) $y^2 = (x-1)(x-2)^2 \geq 0$ から $1 \leq x$

$y = 0$ とおくと

$$x = 1,\ 2$$

$$y = \pm\sqrt{(x-1)(x-2)^2}$$

$$= \pm(2-x)\sqrt{x-1}$$

よって，対称性を利用して，求める面積 S は

$$S = 2\int_1^2 (2-x)\sqrt{x-1}\, dx$$

$\sqrt{x-1} = t$ とおくと

$x = t^2 + 1$ から　$dx = 2t\, dt$

x	$1 \to 2$
t	$0 \to 1$

$$\therefore \quad S = 2\int_0^1 (1-t^2)t \cdot 2t\, dt$$

$$= 4\left[\frac{t^3}{3} - \frac{t^5}{5}\right]_0^1 = \frac{8}{15} \qquad \cdots(答)$$

(2) $x^6 - a^2x^4 + y^2 = 0$

$$y^2 = x^4(a^2 - x^2)$$

$\therefore \quad y = \pm x^2\sqrt{a^2 - x^2}$

x の変域は $a^2 - x^2 \geq 0$

だから　$-a \leq x \leq a$

曲線は，x, y 両軸に関して対称だから，求める面積 S は

$$S = 4\int_0^a x^2\sqrt{a^2 - x^2}\, dx$$

$x = a\sin\theta$ とおくと

$dx = a\cos\theta\, d\theta$

x	$0 \to a$
θ	$0 \to \frac{\pi}{2}$

$$\therefore \quad S = 4\int_0^{\frac{\pi}{2}} a^2\sin^2\theta \cdot a\cos\theta \cdot a\cos\theta\, d\theta$$

$$= 4a^4\int_0^{\frac{\pi}{2}} \sin^2\theta(1 - \sin^2\theta) d\theta$$

$$= 4a^4\int_0^{\frac{\pi}{2}} (\sin^2\theta - \sin^4\theta) d\theta$$

$$= 4a^4\left(\frac{1}{2} \cdot \frac{\pi}{2} - \frac{3}{4} \cdot \frac{1}{2} \cdot \frac{\pi}{2}\right)$$

$$= 4a^4 \cdot \frac{\pi}{16} = \frac{\pi a^4}{4} \qquad \cdots(答)$$

練習問題 6-3

$x(t)=t-t^3$, $y(t)=1-2t^4$ とおくと，$x(-t)=-x(t)$, $y(-t)=y(t)$ が成り立つので，曲線は y 軸に関して対称である。

$\dfrac{dx}{dt}=1-3t^2$, $\dfrac{dy}{dt}=-8t^3$ だから $t\geq 0$ における増減表は次のようになる。

t	0	$\cdots$	$\frac{1}{\sqrt{3}}$	$\cdots$	∞
x'		$+$	0	$-$	
y'		$-$	$-$	$-$	
x	0	$\nearrow$	$\frac{2\sqrt{3}}{9}$	$\searrow$	$-\infty$
y	1	$\searrow$	$\frac{7}{9}$	$\searrow$	$-\infty$

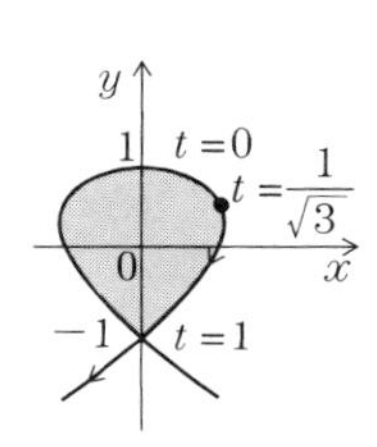

また，$x=0$ とすると $t=0$, ± 1 より，y 軸とは $(0,\ 1)$, $(0,\ -1)$ で交わる。

よって，求める面積 S は

$$S=2\int_{-1}^{1}|x|dy=2\int_{1}^{0}x\frac{dy}{dt}\,dt$$
$$=2\int_{1}^{0}(t-t^3)(-8t^3)dt$$
$$=16\int_{0}^{1}(t^4-t^6)dt=16\left[\frac{t^5}{5}-\frac{t^7}{7}\right]_0^1$$
$$=16\cdot\frac{2}{35}=\frac{32}{35}\qquad\cdots(答)$$

練習問題 6-4

サイクロイドである。

$\dfrac{dx}{dt}=a(1-\cos t)$

$\dfrac{dy}{dt}=a\sin t$

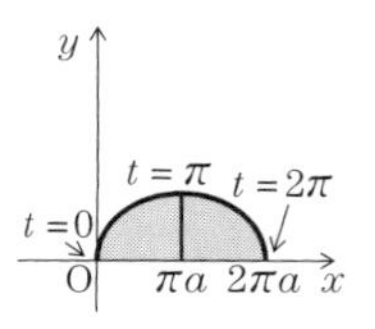

右図のように，直線 $x=\pi a$ に関して対称だから，求める面積 S は

$$S=2\int_0^{\pi a}y\,dx=2\int_0^{\pi}y\frac{dx}{dt}\,dt$$
$$=2\int_0^{\pi}a(1-\cos t)a(1-\cos t)\,dt$$
$$=2a^2\int_0^{\pi}(1-\cos t)^2dt$$
$$=2a^2\int_0^{\pi}\left(2\sin^2\frac{t}{2}\right)^2dt$$
$$=8a^2\int_0^{\pi}\sin^4\frac{t}{2}dt\ \left(\frac{t}{2}=\theta とおく\right)$$
$$=8a^2\int_0^{\frac{\pi}{2}}\sin^4\theta\cdot 2\,d\theta$$
$$=16a^2\cdot\frac{3}{4}\cdot\frac{1}{2}\cdot\frac{\pi}{2}=3\pi a^2\qquad\cdots(答)$$

練習問題 6-5

$r(\theta)=a(1+\cos\theta)$ とおくと，$r(-\theta)=r(\theta)$ だから，曲線は原線について対称である。

よって，求める面積 S は

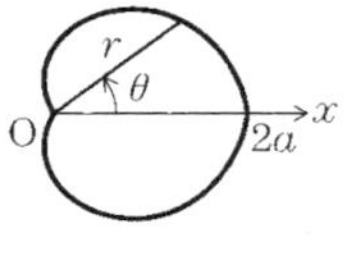

$$S=2\cdot\frac{1}{2}\int_0^{\pi}r^2d\theta$$
$$=\int_0^{\pi}a^2(1+\cos\theta)^2d\theta$$
$$=a^2\int_0^{\pi}\left(2\cos^2\frac{\theta}{2}\right)^2d\theta$$
$$=4a^2\int_0^{\frac{\pi}{2}}\cos^4 t\cdot 2\,dt\quad\left(\frac{\theta}{2}=t とおく\right)$$
$$=8a^2\cdot\frac{3}{4}\cdot\frac{1}{2}\cdot\frac{\pi}{2}=\frac{3\pi a^2}{2}\qquad\cdots(答)$$

練習問題 6-6

$D:\left(\dfrac{x}{a}\right)^{\frac{2}{3}}+\left(\dfrac{y}{b}\right)^{\frac{2}{3}}\leq 1$ とおくと，求める面積 S は $S=\iint_D dxdy$

$x=au^3$, $y=bv^3$ とおくと

D は $M:u^2+v^2\leq 1$ にうつる。

$$J=\begin{vmatrix}x_u & x_v\\ y_u & y_v\end{vmatrix}=\begin{vmatrix}3au^2 & 0\\ 0 & 3bv^2\end{vmatrix}=9abu^2v^2$$

$$\therefore\quad S=\iint_M 9abu^2v^2dudv$$
$$=9ab\iint_M u^2v^2dudv$$

ここで，$u=r\cos\theta$, $v=r\sin\theta$ とおくと，M は $M':0\leq r\leq 1$, $0\leq\theta\leq 2\pi$ にうつり，$J=r$ である。よって

$$S=9ab\iint_{M'}r^2\cos^2\theta\, r^2\sin^2\theta\cdot r\,drd\theta$$
$$=9ab\int_0^{2\pi}\cos^2\theta\sin^2\theta\,d\theta\int_0^1 r^5dr$$
$$=36ab\int_0^{\frac{\pi}{2}}(\sin^2\theta-\sin^4\theta)d\theta\left[\frac{r^6}{6}\right]_0^1$$
$$=36ab\left(\frac{1}{2}\cdot\frac{\pi}{2}-\frac{3}{4}\cdot\frac{1}{2}\cdot\frac{\pi}{2}\right)\cdot\frac{1}{6}$$
$$=36ab\cdot\frac{\pi}{16}\cdot\frac{1}{6}=\frac{3}{8}\pi ab\qquad\cdots(答)$$

練習問題 6-7

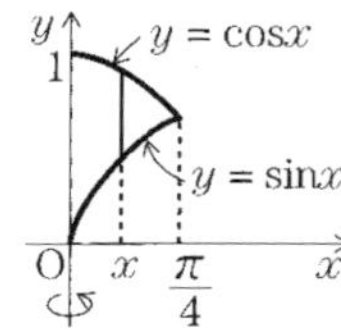

2 曲線 $y=\sin x$, $y=\cos x$ は $x=\frac{\pi}{4}$ の点で交わるから，求める体積 V は

$$V=\int_0^{\frac{\pi}{4}} 2\pi x(\cos x-\sin x)dx$$

$$=\Big[2\pi x(\sin x+\cos x)\Big]_0^{\frac{\pi}{4}}-\int_0^{\frac{\pi}{4}} 2\pi(\sin x+\cos x)dx$$

$$=2\pi\cdot\frac{\pi}{4}\cdot\sqrt{2}-2\pi\Big[-\cos x+\sin x\Big]_0^{\frac{\pi}{4}}$$

$$=\frac{\sqrt{2}}{2}\pi^2-2\pi \qquad \cdots(答)$$

練習問題 6-8

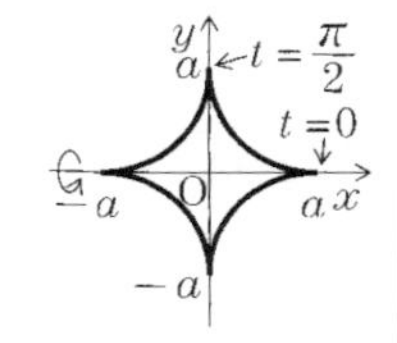

$x^{\frac{2}{3}}+y^{\frac{2}{3}}=a^{\frac{2}{3}}\quad(a>0)$

曲線のグラフは x, y 両軸および原点に関して対称である。

$$\begin{cases} x=a\cos^3 t \\ y=a\sin^3 t \end{cases}$$ とおける

ので，求める体積 V は

$$V=2\pi\int_0^a y^2dx=2\pi\int_{\frac{\pi}{2}}^0 y^2\frac{dx}{dt}dt$$

$$=2\pi\int_{\frac{\pi}{2}}^0 a^2\sin^6 t(-3a\cos^2 t\sin t)dt$$

$$=6\pi a^3\int_0^{\frac{\pi}{2}}\sin^7 t(1-\sin^2 t)dt$$

$$=6\pi a^3\int_0^{\frac{\pi}{2}}(\sin^7 t-\sin^9 t)dt$$

$$=6\pi a^3\left(\frac{6}{7}\cdot\frac{4}{5}\cdot\frac{2}{3}-\frac{8}{9}\cdot\frac{6}{7}\cdot\frac{4}{5}\cdot\frac{2}{3}\right)$$

$$=6\pi a^3\cdot\frac{1}{9}\cdot\frac{16}{35}=\frac{32}{105}\pi a^3 \qquad \cdots(答)$$

練習問題 6-9

平面 $z=t\ (-d\leq t\leq 2d)$ による断面は

円 $x^2+y^2=t^2+a^2$

したがって，断面積 $S(t)$ は

$$S(t)=\pi(t^2+a^2)$$

よって，求める体積 V は

$$V=\int_{-d}^{2d}S(t)dt=\pi\int_{-d}^{2d}(t^2+a^2)dt$$

$$=\pi\left[\frac{t^3}{3}+a^2t\right]_{-d}^{2d}$$

$$=\pi\left\{\frac{1}{3}(8d^3+d^3)+a^2(2d+d)\right\}$$

$$=3\pi d(a^2+d^2) \qquad \cdots(答)$$

練習問題 6-10

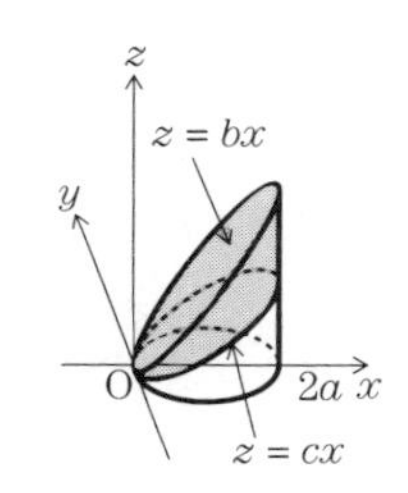

求める立体は次図のアミ部分である。これは xy 平面の領域 $D:(x-a)^2+y^2\leq a^2$, $x\geq 0$ の上において，2つの平面 $z=bx$, $z=cx$ の間にはさまれた部分の体積 V に等しい。よって

$$V=\iint_D(bx-cx)\,dxdy$$

ここで，$x=r\cos\theta$, $y=r\sin\theta$ とおくと

D は $M:(r\cos\theta-a)^2+(r\sin\theta)^2\leq a^2$

にうつる。整理すると，

$$r^2-2ar\cos\theta\leq 0$$

$\therefore\ M:0\leq r\leq 2a\cos\theta,\ -\frac{\pi}{2}\leq\theta\leq\frac{\pi}{2}$

また $J=r$

$$\therefore\ V=\iint_M(b-c)r\cos\theta\cdot r\,drd\theta$$

$$=(b-c)\int_{-\frac{\pi}{2}}^{\frac{\pi}{2}}\cos\theta\left(\int_0^{2a\cos\theta}r^2dr\right)d\theta$$

$$=(b-c)\int_{-\frac{\pi}{2}}^{\frac{\pi}{2}}\cos\theta\left[\frac{r^3}{3}\right]_0^{2a\cos\theta}d\theta$$

$$=\frac{8}{3}a^3(b-c)\int_{-\frac{\pi}{2}}^{\frac{\pi}{2}}\cos^4\theta\,d\theta$$

$$=\frac{16}{3}a^3(b-c)\int_0^{\frac{\pi}{2}}\cos^4\theta\,d\theta$$

$$=\frac{16}{3}a^3(b-c)\cdot\frac{3}{4}\cdot\frac{1}{2}\cdot\frac{\pi}{2}$$

$$=\pi a^3(b-c) \qquad \cdots(答)$$

練習問題 6-11

xy 平面の領域
$x^2+y^2 \le 2ax$
は x 軸に関して
対称である。
また
$y^2+z^2=4ax,$
$z \ge 0$ から
$z=\sqrt{4ax-y^2}$
したがって，題意の図形は xz 平面に関して対称であり

$$D: 0 \le y \le \sqrt{2ax-x^2},\ 0 \le x \le 2a$$

とおくと，求める体積 V は

$$V = 2\iint_D \sqrt{4ax-y^2}\,dxdy$$
$$= 2\int_0^{2a}\left(\int_0^{\sqrt{2ax-x^2}} \sqrt{4ax-y^2}\,dy\right)dx$$

ここで

$$\int \sqrt{4ax-y^2}\,dy$$
$$= y\sqrt{4ax-y^2} - \int y\cdot\frac{-2y}{2\sqrt{4ax-y^2}}dy$$
$$= y\sqrt{4ax-y^2} - \int\left(\sqrt{4ax-y^2} - \frac{4ax}{\sqrt{4ax-y^2}}\right)dy$$

より

$$2\int \sqrt{4ax-y^2}\,dy$$
$$= y\sqrt{4ax-y^2} + 4ax\sin^{-1}\frac{y}{2\sqrt{ax}}$$

$$\therefore\ V = \int_0^{2a}\left[y\sqrt{4ax-y^2} + 4ax\sin^{-1}\frac{y}{2\sqrt{ax}}\right]_{y=0}^{y=\sqrt{2ax-x^2}} dx$$
$$= \int_0^{2a}\left\{\sqrt{2ax-x^2}\sqrt{2ax+x^2} + 4ax\sin^{-1}\frac{\sqrt{2a-x}}{2\sqrt{a}}\right\}dx$$
$$= \int_0^{2a} x\sqrt{4a^2-x^2}\,dx + 4a\int_0^{2a} x\sin^{-1}\frac{\sqrt{2a-x}}{2\sqrt{a}}\,dx$$

ここで，

$$\int_0^{2a} x\sqrt{4a^2-x^2}\,dx = \left[-\frac{1}{3}(4a^2-x^2)^{\frac{3}{2}}\right]_0^{2a}$$
$$= \frac{1}{3}\cdot(4a^2)^{\frac{3}{2}} = \frac{8}{3}a^3$$

$$\int_0^{2a} x\sin^{-1}\frac{\sqrt{2a-x}}{2\sqrt{a}}\,dx$$
$$= \left[\frac{x^2}{2}\sin^{-1}\frac{\sqrt{2a-x}}{2\sqrt{a}}\right]_0^{2a} - \int_0^{2a}\frac{x^2}{2}\cdot\frac{1}{\sqrt{1-\dfrac{2a-x}{4a}}}\cdot\frac{-dx}{4\sqrt{a}\sqrt{2a-x}}$$
$$= \frac{1}{4}\int_0^{2a}\frac{x^2}{\sqrt{4a^2-x^2}}\,dx$$
$$= \frac{1}{4}\int_0^{2a}\left(\frac{4a^2}{\sqrt{4a^2-x^2}} - \sqrt{4a^2-x^2}\right)dx$$
$$= \frac{1}{4}\left\{\left[4a^2\sin^{-1}\frac{x}{2a}\right]_0^{2a} - \frac{\pi}{4}\cdot(2a)^2\right\}$$
$$= \frac{1}{4}\left(4a^2\cdot\frac{\pi}{2} - \pi a^2\right) = \frac{\pi a^2}{4}$$

よって $V = \dfrac{8}{3}a^3 + 4a\cdot\dfrac{\pi a^2}{4}$

$$= \left(\frac{8}{3}+\pi\right)a^3 \qquad \cdots(\text{答})$$

練習問題 6-12

$x=au,\ y=bv,\ z=cw$ とおくと

D は $M: u^2+v^2+w^2 \le 1,$

$u \ge 0,\ v \ge 0,\ w \ge 0$ にうつる。

$$J = \begin{vmatrix} x_u & x_v & x_w \\ y_u & y_v & y_w \\ z_u & z_v & z_w \end{vmatrix} = \begin{vmatrix} a & 0 & 0 \\ 0 & b & 0 \\ 0 & 0 & c \end{vmatrix} = abc$$

$$\therefore \iiint_D dxdydz = abc\iiint_M dudvdw$$
$$= abc\left(\frac{1}{8}\cdot\frac{4}{3}\pi\cdot 1^3\right) = \frac{\pi}{6}abc \qquad \cdots(\text{答})$$

練習問題 6-13

$y = \dfrac{a}{2}(e^{\frac{x}{a}} + e^{-\frac{x}{a}})$ のとき

$$y' = \frac{a}{2}\left(\frac{1}{a}e^{\frac{x}{a}} - \frac{1}{a}e^{-\frac{x}{a}}\right) = \frac{1}{2}(e^{\frac{x}{a}} - e^{-\frac{x}{a}})$$

$$\therefore\ 1+y'^2 = 1+\frac{1}{4}\left(e^{\frac{x}{a}} - e^{-\frac{x}{a}}\right)^2$$

$$= \frac{1}{4}\left(e^{\frac{x}{a}} + e^{-\frac{x}{a}}\right)^2$$

よって，求める曲線の長さ s は

$$s = \int_{-b}^{b} \sqrt{1 + y'^2}\,dx$$

$$= \int_{-b}^{b} \frac{1}{2}(e^{\frac{x}{a}} + e^{-\frac{x}{a}})dx$$

$$= \int_{0}^{b} (e^{\frac{x}{a}} + e^{-\frac{x}{a}})dx$$

$$= \left[ae^{\frac{x}{a}} - ae^{-\frac{x}{a}}\right]_0^b = a\left(e^{\frac{b}{a}} - e^{-\frac{b}{a}}\right)$$

…(答)

練習問題 6-14

$$\frac{dx}{dt} = -2\sin t - 2\sin 2t$$

$$\frac{dy}{dt} = 2\cos t - 2\cos 2t$$

$$\therefore \left(\frac{dx}{dt}\right)^2 + \left(\frac{dy}{dt}\right)^2$$

$$= 8 - 8(\cos 2t \cos t - \sin 2t \sin t)$$

$$= 8 - 8\cos 3t$$

$$= 8(1 - \cos 3t) = 16\sin^2 \frac{3t}{2}$$

よって，求める曲線の長さ s は

$$s = \int_0^{\frac{2}{3}\pi} \sqrt{16\sin^2 \frac{3t}{2}}\,dt$$

$$= \int_0^{\frac{2}{3}\pi} 4\left|\sin\frac{3t}{2}\right|dt = 4\int_0^{\frac{2}{3}\pi} \sin\frac{3t}{2}\,dt$$

$$= 4\left[-\frac{2}{3}\cos\frac{3t}{2}\right]_0^{\frac{2}{3}\pi}$$

$$= -\frac{8}{3}\cdot(-2) = \frac{16}{3}$$

…(答)

練習問題 6-15

$r(\theta) = a\cos^3\dfrac{\theta}{3}$ とおくと，$r(\theta) = 0$ となるのは $\cos\dfrac{\theta}{3} = 0$ から

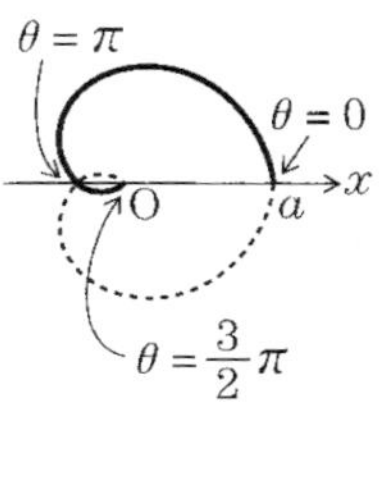

$$\frac{\theta}{3} = \frac{\pi}{2} + n\pi$$

$$\therefore\ \theta = \frac{3}{2}\pi + 3n\pi$$

のときである。

$$r\left(\frac{3}{2}\pi - \theta\right) = a\cos^3\left(\frac{\pi}{2} - \frac{\theta}{3}\right) = a\sin^3\frac{\theta}{3}$$

$$r\left(\frac{3}{2}\pi + \theta\right) = a\cos^3\left(\frac{\pi}{2} + \frac{\theta}{3}\right) = -a\sin^3\frac{\theta}{3}$$

したがって，曲線は原線について対称で，θ が 0 から $\dfrac{3}{2}\pi$ まで動くときは図の実線のようになる。

$$r^2 + \left(\frac{dr}{d\theta}\right)^2$$

$$= a^2\cos^6\frac{\theta}{3} + \left(-a\cos^2\frac{\theta}{3}\sin\frac{\theta}{3}\right)^2$$

$$= a^2\cos^4\frac{\theta}{3}$$

$$\therefore\ \int\sqrt{r^2 + \left(\frac{dr}{d\theta}\right)^2}\,d\theta = \int\sqrt{a^2\cos^4\frac{\theta}{3}}\,d\theta$$

$$= a\int\cos^2\frac{\theta}{3}d\theta = \frac{a}{2}\int\left(1 + \cos\frac{2}{3}\theta\right)d\theta$$

$$= \frac{a}{2}\left(\theta + \frac{3}{2}\sin\frac{2}{3}\theta\right)$$

よって，曲線の外側，内側の自閉線の長さをそれぞれ s_1，s_2 とおくと

$$s_1 = 2\int_0^{\pi}\sqrt{r^2 + \left(\frac{dr}{d\theta}\right)^2}\,d\theta$$

$$= 2\cdot\frac{a}{2}\left(\pi + \frac{3}{2}\sin\frac{2}{3}\pi\right)$$

$$= \left(\pi + \frac{3\sqrt{3}}{4}\right)a$$

…(答)

$$s_2 = 2\int_{\pi}^{\frac{3}{2}\pi} 3\sqrt{r^2 + \left(\frac{dr}{d\theta}\right)^2}\,d\theta$$

$$= 2\cdot\frac{a}{2}\left\{\frac{3}{2}\pi - \left(\pi + \frac{3\sqrt{3}}{4}\right)\right\}$$

$$= \left(\frac{\pi}{2} - \frac{3\sqrt{3}}{4}\right)a$$

…(答)

練習問題 6-16

C は

$$\begin{cases} x = 1 + \cos t \\ y = 2 + \sin t \end{cases}$$

$$\left(-\frac{\pi}{2} \leq t \leq 0\right)$$

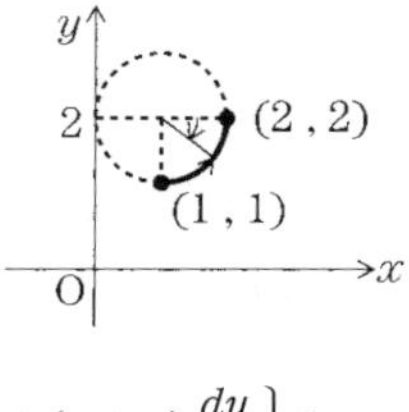

と表せて

$$I = \int_{-\frac{\pi}{2}}^{0}\left\{(3x - y)\frac{dx}{dt} + (x + y)\frac{dy}{dt}\right\}dt$$

$$= \int_{-\frac{\pi}{2}}^{0}\{(1 + 3\cos t - \sin t)\cdot(-\sin t)$$

$+ (3 + \cos t + \sin t) \cdot \cos t\}dt$

$$= \int_{-\frac{\pi}{2}}^{0} (1 - \sin t + 3\cos t - 2\sin t \cos t)dt$$

$$= \Big[t + \cos t + 3\sin t - \sin^2 t \Big]_{-\frac{\pi}{2}}^{0}$$

$$= 1 - \left(-\frac{\pi}{2} - 3 - 1 \right) = 5 + \frac{\pi}{2} \qquad \cdots(答)$$

練習問題 6-17

(1) グリーンの定理において

$P = -y,\ Q = x$ とおくと

$$\frac{\partial Q}{\partial x} = 1,\ \frac{\partial P}{\partial y} = -1$$

$$\therefore\ I = \iint_D \left(\frac{\partial Q}{\partial x} - \frac{\partial P}{\partial y} \right) dxdy$$

$$= \iint_D 2\,dxdy = 2\iint_D dxdy$$

$$= 2 \times (D\text{の面積}) = 2\pi a^2 \qquad \cdots(答)$$

(2) $P = x + x^2 y,\ Q = x^3 + y^2$ とおくと

$$\frac{\partial Q}{\partial x} = 3x^2,\ \frac{\partial P}{\partial y} = x^2$$

$$\therefore\ I = \iint_D (3x^2 - x^2)\, dxdy = \iint_D 2x^2\, dxdy$$

ここに, $D : x^2 + y^2 \leq a^2$ より, $x = r\cos\theta,\ y = r\sin\theta$ とおくと, $J = r$ で

D は $M : 0 \leq r \leq a,\ 0 \leq \theta \leq 2\pi$ にうつるから

$$I = \iint_M 2r^2 \cos^2\theta \cdot r\, drd\theta$$

$$= 2\int_0^{2\pi} \cos^2\theta\, d\theta \int_0^a r^3 dr$$

$$= \int_0^{2\pi} (1 + \cos 2\theta) d\theta \int_0^a r^3 dr$$

$$= \left[\theta + \frac{1}{2}\sin 2\theta \right]_0^{2\pi} \left[\frac{r^4}{4} \right]_0^a = \frac{\pi a^4}{2} \qquad \cdots(答)$$

CHAPTER 7 微分方程式

練習問題 7-1

(1) $y = a\cos kx + b\sin kx$ のとき

$$y' = -ka\sin kx + kb\cos kx$$

$$y'' = -k^2 a\cos kx - k^2 b\sin kx$$

$$\therefore\ y'' = -k^2(a\cos kx + b\sin kx)$$

よって　$y'' = -k^2 y$　　$\cdots(答)$

(2) $ax^2 + by^2 = 1$ のとき, 両辺を x で微分して

$$2ax + 2byy' = 0$$

$b \neq 0$ から　$\dfrac{yy'}{x} = -\dfrac{a}{b}$

さらに両辺を x で微分して

$$\frac{(y'y' + yy'')x - yy'}{x^2} = 0$$

よって　$xyy'' + xy'^2 - yy' = 0$　　$\cdots(答)$

練習問題 7-2

(1) $y + x\dfrac{dy}{dx} = 0$

$x \neq 0,\ y \neq 0$ のとき

$\dfrac{dx}{x} + \dfrac{dy}{y} = 0$ から　$\displaystyle\int \frac{dx}{x} + \int \frac{dy}{y} = C$

$\log|x| + \log|y| = C \quad \log|xy| = C$

$\therefore\ xy = A \quad (\pm e^c = A)$

$x = 0,\ y = 0$ も解であるが, これは $A = 0$ のとき得られる。

よって　$xy = A$　　$\cdots(答)$

(2) $(1 + x^2)dy + (1 + y^2)dx = 0$

$\dfrac{dx}{1 + x^2} + \dfrac{dy}{1 + y^2} = 0$ から

$$\int \frac{dx}{1 + x^2} + \int \frac{dy}{1 + y^2} = C$$

$\therefore\ \tan^{-1} x + \tan^{-1} y = C$

$\tan^{-1} y = C - \tan^{-1} x$ から

$$y = \tan(C - \tan^{-1} x)$$

$$= \frac{\tan C - \tan(\tan^{-1} x)}{1 + \tan C \tan(\tan^{-1} x)} \ (\text{加法定理})$$

$$= \frac{A - x}{1 + Ax} \qquad \cdots(答)$$

〈注〉 (1) では, y を x の関数のみと考えると $x = 0$ は解とはいえないが, x を y の関数とも見なして $x = 0$ も解であるとする。

これは与えられた方程式を $y\,dx + x\,dy = 0$ のように変形するとその意味がよくわかる。$x = 0$ のときは $dx = 0$ となるので, 上式は満たされる。

練習問題 7-3

$x=0$ は与式を満たさないので，両辺を x^2 で割ると

$$\left(1-\frac{y^2}{x^2}\right)\frac{dy}{dx}=2\cdot\frac{y}{x} \quad \cdots①$$

$\dfrac{y}{x}=v$ とおくと，$y=xv$ より

$$\frac{dy}{dx}=v+x\frac{dv}{dx}$$

①に代入して

$$(1-v^2)\left(v+x\frac{dv}{dx}\right)=2v$$

$$\frac{dx}{x}=\frac{1-v^2}{v(1+v^2)}dv$$

$$\int\frac{dx}{x}=\int\frac{1-v^2}{v(1+v^2)}dv$$

$$\log|x|=\int\left(\frac{1}{v}-\frac{2v}{1+v^2}\right)dv$$
$$=\log|v|-\log(1+v^2)+C$$

$$\log\left|\frac{x(1+v^2)}{v}\right|=C$$

$\log\left|\dfrac{x^2+y^2}{y}\right|=C$ より　$\dfrac{x^2+y^2}{y}=\pm e^C=A$

$\therefore\ x^2+y^2=Ay$

初期条件 $x=1$ のとき $y=1$ より　$A=2$

よって　$x^2+y^2=2y$

$\therefore\ x^2+(y-1)^2=1 \quad \cdots$(答)

練習問題 7-4

$$x\frac{dy}{dx}+y=x^3y^2 \quad \cdots①$$

$y \fallingdotseq 0$ のとき，$z=\dfrac{1}{y}$ とおくと

$$\frac{dz}{dx}=\frac{dz}{dy}\frac{dy}{dx}=-\frac{1}{y^2}\frac{dy}{dx} \quad \cdots②$$

①の両辺を y^2 で割ると

$$x\frac{1}{y^2}\frac{dy}{dx}+\frac{1}{y}=x^3$$

$\dfrac{1}{y}=z$ および②を代入して

$$x\left(-\frac{dz}{dx}\right)+z=x^3$$

$$\therefore\ \frac{dz}{dx}-\frac{1}{x}z=-x^2$$

両辺に $e^{\int -\frac{1}{x}dx}=e^{-\log x}=\dfrac{1}{x}$ を掛けて

$$\left(z\cdot\frac{1}{x}\right)'=-x^2\cdot\frac{1}{x}=-x$$

$$\frac{z}{x}=\int(-x)dx=-\frac{x^2}{2}+C=\frac{2C-x^2}{2}$$

$\therefore\ z=\dfrac{x(A-x^2)}{2}\quad(2C=A)$

よって　$y=\dfrac{1}{z}=\dfrac{2}{x(A-x^2)}$

また，$y=0$ は①を満たすが，これは特異解である。

よって　$y=\dfrac{2}{x(A-x^2)}$，$y=0 \quad \cdots$(答)

練習問題 7-5

$P=2xy^3+\dfrac{1}{x}$，$Q=3x^2y^2-\dfrac{1}{y}$ とおくと

$\dfrac{\partial P}{\partial y}=\dfrac{\partial Q}{\partial x}=6xy^2$ だから，与えられた微分方程式は完全微分形である。

$$\int P\,dx=\int\left(2xy^3+\frac{1}{x}\right)dx$$
$=x^2y^3+\log|x|$ より

$f(x,\,y)=x^2y^3+\log|x|+\varphi(y)$ とおくと

$\dfrac{\partial f}{\partial y}=3x^2y^2+\varphi'(y)$ から

$$3x^2y^2+\varphi'(y)=Q=3x^2y^2-\frac{1}{y}$$

$\varphi'(y)=-\dfrac{1}{y}$ より

$$\varphi(y)=\int\left(-\frac{1}{y}\right)dy=-\log|y|$$

よって，求める解は

$$x^2y^3+\log|x|-\log|y|=C \quad \cdots(\text{答})$$

練習問題 7-6

特性方程式は $t^2-6t+9=0$

$$(t-3)^2=0 \qquad t=3\quad(2\text{重解})$$

$\therefore$　一般解は　$y=(c_1+c_2x)e^{3x}$

このとき

$$y'=c_2e^{3x}+(c_1+c_2x)\cdot 3e^{3x}$$

$x=0$ のとき $y=-1,\ y'=1$ から

$$c_1=-1,\ c_2+3c_1=1$$

$\therefore\ c_1=-1,\ \ c_2=4$

よって　$y=(4x-1)e^{3x}$ …(答)

練習問題 7-7

(1) 特性方程式は　$t^2-2t+1=0$

$$(t-1)^2=0 \qquad t=1 \quad (2重解)$$

$\therefore$ 余関数 $y_c(x)=(c_1+c_2x)e^x$

特殊解を $Y(x)=Ae^{3x}$ とおくと

$$Y'=3Ae^{3x},\ \ Y''=9Ae^{3x}$$

これらを与式に代入して

$$9Ae^{3x}-2\cdot 3Ae^{3x}+Ae^{3x}=e^{3x}$$

$$4Ae^{3x}=e^{3x}$$

x についての恒等式だから，$4A=1$

$\therefore\ \ A=\dfrac{1}{4}$

すなわち　$Y(x)=\dfrac{1}{4}e^{3x}$

よって　$y=y_c(x)+Y(x)$

$$=(c_1+c_2x)e^x+\frac{1}{4}e^{3x} \quad \cdots(答)$$

(2) 特性方程式は　$t^2+2t+2=0$

$$t=-1\pm\sqrt{-1}=-1\pm i$$

$\therefore\ y_c(x)=e^{-x}(c_1\cos x+c_2\sin x)$

特殊解を $Y(x)=A\cos x+B\sin x$ とおくと

$$Y'=-A\sin x+B\cos x$$

$$Y''=-A\cos x-B\sin x$$

これらを与式に代入して

$$(-A\cos x-B\sin x)+2(-A\sin x+B\cos x)$$
$$+2(A\cos x+B\sin x)=\cos x$$

$$(A+2B)\cos x+(-2A+B)\sin x=\cos x$$

x についての恒等式だから

$$A+2B=1,\ \ -2A+B=0$$

$\therefore\ A=\dfrac{1}{5},\ B=\dfrac{2}{5}$

すなわち　$Y(x)=\dfrac{1}{5}\cos x+\dfrac{2}{5}\sin x$

よって　$y=y_c(x)+Y(x)$

$$=e^{-x}(c_1\cos x+c_2\sin x)$$
$$+\frac{1}{5}\cos x+\frac{2}{5}\sin x \quad \cdots(答)$$

練習問題 7-8

特性方程式は　$t^2-2t-3=0$

$$(t+1)(t-3)=0 \qquad t=-1,\ 3$$

$\therefore\ y_c(x)=c_1e^{-x}+c_2e^{3x}$

特殊解を $Y(x)=Ax+B+Cxe^{-x}$ とおくと

$$Y'=A+C(1-x)e^{-x}$$

$$Y''=C(x-2)e^{-x}$$

これらを与式に代入して

$$C(x-2)e^{-x}-2\{A+C(1-x)e^{-x}\}$$
$$-3(Ax+B+Cxe^{-x})=x+e^{-x}$$

$$-3Ax-(2A+3B)-4Ce^{-x}=x+e^{-x}$$

x についての恒等式だから

$$-3A=1,\ 2A+3B=0,\ \ -4C=1$$

$\therefore\ A=-\dfrac{1}{3},\ B=\dfrac{2}{9},\ C=-\dfrac{1}{4}$

すなわち　$Y(x)=-\dfrac{1}{3}x+\dfrac{2}{9}-\dfrac{1}{4}xe^{-x}$

よって

$$y=y_c(x)+Y(x)$$

$$=\left(c_1-\frac{1}{4}x\right)e^{-x}+c_2e^{3x}-\frac{1}{3}x+\frac{2}{9}$$

…(答)

練習問題 7-9

(1) 特性方程式は　$t^4-t^2-2t+2=0$

1	1	0	−1	−2	2
		1	1	0	−2
1	1	1	0	−2	0
		1	2	2	
	1	2	2	0	

$$(t-1)^2(t^2+2t+2)=0$$

$\therefore\ t = 1$ (2重解), $-1 \pm i$

よって

$$y = (c_1 + c_2 x)e^x + e^{-x}(c_3 \cos x + c_4 \sin x)$$

…(答)

(2) 特性方程式は

$$t^4 - 4t^3 + 8t^2 - 8t + 4 = 0$$

$$(t^2 - 2t + 2)^2 = 0$$

$$t^2 - 2t + 2 = 0$$

$\therefore\ t = 1 \pm i$ (ともに2重解)

よって

$$y = e^x\{(c_1 + c_2 x)\cos x + (c_3 + c_4 x)\sin x\}$$

…(答)

練習問題 7-10

特性方程式は　$t^3 + 1 = 0$

$$(t+1)(t^2 - t + 1) = 0$$

$t = -1,\ \dfrac{1 \pm \sqrt{3}i}{2}$ より

$y_c(x)$

$$= c_1 e^{-x} + e^{\frac{x}{2}}\left(c_2 \cos \frac{\sqrt{3}}{2}x + c_3 \sin \frac{\sqrt{3}}{2}x\right)$$

特殊解を $Y(x) = Axe^{-x} + B\cos x + C\sin x$ とおくと

$$Y' = A(1-x)e^{-x} - B\sin x + C\cos x$$

$$Y'' = A(x-2)e^{-x} - B\cos x - C\sin x$$

$$Y^{(3)} = A(3-x)e^{-x} + B\sin x - C\cos x$$

これらを与式に代入して，整理すると

$$3Ae^{-x} + (B-C)\cos x + (B+C)\sin x = e^{-x} + \sin x$$

x についての恒等式であるから

$$3A = 1,\ B - C = 0,\ B + C = 1$$

$\therefore\ A = \dfrac{1}{3},\ B = C = \dfrac{1}{2}$

すなわち　$Y(x) = \dfrac{1}{3}xe^{-x} + \dfrac{1}{2}\cos x + \dfrac{1}{2}\sin x$

よって

$$y = y_c(x) + Y(x)$$

$$= \left(c_1 + \frac{1}{3}x\right)e^{-x} + e^{\frac{x}{2}}\left(c_2 \cos \frac{\sqrt{3}}{2}x + c_3 \sin \frac{\sqrt{3}}{2}x\right) + \frac{1}{2}\cos x + \frac{1}{2}\sin x$$

…(答)

練習問題 7-11

(1) $P(D)y = e^{-2x}$ で

$$P(-2) = (-2)^2 - 2(-2) + 4 = 12 \neq 0$$

よって　$y_0(x) = \dfrac{e^{-2x}}{P(-2)} = \dfrac{1}{12}e^{-2x}$　…(答)

(2) $P(D)y = (D^3 - 2D^2 - D + 2)y = e^{2x}$

$$(D+1)(D-1)(D-2)y = e^{2x}$$

$$(D-2)y = \frac{e^{2x}}{(D+1)(D-1)} = \frac{e^{2x}}{3 \cdot 1} = \frac{1}{3}e^{2x}$$

よって　$y_0(x) = (D-2)^{-1}\left(\dfrac{1}{3}e^{2x}\right)$

$$= x\left(\frac{1}{3}e^{2x}\right) = \frac{x}{3}e^{2x}$$

…(答)

練習問題 7-12

$$P(D) = D^4 - 3D^3 + 2D^2$$

$$= (2 - 3D + D^2)D^2 = P_1(D)D^2$$

$$\begin{array}{r} \frac{1}{2} \quad \frac{3}{4}\lambda \quad \frac{7}{8}\lambda^2 \\ 2 - 3\lambda + \lambda^2 \,\big)\, 1 \qquad\qquad\qquad \\ 1 - \frac{3}{2}\lambda + \frac{1}{2}\lambda^2 \qquad\qquad \\ \hline \frac{3}{2}\lambda - \frac{1}{2}\lambda^2 \qquad\quad \\ \frac{3}{2}\lambda - \frac{9}{4}\lambda^2 + \frac{3}{4}\lambda^3 \qquad \\ \hline \frac{7}{4}\lambda^2 - \frac{3}{4}\lambda^3 \quad \\ \frac{7}{4}\lambda^2 - \frac{21}{8}\lambda^3 + \frac{7}{8}\lambda^4 \\ \hline \frac{15}{8}\lambda^3 - \frac{7}{8}\lambda^4 \end{array}$$

これより

$$\frac{1}{P_1(\lambda)} = \frac{1}{2 - 3\lambda + \lambda^2}$$

$$= \frac{1}{2} + \frac{3}{4}\lambda + \frac{7}{8}\lambda^2 + \frac{\lambda^3 R(\lambda)}{2 - 3\lambda + \lambda^2}$$

($R(\lambda)$ は λ の整式)

$\therefore\ D^2y = P_1(D)^{-1}(x^2+2x+1)$

$$= \left(\frac{1}{2}+\frac{3}{4}D+\frac{7}{8}D^2\right)(x^2+2x+1)$$

$$= \frac{1}{2}(x^2+2x+1)+\frac{3}{4}(2x+2)+\frac{7}{8}\cdot 2$$

$$= \frac{1}{2}x^2+\frac{5}{2}x+\frac{15}{4}$$

したがって，特殊解は

$$y_0(x) = \iint\left(\frac{1}{2}x^2+\frac{5}{2}x+\frac{15}{4}\right)dxdx$$

$$= \int\left(\frac{1}{6}x^3+\frac{5}{4}x^2+\frac{15}{4}x\right)dx$$

$$= \frac{1}{24}x^4+\frac{5}{12}x^3+\frac{15}{8}x^2$$

また，$P(D)=0$ から $(D-1)(D-2)D^2=0$

$D=0$（2重解），1，2

$\therefore\ y_c(x) = c_1+c_2x+c_3e^x+c_4e^{2x}$

よって　$y = y_c(x)+y_0(x)$

$$= c_1+c_2x+c_3e^x+c_4e^{2x}$$

$$+\frac{1}{24}x^4+\frac{5}{12}x^3+\frac{15}{8}x^2 \quad \cdots(\text{答})$$

練習問題 7-13

$\{(D+2)^3-2(D+2)^2$

$-(D+2)+2\}(e^{-2x}y) = x$ より

$$(D^3+4D^2+3D)(e^{-2x}y) = x$$

$$(D^2+4D+3)D(e^{-2x}y) = x$$

$\therefore\ D(e^{-2x}y) = (3+4D+D^2)^{-1}x$

$$= \left(\frac{1}{3}-\frac{4}{9}D+\frac{13}{27}D^2\right)x = \frac{1}{3}x-\frac{4}{9}$$

$$e^{-2x}y = \int\left(\frac{1}{3}x-\frac{4}{9}\right)dx = \frac{1}{6}x^2-\frac{4}{9}x$$

$\therefore\ y_0(x) = e^{2x}\left(\frac{1}{6}x^2-\frac{4}{9}x\right)$

また，$P(D) = (D+1)(D-1)(D-2) = 0$ から

$D=-1,\ 1,\ 2$

$\therefore\ y_c(x) = c_1e^{-x}+c_2e^x+c_3e^{2x}$

よって

$y = y_c(x)+y_0(x)$

$$= c_1e^{-x}+c_2e^x+\left(c_3-\frac{4}{9}x+\frac{1}{6}x^2\right)e^{2x}$$

…(答)

練習問題 7-14

特性方程式は $\begin{vmatrix} 1-\lambda & 0 & -1 \\ 1 & 2-\lambda & 1 \\ 2 & 2 & 3-\lambda \end{vmatrix} = 0$

サラスの公式を用いて

$(1-\lambda)(2-\lambda)(3-\lambda)-2$

$-\{-2(2-\lambda)+2(1-\lambda)\} = 0$

$(1-\lambda)(2-\lambda)(3-\lambda)=0$ より $\lambda=1,\ 2,\ 3$

$\lambda=1$ のとき

$$\begin{pmatrix} 0 & 0 & -1 \\ 1 & 1 & 1 \\ 2 & 2 & 2 \end{pmatrix}\begin{pmatrix} \alpha \\ \beta \\ \gamma \end{pmatrix} = \begin{pmatrix} 0 \\ 0 \\ 0 \end{pmatrix} \text{から}$$

$-\gamma=0,\ \alpha+\beta+\gamma=0,$

$2\alpha+2\beta+2\gamma=0$

これより，$\alpha:\beta:\gamma = 1:-1:0$ だから，解は

$x=e^t,\ y=-e^t,\ z=0$

同様にして，$\lambda=2$ のとき

$-\alpha-\gamma=0,\ \alpha+\gamma=0,\ 2\alpha+2\beta+\gamma=0,$

これより，$\alpha:\beta:\gamma = 2:-1:-2$ だから，解は

$x=2e^{2t},\ y=-e^{2t},\ z=-2e^{2t}$

$\lambda=3$ のとき

$-2\alpha-\gamma=0,\ \alpha-\beta+\gamma=0,$

$2\alpha+2\beta=0$

これより，$\alpha:\beta:\gamma = 1:-1:-2$ だから，

解は　$x=e^{3t},\ y=-e^{3t},\ z=-2e^{3t}$

よって，求める一般解は

$$\begin{cases} x = c_1e^t+2c_2e^{2t}+c_3e^{3t} \\ y = -c_1e^t-c_2e^{2t}-c_3e^{3t} \\ z = -2c_2e^{2t}-2c_3e^{3t} \end{cases} \quad \cdots(\text{答})$$

練習問題 7-15

$$\frac{dx}{dt} = 3x+y \quad \cdots\cdots①$$

$$\frac{dy}{dt} = -x + 3y \qquad \cdots\cdots②$$

特性方程式は $\begin{vmatrix} 3-\lambda & 1 \\ -1 & 3-\lambda \end{vmatrix} = 0$

$(3-\lambda)^2 + 1 = 0 \quad \therefore \ \lambda = 3 \pm i$

したがって，求める一般解は

$x = e^{3t}(A\cos t + B\sin t)$

$y = e^{3t}(C\cos t + D\sin t)$

とおける。これを①に代入して

$e^{3t}\{3(A\cos t + B\sin t)$

$\quad - A\sin t + B\cos t\}$

$= 3e^{3t}(A\cos t + B\sin t)$

$\quad + e^{3t}(C\cos t + D\sin t)$

$e^{3t}\ (>0)$ で割って整理すると

$(3A+B)\cos t + (-A+3B)\sin t$

$= (3A+C)\cos t + (3B+D)\sin t$

t についての恒等式だから

$3A + B = 3A + C,\ -A + 3B = 3B + D$

$\therefore \ B = C,\ -A = D$

$A = c_1,\ B = c_2$ とおくと，$C = c_2,\ D = -c_1$

よって $x = e^{3t}(c_1\cos t + c_2\sin t)$
$\qquad y = e^{3t}(c_2\cos t - c_1\sin t)$ …(答)

これは②も満たすので，求める一般解である。

CHAPTER 8 行列と連立１次方程式

練習問題 8-1

$$A = \begin{pmatrix} 1 & 3 & 2 \\ -5 & 2 & -1 \\ 8 & 3 & 4 \end{pmatrix} \text{のとき}$$

$${}^tA = \begin{pmatrix} 1 & -5 & 8 \\ 3 & 2 & 3 \\ 2 & -1 & 4 \end{pmatrix}$$

これより

$$B = \frac{1}{2}(A + {}^tA) = \begin{pmatrix} 1 & -1 & 5 \\ -1 & 2 & 1 \\ 5 & 1 & 4 \end{pmatrix},$$

$$C = \frac{1}{2}(A - {}^tA) = \begin{pmatrix} 0 & 4 & -3 \\ -4 & 0 & -2 \\ 3 & 2 & 0 \end{pmatrix}$$

とおくと，${}^tB = B,\ {}^tC = -C$ を満たすので，B は対称行列，C は交代行列である。

よって，対称行列 ＋ 交代行列として

$$A = \begin{pmatrix} 1 & -1 & 5 \\ -1 & 2 & 1 \\ 5 & 1 & 4 \end{pmatrix} + \begin{pmatrix} 0 & 4 & -3 \\ -4 & 0 & -2 \\ 3 & 2 & 0 \end{pmatrix}$$

と表せる。 …(答)

練習問題 8-2

$$AB = \left(\begin{array}{cc|cc} 1 & 2 & -1 & -2 \\ 3 & 4 & -3 & -4 \\ \hline 0 & 0 & 5 & 6 \\ 0 & 0 & 7 & 8 \end{array}\right)\left(\begin{array}{cc|cc} -1 & 2 & 4 & 2 \\ 3 & -6 & 2 & 1 \\ \hline 0 & 0 & 1 & 0 \\ 0 & 0 & 0 & 1 \end{array}\right)$$

$= \begin{pmatrix} A_{11} & A_{12} \\ O & A_{22} \end{pmatrix}\begin{pmatrix} B_{11} & B_{12} \\ O & E \end{pmatrix} = (C_{ij})$ とおく。

$$C_{11} = A_{11}B_{11} = \begin{pmatrix} 1 & 2 \\ 3 & 4 \end{pmatrix}\begin{pmatrix} -1 & 2 \\ 3 & -6 \end{pmatrix}$$

$$= \begin{pmatrix} 5 & -10 \\ 9 & -18 \end{pmatrix}$$

$$C_{12} = A_{11}B_{12} + A_{12}E$$

$$= \begin{pmatrix} 1 & 2 \\ 3 & 4 \end{pmatrix}\begin{pmatrix} 4 & 2 \\ 2 & 1 \end{pmatrix} + \begin{pmatrix} -1 & -2 \\ -3 & -4 \end{pmatrix}$$

$$= \begin{pmatrix} 8 & 4 \\ 20 & 10 \end{pmatrix} + \begin{pmatrix} -1 & -2 \\ -3 & -4 \end{pmatrix} = \begin{pmatrix} 7 & 2 \\ 17 & 6 \end{pmatrix}$$

$$C_{21} = O,\ C_{22} = A_{22}E = \begin{pmatrix} 5 & 6 \\ 7 & 8 \end{pmatrix}$$

よって $AB = \begin{pmatrix} 5 & -10 & 7 & 2 \\ 9 & -18 & 17 & 6 \\ 0 & 0 & 5 & 6 \\ 0 & 0 & 7 & 8 \end{pmatrix}$ …(答)

練習問題 8-3

$$A=\begin{pmatrix} a & 0 & 0 & 0 \\ 0 & a & 0 & 0 \\ 0 & 0 & a & 0 \\ 0 & 0 & 0 & b \end{pmatrix}+\begin{pmatrix} 0 & 1 & 0 & 0 \\ 0 & 0 & 0 & 0 \\ 0 & 0 & 0 & 0 \\ 0 & 0 & 0 & 0 \end{pmatrix}$$

$$=P+Q$$

とおくと，$PQ=QP$ かつ $Q^2=Q^3=\cdots=O$ だから，二項定理から

$$A^n=(P+Q)^n=P^n+{}_nC_1P^{n-1}Q$$

$$=\begin{pmatrix} a^n & 0 & 0 & 0 \\ 0 & a^n & 0 & 0 \\ 0 & 0 & a^n & 0 \\ 0 & 0 & 0 & b^n \end{pmatrix}$$

$$+n\begin{pmatrix} a^{n-1} & 0 & 0 & 0 \\ 0 & a^{n-1} & 0 & 0 \\ 0 & 0 & a^{n-1} & 0 \\ 0 & 0 & 0 & b^{n-1} \end{pmatrix}\begin{pmatrix} 0 & 1 & 0 & 0 \\ 0 & 0 & 0 & 0 \\ 0 & 0 & 0 & 0 \\ 0 & 0 & 0 & 0 \end{pmatrix}$$

$$=\begin{pmatrix} a^n & na^{n-1} & 0 & 0 \\ 0 & a^n & 0 & 0 \\ 0 & 0 & a^n & 0 \\ 0 & 0 & 0 & b^n \end{pmatrix} \quad \cdots(答)$$

練習問題 8-4

$$A\xrightarrow[①\leftrightarrow③]{}\begin{pmatrix} 1 & 2 & -3 \\ -2 & -1 & 3 \\ 2 & 1 & 0 \\ -1 & 4 & -3 \end{pmatrix}$$

$$\xrightarrow[\substack{②+①\times 2\\③-①\times 2\\④+①}]{}\begin{pmatrix} 1 & 2 & -3 \\ 0 & 3 & -3 \\ 0 & -3 & 6 \\ 0 & 6 & -6 \end{pmatrix}\xrightarrow[\substack{②\div 3\\③\div(-3)\\④\div 6}]{}\begin{pmatrix} 1 & 2 & -3 \\ 0 & 1 & -1 \\ 0 & 1 & -2 \\ 0 & 1 & -1 \end{pmatrix}$$

$$\xrightarrow[\substack{①-②\times 2\\③-②\\④-②}]{}\begin{pmatrix} 1 & 0 & -1 \\ 0 & 1 & -1 \\ 0 & 0 & -1 \\ 0 & 0 & 0 \end{pmatrix}\xrightarrow[\substack{①-③\\②-③\\③\times(-1)}]{}\begin{pmatrix} 1 & 0 & 0 \\ 0 & 1 & 0 \\ 0 & 0 & 1 \\ 0 & 0 & 0 \end{pmatrix}$$

よって　$r(A)=3$ 　…(答)

$$B\xrightarrow[①\leftrightarrow②]{}\begin{pmatrix} 1 & 1 & 9 & 5 \\ 3 & 0 & 12 & 7 \\ 5 & -2 & 10 & 3 \end{pmatrix}$$

$$\xrightarrow[\substack{②-①\times 3\\③-①\times 5}]{}\begin{pmatrix} 1 & 1 & 9 & 5 \\ 0 & -3 & -15 & -8 \\ 0 & -7 & -35 & -22 \end{pmatrix}$$

$$\xrightarrow[\substack{②\div(-3)\\③\div(-7)}]{}\begin{pmatrix} 1 & 1 & 9 & 5 \\ 0 & 1 & 5 & \frac{8}{3} \\ 0 & 1 & 5 & \frac{22}{7} \end{pmatrix}$$

$$\xrightarrow[\substack{①-②\\③-②}]{}\begin{pmatrix} 1 & 0 & 4 & \frac{7}{3} \\ 0 & 1 & 5 & \frac{8}{3} \\ 0 & 0 & 0 & \frac{10}{21} \end{pmatrix}$$

よって　$r(B)=3$ 　…(答)

練習問題 8-5

(1) 与式 $=65^2-35^2=(65+35)(65-35)$

$=100\cdot 30=3000$ 　…(答)

(2) 与式 $=\begin{vmatrix} 4 & 2 & -1 \\ 1 & 6 & 3 \\ -3 & 1 & 1 \end{vmatrix}$ （左に $-1,\ 3,\ 1$，右に $4,\ 1,\ -3$ を補助的に並べる）

$=-1+24-18-(2+18+12)$

$=5-32=-27$ 　…(答)

(3) 与式 $=\begin{vmatrix} 103 & 103 & 103 \\ 3 & 2 & 1 \\ 16 & 9 & 8 \end{vmatrix}$ 　($\because$ ①＋②)

$=103\begin{vmatrix} 1 & 1 & 1 \\ 3 & 2 & 1 \\ 16 & 9 & 8 \end{vmatrix}$

$=103(27+16+16-24-32-9)$

$=103\cdot(-6)=-618$ 　…(答)

練習問題 8-6

(1) 与式 $= \begin{vmatrix} 0 & 1 & -21 & -4 \\ 0 & 2 & -17 & -8 \\ 0 & 1 & -29 & -2 \\ 1 & 0 & 5 & 1 \end{vmatrix}$ (①−④×3, ②−④×4, ③−④×5)

$= 1 \cdot (-1)^{4+1} \begin{vmatrix} 1 & -21 & -4 \\ 2 & -17 & -8 \\ 1 & -29 & -2 \end{vmatrix}$ (1列で展開)

$= -2 \begin{vmatrix} 1 & 21 & 2 \\ 2 & 17 & 4 \\ 1 & 29 & 1 \end{vmatrix}$ (2列は −1, 3列は −2 でくくる)

$= -2 \begin{vmatrix} 1 & 21 & 2 \\ 0 & -25 & 0 \\ 0 & 8 & -1 \end{vmatrix}$ (②−①×2, ③−①)

$= -2 \cdot 1 \cdot (-1)^{1+1} \begin{vmatrix} -25 & 0 \\ 8 & -1 \end{vmatrix}$ (1列で展開)

$= -2 \cdot 25 = -50$ …(答)

(2) $n \geq r+1,\ r \geq 1$ のとき

${}_{n}C_{r} - {}_{n-1}C_{r} = {}_{n-1}C_{r-1}$ を用いて

与式 $= \begin{vmatrix} 1 & {}_1C_1 & {}_2C_2 & {}_3C_3 \\ 0 & {}_1C_0 & {}_2C_1 & {}_3C_2 \\ 0 & {}_2C_0 & {}_3C_1 & {}_4C_2 \\ 0 & {}_3C_0 & {}_4C_1 & {}_5C_2 \end{vmatrix}$ (④−③, ③−②, ②−①)

1列で展開して

与式 $= 1 \cdot (-1)^{1+1} \begin{vmatrix} 1 & {}_2C_1 & {}_3C_2 \\ 1 & {}_3C_1 & {}_4C_2 \\ 1 & {}_4C_1 & {}_5C_2 \end{vmatrix}$

$= \begin{vmatrix} 1 & {}_2C_1 & {}_3C_2 \\ 0 & {}_2C_0 & {}_3C_1 \\ 0 & {}_3C_0 & {}_4C_1 \end{vmatrix} = \begin{vmatrix} 1 & 3 \\ 1 & 4 \end{vmatrix} = 1$ …(答)

練習問題 8-7

$|A|$ で $a=b$ とおくと，1行と2行が一致するので $|A|=0$ となる。

したがって，$|A|$ は $a-b$ を因数にもつ。同様に，$b-c$, $c-a$ も $|A|$ の因数となる。また，$|A|$ で a と b を交換すると，$-|A|$ となるので，$|A|$ は a, b, c の3次の交代式となる。

$\therefore\ |A| = k(a-b)(b-c)(c-a)$

とおける。主対角線の積 $1 \cdot b \cdot c^2$ の項を考えて

$1 \cdot b \cdot c^2 = k(-b) \cdot (-c) \cdot c$

$bc^2 = kbc^2 \qquad \therefore\ k=1$

よって　$|A| = (a-b)(b-c)(c-a)$　…(答)

次に，$|B|$ は $a-b$, $b-c$, $c-a$ を因数にもち，a, b, c の4次の交代式である。

$\therefore\ |B| = k(a-b)(b-c)(c-a)(a+b+c)$

とおける。$a=2$, $b=1$, $c=0$ とおいて $|B|$ の値を比べて

$-6k = \begin{vmatrix} 1 & 2 & 8 \\ 1 & 1 & 1 \\ 1 & 0 & 0 \end{vmatrix} = -6 \qquad \therefore\ k=1$

よって

$|B| = (a-b)(b-c)(c-a)(a+b+c)$ …(答)

練習問題 8-8

$|AB|$ を計算して

$|AB| = \begin{vmatrix} 0 & 2abc^2 & 2ab^2c \\ 2abc^2 & 0 & 2a^2bc \\ 2ab^2c & 2a^2bc & 0 \end{vmatrix}$

$= (2abc)^3 \begin{vmatrix} 0 & c & b \\ c & 0 & a \\ b & a & 0 \end{vmatrix} = (2abc)^4$

一方，

$|B| = \begin{vmatrix} -a^2 & ab & ca \\ ab & -b^2 & bc \\ ca & bc & -c^2 \end{vmatrix}$

$= abc \begin{vmatrix} -a & a & a \\ b & -b & b \\ c & c & -c \end{vmatrix}$

$= (abc)^2 \begin{vmatrix} -1 & 1 & 1 \\ 1 & -1 & 1 \\ 1 & 1 & -1 \end{vmatrix} = 4(abc)^2$

$|AB| = |A||B|$ が成り立つので

$$(2abc)^4 = |A| \cdot 4(abc)^2$$

よって $|A| = 4a^2b^2c^2$ …(答)

練習問題 8-9

$$|A| = \begin{vmatrix} a & b & b & b \\ b & a & b & b \\ b & b & a & b \\ b & b & b & a \end{vmatrix} = \begin{vmatrix} a+3b & b & b & b \\ a+3b & a & b & b \\ a+3b & b & a & b \\ a+3b & b & b & a \end{vmatrix}$$

$$= (a+3b)\begin{vmatrix} 1 & b & b & b \\ 1 & a & b & b \\ 1 & b & a & b \\ 1 & b & b & a \end{vmatrix}$$

$$= (a+3b)\begin{vmatrix} 1 & b & b & b \\ 0 & a-b & 0 & 0 \\ 0 & 0 & a-b & 0 \\ 0 & 0 & 0 & a-b \end{vmatrix}$$

$$= (a+3b)(a-b)^3\begin{vmatrix} 1 & 0 & 0 \\ 0 & 1 & 0 \\ 0 & 0 & 1 \end{vmatrix}$$

$$= (a+3b)(a-b)^3$$

したがって，$a+3b \neq 0$ かつ $a-b \neq 0$ のとき，
$|A| \neq 0$ だから $\mathrm{rank}\, A = 4$
$a+3b = 0$ かつ $a-b \neq 0$ のとき

$$A \to \begin{pmatrix} 0 & b & b & b \\ 0 & a & b & b \\ 0 & b & a & b \\ 0 & b & b & a \end{pmatrix}$$

$$\to \begin{pmatrix} 0 & b & b & b \\ 0 & a-b & 0 & 0 \\ 0 & 0 & a-b & 0 \\ 0 & 0 & 0 & a-b \end{pmatrix}$$

$\therefore\ \mathrm{rank}\, A = 3$

$a+3b \neq 0$ かつ $a-b = 0$ のとき

$$A \to \begin{pmatrix} a+3b & b & b & b \\ 0 & 0 & 0 & 0 \\ 0 & 0 & 0 & 0 \\ 0 & 0 & 0 & 0 \end{pmatrix}$$

$\therefore\ \mathrm{rank}\, A = 1$

$a+3b = 0$ かつ $a-b = 0$ のとき，$a = b = 0$
より $A = O$ であり $\mathrm{rank}\, A = 0$
以上から，求める $\mathrm{rank}\, A$ は

$a+3b \neq 0$ かつ $a-b \neq 0$ のとき 4
$a+3b = 0$ かつ $a-b \neq 0$ のとき 3
$a+3b \neq 0$ かつ $a-b = 0$ のとき 1
$a+3b = 0$ かつ $a-b = 0$ のとき 0
…(答)

練習問題 8-10

(1) $|A| = (a-1)(a+2) - 2a = a^2 - a - 2$
$= (a+1)(a-2)$

よって，$a \neq -1, 2$ のとき正則で

$$A^{-1} = \frac{1}{(a+1)(a-2)}\begin{pmatrix} a+2 & -2 \\ -a & a-1 \end{pmatrix}$$

…(答)

$a = -1, 2$ のとき，正則ではない。 …(答)

(2) $|A| = \begin{vmatrix} 1 & 2 & 3 \\ 0 & 2 & 2 \\ 1 & 0 & 1 \end{vmatrix} = 2+4-6 = 0$

よって，A は正則ではない。 …(答)

(3) $|A| = \begin{vmatrix} a & b & c \\ 0 & a & 0 \\ 0 & d & e \end{vmatrix} = a^2e$

したがって，$a \neq 0$ かつ $e \neq 0$ のとき正則で，
余因子 A_{ij} $(1 \leq i,\ j \leq 3)$ は

$$\begin{aligned} &A_{11} = ae, && A_{21} = cd - be, && A_{31} = -ac \\ &A_{12} = 0, && A_{22} = ae, && A_{32} = 0 \\ &A_{13} = 0, && A_{23} = -ad, && A_{33} = a^2 \end{aligned}$$

よって

$$A^{-1} = \frac{1}{a^2e}\begin{pmatrix} ae & cd-be & -ac \\ 0 & ae & 0 \\ 0 & -ad & a^2 \end{pmatrix}$$ …(答)

$a = 0$ または $e = 0$ のとき，正則ではない。
…(答)

練習問題 8-11

$$\begin{pmatrix} 1 & 1 & 1 \\ a & b & c \\ a^2 & b^2 & c^2 \end{pmatrix}\begin{pmatrix} x \\ y \\ z \end{pmatrix}=\begin{pmatrix} 1 \\ k \\ k^2 \end{pmatrix}$$ となるので

$$|A|=\begin{vmatrix} 1 & 1 & 1 \\ a & b & c \\ a^2 & b^2 & c^2 \end{vmatrix}=(a-b)(b-c)(c-a)$$

（練習問題 8－7 の $|A|$ 参照）

$$D_1=\begin{vmatrix} 1 & 1 & 1 \\ k & b & c \\ k^2 & b^2 & c^2 \end{vmatrix}=(k-b)(b-c)(c-k)$$

より

$$x=\frac{D_1}{|A|}=\frac{(k-b)(b-c)(c-k)}{(a-b)(b-c)(c-a)}=\frac{(k-b)(c-k)}{(a-b)(c-a)}$$

同様にして

$$y=\frac{(a-k)(k-c)}{(a-b)(b-c)},\ z=\frac{(b-k)(k-a)}{(b-c)(c-a)}$$

…(答)

練習問題 8-12

拡大係数行列に行基本変形を行うと

$$(A\quad \boldsymbol{b})=\begin{pmatrix} 3 & 3 & 8 & 1 & 2 \\ 1 & 1 & 1 & 1 & 1 \\ 5 & 4 & 9 & -1 & -1 \\ 2 & -1 & -3 & -4 & 3 \end{pmatrix}$$

$$\xrightarrow[\text{①}\leftrightarrow\text{②}]{}\begin{pmatrix} 1 & 1 & 1 & 1 & 1 \\ 3 & 3 & 8 & 1 & 2 \\ 5 & 4 & 9 & -1 & -1 \\ 2 & -1 & -3 & -4 & 3 \end{pmatrix}$$

$$\xrightarrow[\substack{\text{②}-\text{①}\times 3 \\ \text{③}-\text{①}\times 5 \\ \text{④}-\text{①}\times 2}]{}\begin{pmatrix} 1 & 1 & 1 & 1 & 1 \\ 0 & 0 & 5 & -2 & -1 \\ 0 & -1 & 4 & -6 & -6 \\ 0 & -3 & -5 & -6 & 1 \end{pmatrix}$$

$$\xrightarrow[\substack{\text{④}-\text{③}\times 3 \\ \text{②}\leftrightarrow\text{③} \\ \text{③}\times(-1)}]{}\begin{pmatrix} 1 & 1 & 1 & 1 & 1 \\ 0 & 1 & -4 & 6 & 6 \\ 0 & 0 & 5 & -2 & -1 \\ 0 & 0 & -17 & 12 & 19 \end{pmatrix}$$

$$\xrightarrow[\substack{\text{①}-\text{②} \\ (\text{④}+\text{③}\times 6)\div 13}]{}\begin{pmatrix} 1 & 0 & 5 & -5 & -5 \\ 0 & 1 & -4 & 6 & 6 \\ 0 & 0 & 5 & -2 & -1 \\ 0 & 0 & 1 & 0 & 1 \end{pmatrix}$$

$$\xrightarrow[\substack{\text{①}-\text{④}\times 5 \\ \text{②}+4\times 4 \\ (\text{③}-\text{④}\times 5)\div(-2)}]{}\begin{pmatrix} 1 & 0 & 0 & -5 & -10 \\ 0 & 1 & 0 & 6 & 10 \\ 0 & 0 & 0 & 1 & 3 \\ 0 & 0 & 1 & 0 & 1 \end{pmatrix}$$

$$\xrightarrow[\substack{\text{①}+\text{③}\times 5 \\ \text{②}-\text{③}\times 6 \\ \text{③}\leftrightarrow\text{④}}]{}\begin{pmatrix} 1 & 0 & 0 & 0 & 5 \\ 0 & 1 & 0 & 0 & -8 \\ 0 & 0 & 1 & 0 & 1 \\ 0 & 0 & 0 & 1 & 3 \end{pmatrix}$$

$$\therefore\ \begin{pmatrix} x_1 \\ x_2 \\ x_3 \\ x_4 \end{pmatrix}=\begin{pmatrix} 5 \\ -8 \\ 1 \\ 3 \end{pmatrix}$$

…(答)

練習問題 8-13

$$(A\quad \boldsymbol{b})=\begin{pmatrix} 1 & 2 & 3 & a \\ 2 & 3 & 4 & a^2 \\ 3 & 4 & 5 & a^3 \end{pmatrix}$$

$$\xrightarrow[\substack{\text{②}-\text{①}\times 2 \\ \text{③}-\text{①}\times 3}]{}\begin{pmatrix} 1 & 2 & 3 & a \\ 0 & -1 & -2 & a^2-2a \\ 0 & -2 & -4 & a^3-3a \end{pmatrix}$$

$$\xrightarrow[\substack{\text{③}-\text{②}\times 2 \\ \text{②}\times(-1)}]{}\begin{pmatrix} 1 & 2 & 3 & a \\ 0 & 1 & 2 & 2a-a^2 \\ 0 & 0 & 0 & a^3-2a^2+a \end{pmatrix}$$

$$\xrightarrow[\text{①}-\text{②}\times 2]{}\begin{pmatrix} 1 & 0 & -1 & 2a^2-3a \\ 0 & 1 & 2 & 2a-a^2 \\ 0 & 0 & 0 & a^3-2a^2+a \end{pmatrix}$$

したがって，解をもつための条件は

$$a^3-2a^2+a=0$$

$$a(a-1)^2=0\qquad \therefore\ a=0,\ 1$$

…(答)

練習問題 8-14

$(A\quad E)$ に行基本変形を行うと

$$\left(\begin{array}{cccc:cccc} 1 & -2 & 0 & 0 & 1 & 0 & 0 & 0 \\ 2 & 0 & 1 & -1 & 0 & 1 & 0 & 0 \\ 0 & 5 & 1 & 0 & 0 & 0 & 1 & 0 \\ 3 & -5 & 0 & 0 & 0 & 0 & 0 & 1 \end{array}\right)$$

$$\xrightarrow[\text{④}-\text{①}\times 3]{\text{②}-\text{①}\times 2} \left(\begin{array}{cccc:cccc} 1 & -2 & 0 & 0 & 1 & 0 & 0 & 0 \\ 0 & 4 & 1 & -1 & -2 & 1 & 0 & 0 \\ 0 & 5 & 1 & 0 & 0 & 0 & 1 & 0 \\ 0 & 1 & 0 & 0 & -3 & 0 & 0 & 1 \end{array}\right)$$

$$\xrightarrow[\substack{\text{②}-\text{④}\times 4 \\ \text{③}-\text{④}\times 5}]{\text{①}+\text{④}\times 2} \left(\begin{array}{cccc:cccc} 1 & 0 & 0 & 0 & -5 & 0 & 0 & 2 \\ 0 & 0 & 1 & -1 & 10 & 1 & 0 & -4 \\ 0 & 0 & 1 & 0 & 15 & 0 & 1 & -5 \\ 0 & 1 & 0 & 0 & -3 & 0 & 0 & 1 \end{array}\right)$$

$$\xrightarrow[\text{②}\leftrightarrow\text{④}]{(\text{②}-\text{③})\times(-1)} \left(\begin{array}{cccc:cccc} 1 & 0 & 0 & 0 & -5 & 0 & 0 & 2 \\ 0 & 1 & 0 & 0 & -3 & 0 & 0 & 1 \\ 0 & 0 & 1 & 0 & 15 & 0 & 1 & -5 \\ 0 & 0 & 0 & 1 & 5 & -1 & 1 & -1 \end{array}\right)$$

よって　$A^{-1} = \begin{pmatrix} -5 & 0 & 0 & 2 \\ -3 & 0 & 0 & 1 \\ 15 & 0 & 1 & -5 \\ 5 & -1 & 1 & -1 \end{pmatrix}$ …(答)

CHAPTER 9　線形空間

練習問題 9-1

$\vec{a} = (x_1,\ y_1,\ z_1)$, $\vec{b} = (x_2,\ y_2,\ z_2)$,
$\vec{c} = (x_3,\ y_3,\ z_3)$ とおく。
$\vec{a}\times\vec{b}$ と $\vec{c}$ のなす角を θ とすると，底面積 S，高さ h は

$$S = \left|\vec{a}\times\vec{b}\right|$$

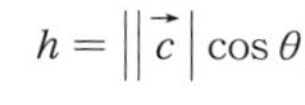

$$h = \left|\left|\vec{c}\right|\cos\theta\right|$$

より体積 V は

$$V = Sh = \left|\vec{a}\times\vec{b}\right|\left|\left|\vec{c}\right|\cos\theta\right|$$

$$= \left|\left(\vec{a}\times\vec{b}\right)\cdot\vec{c}\right|$$

$$\vec{a}\times\vec{b} = \left(\begin{vmatrix} y_1 & z_1 \\ y_2 & z_2 \end{vmatrix},\ \begin{vmatrix} z_1 & x_1 \\ z_2 & x_2 \end{vmatrix},\ \begin{vmatrix} x_1 & y_1 \\ x_2 & y_2 \end{vmatrix} \right)$$

であるから

$$V = \left| x_3\begin{vmatrix} y_1 & z_1 \\ y_2 & z_2 \end{vmatrix} + y_3\begin{vmatrix} z_1 & x_1 \\ z_2 & x_2 \end{vmatrix} + z_3\begin{vmatrix} x_1 & y_1 \\ x_2 & y_2 \end{vmatrix} \right|$$

$$= \left| x_3\begin{vmatrix} y_1 & z_1 \\ y_2 & z_2 \end{vmatrix} - y_3\begin{vmatrix} x_1 & z_1 \\ x_2 & z_2 \end{vmatrix} + z_3\begin{vmatrix} x_1 & y_1 \\ x_2 & y_2 \end{vmatrix} \right|$$

よって，$V = \begin{vmatrix} x_1 & y_1 & z_1 \\ x_2 & y_2 & z_2 \\ x_3 & y_3 & z_3 \end{vmatrix}$ の絶対値となる。

練習問題 9-2

(1)　$\boldsymbol{a} = (x_1,\ y_1,\ z_1)$, $\boldsymbol{b} = (x_2,\ y_2,\ z_3) \in W$,
$k \in \boldsymbol{R}$ とおくと

$$x_1 = 2y_1 = 3z_1,\quad x_2 = 2y_2 = 3z_2 \qquad \cdots①$$

$$\boldsymbol{a}+\boldsymbol{b} = (x_1+x_2,\ y_1+y_2,\ z_1+z_2)$$

$$k\boldsymbol{a} = (kx_1,\ ky_1,\ kz_1)$$

①から　$x_1 + x_2 = 2y_1 + 2y_2 = 3z_1 + 3z_2$

$\therefore$　$x_1 + x_2 = 2(y_1 + y_2) = 3(z_1 + z_2)$

かつ　$kx_1 = k\cdot 2y_1 = k\cdot 3z_1$ から

$$kx_1 = 2(ky_1) = 3(kz_1)$$

$\therefore$　$\boldsymbol{a}+\boldsymbol{b} \in W$　かつ　$k\boldsymbol{a} \in W$

よって，W は $\boldsymbol{R}^3$ の部分空間である　…(答)

(2)　$\boldsymbol{a} = (1,\ 1,\ 0)$, $\boldsymbol{b} = (1,\ -1,\ 0) \in W$ であるが，$\boldsymbol{a}+\boldsymbol{b} = (2,\ 0,\ 0) \notin W$

よって，加法については閉じていないので W は $\boldsymbol{R}^3$ の部分空間ではない。　…(答)

練習問題 9-3

(1)　$\boldsymbol{c} = x\boldsymbol{a} + y\boldsymbol{b}$ を満たす $x,\ y$ があるかどうかを調べればよい。

$$(5,\ 3,\ 1,\ 1) = x(1,\ 1,\ 0,\ 1) + y(3,\ 1,\ 1,\ -4)$$

から　$x + 3y = 5,\ x + y = 3$

$$y = 1,\ x - 4y = 1$$

これらを同時に満たす $x,\ y$ は存在しないので，$\boldsymbol{c}$ は $\boldsymbol{a},\ \boldsymbol{b}$ の線形結合で表すことができない。
…(答)

(2)　d が $\boldsymbol{a},\ \boldsymbol{b}$ の線形結合で表されるとき，

$$(a,\ b,\ c,\ d) = x(1,\ 1,\ 0,\ 1) + y(3,\ 1,\ 1,\ -4)$$

$$\begin{cases} x+3y=a \\ x+\ \ y=b \\ \quad\ \ y=c \\ x-4y=d \end{cases} \quad \therefore \begin{pmatrix} 1 & 3 \\ 1 & 1 \\ 0 & 1 \\ 1 & -4 \end{pmatrix}\begin{pmatrix} x \\ y \end{pmatrix}=\begin{pmatrix} a \\ b \\ c \\ d \end{pmatrix}$$

$$A=\begin{pmatrix} 1 & 3 \\ 1 & 1 \\ 0 & 1 \\ 1 & -4 \end{pmatrix},\ B=\begin{pmatrix} 1 & 3 & a \\ 1 & 1 & b \\ 0 & 1 & c \\ 1 & -4 & d \end{pmatrix}$$

とおくと

連立方程式が解をもつ条件は

$\mathrm{rank}\,A=\mathrm{rank}\,B$　である。

$$B\to\begin{pmatrix} 1 & 3 & a \\ 0 & -2 & b-a \\ 0 & 1 & c \\ 0 & -7 & d-a \end{pmatrix}$$

$$\to\begin{pmatrix} 1 & 0 & a-3c \\ 0 & 0 & b-a+2c \\ 0 & 1 & c \\ 0 & 0 & d-a+7c \end{pmatrix}$$

$$\to\begin{pmatrix} 1 & 0 & a-3c \\ 0 & 1 & c \\ 0 & 0 & b-a+2c \\ 0 & 0 & d-a+7c \end{pmatrix}$$

よって，求める必要十分条件は

$b-a+2c=0$　かつ　$d-a+7c=0$

$\therefore\ \ b=a-2c$　かつ　$d=a-7c$　　…(答)

練習問題 9-4

$\boldsymbol{x}=\begin{pmatrix} x_1 \\ x_2 \\ x_3 \end{pmatrix}\in W_a,\ \boldsymbol{y}=\begin{pmatrix} y_1 \\ y_2 \\ y_3 \end{pmatrix}\in W_b$ とおくと

$\boldsymbol{x}=pa_1+qa_2+ra_3,\ \boldsymbol{y}=sb_1+tb_2$ と表せて

$$\begin{cases} x_1=p+2q+3r \\ x_2=p+3q+\ r \\ x_3=p+\ q+5r \end{cases} \text{かつ} \begin{cases} y_1=\quad s+3t \\ y_2=\quad 4s+8t \\ y_3=-7s+\ t \end{cases}$$

これらより，$p,\ q,\ r$ および $s,\ t$ を消去して

$$\begin{cases} 2x_1-x_2-x_3=0 \\ 30y_1-11y_2-2y_3=0 \end{cases}$$

$\boldsymbol{x}\in W_a\cap W_b$ のとき

$2x_1-x_2-x_3=0,\quad 30x_1-11x_2-2x_3=0$

この連立方程式を解くと

$$\begin{pmatrix} x_1 \\ x_2 \\ x_3 \end{pmatrix}=t\begin{pmatrix} 9 \\ 26 \\ -8 \end{pmatrix}\ (t\text{は任意の実数})$$

よって，$W_a\cap W_b$ を生成するベクトルは

${}^t(9,\ 26,\ -8)$　　…(答)

練習問題 9-5

$A=\begin{pmatrix} 1 & 1 & 0 & -3 \\ 2 & 3 & 1 & 0 \end{pmatrix}$ とおくと

$W=\{\boldsymbol{x}\mid A\boldsymbol{x}=\boldsymbol{0}\}$

$$A\to\begin{pmatrix} 1 & 1 & 0 & -3 \\ 0 & 1 & 1 & 6 \end{pmatrix}\to\begin{pmatrix} 1 & 0 & -1 & -9 \\ 0 & 1 & 1 & 6 \end{pmatrix}$$

より　$\begin{cases} x_1\quad -x_3-9x_4=0 \\ \quad x_2+x_3+6x_4=0 \end{cases}$

$x_3=c_1,\ x_4=c_2$ とおくと

$$\begin{pmatrix} x_1 \\ x_2 \\ x_3 \\ x_4 \end{pmatrix}=\begin{pmatrix} c_1+9c_2 \\ -c_1-6c_2 \\ c_1 \\ c_2 \end{pmatrix}$$

$$=c_1\begin{pmatrix} 1 \\ -1 \\ 1 \\ 0 \end{pmatrix}+c_2\begin{pmatrix} 9 \\ -6 \\ 0 \\ 1 \end{pmatrix}$$

よって，W の基底は $\left\langle\begin{pmatrix} 1 \\ -1 \\ 1 \\ 0 \end{pmatrix},\begin{pmatrix} 9 \\ -6 \\ 0 \\ 1 \end{pmatrix}\right\rangle$

…(答)

また　$\dim W=2$　　…(答)

練習問題 9-6

$(A\ \vdots\ B)=(\boldsymbol{a}_1\ \boldsymbol{a}_2\ \boldsymbol{a}_3\ \vdots\ \boldsymbol{b}_1\ \boldsymbol{b}_2\ \boldsymbol{b}_3)$ を基本変形して

$$\left(\begin{array}{ccc:ccc} 1 & 2 & 4 & 0 & 3 & 0 \\ 1 & -1 & -5 & 3 & 3 & 0 \\ 2 & 1 & -1 & 3 & 12 & 3 \\ 1 & 1 & 1 & 1 & 5 & 1 \end{array}\right)$$

$$\xrightarrow[\substack{(②-①)\div(-3)\\(③-①\times2)\div(-3)\\(④-①)\div(-1)}]{}\left(\begin{array}{ccc:ccc}1&2&4&0&3&0\\0&1&3&-1&0&0\\0&1&3&-1&-2&-1\\0&1&3&-1&-2&-1\end{array}\right)$$

$$\xrightarrow[\substack{①-②\times2\\④-③\\(③-②)\div(-1)}]{}\left(\begin{array}{ccc:ccc}1&0&-2&2&3&0\\0&1&3&-1&0&0\\0&0&0&0&2&1\\0&0&0&0&0&0\end{array}\right)$$

$\therefore\ \dim(W_a+W_b)=\mathrm{rank}(A\ \vdots\ B)=3$ …(答)

基底の1つは　$\langle \boldsymbol{a}_1,\ \boldsymbol{a}_2,\ \boldsymbol{b}_3\rangle$ …(答)

次に

$$A\longrightarrow\begin{pmatrix}1&0&-2\\0&1&3\\0&0&0\\0&0&0\end{pmatrix}$$

$$B\longrightarrow\begin{pmatrix}2&3&0\\-1&0&0\\0&2&1\\0&0&0\end{pmatrix}\longrightarrow\begin{pmatrix}1&0&0\\2&3&0\\0&2&1\\0&0&0\end{pmatrix}$$

$$\xrightarrow[(②-①\times2)\div3]{}\begin{pmatrix}1&0&0\\0&1&0\\0&2&1\\0&0&0\end{pmatrix}\xrightarrow[③-②\times2]{}\begin{pmatrix}1&0&0\\0&1&0\\0&0&1\\0&0&0\end{pmatrix}$$

これより　$\dim W_a=2,\ \dim W_b=3$

$$\begin{aligned}\therefore\ &\dim(W_a\cap W_b)\\&=\dim W_a+\dim W_b-\dim(W_a+W_b)\\&=2+3-3=2\end{aligned}$$ …(答)

このとき

$$\boldsymbol{a}_3=-2\boldsymbol{a}_1+3\boldsymbol{a}_2,\ \boldsymbol{b}=2\boldsymbol{a}_1-\boldsymbol{a}_2$$

$$\boldsymbol{b}_2=3\boldsymbol{a}_1+2\boldsymbol{b}_3$$

より　$\boldsymbol{a}_1=\dfrac{1}{3}(\boldsymbol{b}_2-2\boldsymbol{b}_3)$

$$\therefore\ \boldsymbol{a}_1\in W_a\cap W_b,\quad \boldsymbol{b}_1\in W_a\cap W_b$$

ここに，$\boldsymbol{a}_1$ と $\boldsymbol{b}_1$ は線形独立だから，$W_a\cap W_b$ の基底は　$\langle \boldsymbol{a}_1,\ \boldsymbol{b}_1\rangle$ …(答)

練習問題 9-7

$A\begin{pmatrix}3\\1\end{pmatrix}=\begin{pmatrix}3\\5\end{pmatrix},\ A\begin{pmatrix}1\\1\end{pmatrix}=\begin{pmatrix}-1\\3\end{pmatrix}$ から

$$A\begin{pmatrix}3&1\\1&1\end{pmatrix}=\begin{pmatrix}3&-1\\5&3\end{pmatrix}$$

よって

$$\begin{aligned}A&=\begin{pmatrix}3&-1\\5&3\end{pmatrix}\begin{pmatrix}3&1\\1&1\end{pmatrix}^{-1}\\&=\begin{pmatrix}3&-1\\5&3\end{pmatrix}\frac{1}{2}\begin{pmatrix}1&-1\\-1&3\end{pmatrix}\\&=\begin{pmatrix}2&-3\\1&2\end{pmatrix}\end{aligned}$$ …(答)

練習問題 9-8

F の標準基底に関する表現行列 A は

$$A=\begin{pmatrix}2&3\\1&-2\end{pmatrix}$$

$\boldsymbol{a}_1=\begin{pmatrix}3\\1\end{pmatrix},\ \boldsymbol{a}_2=\begin{pmatrix}1\\1\end{pmatrix}$ とおくと

$$A(\boldsymbol{a}_1\quad\boldsymbol{a}_2)=(\boldsymbol{a}_1\quad\boldsymbol{a}_2)P$$

$$\begin{aligned}\therefore\ P&=(\boldsymbol{a}_1\quad\boldsymbol{a}_2)^{-1}A(\boldsymbol{a}_1\quad\boldsymbol{a}_2)\\&=\begin{pmatrix}3&1\\1&1\end{pmatrix}^{-1}\begin{pmatrix}2&3\\1&-2\end{pmatrix}\begin{pmatrix}3&1\\1&1\end{pmatrix}\\&=\frac{1}{2}\begin{pmatrix}1&-1\\-1&3\end{pmatrix}\begin{pmatrix}9&5\\1&-1\end{pmatrix}=\begin{pmatrix}4&3\\-3&-4\end{pmatrix}\end{aligned}$$ …(答)

練習問題 9-9

線形写像 F の標準基底に関する表現行列を A とおくと

$$A\begin{pmatrix}x_1\\x_2\\\vdots\\x_n\end{pmatrix}=(x_1+x_2+\cdots+x_n)$$ だから

$$A=(1\quad1\quad\cdots\quad1)$$

rank $A=1$ より　$\dim(\mathrm{Im}\,F)=1$ …(答)

よって，$\mathrm{Im}\,F$ の基底は A の列ベクトルの1つで　$\langle(1)\rangle$ …(答)

また　$\dim(\mathrm{Ker}\,F)=n-\dim(\mathrm{Im}\,F)$

$$= n-1 \quad \cdots(答)$$

$A\boldsymbol{x}=0$ を解くと，$x_1+x_2+\cdots+x_n=0$ より

$$\begin{pmatrix} x_1 \\ x_2 \\ x_3 \\ \vdots \\ x_n \end{pmatrix} = \begin{pmatrix} -c_1-c_2-\cdots-c_{n-1} \\ c_1 \\ c_2 \\ \ddots \\ c_{n-1} \end{pmatrix}$$

$$= c_1\begin{pmatrix} -1 \\ 1 \\ 0 \\ \vdots \\ \vdots \\ 0 \end{pmatrix} + c_2\begin{pmatrix} -1 \\ 0 \\ 1 \\ 0 \\ \vdots \\ 0 \end{pmatrix} + \cdots + c_{n-1}\begin{pmatrix} -1 \\ 0 \\ \vdots \\ \vdots \\ 0 \\ 1 \end{pmatrix}$$

よって，Ker F の基底の1つは

$$\left\langle \begin{pmatrix} -1 \\ 1 \\ 0 \\ \vdots \\ \vdots \\ 0 \end{pmatrix}, \begin{pmatrix} -1 \\ 0 \\ 1 \\ 0 \\ \vdots \\ 0 \end{pmatrix}, \ldots, \begin{pmatrix} -1 \\ 0 \\ \vdots \\ \vdots \\ 0 \\ 1 \end{pmatrix} \right\rangle$$

$\cdots(答)$

練習問題 9-10

固有方程式は

$$|\lambda E - A| = \begin{vmatrix} \lambda & -1 & -1 \\ 4 & \lambda-4 & -2 \\ -4 & 3 & \lambda+1 \end{vmatrix} = 0$$

$$\begin{vmatrix} \lambda & -1 & -1 \\ 0 & \lambda-1 & \lambda-1 \\ -4 & 3 & \lambda+1 \end{vmatrix} = (\lambda-1)\begin{vmatrix} \lambda & -1 & -1 \\ 0 & 1 & 1 \\ -4 & 3 & \lambda+1 \end{vmatrix}$$

$$= (\lambda-1)\left\{\lambda\begin{vmatrix} 1 & 1 \\ 3 & \lambda+1 \end{vmatrix} - 4\begin{vmatrix} -1 & -1 \\ 1 & 1 \end{vmatrix}\right\}$$

$$= (\lambda-1)\lambda(\lambda-2) = 0$$

$$\therefore\ \lambda = 1,\ 0,\ 2 \quad \cdots(答)$$

$\lambda=0$ のとき　$A\boldsymbol{x}_1=\mathbf{0}$ より

$$\begin{pmatrix} 0 & -1 & -1 \\ 4 & -4 & -2 \\ -4 & 3 & 1 \end{pmatrix} \to \begin{pmatrix} 2 & 0 & 1 \\ 0 & 1 & 1 \\ 0 & 0 & 0 \end{pmatrix}$$

$$\therefore\ 固有ベクトルは\ \boldsymbol{x}_1 = c_1\begin{pmatrix} 1 \\ 2 \\ -2 \end{pmatrix} \quad \cdots(答)$$

$\lambda=1$ のとき　$(A-E)\boldsymbol{x}_2=\mathbf{0}$ より

$$\begin{pmatrix} 1 & -1 & -1 \\ 4 & -3 & -2 \\ -4 & 3 & 2 \end{pmatrix} \to \begin{pmatrix} 1 & 0 & 1 \\ 0 & 1 & 2 \\ 0 & 0 & 0 \end{pmatrix}$$

$$\therefore\ 固有ベクトルは\ \boldsymbol{x}_2 = c_2\begin{pmatrix} -1 \\ -2 \\ 1 \end{pmatrix} \quad \cdots(答)$$

$\lambda=2$ のとき　$(A-2E)\boldsymbol{x}_3=\mathbf{0}$ より

$$\begin{pmatrix} 2 & -1 & -1 \\ 4 & -2 & -2 \\ -4 & 3 & 3 \end{pmatrix} \to \begin{pmatrix} 2 & 0 & 0 \\ 0 & 1 & 1 \\ 0 & 0 & 0 \end{pmatrix}$$

$$\therefore\ 固有ベクトルは\ \boldsymbol{x}_3 = c_3\begin{pmatrix} 0 \\ -1 \\ 1 \end{pmatrix} \quad \cdots(答)$$

(c_1, c_2, c_3 はいずれも0でない)

練習問題 9-11

固有方程式は

$$|\lambda E - A| = \begin{vmatrix} \lambda-4 & 3 & 3 \\ -3 & \lambda+2 & 3 \\ 1 & -1 & \lambda-2 \end{vmatrix} = 0$$

$$\begin{vmatrix} \lambda-1 & 0 & 3\lambda-3 \\ 0 & \lambda-1 & 3\lambda-3 \\ 1 & -1 & \lambda-2 \end{vmatrix} = 0$$

$$(\lambda-1)^2\begin{vmatrix} 1 & 0 & 3 \\ 0 & 1 & 3 \\ 1 & -1 & \lambda-2 \end{vmatrix} = 0$$

$$(\lambda-1)^2(\lambda-2) = 0$$

$\therefore\ \lambda = 1$ (2重解), 2

$\lambda=1$ のとき，$(A-E)\boldsymbol{x}_1=\mathbf{0}$ より

$$\begin{pmatrix} -3 & 3 & 3 \\ -3 & 3 & 3 \\ 1 & -1 & -1 \end{pmatrix} \to \begin{pmatrix} 1 & -1 & -1 \\ 0 & 0 & 0 \\ 0 & 0 & 0 \end{pmatrix}$$

$\therefore\ \dim W(1) = 3 - \mathrm{rank}(A - E)$
$= 3 - 1 = 2 =$ 重複度 2

したがって，A は対角化可能である。
$\lambda = 1$ の固有ベクトルは

$$\boldsymbol{x}_1 = \begin{pmatrix} c_1 + c_2 \\ c_1 \\ c_2 \end{pmatrix} = c_1 \begin{pmatrix} 1 \\ 1 \\ 0 \end{pmatrix} + c_2 \begin{pmatrix} 1 \\ 0 \\ 1 \end{pmatrix}$$

$(c_1 \neq 0,\ c_2 \neq 0)$

また，$\lambda = 2$ の固有ベクトルは

$$\begin{pmatrix} -2 & 3 & 3 \\ -3 & 4 & 3 \\ 1 & -1 & 0 \end{pmatrix} \to \begin{pmatrix} 1 & 0 & 3 \\ 0 & 1 & 3 \\ 0 & 0 & 0 \end{pmatrix} \text{より}$$

$$\boldsymbol{x}_2 = c_3 \begin{pmatrix} -3 \\ -3 \\ 1 \end{pmatrix} \quad (c_3 \neq 0)$$

よって，$P = \begin{pmatrix} 1 & 1 & -3 \\ 1 & 0 & -3 \\ 0 & 1 & 1 \end{pmatrix}$ とおくと，A は対角化可能で

$$P^{-1}AP = \begin{pmatrix} 1 & 0 & 0 \\ 0 & 1 & 0 \\ 0 & 0 & 2 \end{pmatrix} \qquad \cdots(\text{答})$$

練習問題 9-12

固有方程式は

$$|\lambda E - A| = \begin{vmatrix} \lambda - 1 & 0 & 1 \\ -2 & \lambda - 2 & -2 \\ -2 & -1 & \lambda - 2 \end{vmatrix} = 0$$

$$(\lambda - 1)(\lambda - 2)^2 + 2 + 2(\lambda - 2) - 2(\lambda - 1) = 0$$

$$(\lambda - 1)(\lambda - 2)^2 = 0 \quad \therefore\ \lambda = 2\ (2\text{重解}),\ 1$$

$\lambda = 1$ のとき

$$\begin{pmatrix} 0 & 0 & 1 \\ -2 & -1 & -2 \\ -2 & -1 & -1 \end{pmatrix} \to \begin{pmatrix} 2 & 1 & 0 \\ 0 & 0 & 1 \\ 0 & 0 & 0 \end{pmatrix} \text{より}$$

固有ベクトルは $\boldsymbol{x}_1 = \begin{pmatrix} 1 \\ -2 \\ 0 \end{pmatrix}$

これと線形独立な 2 つのベクトル

$\boldsymbol{x}_2 = \begin{pmatrix} 0 \\ 1 \\ 0 \end{pmatrix}$，$\boldsymbol{x}_3 = \begin{pmatrix} 0 \\ 0 \\ 1 \end{pmatrix}$ を用いて

$$P_1 = (\boldsymbol{x}_1\ \ \boldsymbol{x}_2\ \ \boldsymbol{x}_3) = \begin{pmatrix} 1 & 0 & 0 \\ -2 & 1 & 0 \\ 0 & 0 & 1 \end{pmatrix}$$

とおくと

$$P_1^{-1}AP_1$$

$$= \begin{pmatrix} 1 & 0 & 0 \\ 2 & 1 & 0 \\ 0 & 0 & 1 \end{pmatrix} \begin{pmatrix} 1 & 0 & -1 \\ 2 & 2 & 2 \\ 2 & 1 & 2 \end{pmatrix} \begin{pmatrix} 1 & 0 & 0 \\ -2 & 1 & 0 \\ 0 & 0 & 1 \end{pmatrix}$$

$$= \left(\begin{array}{c:cc} 1 & 0 & -1 \\ \hdashline 0 & 2 & 0 \\ 0 & 1 & 2 \end{array}\right)$$

次に，$A_1 = \begin{pmatrix} 2 & 0 \\ 1 & 2 \end{pmatrix}$ とおくと A の固有値は 2 (2 重解) で，固有ベクトルは $\begin{pmatrix} 0 \\ 1 \end{pmatrix}$ だから，

$P_2 = \begin{pmatrix} 0 & 1 \\ 1 & 0 \end{pmatrix}$ とし，さらに

$$P = P_1 \left(\begin{array}{c:cc} 1 & 0 & 0 \\ \hdashline 0 & \multicolumn{2}{c}{\multirow{2}{*}{P_2}} \\ 0 & & \end{array}\right) = \begin{pmatrix} 1 & 0 & 0 \\ -2 & 1 & 0 \\ 0 & 0 & 1 \end{pmatrix} \begin{pmatrix} 1 & 0 & 0 \\ 0 & 0 & 1 \\ 0 & 1 & 0 \end{pmatrix}$$

$$= \begin{pmatrix} 1 & 0 & 0 \\ -2 & 0 & 1 \\ 0 & 1 & 0 \end{pmatrix} \text{とおくと}$$

$$P^{-1}AP = \begin{pmatrix} 1 & 0 & 0 \\ 0 & 0 & 1 \\ 2 & 1 & 0 \end{pmatrix} \begin{pmatrix} 1 & 0 & -1 \\ 2 & 2 & 2 \\ 2 & 1 & 2 \end{pmatrix} \begin{pmatrix} 1 & 0 & 0 \\ -2 & 0 & 1 \\ 0 & 1 & 0 \end{pmatrix}$$

$$= \begin{pmatrix} 1 & -1 & 0 \\ 0 & 2 & 1 \\ 0 & 0 & 2 \end{pmatrix}$$

となり，$P^{-1}AP$ は上三角行列になる。
よって，求める行列 P の 1 つは

$$P=\begin{pmatrix} 1 & 0 & 0 \\ -2 & 0 & 1 \\ 0 & 1 & 0 \end{pmatrix} \qquad \cdots(答)$$

練習問題 9-13

固有方程式は

$$|\lambda E-A|=\begin{vmatrix} \lambda-1 & -i & 0 \\ i & \lambda & -1 \\ 0 & -1 & \lambda-1 \end{vmatrix}=0$$

$(\lambda-1)^2\lambda-(\lambda-1)+i^2(\lambda-1)=0$

$(\lambda+1)(\lambda-1)(\lambda-2)=0$ より $\lambda=-1,\ 1,\ 2$

$\lambda=-1$ のとき

$$\begin{pmatrix} -2 & -i & 0 \\ i & -1 & -1 \\ 0 & -1 & -2 \end{pmatrix}\to\begin{pmatrix} 1 & 0 & -i \\ 0 & 1 & 2 \\ 0 & 0 & 0 \end{pmatrix} より$$

固有ベクトルは　$\boldsymbol{x}_1=\begin{pmatrix} i \\ -2 \\ 1 \end{pmatrix}$

$\lambda=1$ のとき

$$\begin{pmatrix} 0 & -i & 0 \\ i & 1 & -1 \\ 0 & -1 & 0 \end{pmatrix}\to\begin{pmatrix} 1 & 0 & i \\ 0 & 1 & 0 \\ 0 & 0 & 0 \end{pmatrix} より$$

固有ベクトルは　$\boldsymbol{x}_2=\begin{pmatrix} 1 \\ 0 \\ i \end{pmatrix}$

$\lambda=2$ のとき

$$\begin{pmatrix} 1 & -i & 0 \\ i & 2 & -1 \\ 0 & -1 & 1 \end{pmatrix}\to\begin{pmatrix} 1 & 0 & -i \\ 0 & 1 & -1 \\ 0 & 0 & 0 \end{pmatrix} より$$

固有ベクトルは　$\boldsymbol{x}_3=\begin{pmatrix} i \\ 1 \\ 1 \end{pmatrix}$

したがって

$$\boldsymbol{u}_1=\frac{\boldsymbol{x}_1}{|\boldsymbol{x}_1|}=\frac{1}{\sqrt{6}}\begin{pmatrix} i \\ -2 \\ 1 \end{pmatrix},$$

$$\boldsymbol{u}_2=\frac{\boldsymbol{x}_2}{|\boldsymbol{x}_2|}=\frac{1}{\sqrt{2}}\begin{pmatrix} 1 \\ 0 \\ i \end{pmatrix}$$

$$\boldsymbol{u}_3=\frac{\boldsymbol{x}_3}{|\boldsymbol{x}_3|}=\frac{1}{\sqrt{3}}\begin{pmatrix} i \\ 1 \\ 1 \end{pmatrix}$$

とし，$U=(\boldsymbol{u}_1\ \boldsymbol{u}_2\ \boldsymbol{u}_3)$ とおくと

U^*AU

$$=\frac{1}{\sqrt{6}}\begin{pmatrix} -i & -2 & 1 \\ \sqrt{3} & 0 & -\sqrt{3}\,i \\ -\sqrt{2}\,i & \sqrt{2} & \sqrt{2} \end{pmatrix}\cdot\begin{pmatrix} 1 & i & 0 \\ -i & 0 & 1 \\ 0 & 1 & 1 \end{pmatrix}$$

$$\cdot\frac{1}{\sqrt{6}}\begin{pmatrix} i & \sqrt{3} & \sqrt{2}\,i \\ -2 & 0 & \sqrt{2} \\ 1 & \sqrt{3}\,i & \sqrt{2} \end{pmatrix}$$

$$=\begin{pmatrix} -1 & 0 & 0 \\ 0 & 1 & 0 \\ 0 & 0 & 2 \end{pmatrix} \qquad \cdots(答)$$

●著者紹介
江川博康（えがわひろやす）

横浜市立大学文理学部数学科卒業。
1976年より予備校講師となる。
両国予備校を経て、現在は、中央ゼミナール、一橋学院で教えている。数学全般に精通している実力派人気講師。
著書に
『弱点克服　大学生の微積分』
『弱点克服　大学生の線形代数　改訂版』
『弱点克服　大学生の微分方程式』
『入試問題に秘められた大学数学』
『合格ナビ！数学検定1級1次 解析・確率統計』
『合格ナビ！数学検定1級1次 線形代数』
（以上、東京図書）

改訂版 大学1・2年生のための すぐわかる数学

2004年 4月27日　第1版 第1刷発行
2015年11月25日　改訂版 第1刷発行
2020年 4月10日　改訂版 第3刷発行

Printed in Japan

著　者　江川博康
発行所　東京図書株式会社
〒102-0072　東京都千代田区飯田橋 3-11-19
電話●03-3288-9461
振替●00140-4-13803
ISBN 978-4-489-02229-6
http://www.tokyo-tosho.co.jp